普通高等教育“十三五”应用型人才培养规划教材
重庆漫画学会动漫文化艺术专业委员会指定教材

三维建模项目实战

主　编：秦亚军　黄开云　段光奎
副主编：罗　林　王丽羽　张　昆

西南交通大学出版社
·成　都·

图书在版编目（CIP）数据

三维建模项目实战 / 秦亚军，黄开云，段光奎主编
. —成都：西南交通大学出版社，2019.6
普通高等教育“十三五”应用型人才培养规划教材
ISBN 978-7-5643-6906-4

Ⅰ. ①三… Ⅱ. ①秦… ②黄… ③段… Ⅲ. ①三维动画软件－高等学校－教材 Ⅳ. ①TP391.414

中国版本图书馆 CIP 数据核字（2019）第 107517 号

普通高等教育“十三五”应用型人才培养规划教材

三维建模项目实战

主编 秦亚军 黄开云 段光奎

责任编辑 李华宇
封面设计 秦亚军

出版发行 西南交通大学出版社
（四川省成都市金牛区二环路北一段 111 号
西南交通大学创新大厦 21 楼）
邮政编码 610031
发行部电话 028-87600564 028-87600533
网址 http://www.xnjdcbs.com
印刷 四川玖艺呈现印刷有限公司

成品尺寸 185 mm × 260 mm
印张 18.75
字数 432 千
版次 2019 年 6 月第 1 版
印次 2019 年 6 月第 1 次
书号 ISBN 978-7-5643-6906-4
定价 69.00 元

课件咨询电话：028-87600533

普通高等教育“十三五”应用型人才培养规划教材

专家指导委员会成员

石美珊　重庆传媒职业学院校长　教授
余开源　成都艺术职业大学校长　董事长　教授
刘晓东　重庆电子工程职业学院数字媒体学院院长　教授
游祖元　重庆传媒职业学院副校长　教授
黄勇智　重庆漫画学会会长
周宗凯　四川美术学院影视动画学院副院长　教授
许世虎　重庆大学艺术学院院长　教授
马及人　重庆电视台国家二级导演
卓昌勇　重庆师范大学教授
程　闯　重庆传媒职业学院融媒体中心主任
游　江　重庆著名漫画家　重庆沙坪坝区政协委员
林　敏　中国传媒大学艺术学部创作导师　中国漫画研究会理事
潘鹏宇　重庆奇易门动画科技有限公司　总经理
文　浩　重庆畅优科技有限公司　动画总监
王光慧　中国文化艺术人才管理中心　教育培训部主任

编委会成员

都永昌	罗　坚	肖　昶	罗政府	陈　玲
孙　黎	张　杰	王　娇	李焕杰	马　令
秦　蓁	付　权	肖　磊	潘满全	陈　星

前言

PPEFACE

本书突破了传统单纯讲解 Maya 命令和理论的模式，运用具体模型项目引导学生进行教学，侧重于培养学生进行 Maya 建模的行业应用能力。本书共分 8 个项目，内容包含 Maya 软件的基础知识、Maya 软件的基本操作、NURBS 曲面建模、Polygons 多边形建模等知识点，8 个项目包含初级、中级、高级模型的制作，涉及静物道具、生活用品、昆虫、花草、卡通场景、卡通人物角色的制作。项目案例都是从 10 年的 Maya 建模教学中精挑细选出来的，也是生活中比较有趣的物体。

本书主要培养学生分析和解决实际问题的能力，使学生通过学习能够运用 Maya 软件制作各种模型。每个项目章节精心设计了 6 个环节——项目提出、项目分析、学习目标、项目实施、项目拓展、项目评价，通过这 6 个环节的实践，让学生在做中学，学中做，做中教。本书在详细介绍 Maya 各种建模方法的同时，介绍了大量 Maya 建模操作的实际技巧，让学生现学现用，在 Maya 建模过程中掌握各种技巧和方法。

本书可作为普通高等院校动漫专业、动画专业、数字媒体、影视广告等 CG（Computer Graphics）类专业教材，也可作为各类 CG 教育培训教材，还可作为 CG 动漫、动画从业人员的参考用书。

编　者

2019 年 2 月

目录

CONTENTS

项目1 初识 Maya

项目2 圆号

项目3 金龟子

项目4 耳麦

项目5 百花齐放

项目6 老式电话

项目7 卡通场景

项目8 卡通人物

参考文献

初识 Maya

【项目提出】

Maya 是世界顶级的三维动画软件。本项目将介绍 Maya 2017 软件的界面布局、基本操作及基础模型制作。

【项目分析】

本项目初步学习 Maya 软件，具体内容包括 Maya 软件概述、Maya 软件的建模模式、Maya 软件的工作区域、Maya 软件的视图操作方法、Maya 古典酒壶模型的制作。通过本项目任务的学习，让学生在具体项目任务中熟练 Maya 软件的基本操作方法。

【学习目标】

要求掌握以下内容：

（1）Maya 概述、Maya 建模模式、Maya 界面元素、Maya 物体与视图的基本操作。

（2）Maya 建立工程目录。

（3）使用 View → Image Plane → Import Image 命令导入图像。

（4）使用 Create → Curve Tools → CV Curve Tool 命令创建曲线。

（5）使用 Surfaces → Revolve、Surfaces → Extrude 命令创建曲面。

（6）使用 Create → NURBS Primitives → Circle 命令创建圆形曲线。

【项目实施】

1.1 Maya 概述

Maya 软件是 Alias 公司出品的世界顶级的三维动画软件。2005 年，Alias 公司被 Autodesk 公司并购，随后推出新版本 Autodesk Maya 软件。Autodesk Maya 软件广泛应用于影视广告、角色动画、电影特技、游戏等领域。由于 Maya 软件功能完善、工作灵活、易学易用、制作效率高、渲染效果很真实，Maya 软件可提供完美高效的建模、渲染、动画、特效等功能，能自由设计出视频设计师所期待的视觉效果。Maya 软件参加过多部经典的好莱坞影片的制作，如《阿凡达》《X 战警系列》《变形金刚系列》《星球大战系列》《指环王系列》《蜘蛛侠系列》《黑客帝国系列》等。Maya 是电影级别的高端制作软件。

随着电影产业的发展，特效渐渐进入人们的日常生活中，不少神奇的视觉盛宴满足了人们的各种幻想，从刀枪不入到上天入地，从轻松娱乐到紧张冒险，特效穿梭于各类影视作品中，渐渐成了人们生活中不可或缺的一部分。目前，越来越多的领域开始使用 Maya 软件，越来越多的人也因此进入了 Maya 的神奇世界。Maya 启动界面如图 1.1 所示。

图 1.1 Maya 启动界面

1.2 Maya 建模的 3 种模式

Maya 建模主要有 3 种模式，分别是 Polygons 多边形建模、NURBS 曲面建模和 Subdiv Surfaces 细分面建模。

Polygons 多边形建模原理是利用三角形或四边形面的有规律拼接而构成模型。多边形建模通过合理的拓扑，可自由建出各种造型，尤其擅长于人物、动物、怪物等复杂模型的制作。

NURBS 是 Non-Uniform Rational B-Spline（非均匀有理 B 样条曲线）首写字母的缩写，是曲线或样条的数学描述。在 NURBS 曲面建模中可以精确绘制和编辑曲线，能以较少的控制点做出圆滑的模型。同时，由于 NURBS 曲面建模是使用数学函数来定义曲线和曲面，可以在不改变外形的前提下自由控制曲面的精细程度。在实践应用中，NURBS 曲面建模常用于创建汽车、机械等工业造型。

Subdiv Surfaces 细分面建模兼有多边形建模和曲面建模的优点，既可以像多边形建模那样自由拓扑造型，也可以像曲面建模那样用较少的控制点做出圆滑曲面。其不足之处是数据量较大，绑定后的操作速度比多边形要慢。但对于一些造型不太繁杂的卡通角色，采用 Subdiv Surfaces 细分面建模非常方便快捷。

1.3 Maya 的工作区域

1. Maya 的主界面元素

Maya 软件的主界面由菜单栏、状态栏、工具架、工具箱、工作区、通道栏、层编辑器、动画时间轴、命令与帮助栏、视图切换栏等构成，如图 1.2 所示。

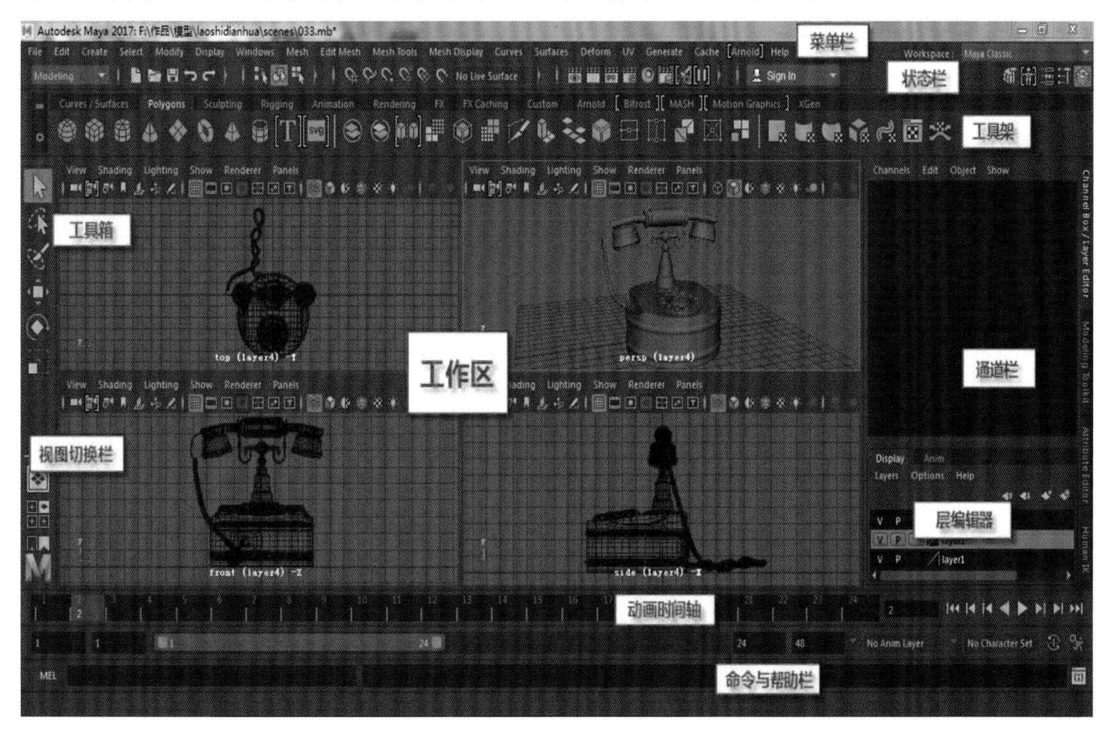

图 1.2 Maya 主界面构成

2. 菜单栏（Menus）

Maya 2017 中的菜单或命令被整合成几个大的模块，即 Animation（动画）、Modeling（模型）、Rigging（骨骼绑定）、Rendering（渲染）、FX（布料粒子）、Customize（自定义）。

3. 状态栏（Status）

Maya 的状态栏包括文件管理、选择模式、捕捉方式、渲染图标、命令选择区和面板控制区，通过这些命令可以进行文件的打开、保存和物体的选择、渲染等操作。

4. 工具架（Shelf）

Maya 的工具架非常有用，它集合了 Maya 各个模块下常用的命令，并以图标的形式分类显示在工具架上。这样，每个图标就相当于相应命令的快捷连接，只需要单击该图标，就等于执行相应的命令。

5. 工具箱（Tool Box）

工具箱包括选择、移动、旋转、缩放等基础操作工具，工作时常用快捷键切换，当用不同的工具选取物体时，物体的中心点会出现不同的操纵图标，用“+”或“-”键可以调整操纵图标的大小。

6. 工作区（Work Area）

常规工作区包括透视图、顶视图、侧视图、前视图等多角度视图窗口，是作图的主要区域。每个视图的上方都有对应的视图菜单和快捷图标，可以根据需要来选择显示模式。

7. 通道栏（Channel Box）

这是设置物体的基本属性及调整位移、旋转、缩放、显示与隐藏、历史记录参数的区域。可以在空框中输入数字参数，也可以点击英文后按住鼠标中键在工作区推拉鼠标来改变数值的大小。在 Visibility（可视性）一栏中输入数字“0”或“1”，右端方框会分别显示为“off”或“on”，被选择的物体将处于隐藏或可视状态。

8. 层编辑器（Layer Editor）

Maya 中图层的概念不同于 Photoshop 中图层的概念，其功能主要是对场景中的物体进行分组管理。当复杂场景中有大量物体时，可以自定义将一些物体设置到某一图层，然后通过对图层的控制来决定这组物体是否被显示或者能够被选择。

9. 动画时间轴（Time Slider）

动画时间轴包含时间线和时间范围滑块。动画时间轴上层为时间线，下层为时间范围滑块，右侧都是一些与动画播放相关的设置按钮。

10. 命令与帮助栏（Command Line/Help Line）

命令与帮助栏用于输入或编辑 Maya 的 Mel 脚本命令。右侧命令行则会显示用户当前操作的反馈信息，若操作因出现错误而无法执行时，反馈信息将以红色字幕的方式提醒用户。帮助栏是向用户提供帮助的地方，对光标指示的位置进行简单说明。

11. 视图切换栏（View switch Line）

视图切换栏提供了多套常用视图模式，点击可以相互切换。若想最大化某视图，可以先激活该视图，再按空格键。再次按空格键将返回原状。

1.4 Maya 的基本操作

1. 物体与视图的基本操作

物体的基本操作可以用工具箱中的相应工具来实现，也可以用快捷键来实现。物体选择的快捷键是 Q，移动的快捷键是 W，旋转的快捷键是 E，缩放的快捷键是 R。视图操作则需要键盘与鼠标同时配合，如移动视图是 Alt+ 鼠标中键，旋转视图是 Alt+ 鼠标左键，缩放视图是 Alt+ 鼠标右键或 Alt+ 左键 + 中键或中键滑轮滚动。

2. 创建基本模型物体

点击工具架上的快捷图标可以创建物体，也可以利用主菜单“Create”中的各子命令来创建所需的基本模型。在通道栏中可以编辑物体的大小、位置、比例、细分等各种初始数值。

3. 物体的实时显示模式

数字“1”代表低质量显示；数字“2”代表中质量显示，如果是多边形模型，则变为线框状态的原物体和该物体圆滑后的实体形态同时显示；数字“3”代表高质量显示，如果是多边形模型，则是呈圆滑后的实体形态；数字“4”代表线框模式显示；数字“5”代表实体显示；数字“6”代表材质显示；数字“7”代表灯光显示。

4. 常规操作的逻辑

按下 Ctrl+Z 组合键可以连续进行撤销操作，按下 Shift+Z 组合键可以连续返回被撤销的操作。在选择物体时，按住 Shift 键可以加选物体，按住 Ctrl 键可以减选物体。如果要修改物体形状，在物体上单击右键可以进入子物体级别的点、线、面编辑模式。图

1.3 所示为多边形物体的右键菜单，图 1.4 所示为 NUBRS 曲面的右键菜单。

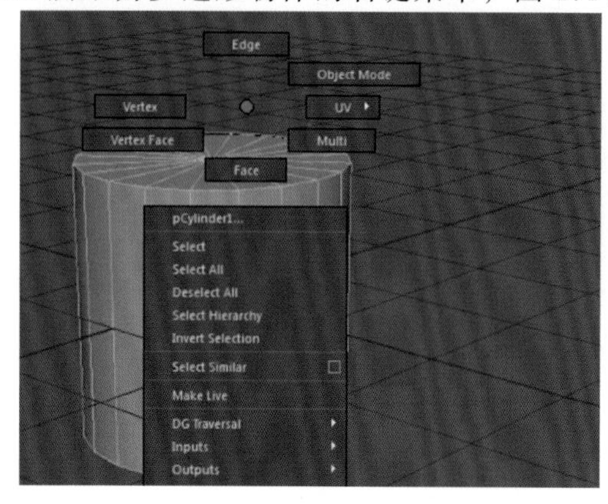

图 1.3　多边形物体右键菜单

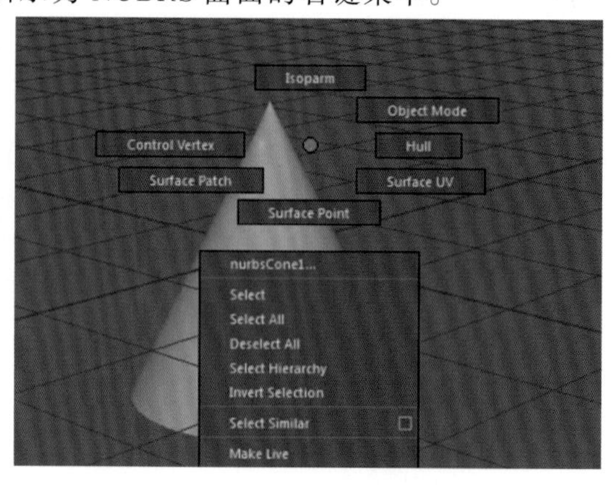

图 1.4　NUBRS 曲面右键菜单

5. 移动物体轴心点

物体的轴心点默认在物体的重心，在实际应用中，通常需要修改和偏移物体轴心以方便旋转缩放或镜像复制。如用移动工具选择物体后，按键盘中的 Insert 键进入轴心编辑状态，此时当前的移动图标会变成可移动方向的空间图标。将其移动到所需要的位置后再次按 Insert 键结束编辑，图标又恢复到原来的状态，物体轴心位置编辑完成，如图 1.5 所示。如果想再将轴心改回重心位置，执行主菜单 Modify（修改）→ Genter Pivot（中心轴）命令即可。

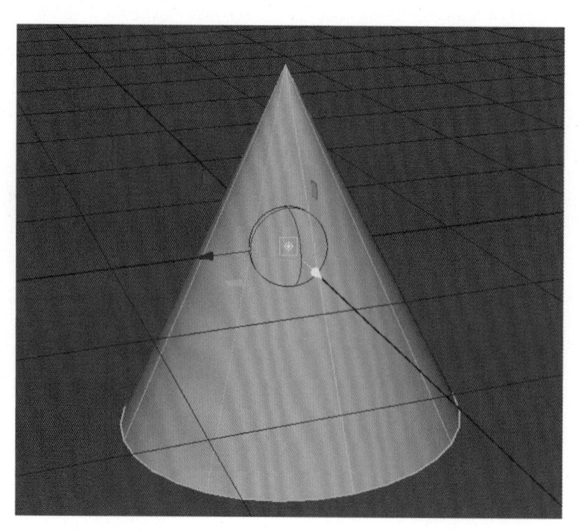

图 1.5　按 Insert 键进入轴心编辑状态

6. 物体的复制

常规复制的快捷键是 Ctrl+D，如需复杂的功能复制，应打开 Maya 主菜单中的 Edit（编辑）→ Duplicate Special（特定复制）进行属性设置。例如，我们在制作人物或类似左右对称模型时，通常只调整一边，另一边用自动复制生成。在设置时把 Instance（实例）选项勾上，这样在修改其中一边模型时，另外一边的形状也会发生相同变化。在 Scale（缩放）一栏的数字前面添加“-”号，则意味着是在该轴向进行镜像复制，如图 1.6 所示。

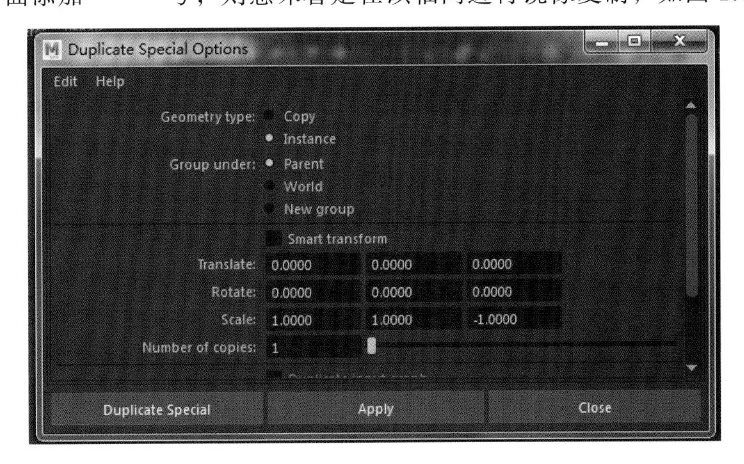

图 1.6 复制对话框

7. 导入和编辑参考图

在制作复杂的模型时，通常需要导入参考图来进行具体定位。激活所需视图（如前视图、透视图、侧视图），执行 View → Image Plan → Import Image 命令，可以将图片导入。建议在 Photoshop 中先将参考的三视图修改好（将顶、前、侧视图半透明叠加，调整参考物体位置居中，使其长、宽、高一致），这样在被导入 Maya 后可以直接进行工作。如果需要调整导入的图片，先在透视图中激活参考图片，再在通道栏中找到 SHAPES 中的 imagePlaneShape 属性进行编辑，调整 Image Genter X\Y\Z 的参数可移动图片位置，调整 Width\Height 的参数可缩放图片大小，如图 1.7 所示。

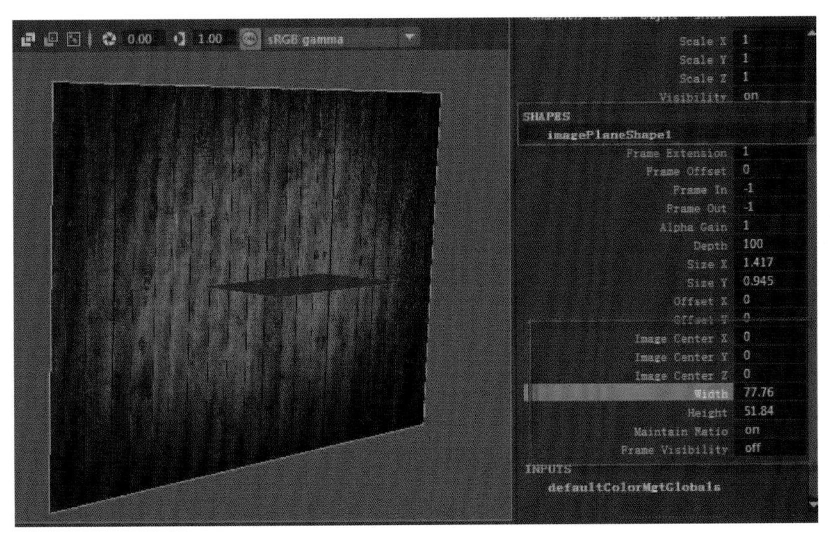

图 1.7 imagePlaneShape 属性

8. 建立工程目录

通常我们要做一个项目，都会建立单独的工程目录来进行管理，相关的模型、贴图、渲染文件等都收集在工程目录中，方便保存和再次调用。那么，在 Maya 中怎么建立一个工程目录呢？执行 File（文件）菜单→ Project（工程项目）→ Project Window 命令，在弹出窗口中点击 New 按钮新建工程项目，然后在 Current Project 栏设置该工程项目的名字，在 Location 栏目指定项目存储地址，最后点击 Accept 完成确认操作，如图 1.8 所示。指定工程目录的方法：执行 File（文件）→ Project → Set Project 命令，指定已有的工程目录文件夹即可。

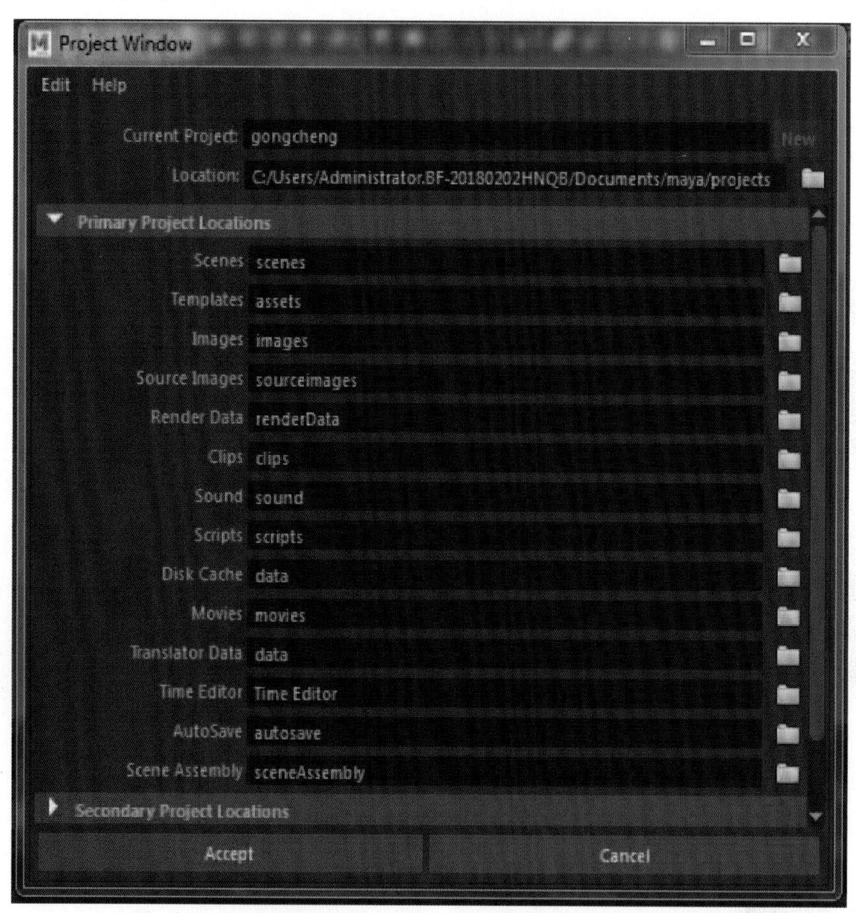

图 1.8　工程目录创建

1.5　古典酒壶模型制作

（1）在制作酒壶模型前，我们要对所做模型的外形、特征和结构有一个全面的了解，这就需要我们搜集酒壶的参考资料图，如图 1.9 所示。有了参考图片，在制作模型时可以做到心中有数。

图 1.9　酒壶参考图

（2）运行 Maya 软件，进入操作界面，选中 front 前视图，执行视图菜单 View → Image Plane → Import Image 导入图像命令，如图 1.10 所示。

图 1.10　执行 Import Image 命令

（3）弹出导入图像对话框，选中酒壶参考图，执行 Open（打开）命令导入参考图片。如图 1.11 所示。

图 1.11　导入参考图

（4）按 Ctrl+A 组合键打开界面右侧属性栏，修改参考图位置属性 Image Center 参数为（－0.32，0，－5.47），如图 1.12 所示。修改透明属性 AlphaGain 参数为 0.63，如图 1.13 所示。

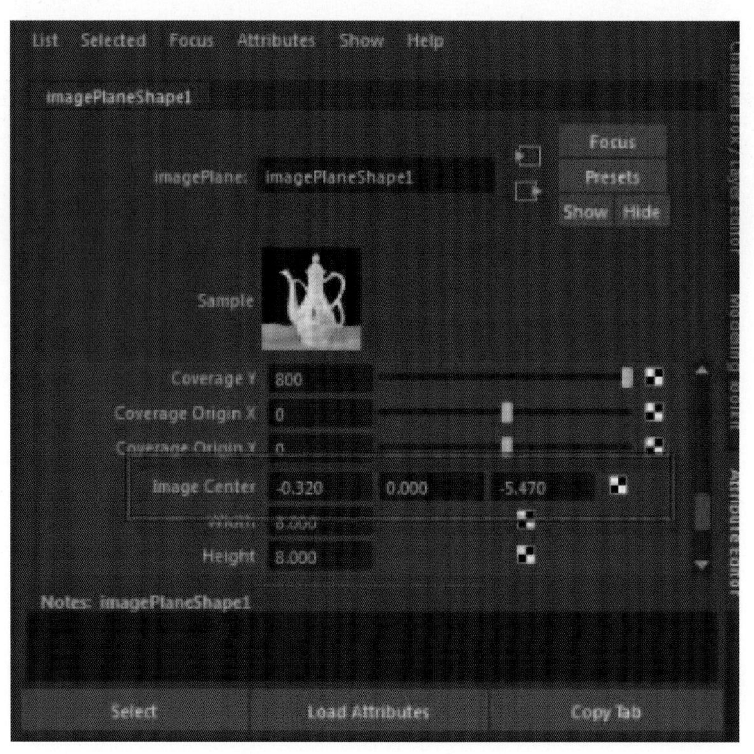

图 1.12　修改位置属性

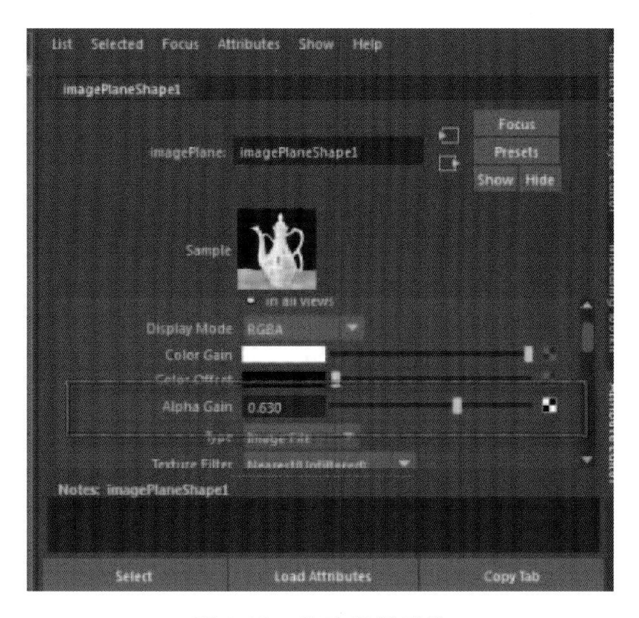

图 1.13　修改透明属性

（5）执行菜单 Create → Curve Tools → CV Curve Tool 命令，如图 1.14 所示。在 front 前视图绘制酒壶盖、酒壶身剖面曲线，如图 1.15 所示。

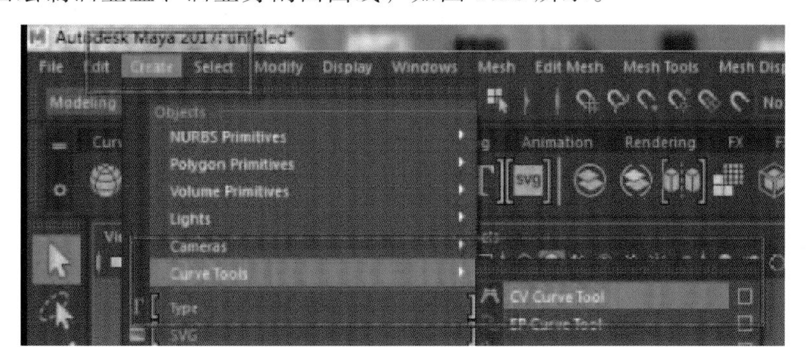

图 1.14　执行菜单

图 1.15　绘制酒壶剖面曲线

（6）选中酒壶盖剖面曲线，执行菜单 Surfaces → Revolve 命令后面的方框◻弹出命令对话框，执行该对话框顶部的 Edit → Reset Settings 命令重置参数，点击 Apply 创建酒壶盖部分模型，如图 1.16 所示。使用同样的方法选中酒壶身剖面曲线执行命令创建出壶身部分模型（注意：如果模型表面出现全黑现象，则需框选模型执行 Surfaces → Reverse Direction 命令翻转曲面法线方向）。酒壶盖、酒壶身模型的正常显示效果如图 1.17 所示。

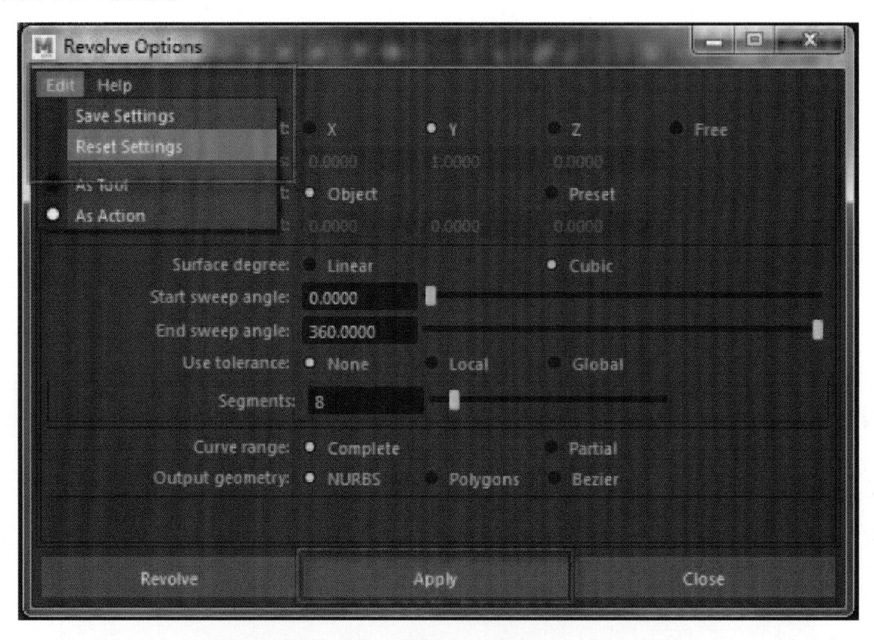

图 1.16　执行 Revolve 命令

图 1.17　酒壶盖、酒壶身部分模型效果

（7）执行菜单 Create → Curve Tools → CV Curve Tool 命令，在 front 前视图中绘制酒壶把手路径曲线（注意：酒壶把手结构复杂，需要绘制两段路径曲线分别制作），如图 1.18 所示。

图 1.18　绘制酒壶把手路径曲线

（8）切换菜单快捷标签 Curves/Surfaces，选择圆形曲线工具在 front 前视图中创建圆形曲线，选择创建好的圆形曲线，点击界面右上角工具图标（快捷键为 Ctrl+A）打开右边的参数属性栏，将 Translate X 参数设置为 2.521，Translate Y 参数设置为 0.818，Rotate X 参数设置为 90，如图 1.19 所示。

图 1.19　创建绘制圆形曲线

（9）选择创建好的圆形曲线，点击鼠标右键进入热键菜单，选择 Control Vertex 曲线点层级，选择曲线的点，执行快捷键 W 移动工具，调节圆形曲线为圆角方形，如图 1.20 所示。

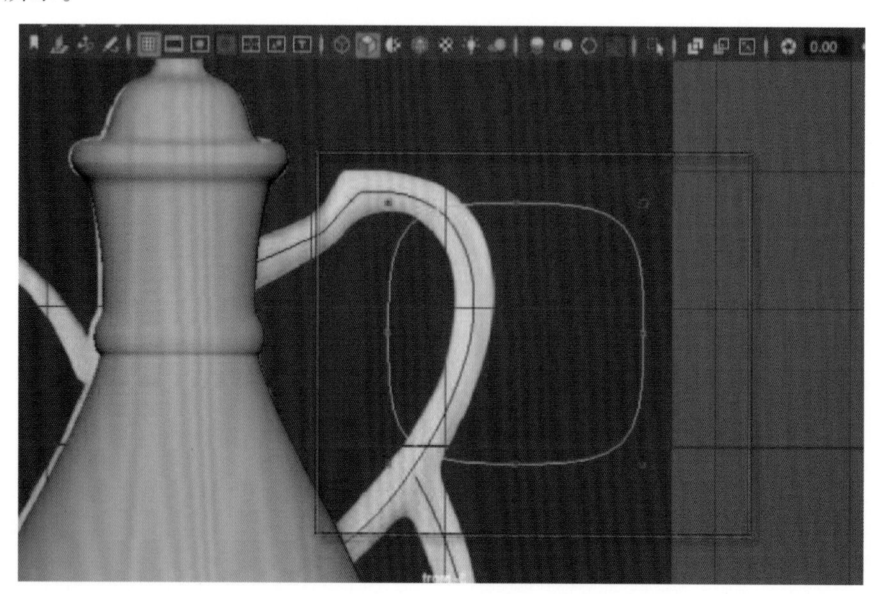

图 1.20　调节圆形曲线为圆角方形

（10）在方形曲线点层级状态下单击鼠标右键，选择菜单命令 Object Mode，进入物体选择状态，使用移动工具（快捷键 W）、旋转工具（快捷键 E）、缩放工具（快捷键 R）移动、旋转、缩放方形曲线的位置，将方形曲线摆放到路径曲线的端点位置（让方形曲线中心与把手路径曲线端点成大约 90° 垂直状态），如图 1.21 所示。

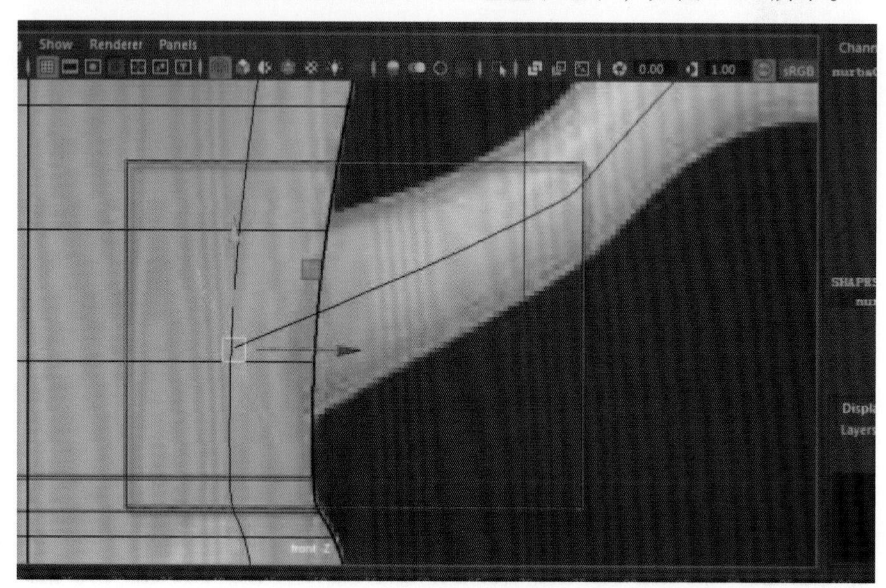

图 1.21　调整方形曲线的位置

（11）按 Shift 键配合鼠标左键，依次选择方形曲线和把手路径曲线，执行 Freeze Transformations 命令，将右边属性参数归 0。在方形曲线和把手路径曲线选择状态下执行 Surfaces → Extrude 命令创建酒壶把手上半部分模型（再次进入把手路径曲线的 Control Vertex 点层级可以调整把手模型的造型），同时也可以选择把手曲面模型，单击鼠标右键进入 Control Vertex 点层级或 Hull 层级选择点，使用移动、旋转、缩放工具对把手模型进行调整，酒壶把手模型的下半部分使用前面相同的方法制作。完成后的酒壶把手模型如图 1.22 所示。

图 1.22　把手模型制作

（12）执行菜单 Create → Curve Tools → CV Curve Tool 命令，创建酒壶嘴部分的路径曲线，如图 1.23 所示。

图 1.23　创建酒壶嘴部分的路径曲线

（13）执行菜单 Create → NURBS primitives → Circle 命令创建圆形曲线，将圆形曲线缩放调整至壶嘴路径线端点成 90° 角垂直，圆形中心与路径线端点对齐，如图 1.24 所示。

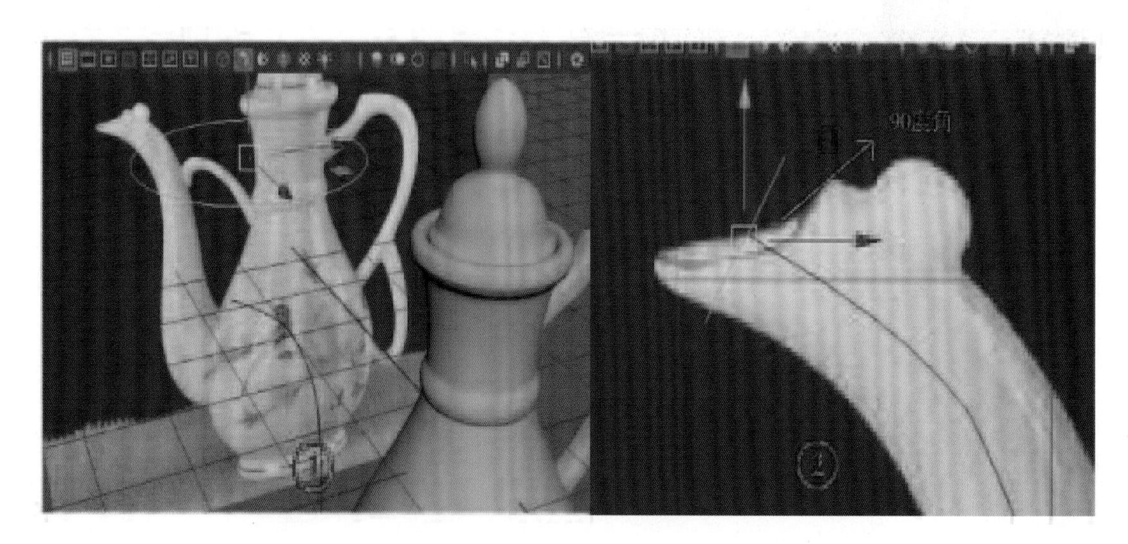

图 1.24　创建圆形曲线垂直对齐

（14）先选择圆形曲线，再加选壶嘴路径线，执行 Surfaces → Extrude 命令，点开属性对话框，如图 1.25 所示。

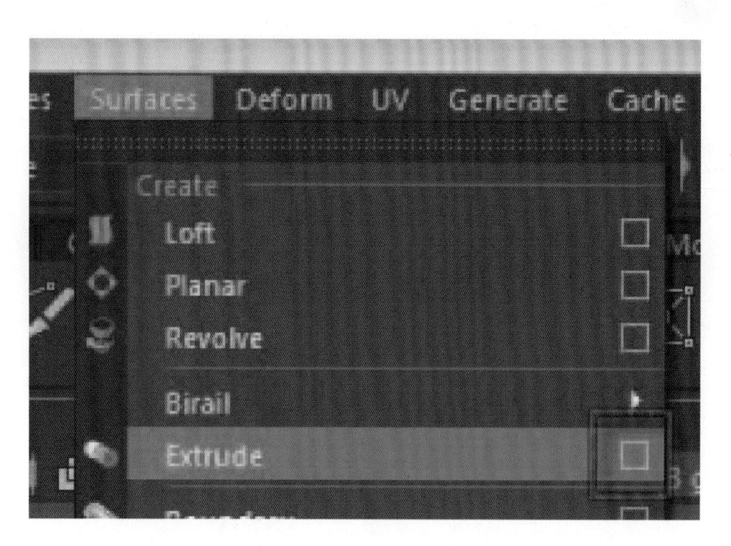

图 1.25　点开 Extrude 命令属性对话框

（15）设置 Extrude 属性对话框，选择 At path 方式，Scale 参数设置为 3，点击 Apply 按钮放样挤出壶嘴模型部分，如图 1.26 所示。

（16）选中挤出的壶嘴部分模型，按住鼠标右键不放，向右滑动进入曲面 Hull 编辑模式，如图 1.27 所示。修改调整壶嘴模型的造型，如图 1.28 所示。

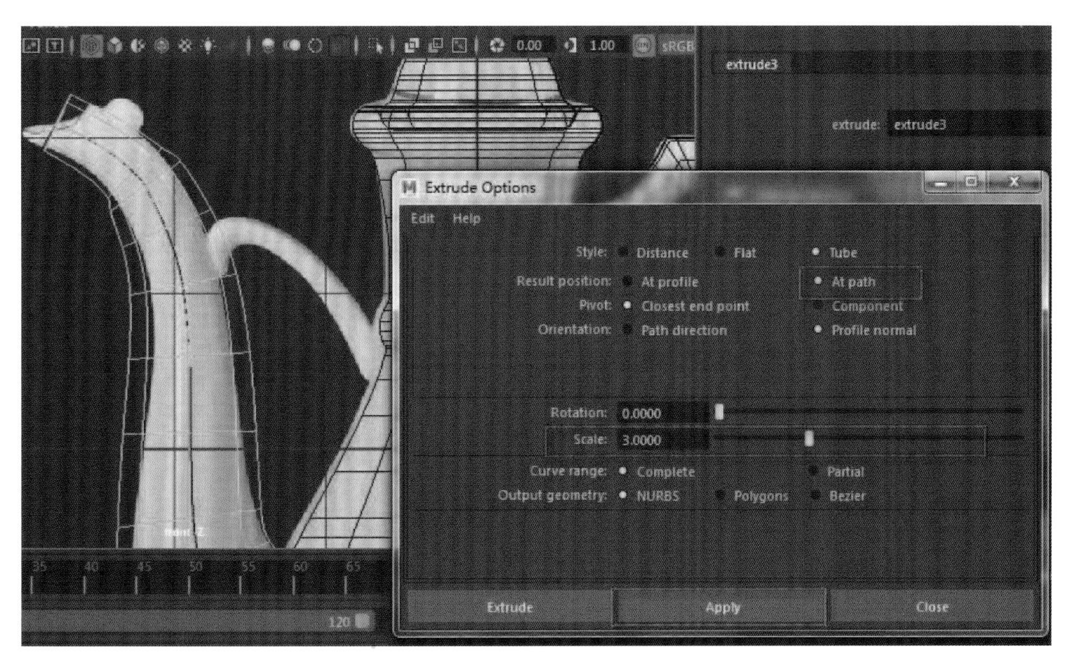

图 1.26 设置 Extrude 属性对话框

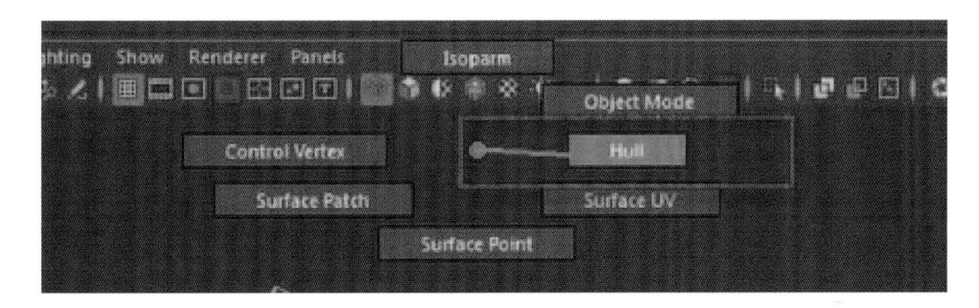

图 1.27 进入 Hull 编辑模式

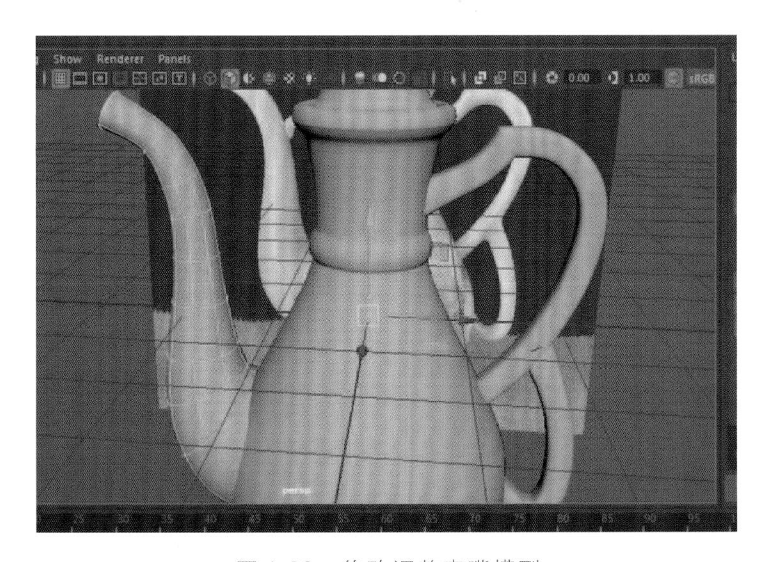

图 1.28 修改调整壶嘴模型

（17）选中壶嘴模型，按住鼠标右键不放进入 Isoparm 曲面加线模式为壶嘴顶部加线，然后按住鼠标右键不放进入Control Vertex曲面点层级调整模型细节，如图1.29所示。

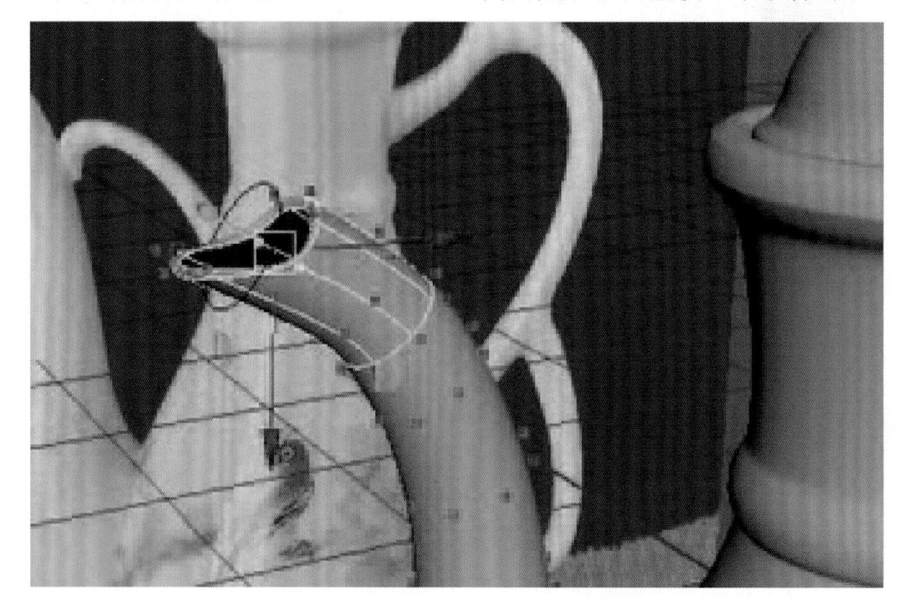

图 1.29　加线并调整壶嘴顶部细节

（18）创建一个 NURBS 曲面球体，选中球体，按住鼠标右键不放进入 Isoparm 层级，选中球体中间的 Isoparm 线，执行菜单 Surfaces → Detach 命令分离球体曲面，如图 1.30 所示。然后选中球体曲面下半部分删除，留下上面的部分，将上半部分球体缩放合适的大小并调整到壶嘴顶部合适的位置，制作出壶嘴顶部的半球体细节，如图 1.31 所示。

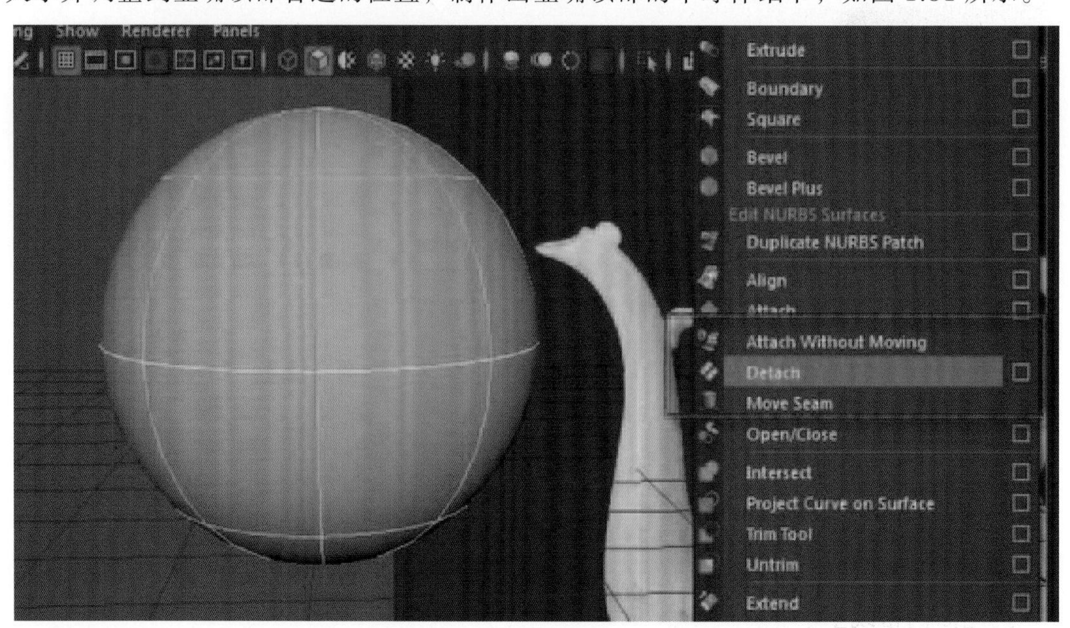

图 1.30　分离出半球体曲面

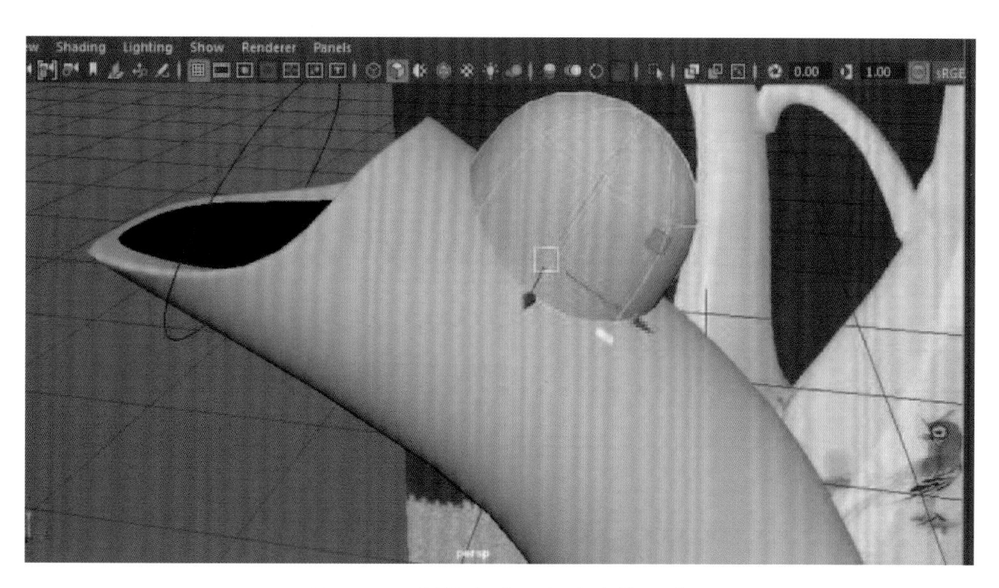

图 1.31　制作壶嘴顶部半球体细节

（19）根据前面制作把手、壶嘴同样的方法原理和命令制作出酒壶链接花纹模型，如图 1.32 所示。

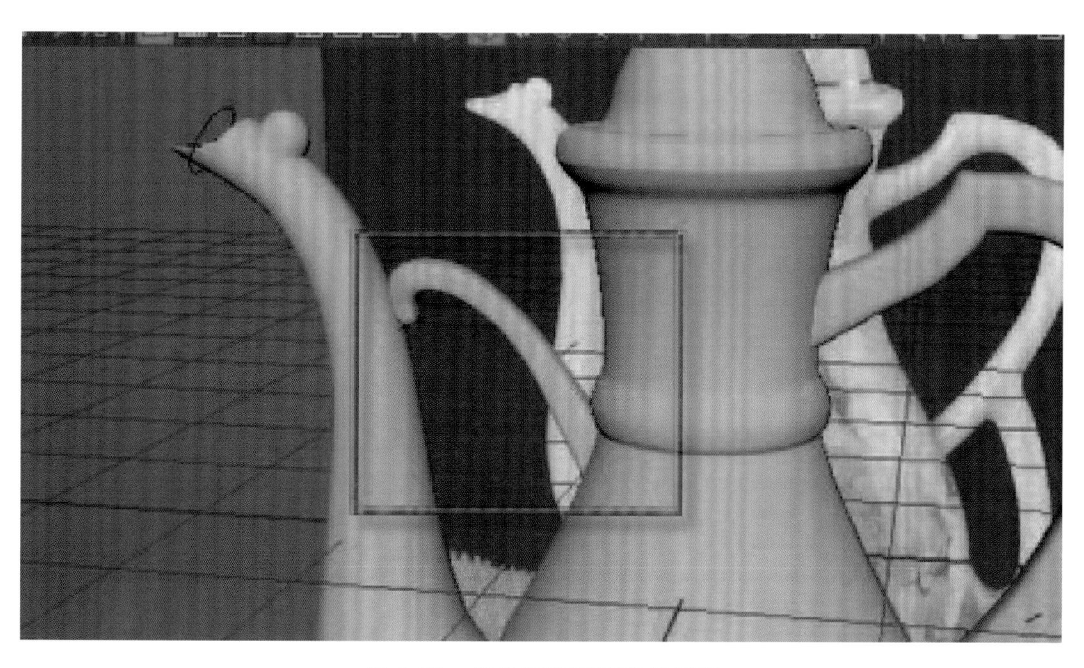

图 1.32　制作酒壶链接花纹模型

（20）框选酒壶所有模型，按快捷键 Ctrl+G 对酒壶模型打组，并将酒壶模型整体移动到地面网格线上的位置，如图 1.33 所示。

图 1.33　将酒壶模型整体移动到地面上

（21）点击 Polygons 标签，选择 Polygon Plane 平面图标创建地面模型，选中地面模型，按快捷键 Ctrl+D 再复制两块平面，分别放置到酒壶模型后面和左面合适的位置，如图 1.34 所示。

图 1.34　创建平面模型

（22）执行菜单 Create → Cameras → Camera 命令创建摄像机命令，创立一个摄像机，如图 1.35 所示。

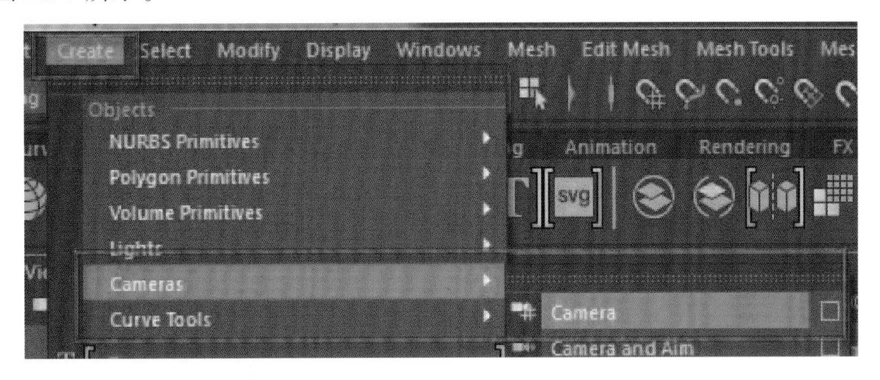

图 1.35　创建摄像机

（23）选中摄像机执行菜单 Panels → Look Through Selected，如图 1.36 所示。

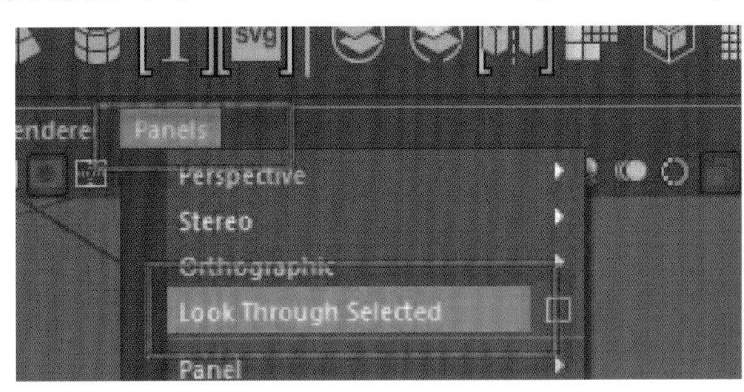

图 1.36　进入选择观察角度

（24）在 Camera（摄影机）视图中选择合适的视角方便后面渲染出图，如图 1.37 所示。

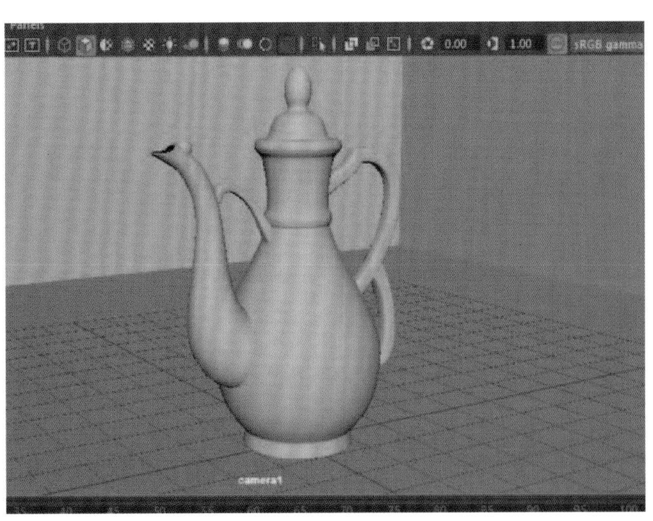

图 1.37　选择合适的视角

（25）执行菜单 Windows → Rendering Editors → Render Settings 命令，打开渲染设置对话框，如图 1.38 所示。设置 Width（宽）为 600，Height（高）为 1200，如图 1.39 所示。

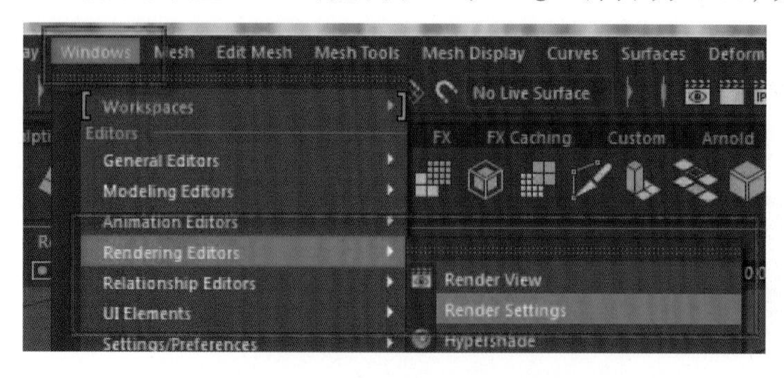

图 1.38　打开渲染设置对话框

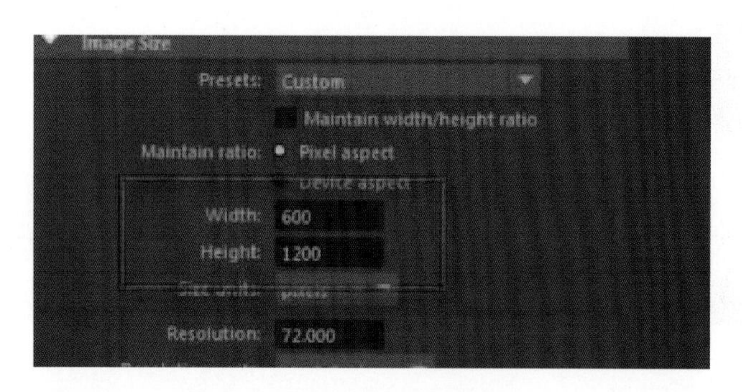

图 1.39　设置宽高参数

（26）执行 View → Camera Settings → Resolution Gate 命令，打开摄像机安全框，如图 1.40 所示。

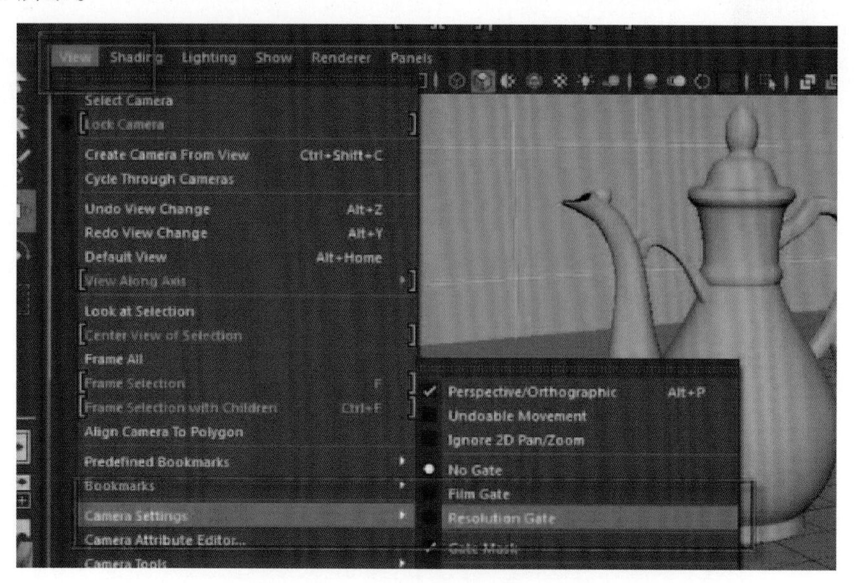

图 1.40　打开摄像机安全框

（27）执行菜单 Windows → Rendering Editors → Hypershade 命令，打开 Maya 材质面板，创建 aiAmbientocclusion 材质球，并将材质赋予场景中的酒壶模型，如图 1.41 所示。

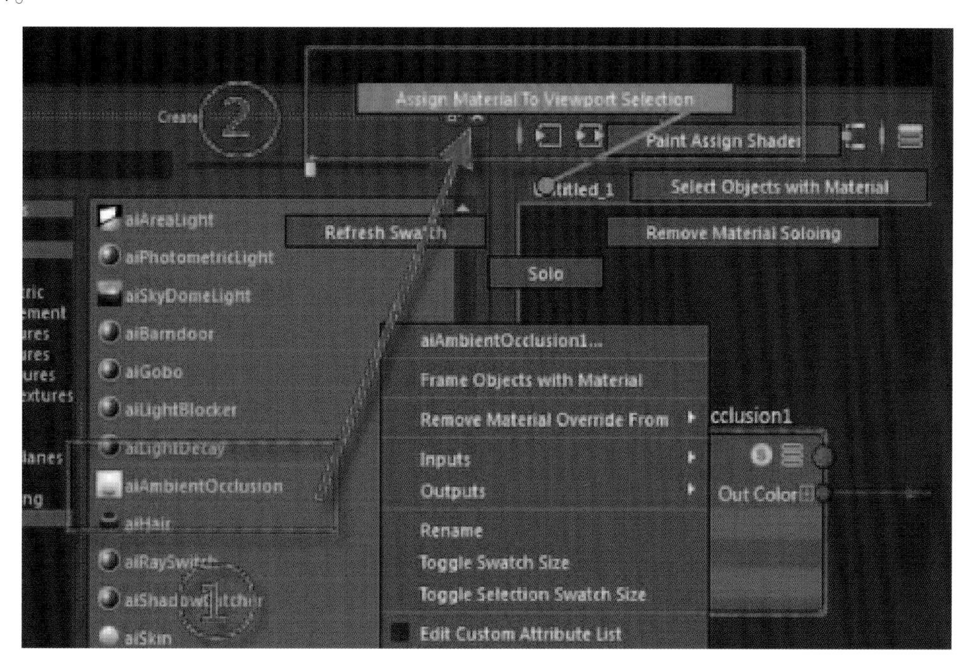

图 1.41　创建材质并赋予酒壶材质

（28）将 aiAmbientocclusion 材质球右边的 Samples 属性设置为 10，如图 1.42 所示。

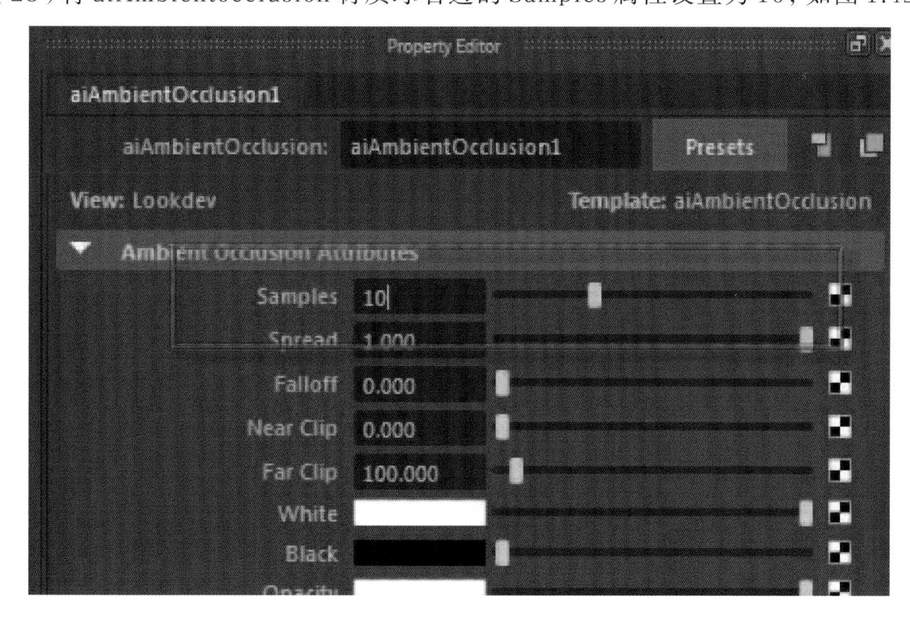

图 1.42　设置 Samples 属性

（29）执行菜单 Windows → Rendering Editors → Render Settings 命令，打开渲染设置对话框，将 Render Using 设置为 Arnold Renderer（阿诺德渲染器），如图 1.43 所示。

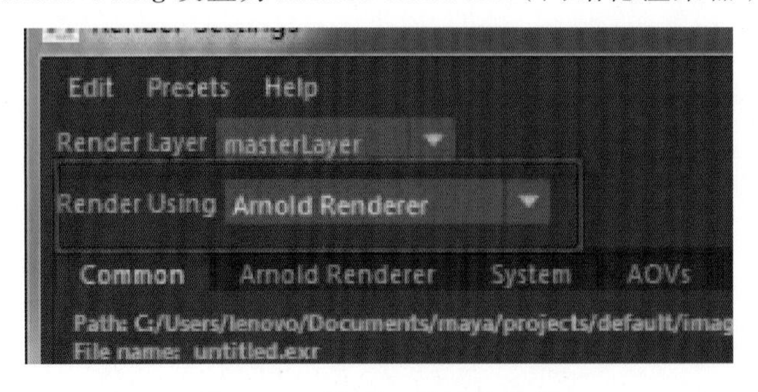

图 1.43　设置阿诺德渲染器

（30）执行 Arnold → Arnold RenderView 命令，打开渲染视图菜单进行出图渲染，如图 1.44 所示。

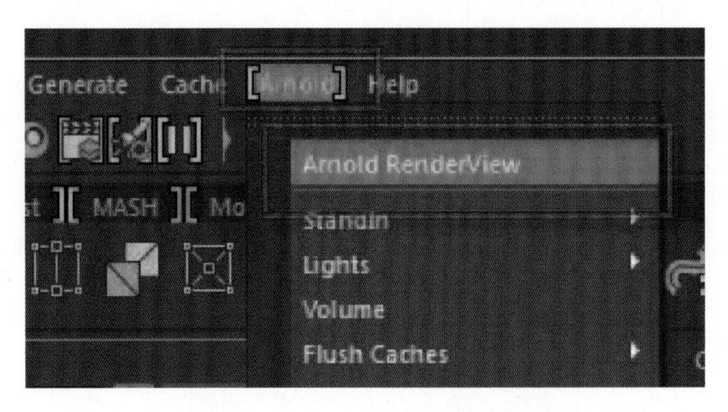

图 1.44　打开渲染视图

（31）耐心等待阿诺德渲染器渲染出图（直到没有渲染闪烁方格出现）。酒壶模型最终的白模渲染完成效果如图 1.45 所示。

图 1.45　酒壶白模最终渲染完成效果

【项目拓展】

运用本项目所学知识，创建一套茶具模型的效果，如图 1.46 所示。

图 1.46　茶具模型

【项目评价】

运用项目评价表进行评价，如表 1.1 所示。

表 1.1　初识 Maya 评价表

项目 1　评价细则		自　评	教师评价
1	Maya 物体与视图的基本操作		
2	Maya 建立工程目录		
3	Import Image 命令导入图像		
4	CV Curve Tool 命令创建曲线		
5	Revolve、Extrude 命令创建曲面		
6	Circle 命令创建圆形曲线		
项目综合评价			

圆 号

【项目提出】

圆号（图 2.1），又称法国号，是一种广泛用于交响乐队、军乐队中的铜管乐器。圆号造型结构比较复杂。本项目将使用 Maya 曲线、曲面制作圆号的模型。

图 2.1　圆　号

【项目分析】

圆号的模型结构主要包括喇叭口部分、音管部分、活塞杆部分、主管部分、号嘴部分。制作模型之前要对圆号的结构造型进行分析研究，对圆号结构分析透彻以后，再进入 Maya 软件制作圆号的模型。

【学习目标】

要求掌握以下内容：

（1）Insert（插入键）改变坐标轴位置的方法。

（2）对圆号模型造型结构的把握。

（3）曲面模型 Hull 状态的编辑方法。

（4）Surfaces → Extrude → Result position：At path 令的使用。

（5）使用 Surfaces → Insert Isoparms 命令添加 Iso 曲线。

（6）Arnold 阿诺德渲染器的基本设置。

【项目实施】

（1）运行 Maya 软件，如图 2.2 所示。

图 2.2　运行 Maya 软件

（2）选中 front-z 前视图，按一下空格键，视图将最大化。执行视图下 View → Image Plane → Import Image 命令，如图 2.3 所示。找到圆号参照图，执行 Open 命令，如图 2.4 所示。

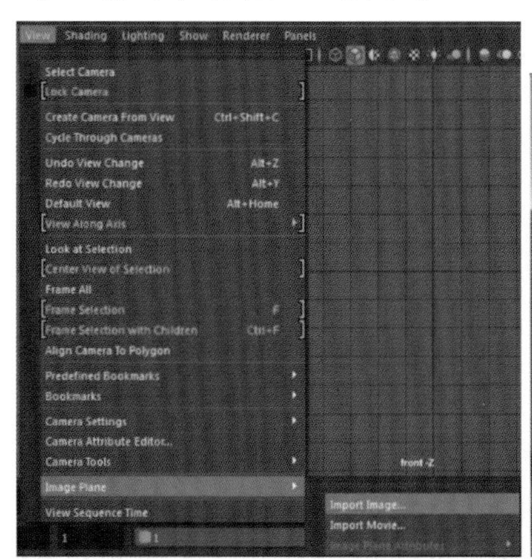

图 2.3

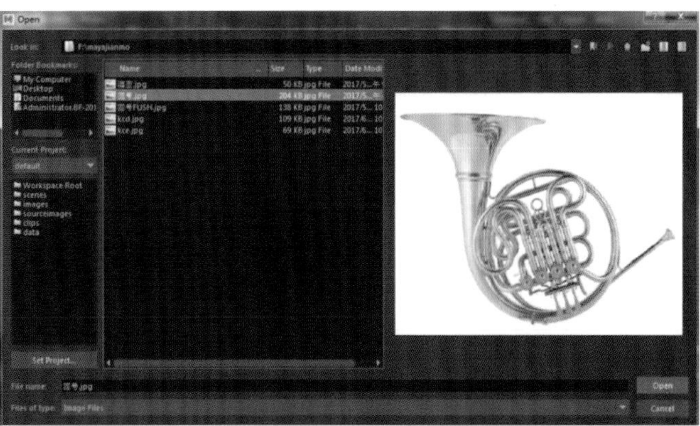

图 2.4

（3）选中导入参考图，按 Ctrl+A 键，打开属性面板，设置 Image center_Z 轴为 −50，如图 2.5 所示。

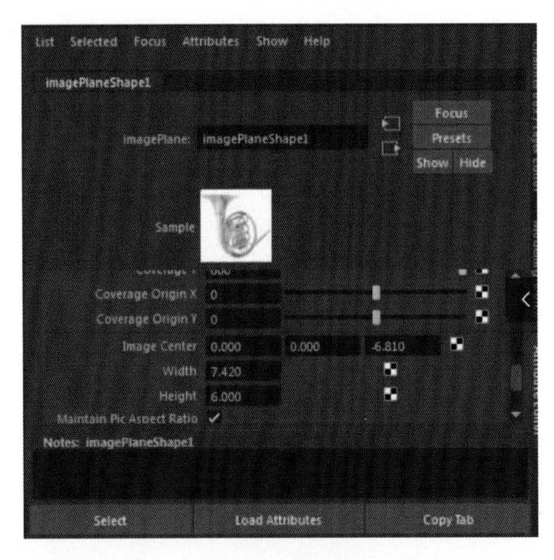

图 2.5

（4）执行 Create → Curve Tools → CV Curve Tool 命令，如图 2.6 所示。

图 2.6

（5）根据参考图上的走向，用 CV 曲线画线（注意：画线时由内画到外），如图 2.7 所示。

（6）在界面中，点击 Curver/Surfaces →圆环图标，如图 2.8 所示。

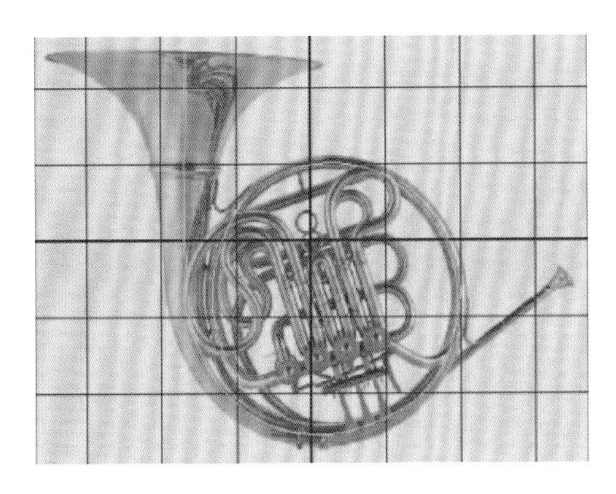

图 2.7

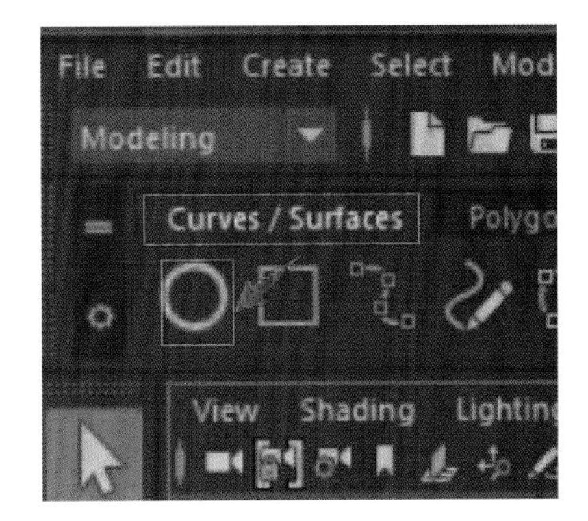

图 2.8

（7）按 W 键移动，按 E 键旋转，按 R 键缩放，调整圆环大小与位置，如图 2.9 所示。

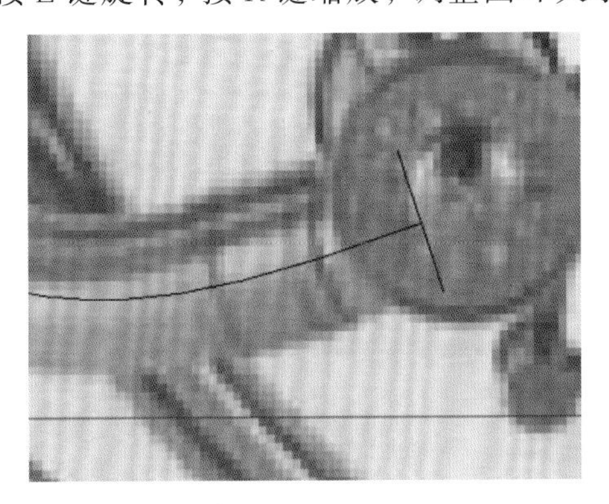

图 2.9

（8）先选中圆环，再按 Shift 键加选 CV 曲线，如图 2.10 所示。点击 Surfaces → Extrude 后面的小方框，如图 2.11 所示，在弹出的命令面板下执行 Edit → Reset Settings，如图 2.12 所示。修改 Style 为 Tube，Result position 为 At path，Pivot 为 Closest end point，Rotation 为 0.0000，Scale 为 2；如图 2.13 所示。

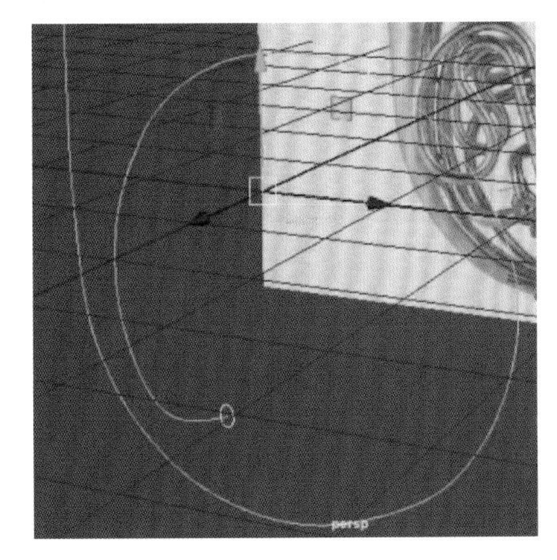

图 2.10

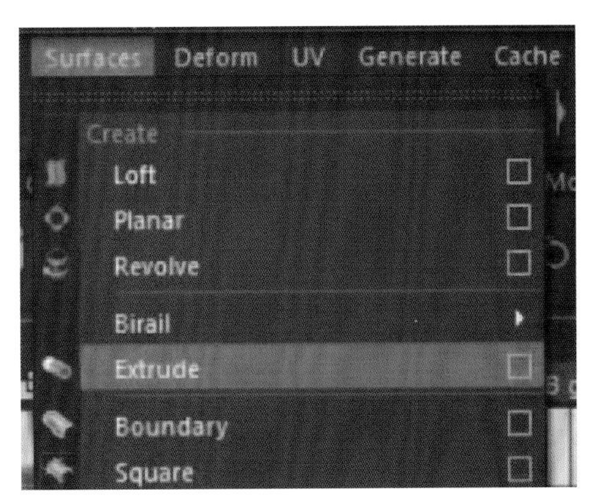

图 2.11

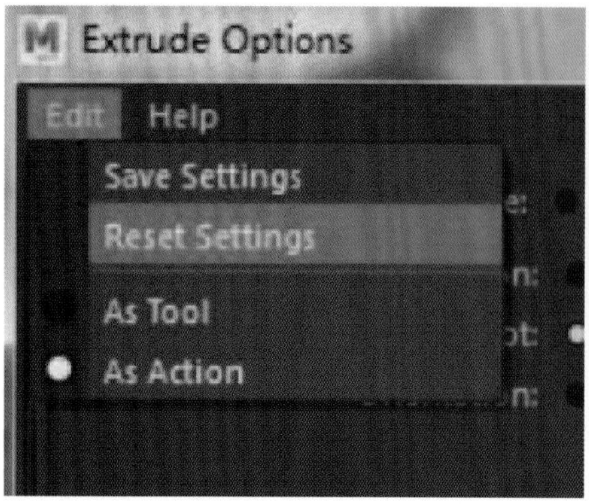

图 2.12

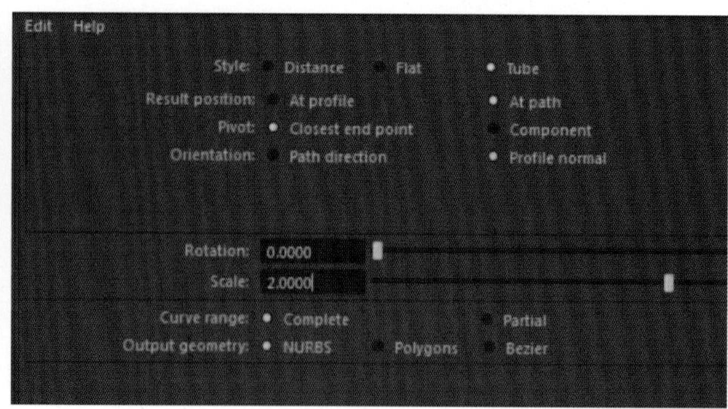

图 2.13

（9）这时模型的面法线反了，如图 2.14 所示，应执行 Surfaces → Reverse direction 命令，反转法线，如图 2.15 所示。

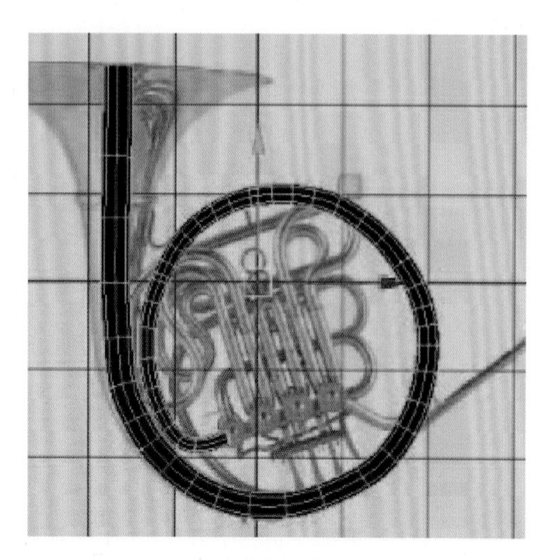

图 2.14

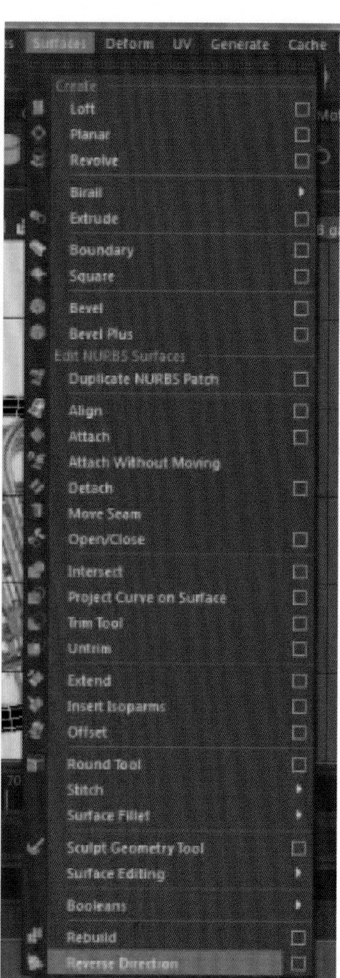

图 2.15

（10）选中模型，单击鼠标右键，选择 Control Vertex 点，调整模型，如图 2.16 所示。

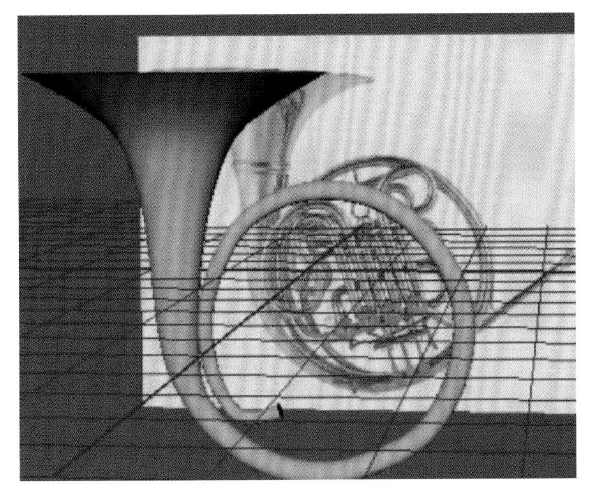

图 2.16

（11）执行 Create → Curve Tools → CV Curve Tool 命令，如图 2.17 和图 2.18 所示，按 Ctrl+D 键复制圆环并调整位置，如图 2.19 所示。

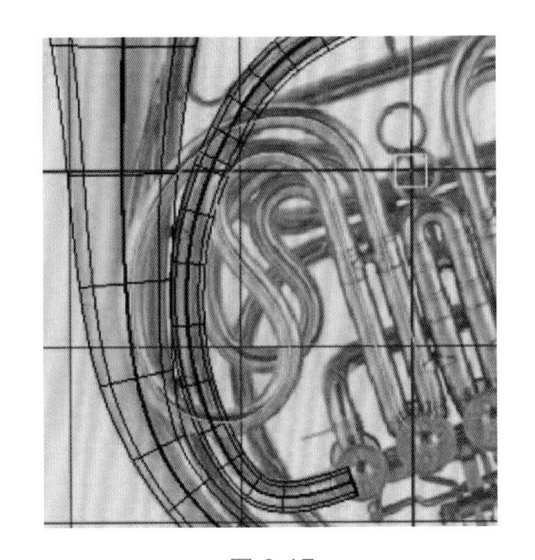

图 2.17

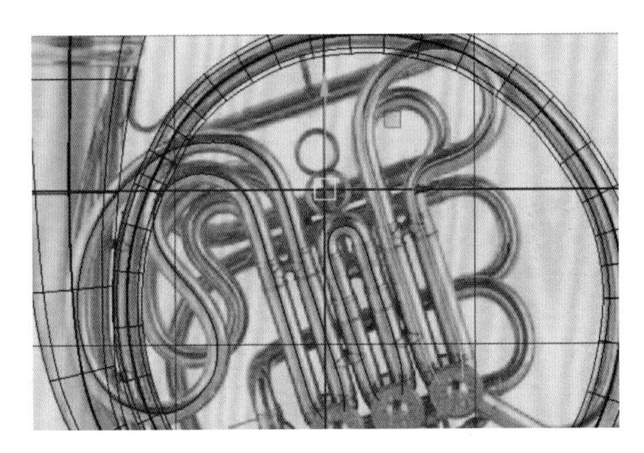

图 2.18

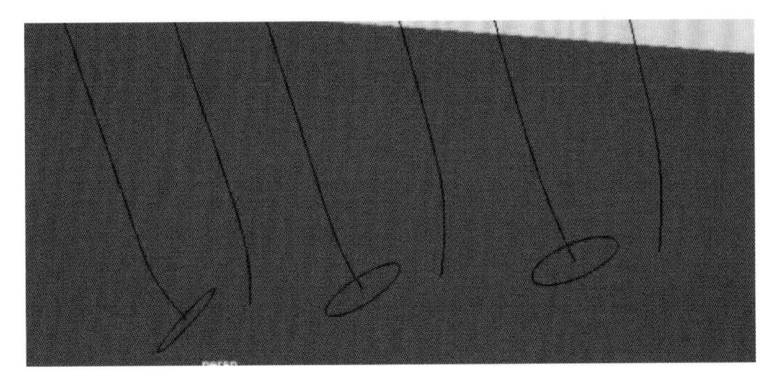

图 2.19

（12）先选中圆环，再按 Shift 键加选 CV 路径曲线，如图 2.20 所示，执行 Surfaces → Extrude 后面的小方框，如图 2.21 所示，在弹出的命令面板下执行 Edit → Reset Settings，修改 Result position：At path，执行 Extrude，如图 2.22 所示，先选中圆环，再按 Shift 键加选 CV 路径曲线，按 G 键执行上一命令，如图 2.23 所示。

图 2.20

图 2.21

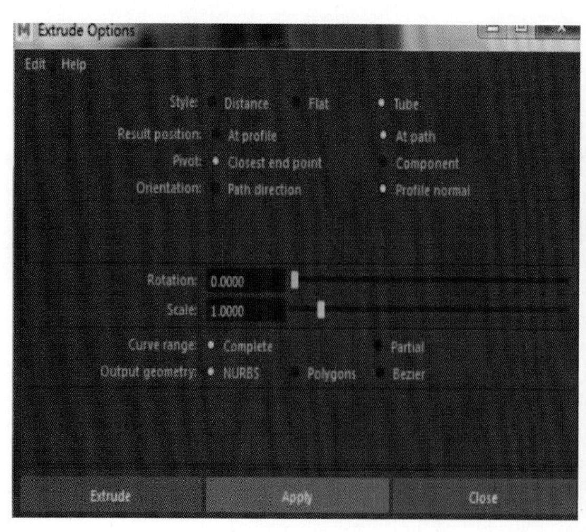

图 2.22

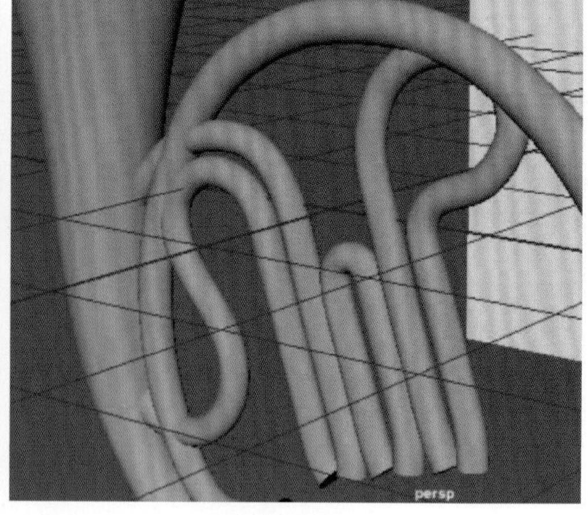

图 2.23

（13）选中中间的 3 个模型，按 Ctrl+G 键打组，如图 2.24 所示。再按 Insert（插入键）移动坐标，如图 2.25 所示。

（14）按 W 键移动，E 键旋转，调整模型（注意：不要让模型之间发生穿插），如图 2.26 所示。

（15）执行 Create → Curve Tools → CV Curve Tool 命令，如图 2.27 所示。

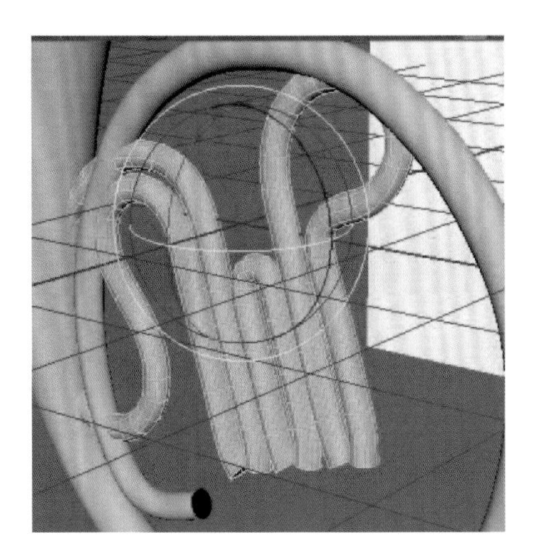

图 2.24

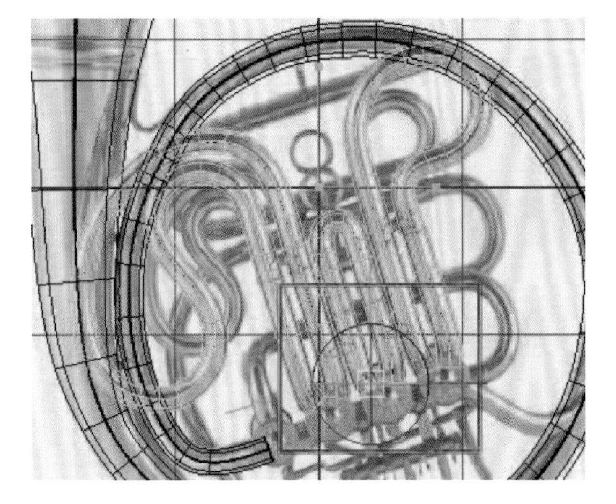

图 2.25

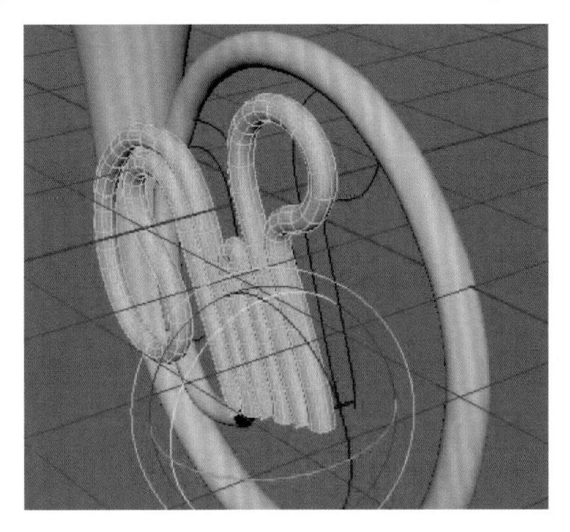

图 2.26

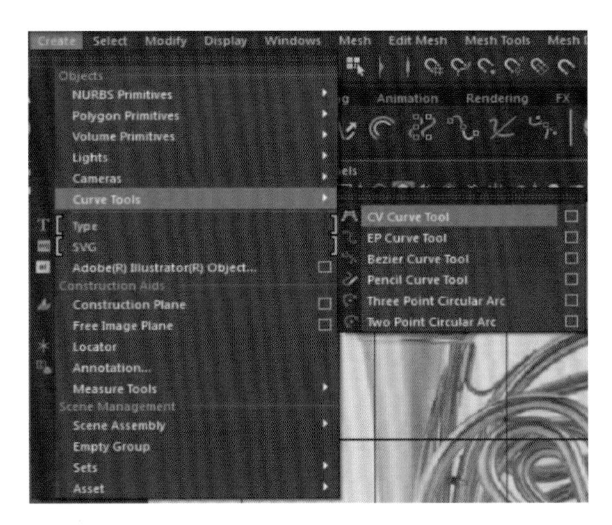

图 2.27

（16）根据参考图，画 CV 曲线，如图 2.28 所示。选中曲线，点击鼠标右键进入热键菜单，选择 Control Vertex 点，选中点，如图 2.29 所示。按 W 键移动，调整曲线，如图 2.30 所示。

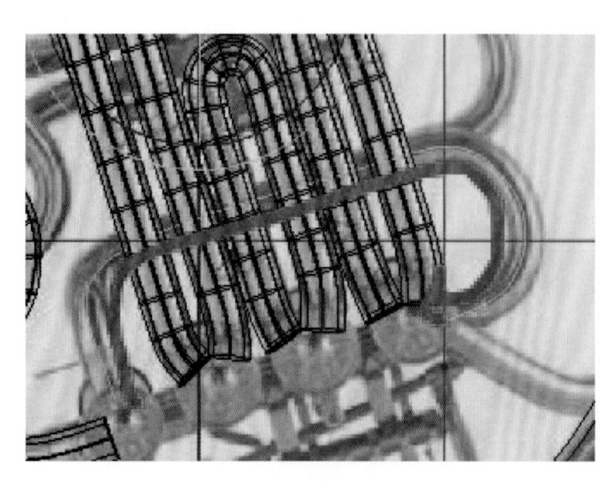

图 2.28

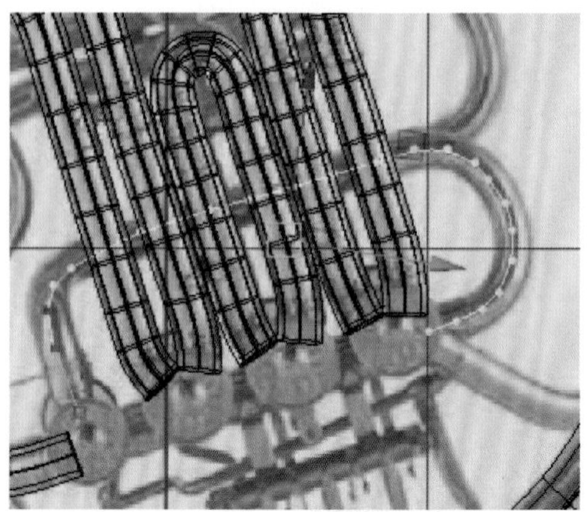

图 2.29

（17）按 Ctrl+D 组合键复制圆环并调整位置，如图 2.31 所示。

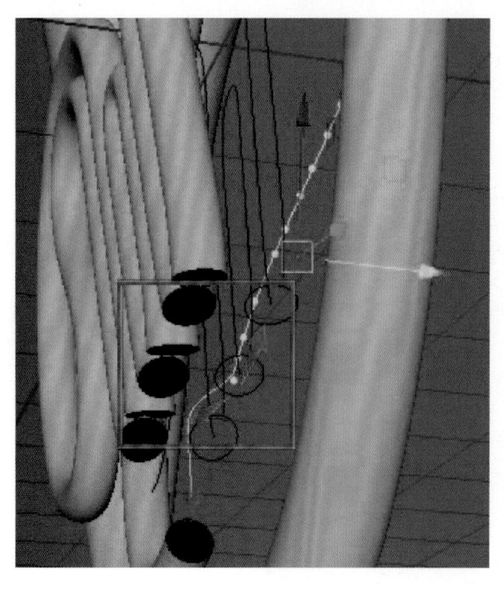

图 2.30

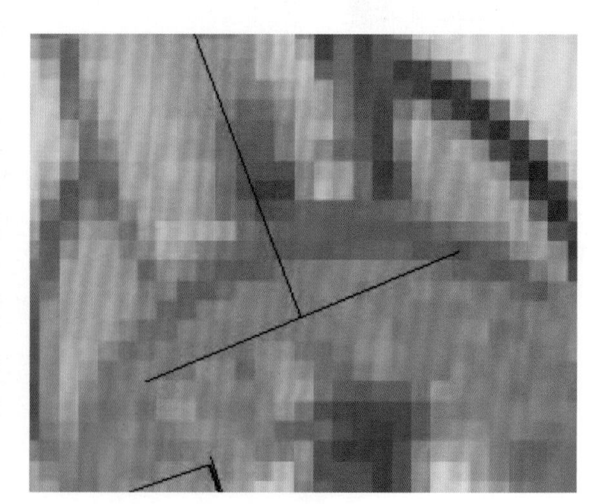

图 2.31

（18）先选中圆环，再按 Shift 键加选 CV 曲线，如图 2.32 所示，执行 Surfaces → Extrude 后面的小方框，如图 2.33 所示，在弹出的命令面板下执行 Edit → Reset Settings，如图 2.34 所示，修改 Result position：At path，执行 Extrude，如图 2.35 所示。

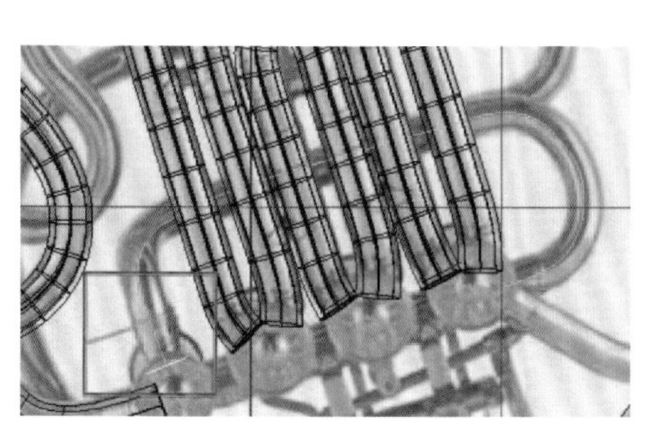

图 2.32

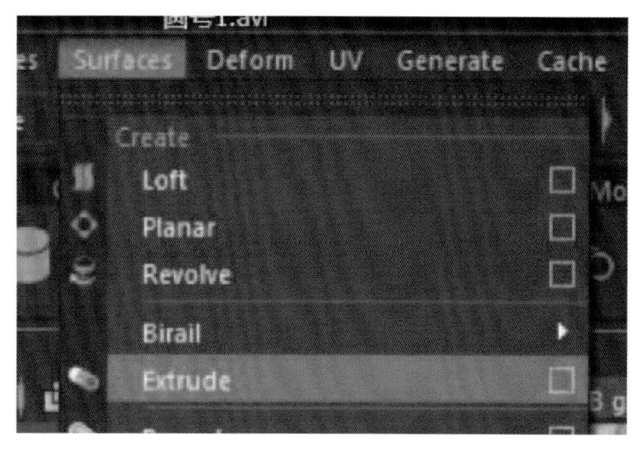

图 2.33

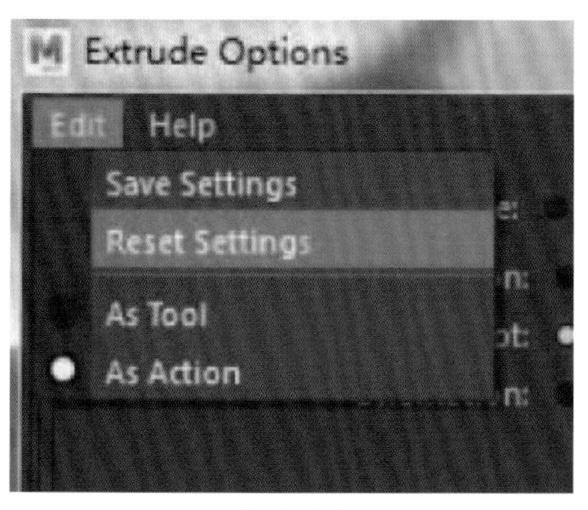

图 2.34

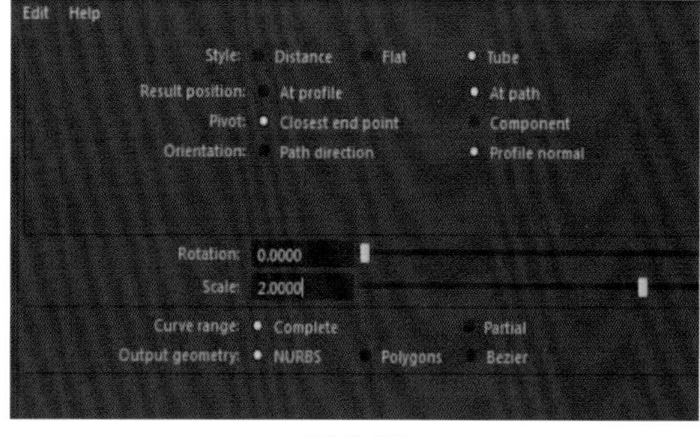

图 2.35

（19）执行 Create → Curve Tools → CV Curve Tool 命令，如图 2.36 所示。

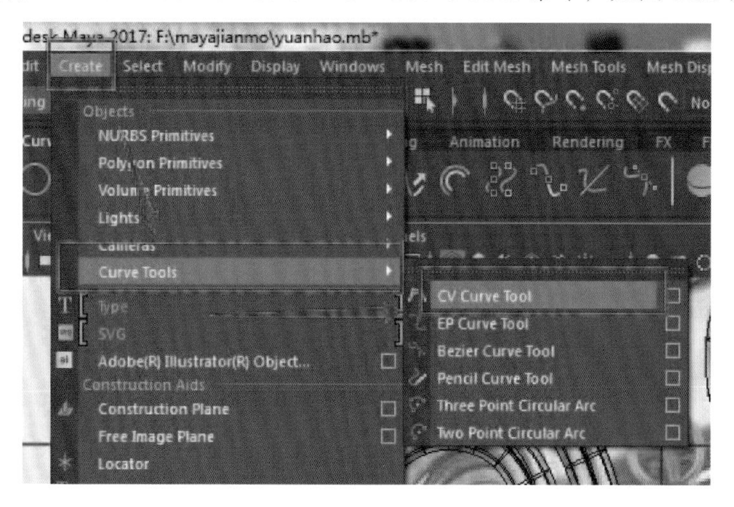

图 2.36

（20）用 CV 曲线，根据参考图结构的走向画曲线，如图 2.37 所示，按 Ctrl+D 键复制圆环并调整位置，如图 2.38 所示。

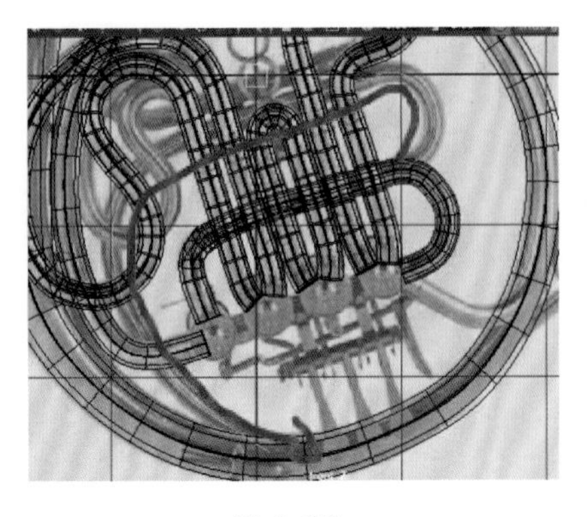

图 2.37

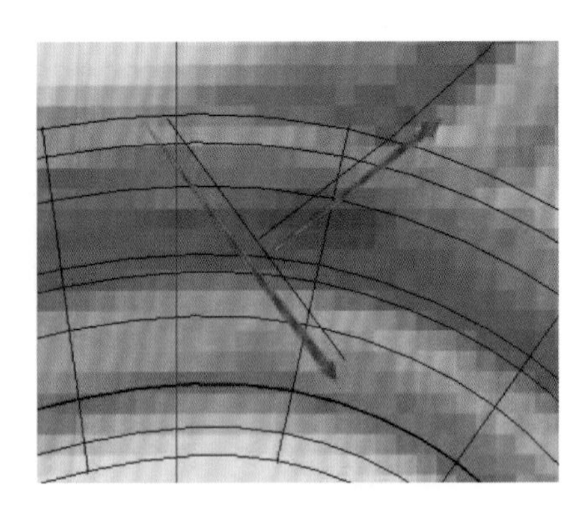

图 2.38

（21）先选圆环，再加选曲线，如图 2.39 所示，执行 Surfaces → Extrude 命令，如图 2.40 所示。

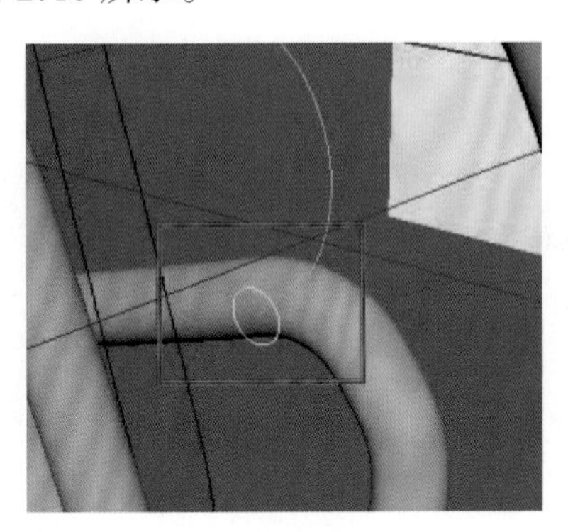

图 2.39

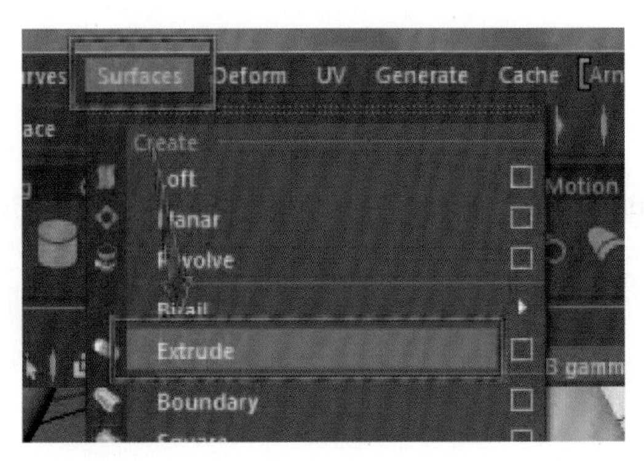

图 2.40

（22）执行 Create → Curve Tools → CV Curve Tool 命令，如图 2.41 所示。

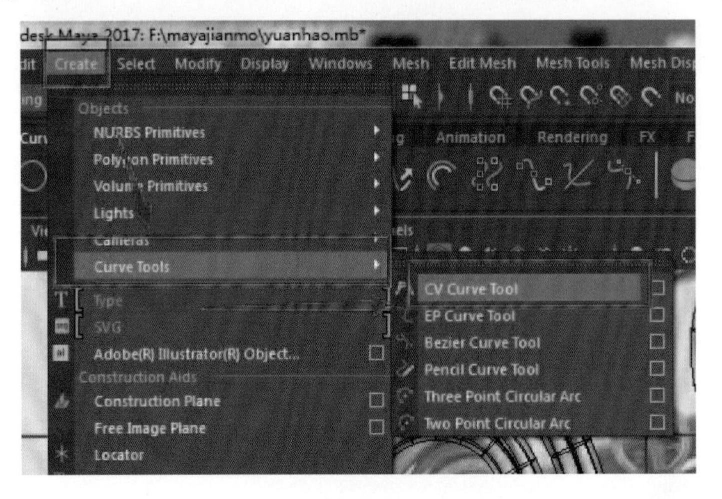

图 2.41

（23）创建 CV 曲线，根据参考图结构的走向画曲线，如图 2.42 和图 2.43 所示。

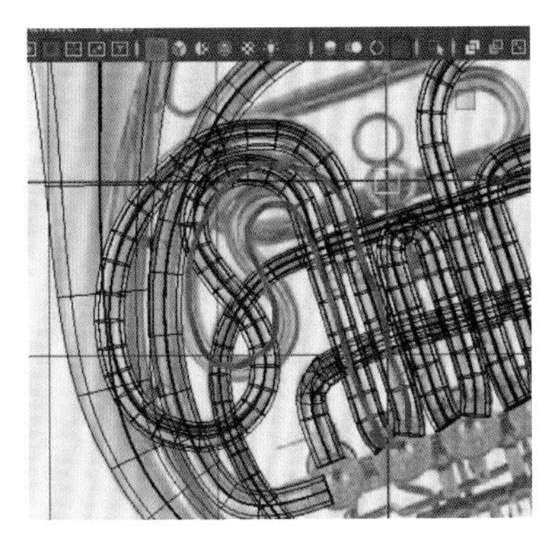

图 2.42

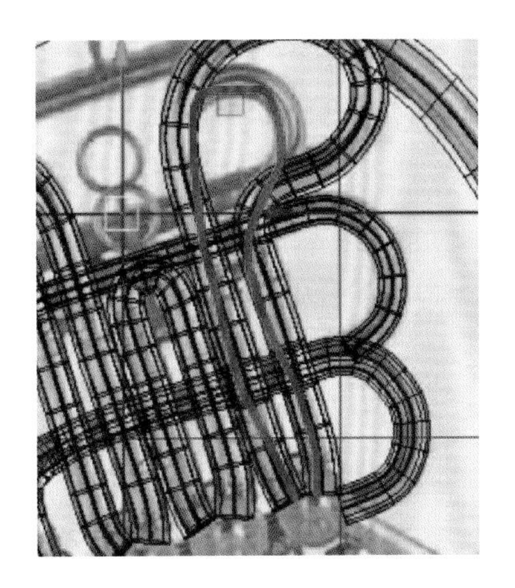

图 2.43

（24）按 Ctrl+D 键复制圆环并调整位置，如图 2.44 所示。先选中圆环，再按 Shift 键加选 CV 曲线，执行 Surfaces → Extrude 命令，如图 2.45 所示。

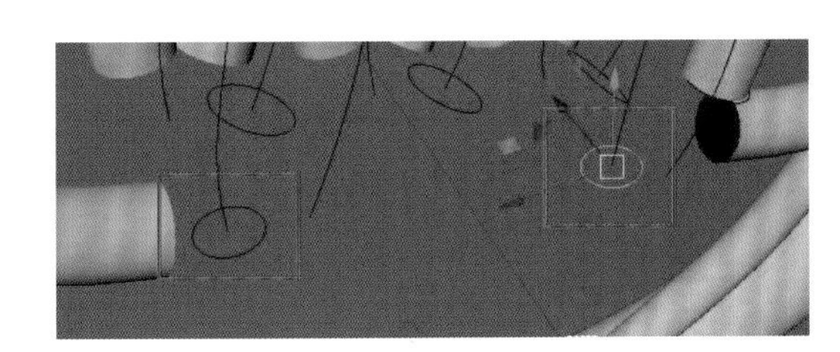

图 2.44

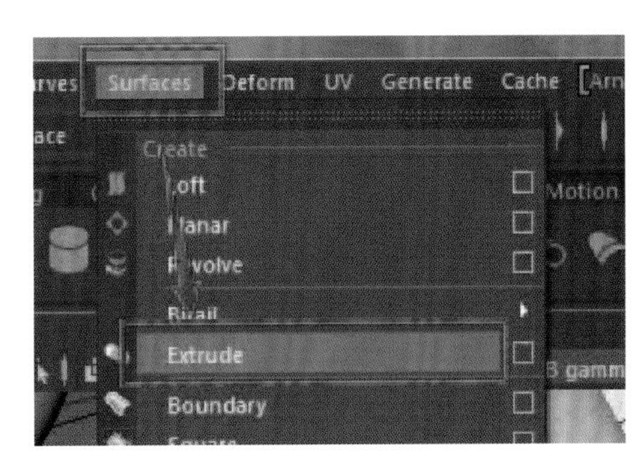

图 2.45

（25）选中中间的 3 个模型，按 Ctrl+G 组合键打组，如图 2.46 所示。再按 Insert（插入键）移动坐标，如图 2.47 所示。

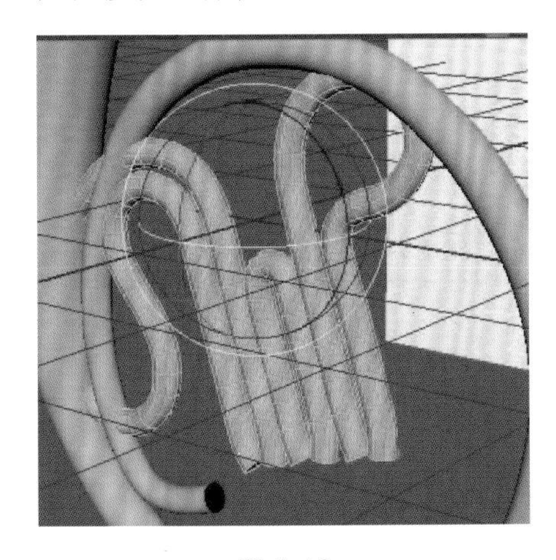

图 2.46

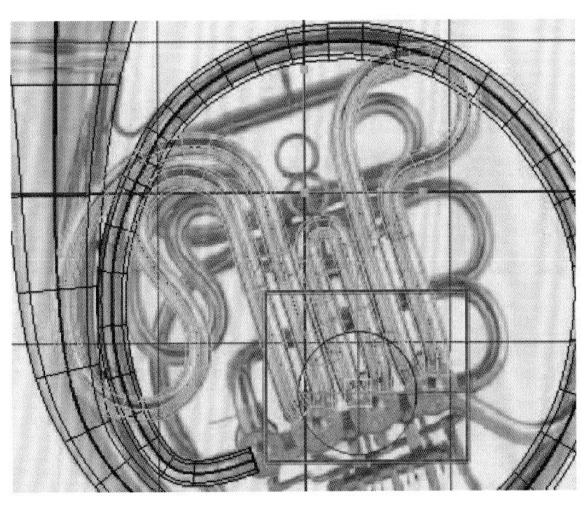

图 2.47

（26）按 W 键移动，E 键旋转，调整模型（注意：不要让模型之间发生穿插），如图 2.48 和图 2.49 所示。

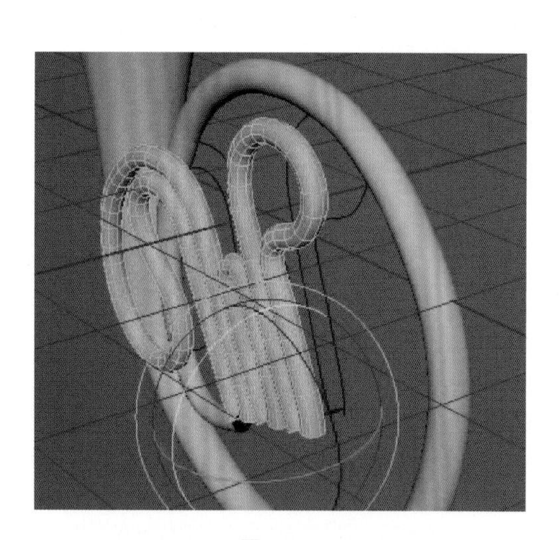

图 2.48

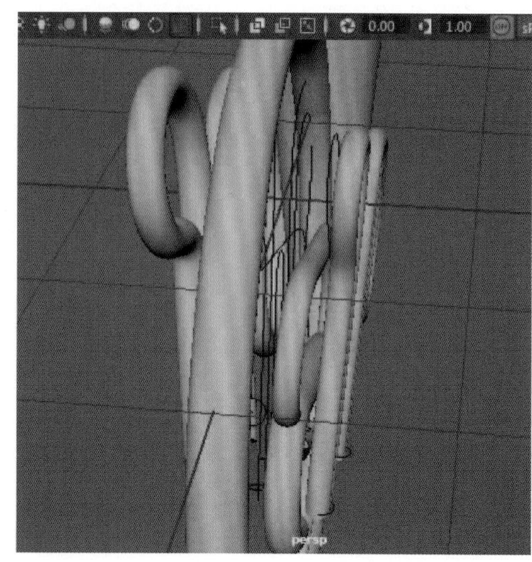

图 2.49

（27）执行 Create → Curve Tools → CV Curve Tool 命令，如图 2.50 所示，在前视图中画出半剖面形状的曲线，如图 2.51 所示。

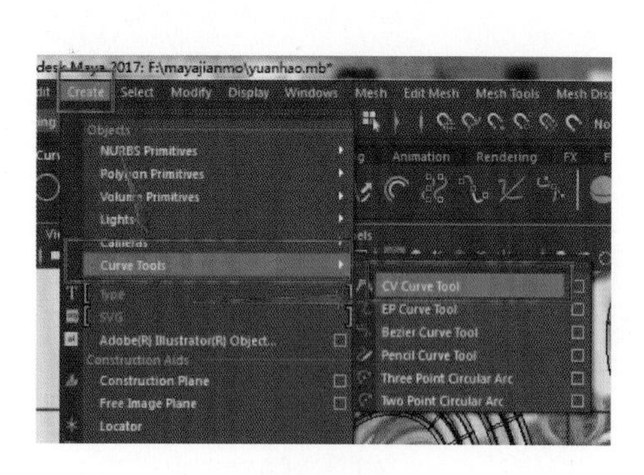

图 2.50

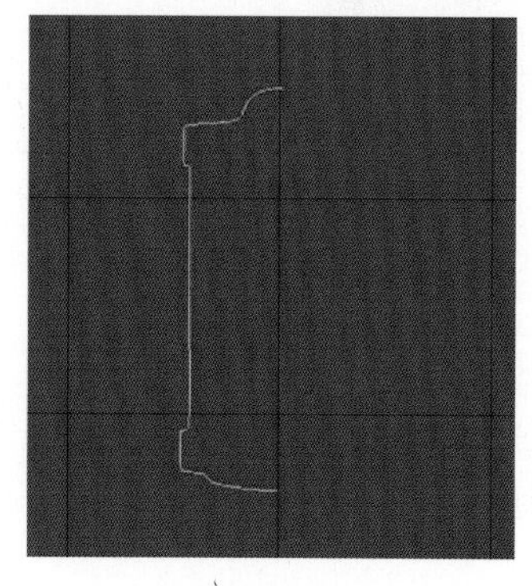

图 2.51

（28）选中半剖面曲线，执行 Modify → Center Pivot 命令，如图 2.52 所示，再按 Insert（插入键）移动坐标，如图 2.53 所示。

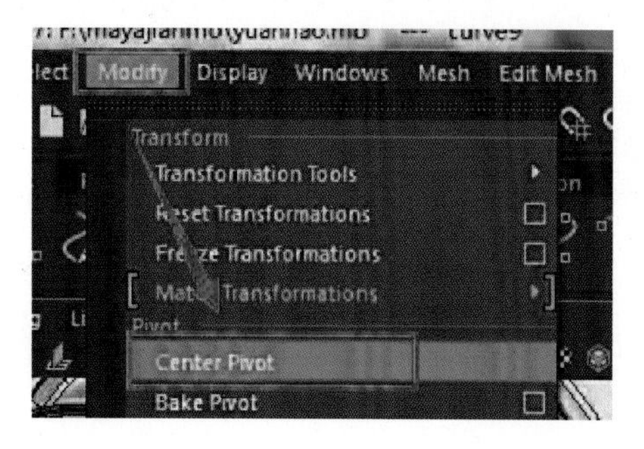

图 2.52

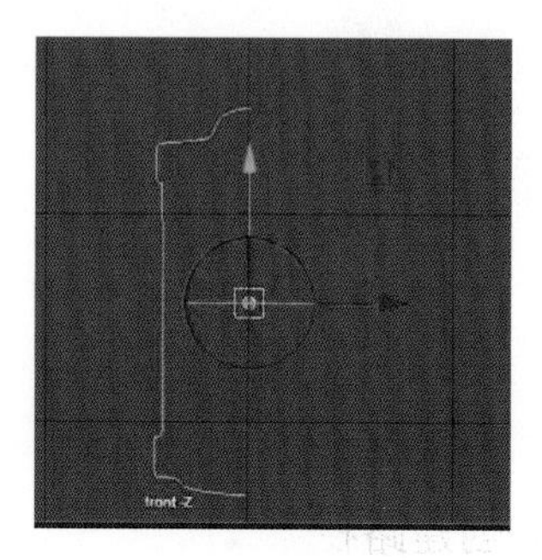

图 2.53

（29）执行 Surfaces→Revolve 命令，如图 2.54 所示。模型完成效果如图 2.55 所示。

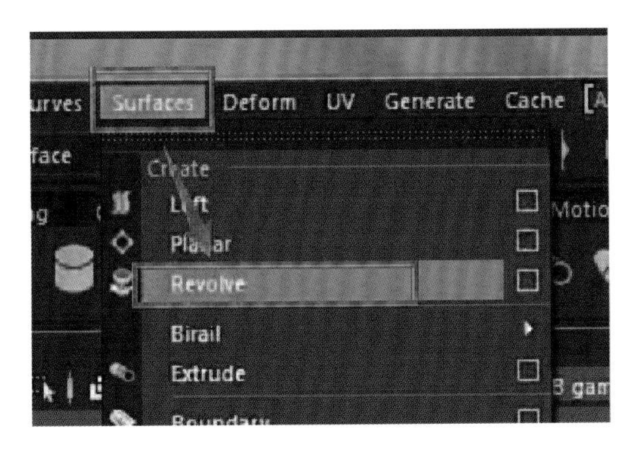

图 2.54

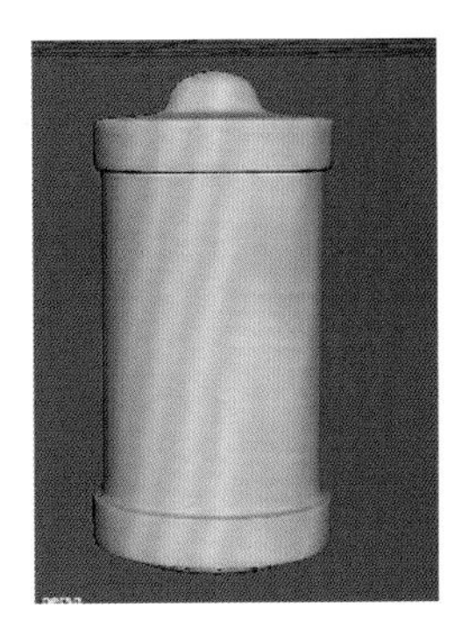

图 2.55

（30）执行 Edit→Delete All by Type→History 命令删除历史记录，选中模型，执行 Modify→Center pivot 命令，如图 2.56 所示。X 轴旋转属性设置为 90° ，如图 2.57 所示。

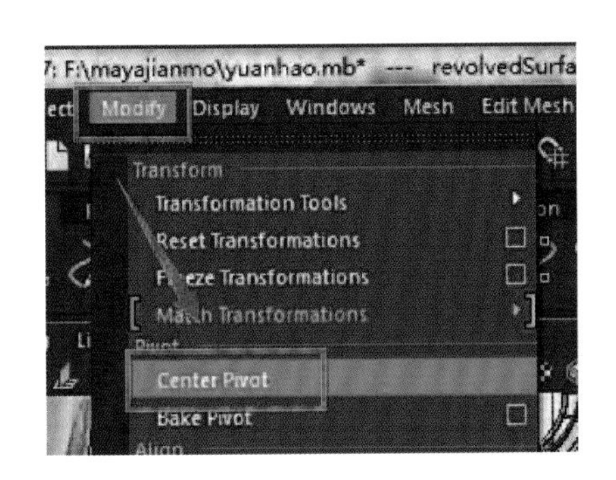

图 2.56

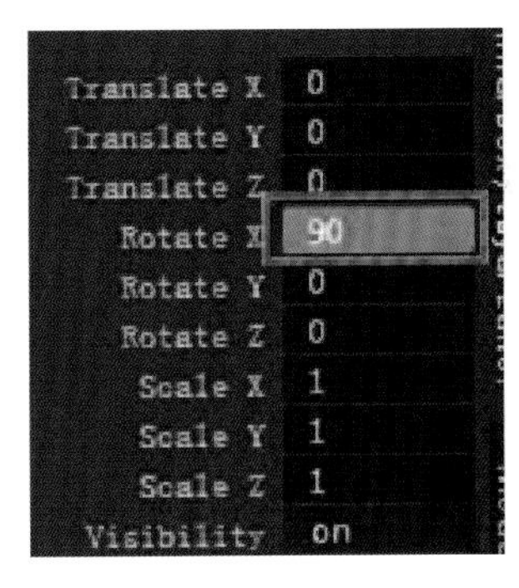

图 2.57

（31）将模型调整到合适位置，如图 2.58 所示，再按 Ctrl+D 键复制 3 个模型，如图 2.59 所示。

图 2.58

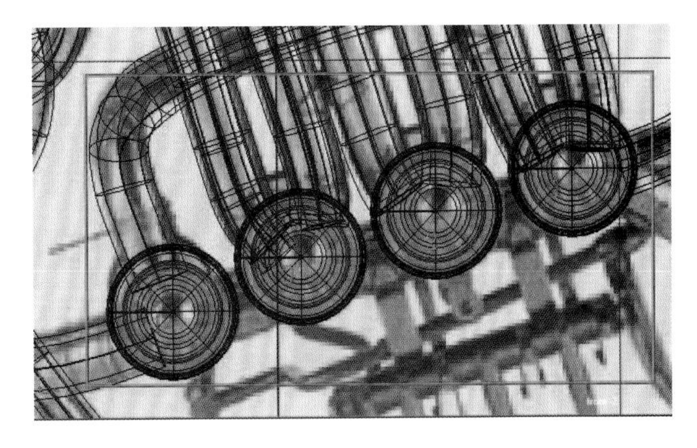

图 2.59

（32）创建路径曲线如图 2.60 所示，按 Ctrl+D 键复制圆环曲线并调整位置，如图 2.61

所示。

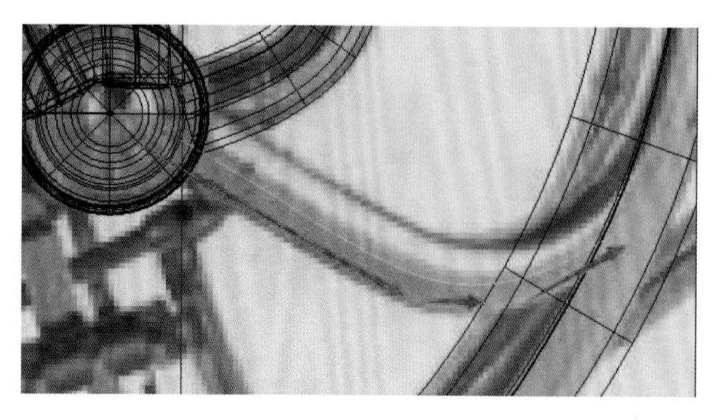

图 2.60

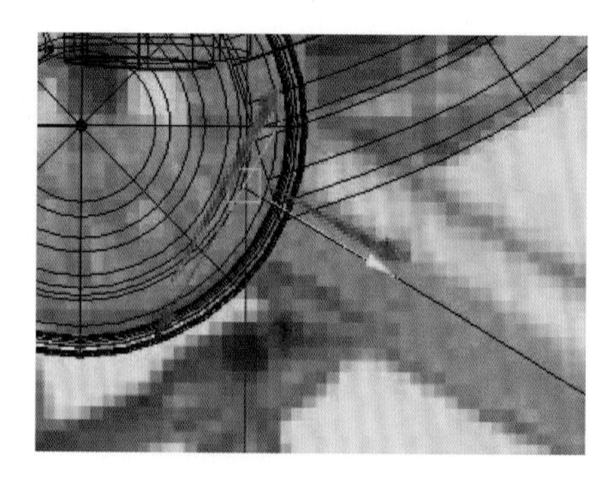

图 2.61

（33）执行 Surfaces → Extrude 命令，如图 2.62 所示。

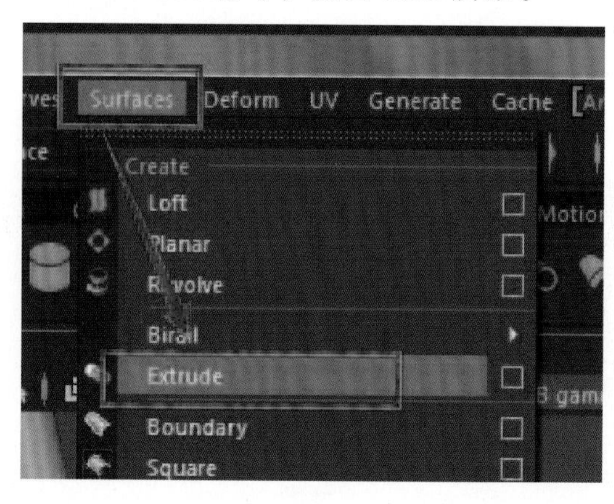

图 2.62

（34）执行 Create → NURBS Primitives → Cylinder 命令，创建 NURBS 圆柱体，如图 2.63 所示，并调整缩放圆柱体的宽高、大小位置，如图 2.64 所示。

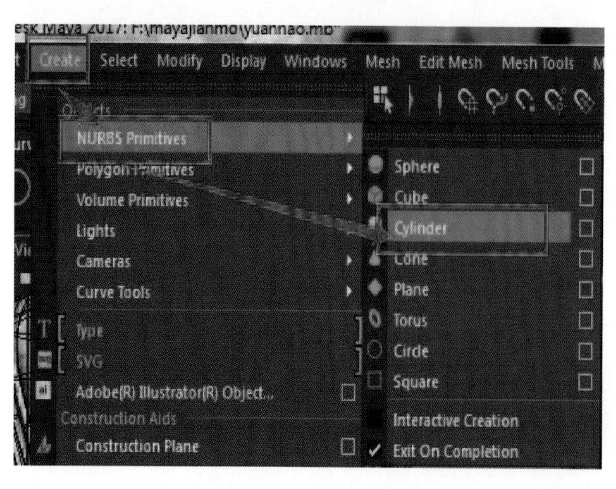

图 2.63

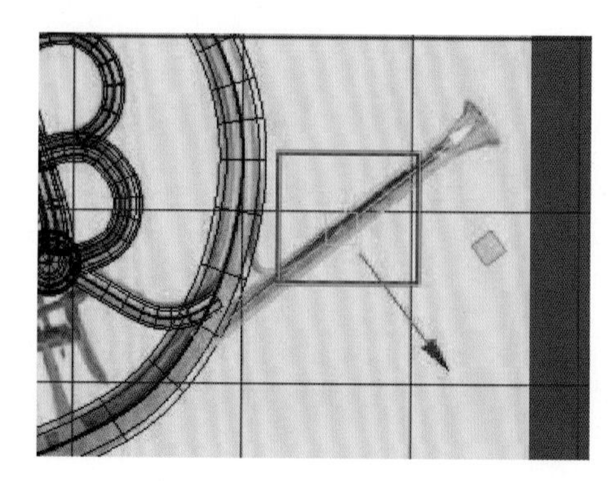

图 2.64

（35）选中圆柱体，按住鼠标右键不放，执行 Isoparm 命令，如图 2.65 所示，按住 Shift 键加线如图 2.66 所示，执行 Surfaces → Insert Isoparms 命令插入 Iso 线，如图 2.67 所示。

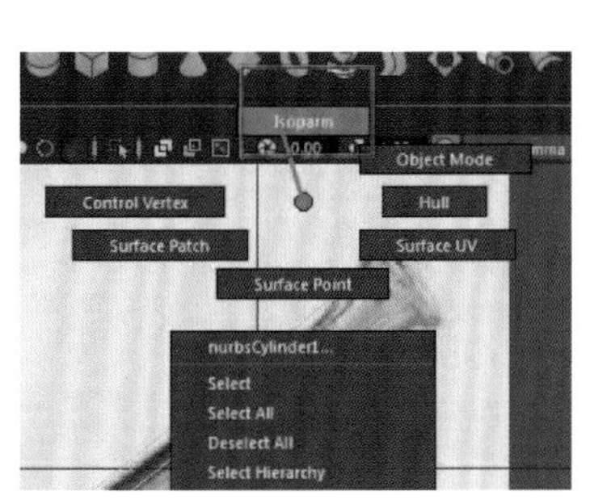

图 2.65

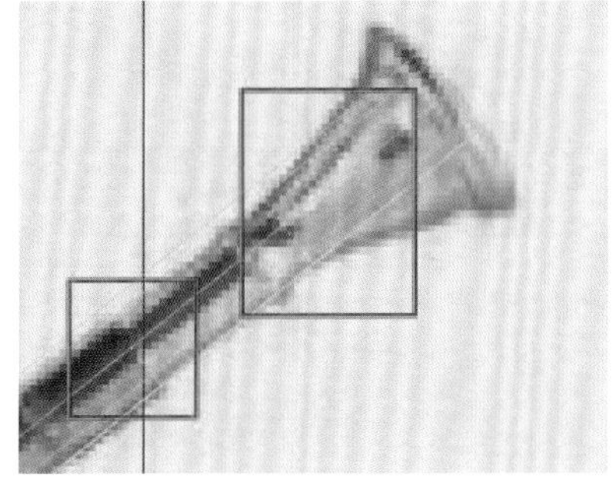

图 2.66

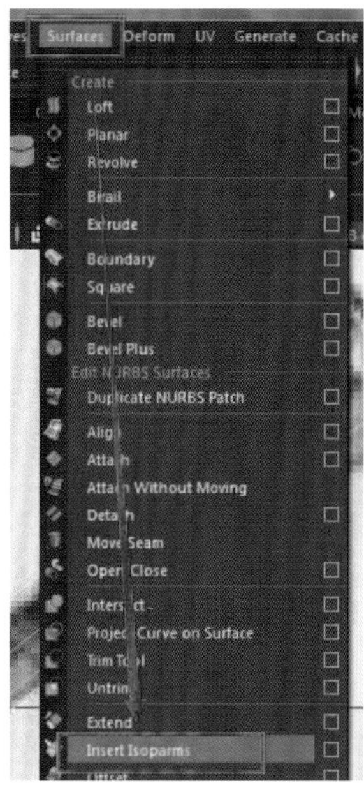

图 2.67

（36）选中圆柱体模型，单击鼠标右键，选择 Control Vertex 点，调整模型，如图 2.68 所示，按住鼠标右键，执行 Isoparm 命令，按住 Shift 键加线如图 2.69 所示，执行 Surfaces → Insert Isoparms 命令，如图 2.70 所示。

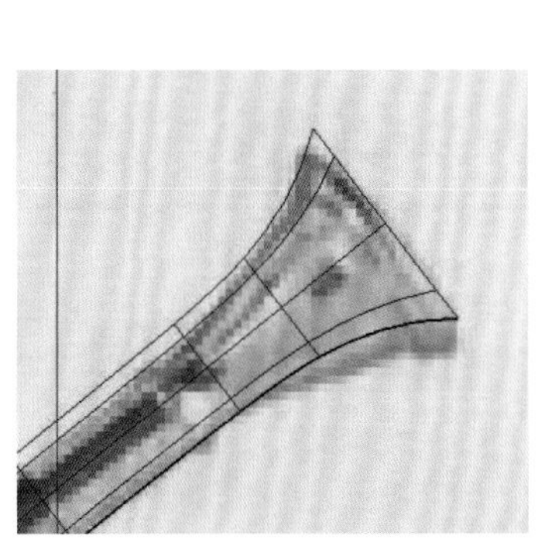

图 2.68

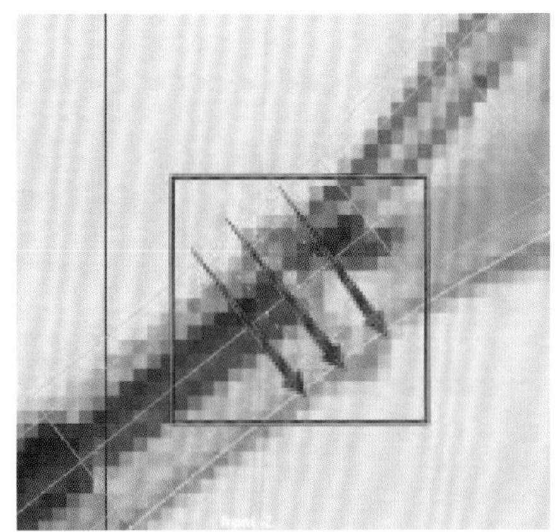

图 2.69

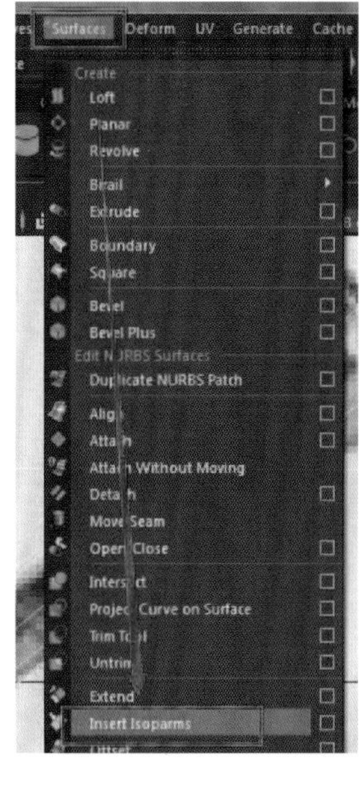

图 2.70

（37）按住鼠标右键→Hull状态，选中中间的环线，按R键缩放调整，如图2.71所示。

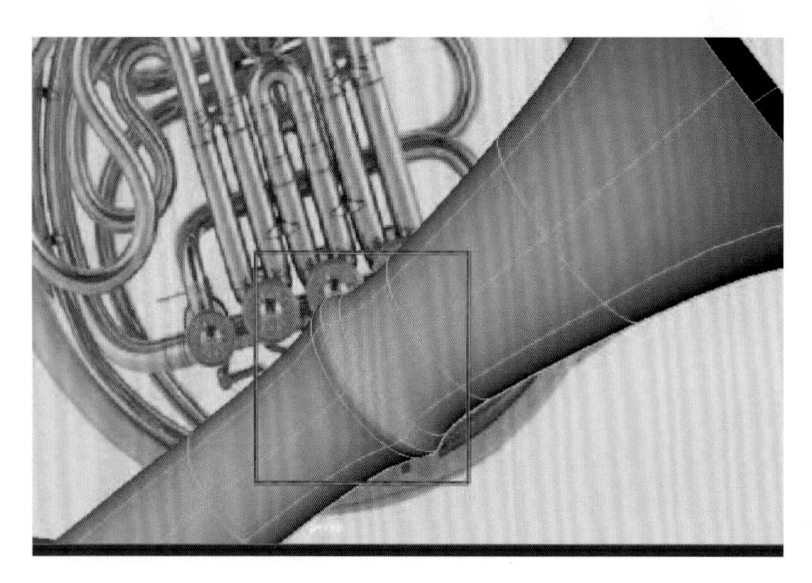

图 2.71

（38）选中模型，按住鼠标右键，执行 Isoparm 命令，加线，如图 2.72 所示，按住鼠标右键→ Hull 状态，缩小最边上的线，此时模型如图 2.73 所示。

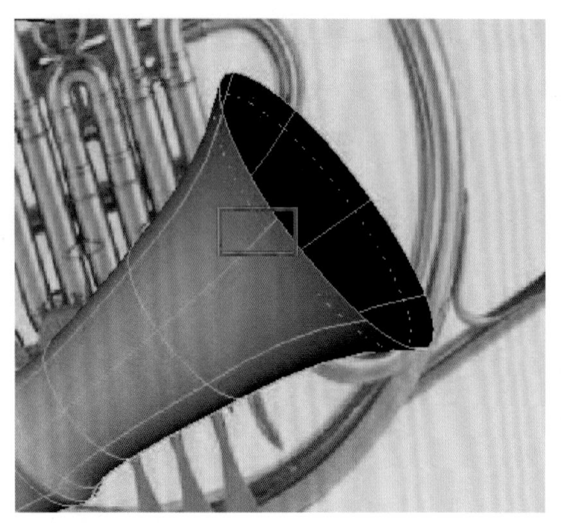

图 2.72

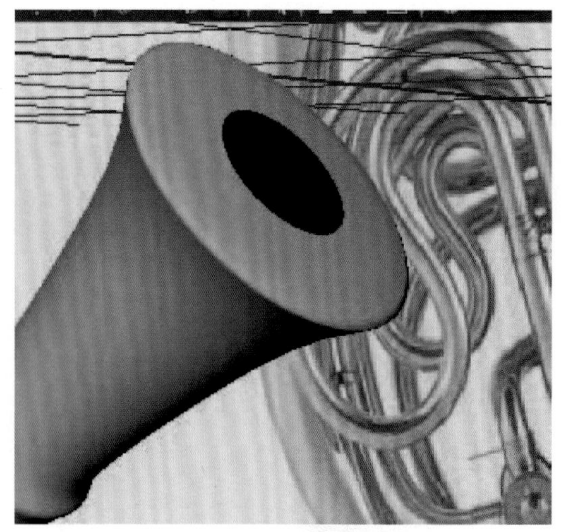

图 2.73

（39）按住 Shift 键 + 鼠标右键，执行 Isoparm 命令，按住 Shift 键加线，如图 2.74 所示，执行 Surfaces → Insert Isoparms 命令，如图 2.75 所示，调整模型细节，如图 2.76 所示。

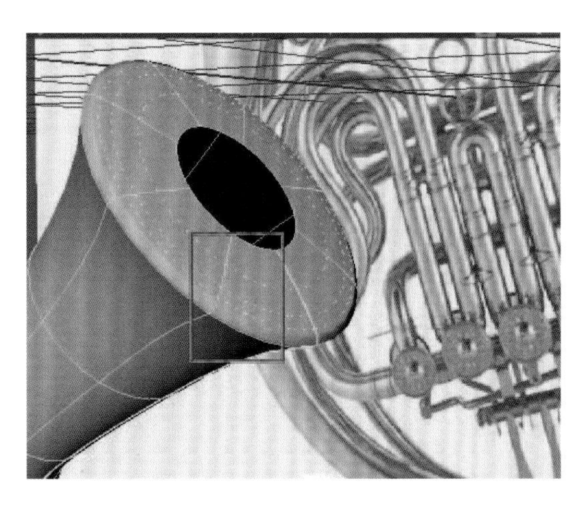

图 2.74

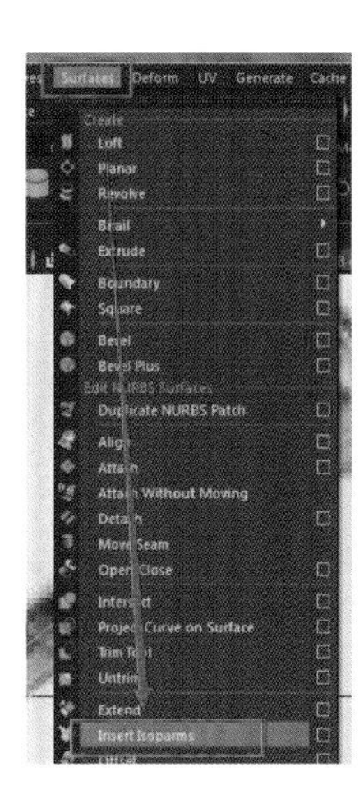

图 2.75

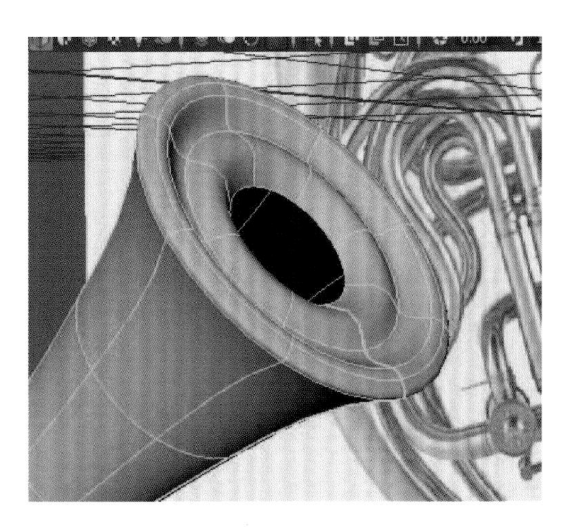

图 2.76

（40）选中喇叭状模型部分，鼠标右键→Isoparm 命令，按住 Shift 键加线，如图 2.77 所示，执行 Surfaces → Insert Isoparms 命令，如图 2.78 所示。

图 2.77

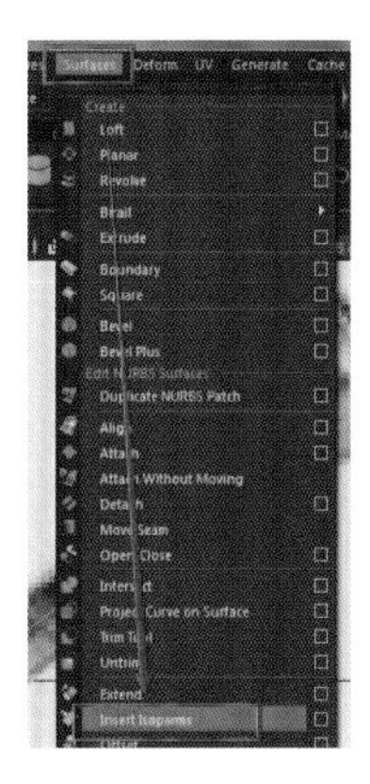

图 2.78

（41）按住鼠标右键→Hull 状态，缩小上边的边，按住鼠标右键，执行 Isoparm 命令，按住 Shift 键添加 Iso 线，执行 Surfaces → Insert Isoparms 命令，如图 2.79 所示，按住鼠标右键→ Hull 状态选择，选中中间的线，向上移动，如图 2.80 所示。

图 2.79

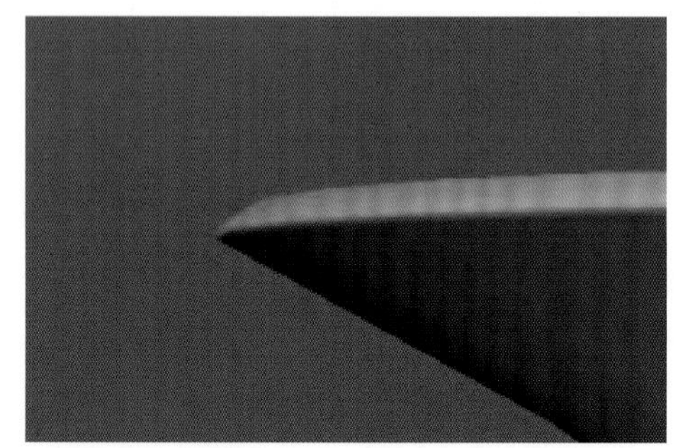

图 2.80

（42）按住鼠标右键，执行 Isoparm 命令，添加 Iso 线，执行 Surfaces → Insert Isoparms 命令，如图 2.81 所示，按住鼠标右键→ Hull 状态选择，选中新加的线，调整模型如图 2.82 所示。

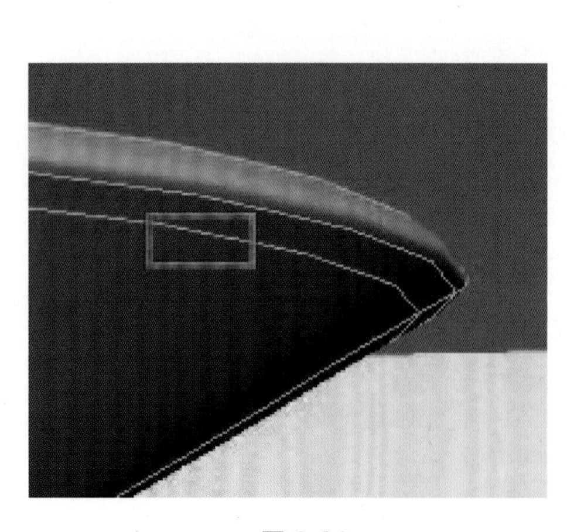

图 2.81

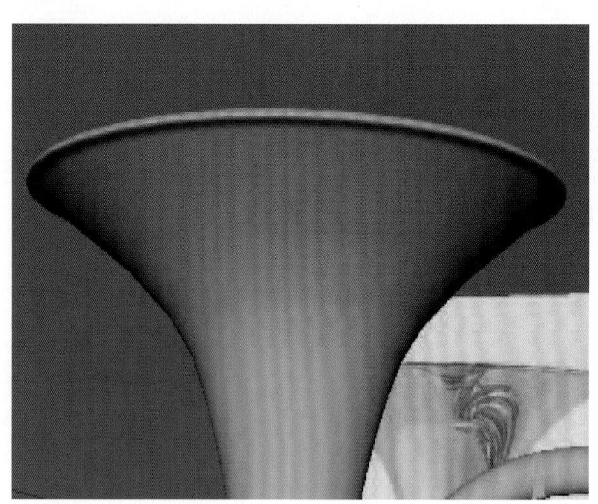

图 2.82

（43）执行 Edit → Delete All by Type → History 命令删除历史记录，删掉所有的曲线，选中所有的模型，按 Ctrl+G 组合键打组，旋转调整模型组到视图合适位置，如图 2.83 所示。

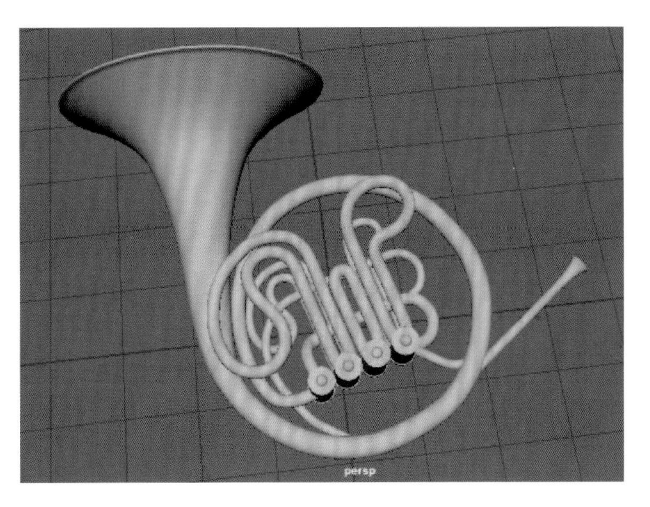

图 2.83

（44）创建一个平面，将模型放置到如图 2.84 所示的平面，选中平面，按两次 Ctrl+D 组合键复制出两个平面，分别旋转 90°，调整到合适位置，如图 2.85 所示。

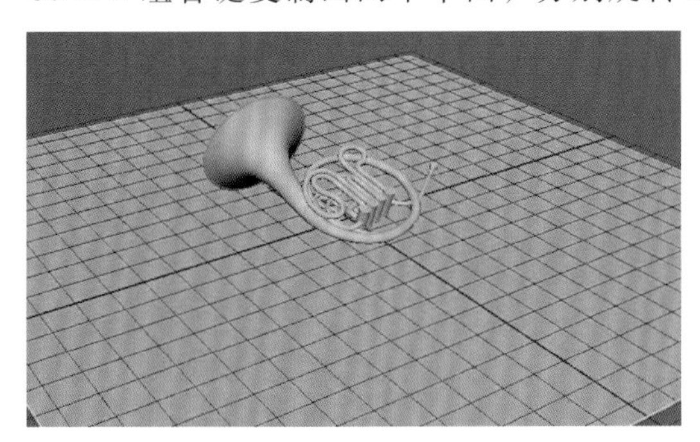

图 2.84

图 2.85

（45）打开渲染设置对话框设置渲染尺寸，设置 Image Size →presets: HD_720 大小，如图 2.86 所示。

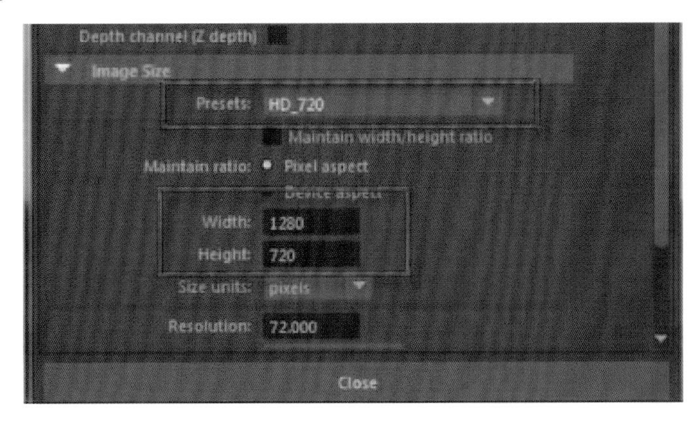

图 2.86

（46）创建摄像机，进入摄像机视图选择合适的渲染角度，勾选 Resolution Gate 摄像机安全框，选中所有模型赋予 aiAmbientocclusion 材质，材质球 Samples 属性设置为 10，如图 2.87 所示。

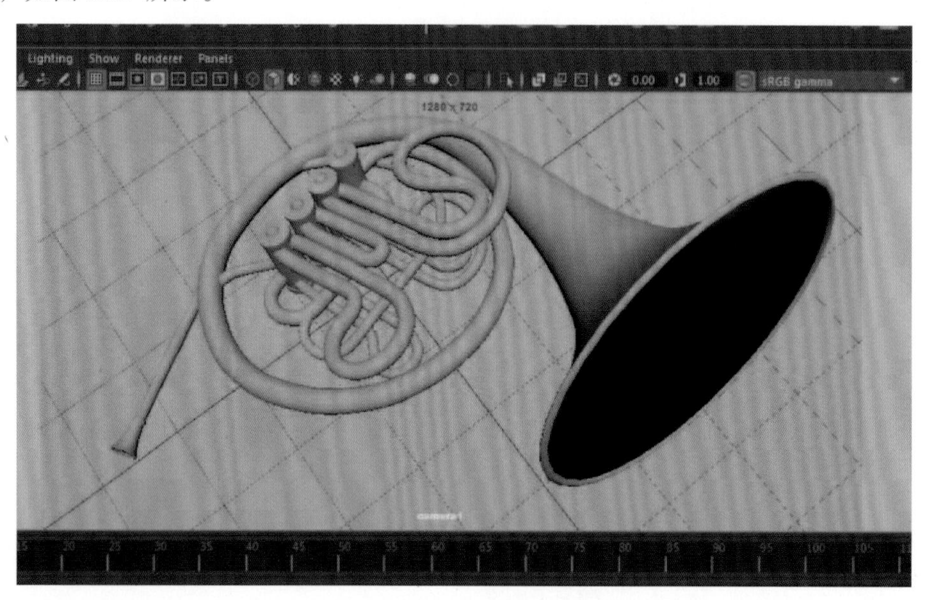

图 2.87

（47）执行 Arnold → Arnold RenderView（阿诺德渲染器）菜单命令进行出图渲染，最终渲染效果如图 2.88 所示。

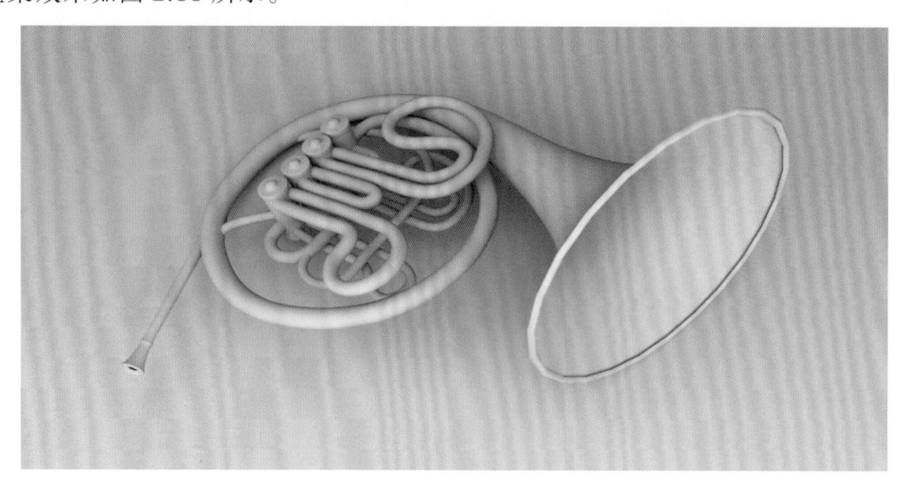

图 2.88

【项目拓展】

运用本项目所学知识，创建一个小号模型的效果，如图 2.89 所示。

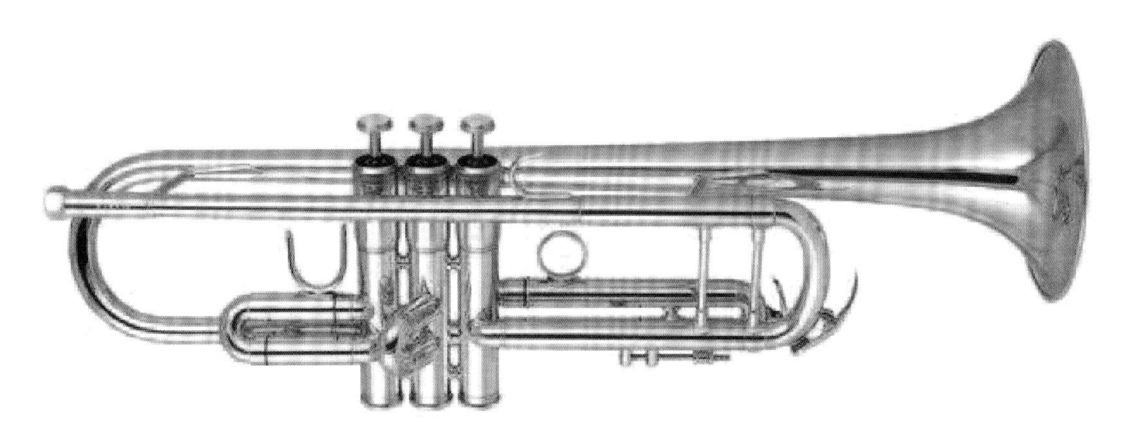

图 2.89

【项目评价】

运用项目评价表进行评价，如表 2.1 所示。

表 2.1　圆号评价表

项目 2　评价细则		自　评	教师评价
1	Insert（插入键）改变坐标轴位置的方法		
2	对圆号模型造型结构的把握		
3	曲面模型 Hull 状态的编辑方法		
4	Result position：At path 命令的使用		
5	Insert Isoparms 命令添加 Iso 曲线		
6	Arnold 阿诺德渲染器的基本设置		
项目综合评价			

金龟子

【项目提出】

金龟子（见图 3.1），又称栗子虫，是虫类的一种。金龟子种类很多，常见的有红脚绿金龟子、黑玛绒金龟、东北大黑鳃角、铜绿丽金龟、铜绿金龟子等。金龟子的造型结构比较复杂。本项目将使用 Maya 曲线、曲面制作金龟子的模型。

图 3.1　金龟子

【项目分析】

金龟子的模型结构主要包括金龟子壳、触角、前脚、中脚、后脚、倒刺、身体等。制作模型之前要对金龟子的结构造型进行分析研究，对金龟子的细节结构分析透彻以后，再进入 Maya 软件制作金龟子的模型。

【学习目标】

要求掌握以下内容：

（1）对金龟子模型造型结构的把握。

（2）使用 Curves → Rebuild 命令重置曲线。

（3）Surfaces → Loft 命令的使用。

（4）Surfaces → Birail → Birail 1 Tool 命令的使用。

（5）Surfaces → Detach 命令的使用。

【项目实施】

（1）运行 Maya 软件，选中 top 顶视图，执行 View → Image Plane → Import Image 命令，导入金龟子顶视图参考图，按 Ctrl+A 键，打开右边属性面板，设置属性 Alpha Gain 透明为 0.6，Image Center 属性为（0.00，－2，－0.13），如图 3.2 所示。

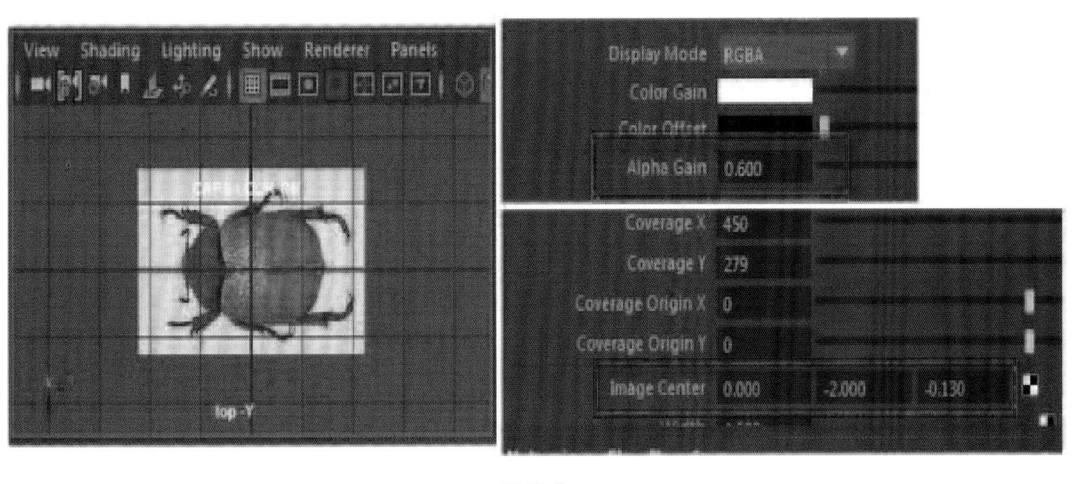

图 3.2

（2）选中 front 前视图，执行 View → Image Plane → Import Image 命令，导入金龟子前视图参考图，按 Ctrl+A 键，打开右边属性面板，设置属性 Alpha Gain 透明为 0.6，Image Center 属性为（0.00，0.00，－3），如图 3.3 所示。

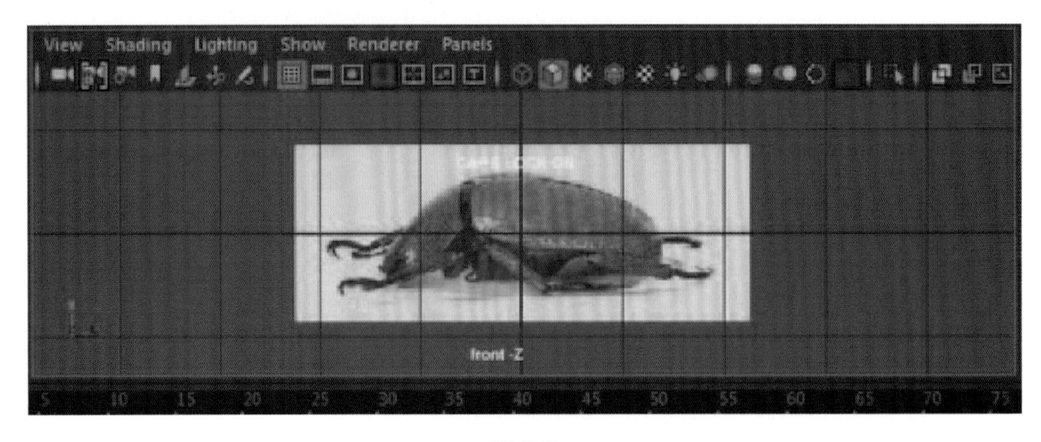

图 3.3

（3）选中 top 顶视图，按空格键放大视图，执行 Create → Curve Tools → CV Curve Tool 绘制金龟子后脚半剖面外轮廓 CV 曲线，完成按 Enter 键结束，如图 3.4 所示。

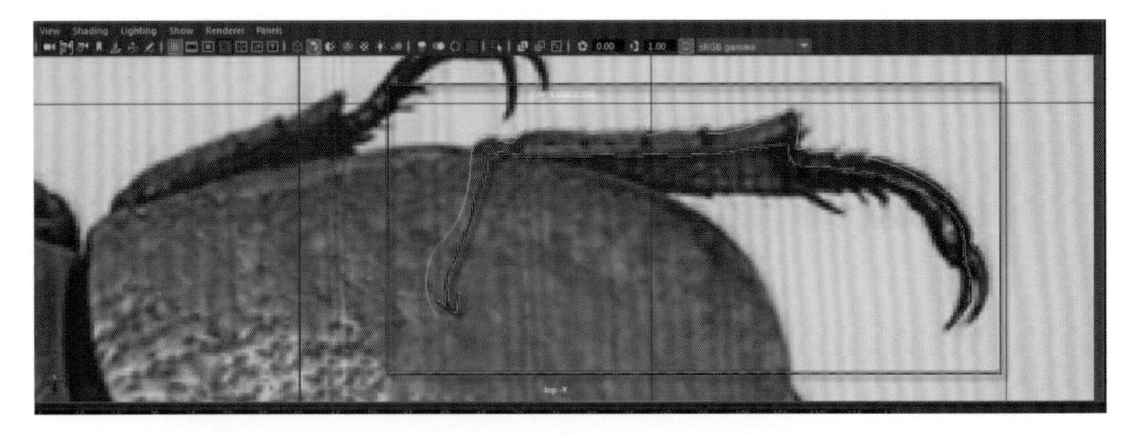

图 3.4

（4）选中刚绘制的曲线，执行 Display → NURBS → CVs 显示曲线 CV 点，如图 3.5 所示。

图 3.5

（5）再次执行 Create → Curve Tools → CV Curve Tool 绘制曲线命令，并按住键盘上“C”键，捕捉到刚绘制完成的金龟子后脚半剖面外轮廓CV曲线端点上，如图3.6所示。

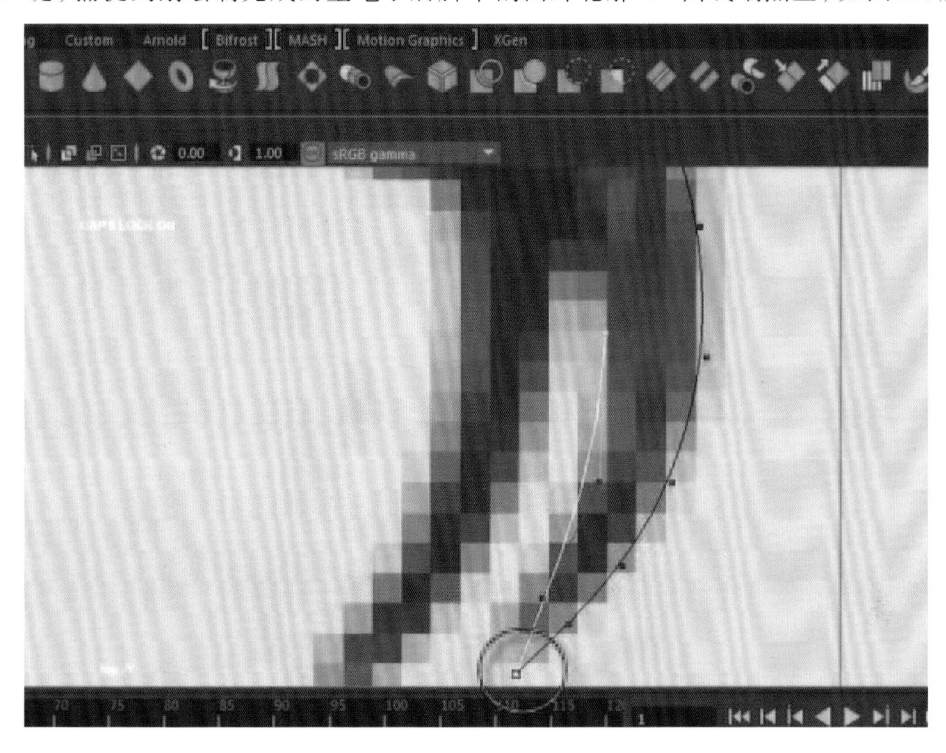

图 3.6

（6）与前面绘制曲线的方法一样，绘制金龟子后脚另一边半剖面外轮廓CV曲线，在即将绘制完成的时候，末端端点按住“C”键，捕捉到前面绘制完成的半剖面外轮廓CV曲线末端端点上，另一边曲线绘制完成，如图3.7所示。

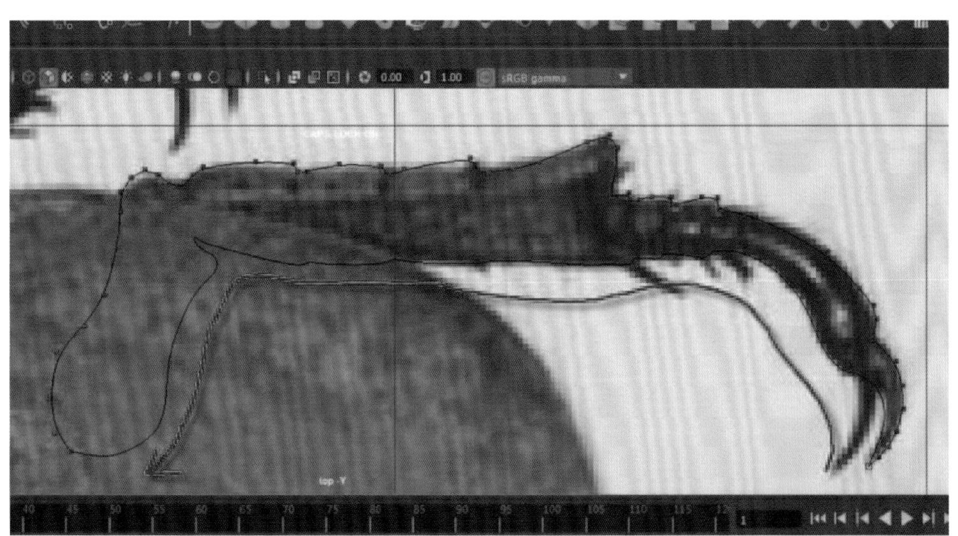

图 3.7

（7）根据前面同样的方法原理，捕捉绘制出后脚中心 CV 曲线，如图 3.8 所示。

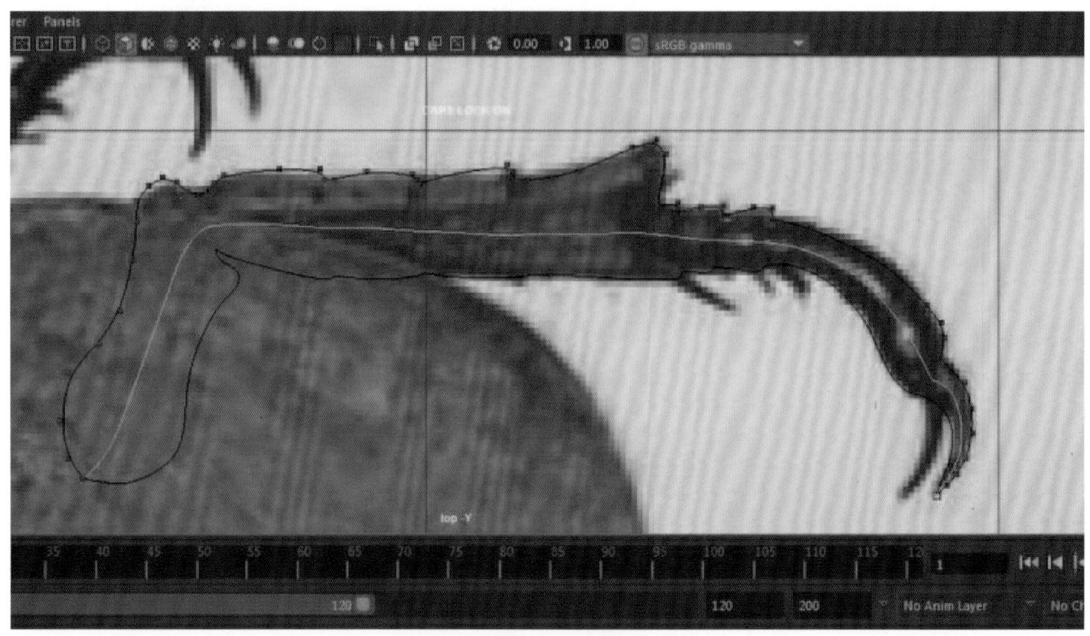

图 3.8

（8）在 Persp 透视图中，选中后脚中心 CV 曲线鼠标右键→ Control Vertex 曲线点层级，根据后脚结构体积感，调节出中心 CV 曲线高低起伏关系，如图 3.9 所示。

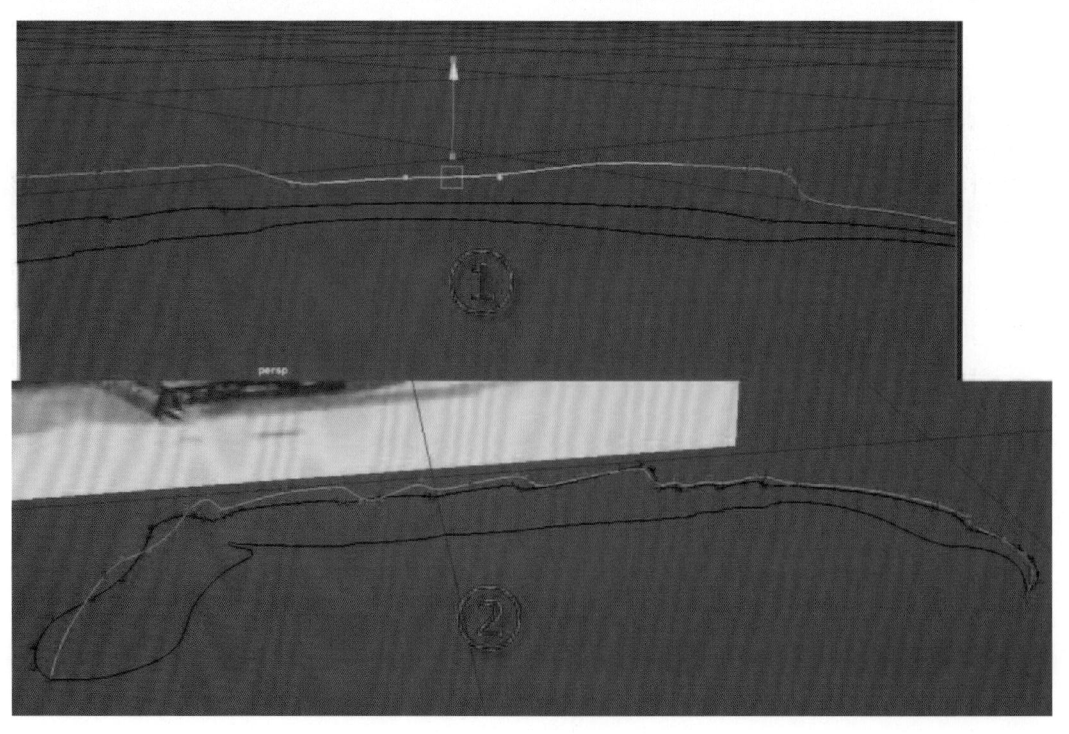

图 3.9

（9）选中金龟子后脚半剖面外轮廓 CV 曲线再次执行 Display → NURBS → CVs 命令曲线 CV 点显示，如图 3.10 所示。

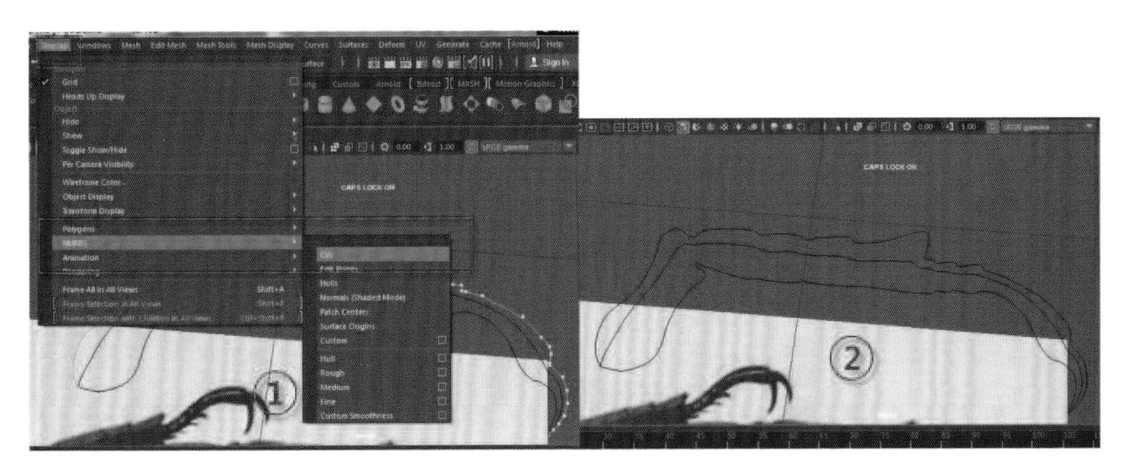

图 3.10

（10）选中后脚中心 CV 曲线，按快捷键 Ctrl+D 复制曲线，再按快捷键 Ctrl+A 打开右边属性面板，将 Scale Y 属性设置为 -1，镜像出后脚下半部分中心剖面曲线，完成后效果如图 3.11 所示。

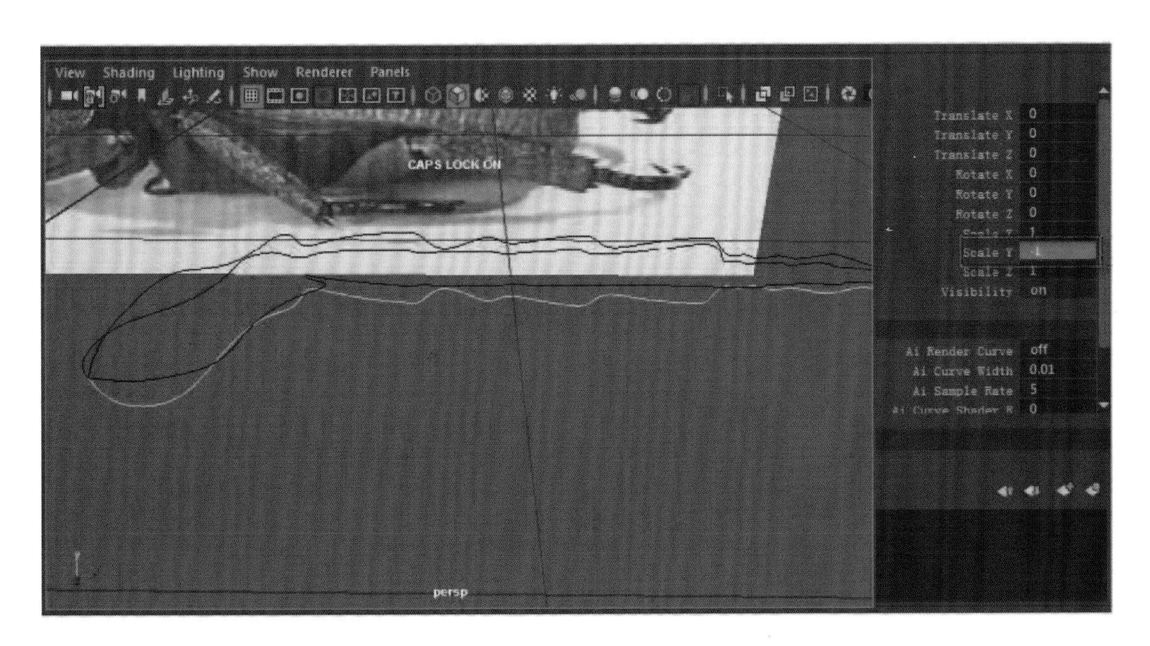

图 3.11

（11）框选 4 条后脚剖面 CV 曲线，执行 Curves → Rebuild 命令，设置 Number of spans 为 50，重置曲线的点，点击 Apply，如图 3.12 所示。

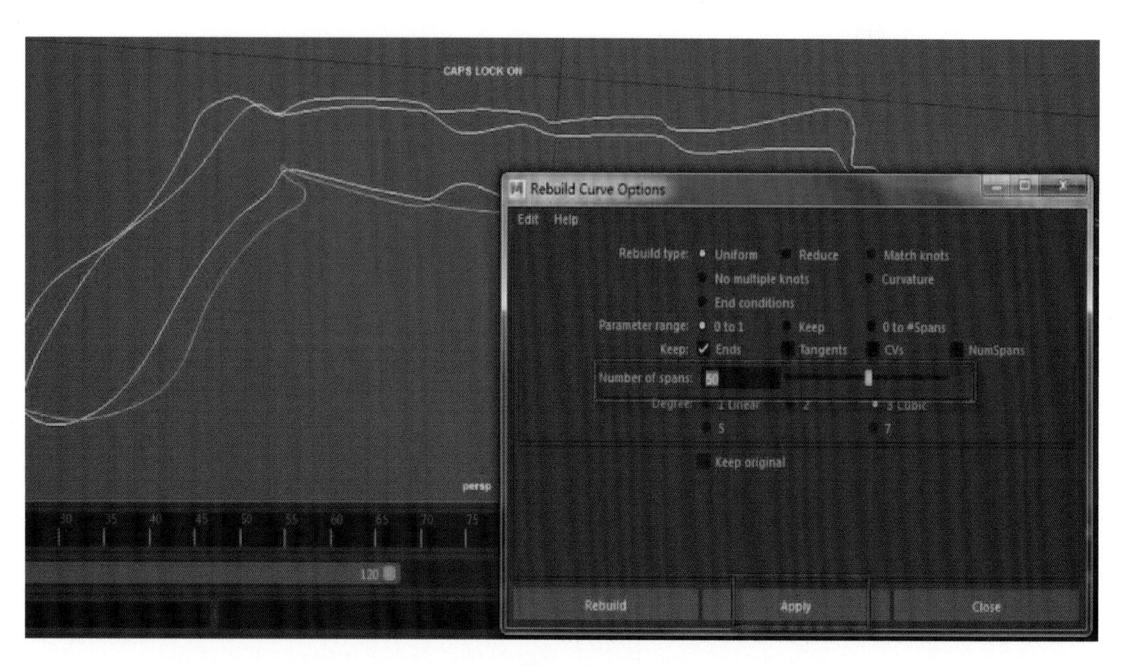

图 3.12

（12）按住 Shift 键，逆时针顺序依次逐个选中 4 条后脚 CV 曲线，如图 3.13 所示。

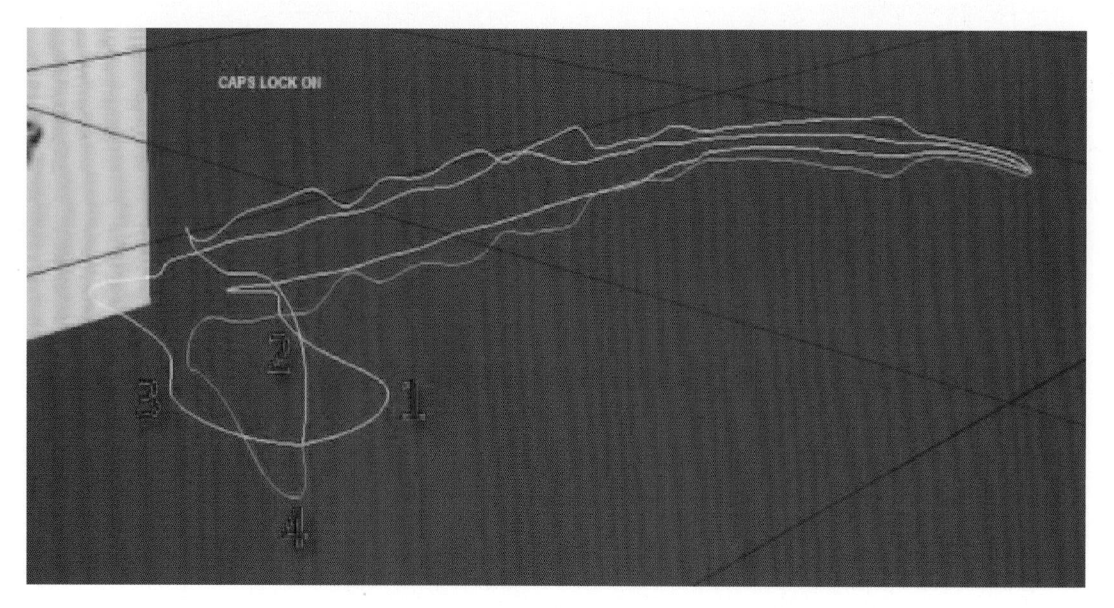

图 3.13

（13）在 4 条曲线依次选中的状态下执行 Surfaces → Loft 命令，点开后面的方框，在弹出的对话框中勾选 Close 选项，点 Apply 按钮完成，如图 3.14 所示。

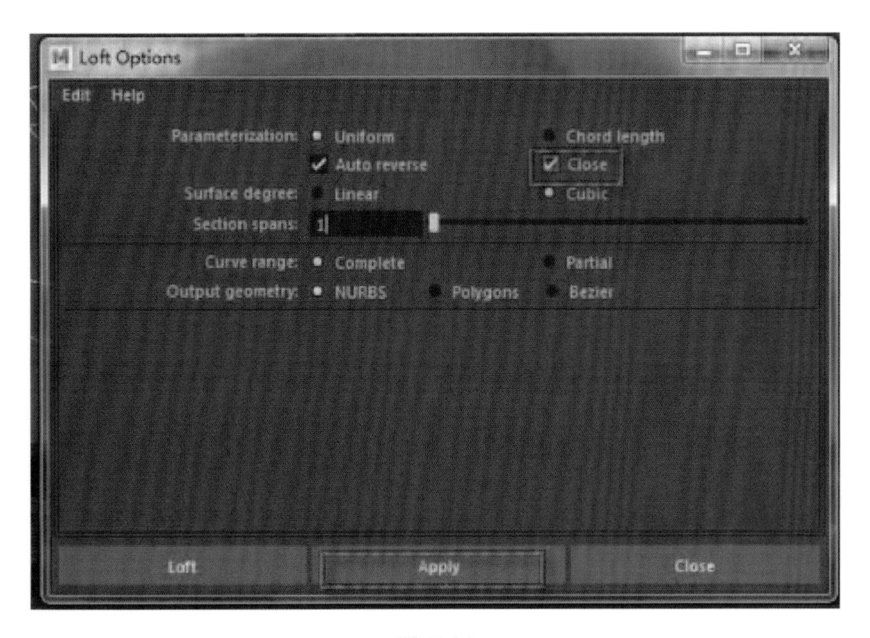

图 3.14

（14）放样完成后脚模型效果如图 3.15 所示。

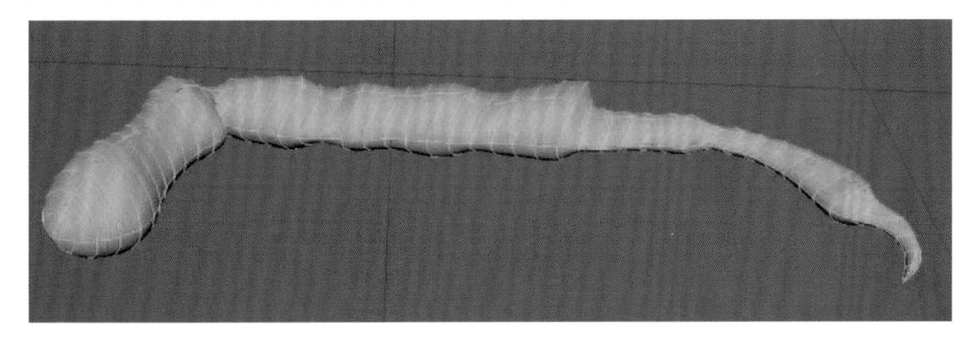

图 3.15

（15）选中后脚模型，按住鼠标右键进入 Hull 层级，调节关节结构细节，如图 3.16 所示。

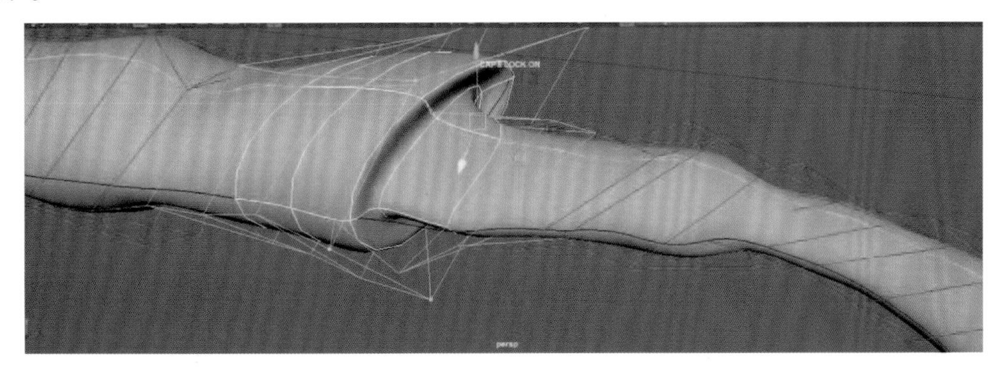

图 3.16

（16）关节结构细节调节完成后，金龟子后脚模型效果如图 3.17 所示。

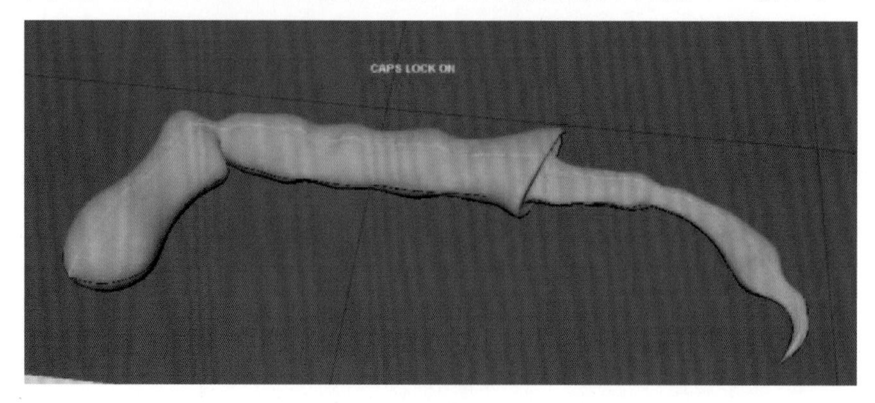

图 3.17

（17）根据前面金龟子后脚模型相同的制作方法和原理，制作出金龟子前脚和中间脚的模型，如图 3.18 所示。

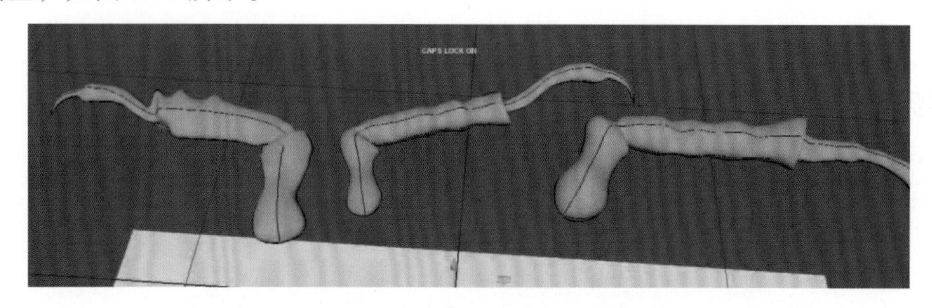

图 3.18

（18）根据金龟子外壳的三维空间结构，绘制出壳上边的 CV 外轮廓曲线，根据壳的空间结构关系调整 CV 曲线，如图 3.19 所示。

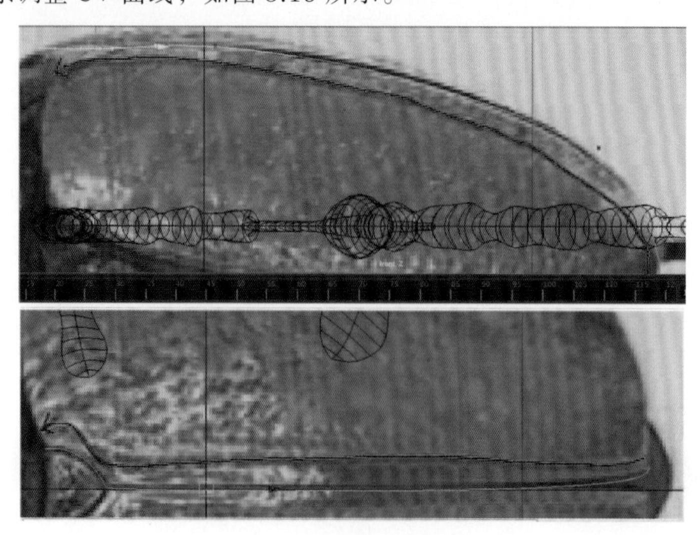

图 3.19

（19）选中刚绘制的壳外轮廓 CV 曲线，执行 Display → NURBS → CVs 命令显示曲线 CV 点，按“C”键捕捉到曲线端点，绘制并调整出金龟子壳的其他两条三维空间 CV 曲线，如图 3.20 所示。

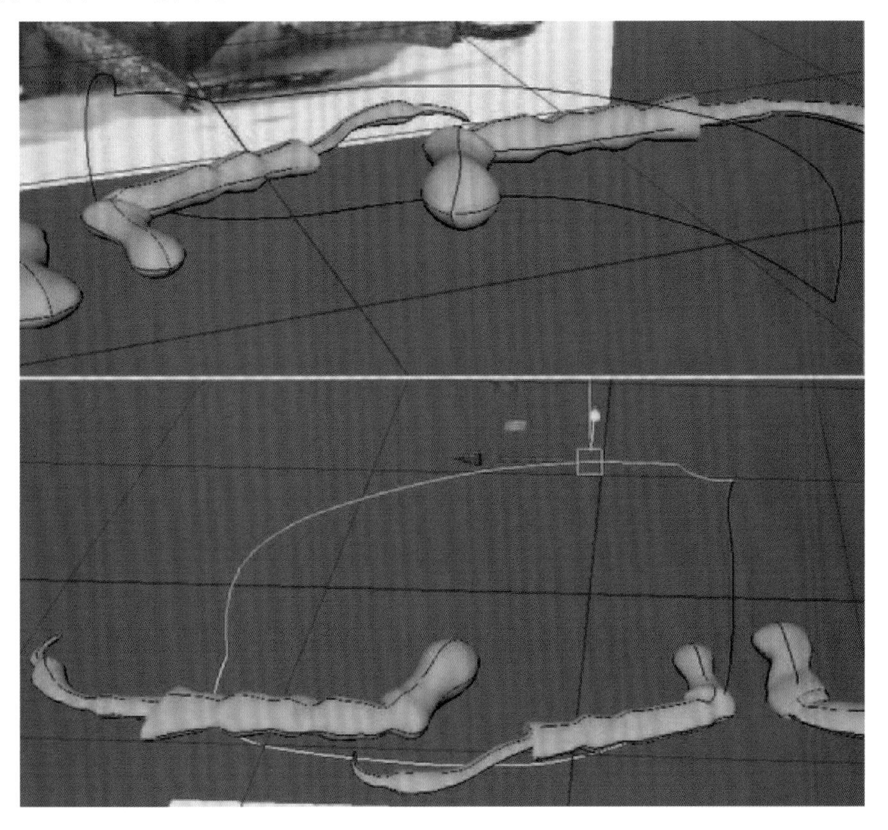

图 3.20

（20）选中金龟子壳的其中两条外轮廓 CV 曲线，执行 Curves → Rebuild 命令，设置 Number of spans 为 25，重置曲线的点，点击 Apply，如图 3.21 所示。

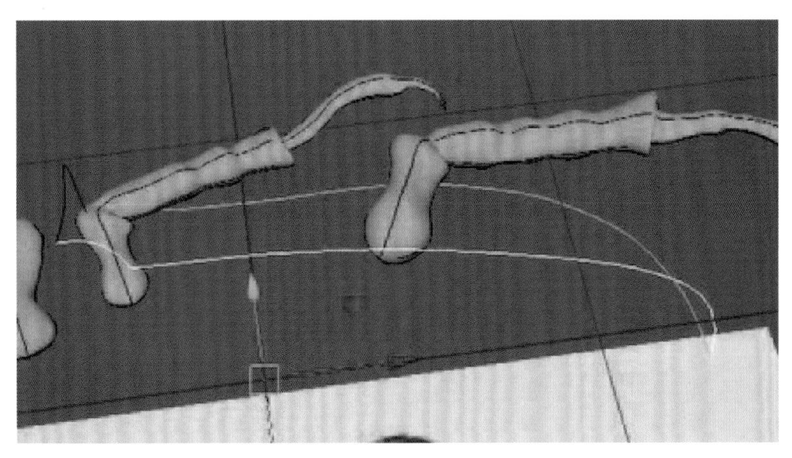

图 3.21

（21）选中金龟子壳的其中一条外轮廓 CV 曲线，执行 Curves → Rebuild 命令，设置 Number of spans 为 10，重置曲线的点，点击 Apply，如图 3.22 所示。

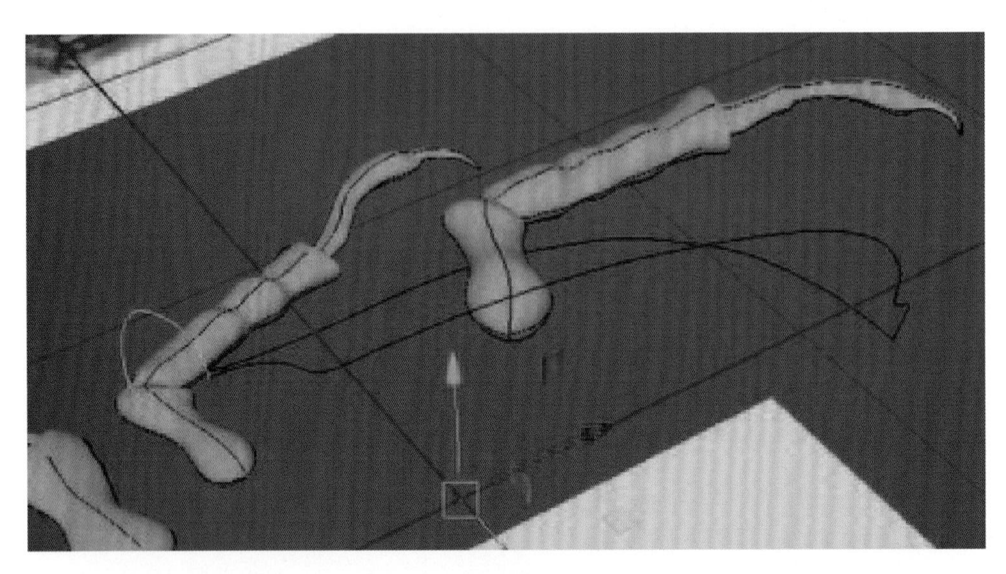

图 3.22

（22）按住 Shift 键，依次逐个选中 3 条壳轮廓 CV 曲线，如图 3.23 所示。

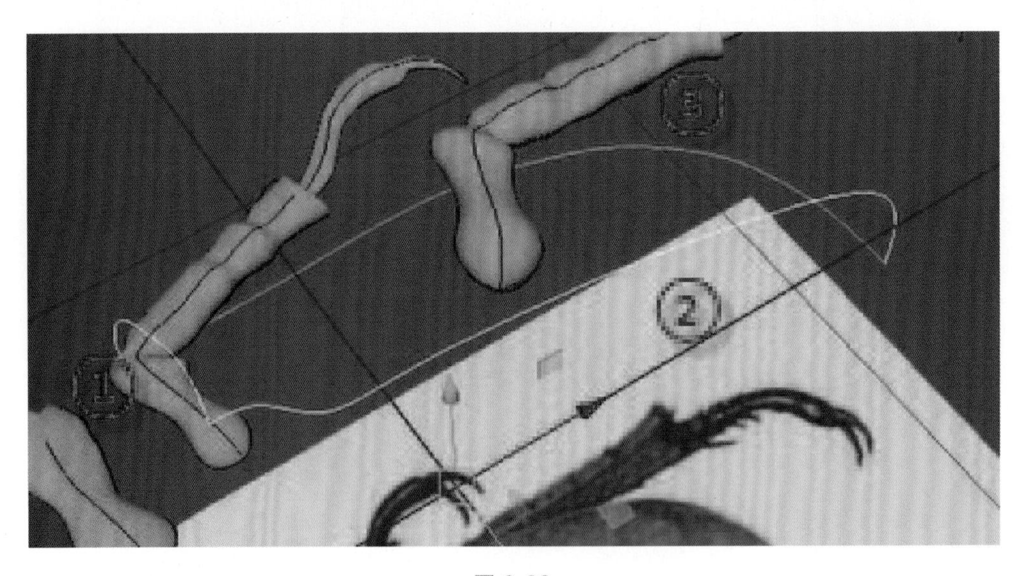

图 3.23

（23）选中 3 条壳轮廓 CV 曲线，执行 Surfaces → Birail → Birail 1 Tool 命令，创建出壳的模型如图 3.24 所示。

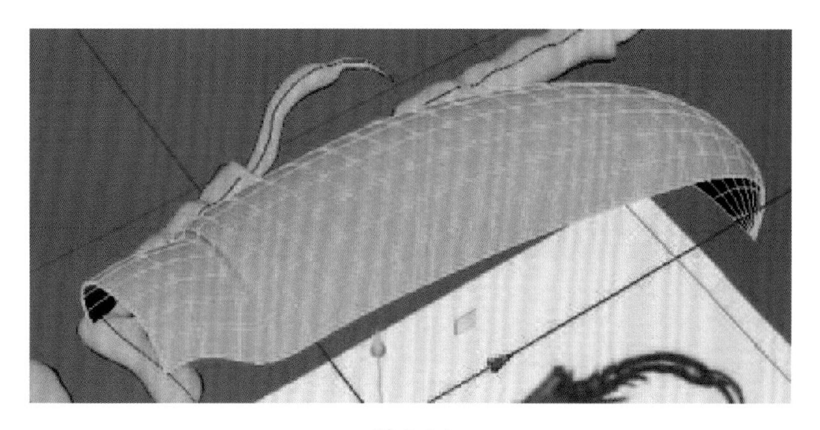

图 3.24

（24）选中壳模型，鼠标右键→ Isoparm 命令，在壳模型边界位置添加 Iso 线。再执行 Surfaces → Insert Isoparms 命令插入 Iso 线，如图 3.25 所示。

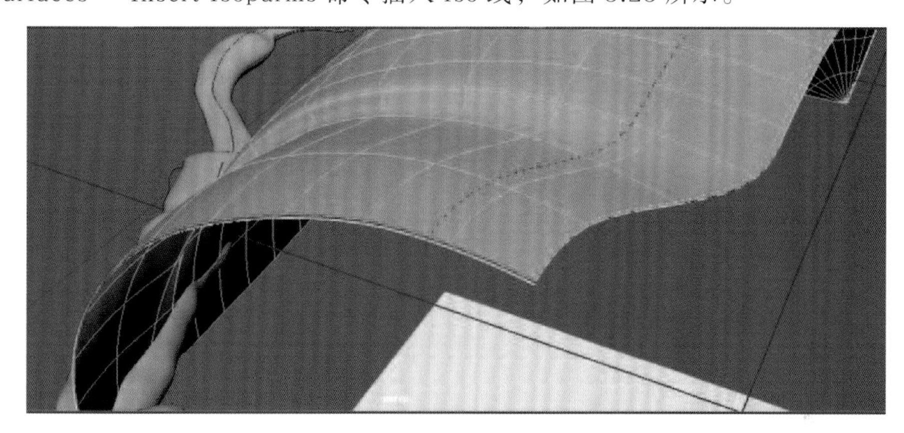

图 3.25

（25）选中壳模型鼠标右键进入 Hull 层级，缩放、移动模型最边界的点，制作出壳模型的厚度感，如图 3.26 所示。

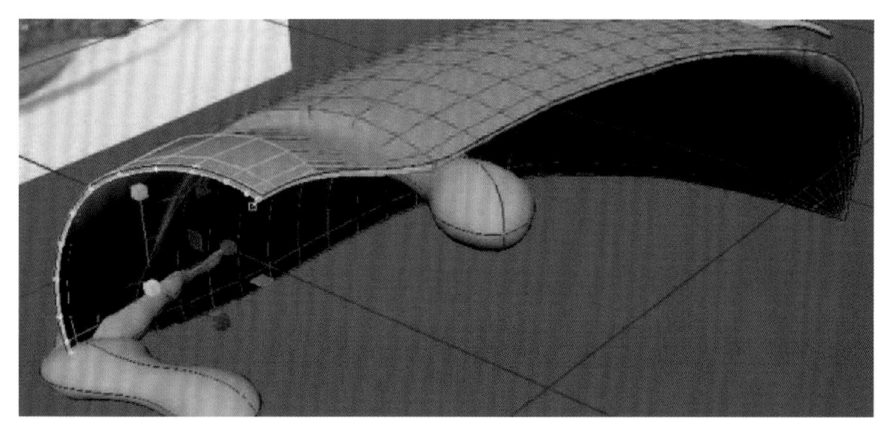

图 3.26

（26）选中壳模型按 Ctrl+D 键，在右边属性面板将 Scale Z 属性设置为 -1，镜像出壳模型的另一半模型，如图 3.27 所示。

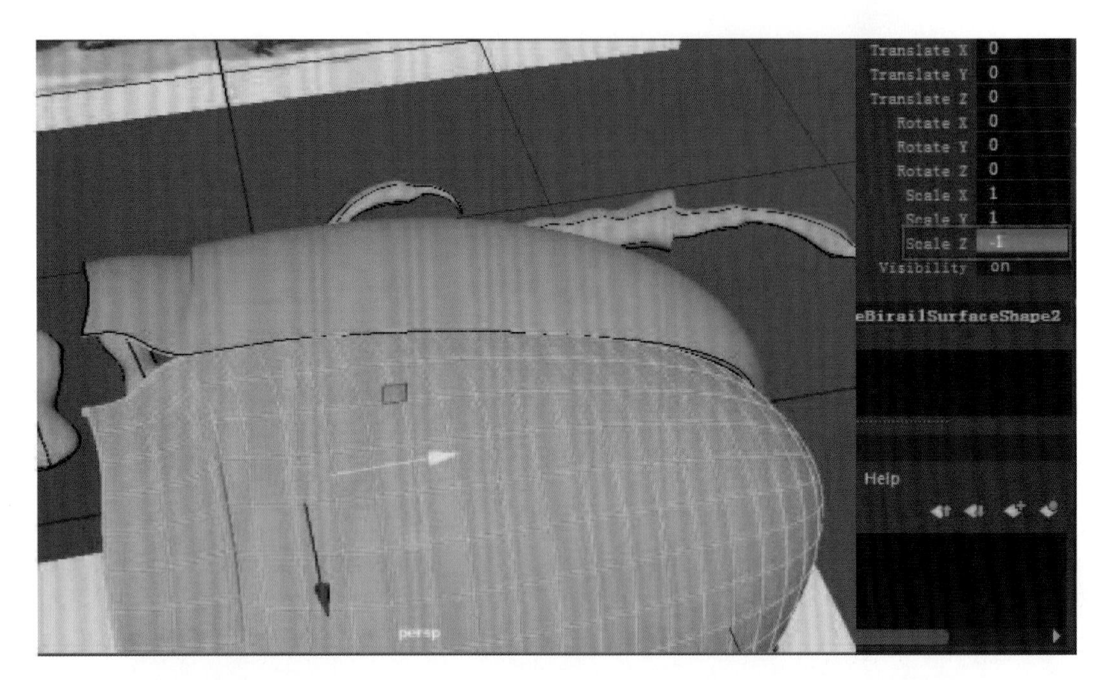

图 3.27

（27）执行 Create → NURBS Primitives → sphere 创建一个 NURBS 球体，如图 3.28 所示。

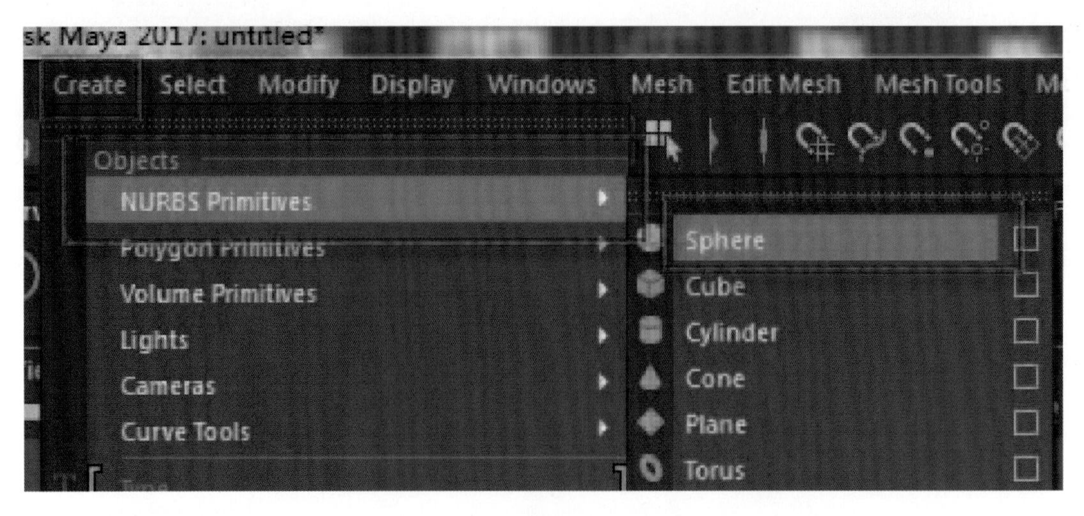

图 3.28

（28）选中 NURBS 球体模型，打开右边的属性通道栏，将 Rotate Z 属性设置为 90，如图 3.29 所示。

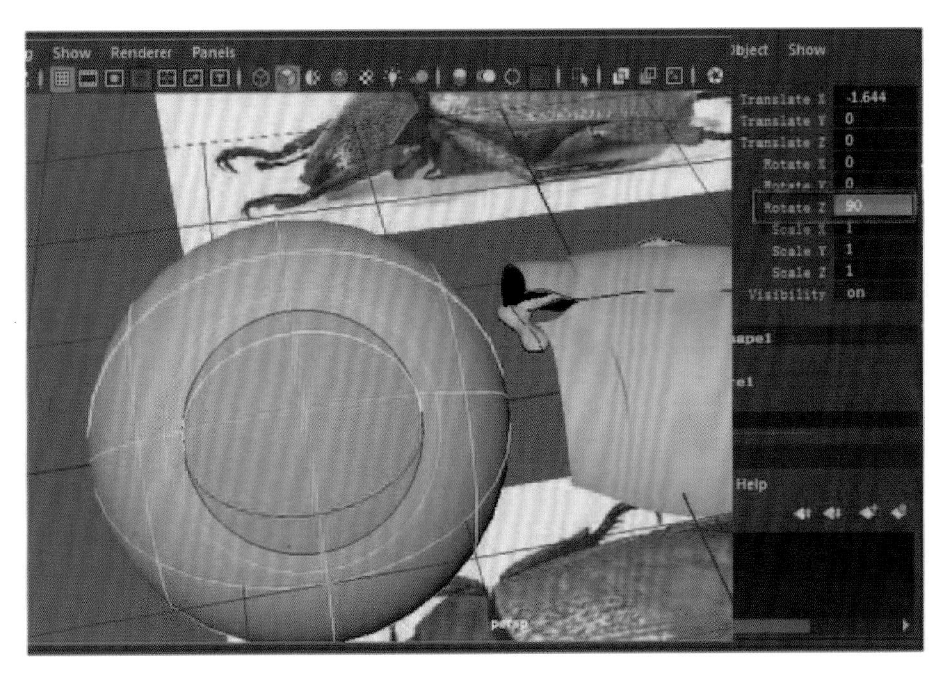

图 3.29

（29）选中 NURBS 球体，按住鼠标右键进入 Isoparm 层级，选中模型中间的 Iso 经纬线，执行 Surfaces → Detach 命令，将 NURBS 球体分离成两半，如图 3.30 所示。

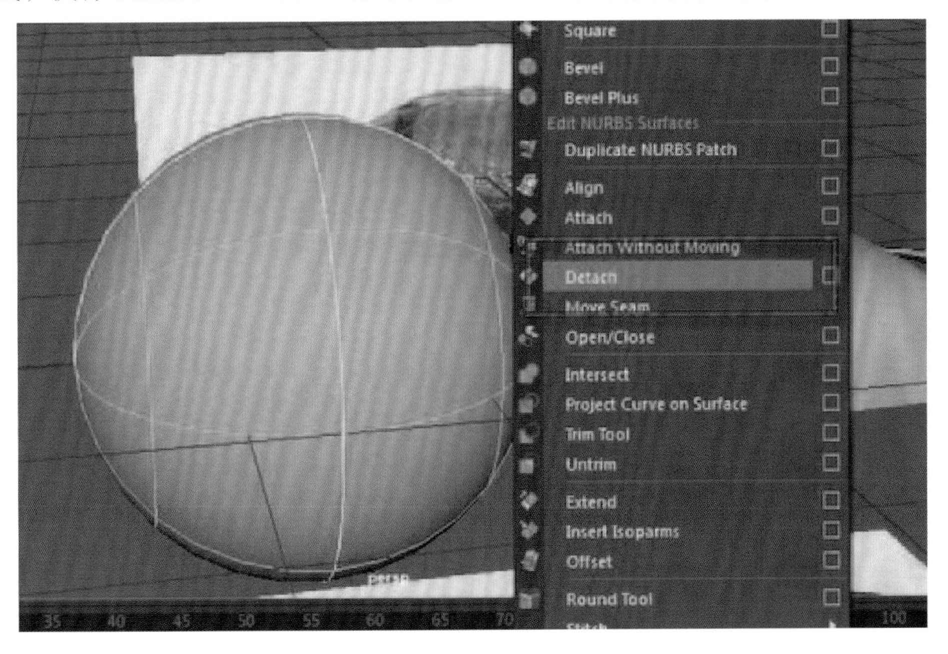

图 3.30

（30）选中右边的一半球体模型，按键盘上的 Delete 键删除，留下左边的一半球体曲面，如图 3.31 所示。

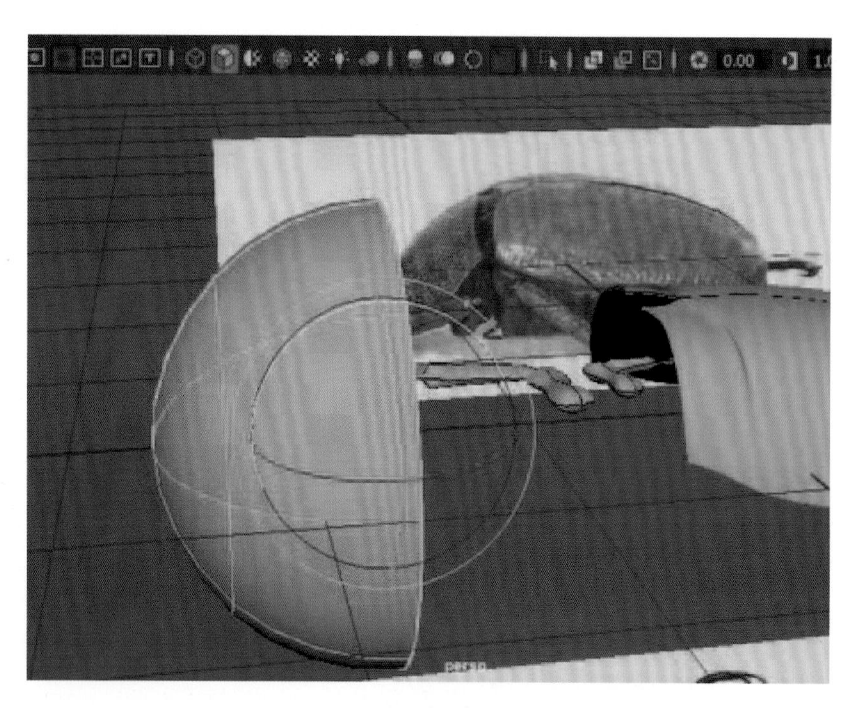

图 3.31

（31）再次选中留下半球体模型中间的 Iso 经纬线（注意：此时经纬线不能一次全选，需要按住 Shift 键加选），执行 Surfaces → Detach 命令，如图 3.32 所示。

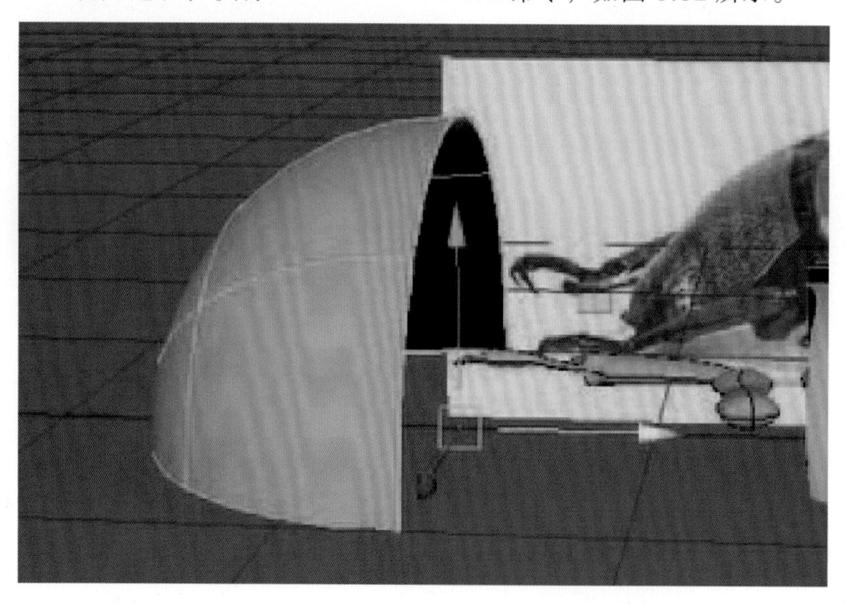

图 3.32

（32）切换到 top 顶视图，将留下的半球体曲面，缩放移动到金龟子前壳合适的位置，接下来用这个半球体曲面制作金龟子的前壳模型，如图 3.33 所示。

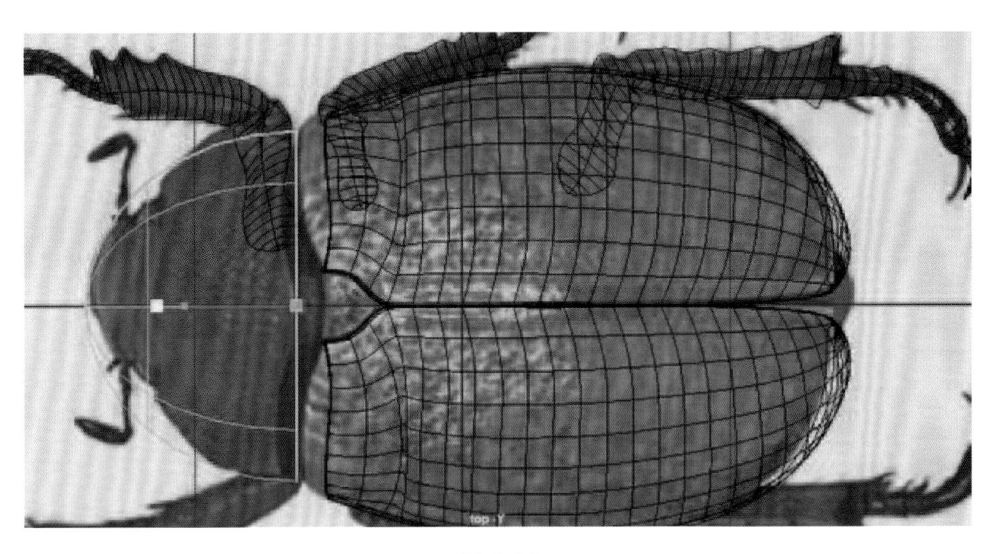

图 3.33

（33）切换到 front 前视图，选中前壳半球体模型，按住鼠标右键进入 Control Vertex 点层级，根据金龟子前壳的体积结构调整模型，如图 3.34 所示。

图 3.34

（34）在前壳模型上插入多条 Iso 线，调节前壳模型的细节，如图 3.35 所示。

图 3.35

（35）选中前壳模型，按住鼠标右键进入 Control Vertex 点层级，进一步调节出前壳模型的细节，如图 3.36 所示。

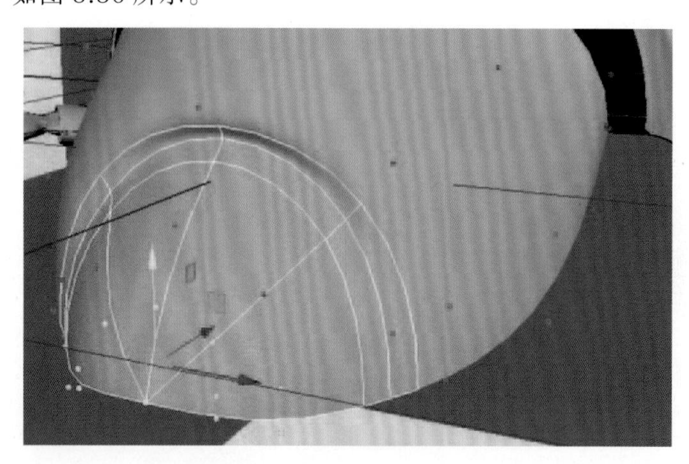

图 3.36

（36）进一步调节出前壳模型的细节，如图 3.37 所示。

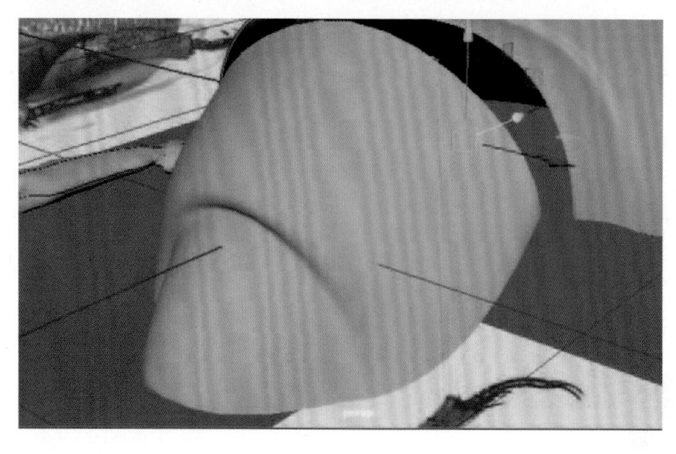

图 3.37

（37）在前壳模型的边界位置插入 Iso 线，制作出壳的厚度感，如图 3.38 所示。

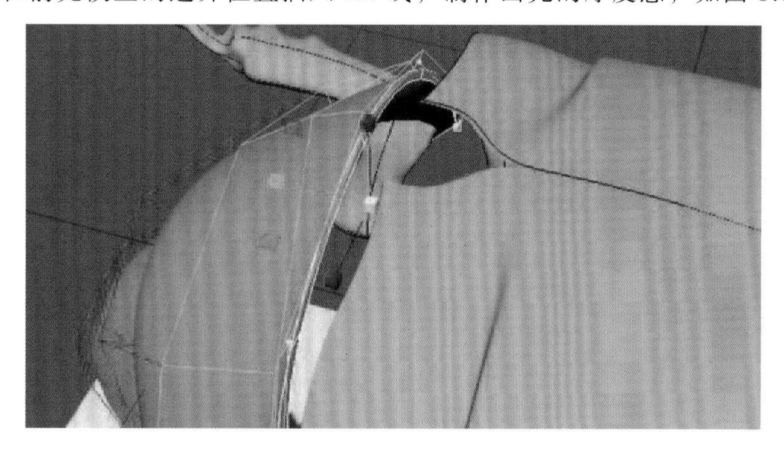

图 3.38

（38）切换到 front 前视图，执行 Create → Curve Tools → CV Curve Tool 命令，绘制出金龟子身体下面肚子的外轮廓曲线，如图 3.39 所示。

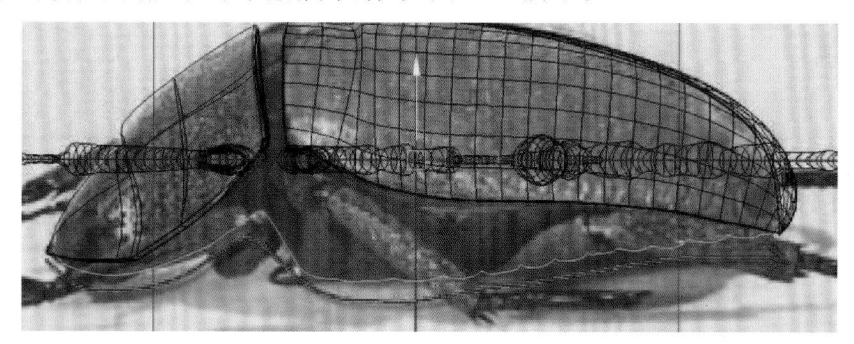

图 3.39

（39）选中肚子的外轮廓曲线，执行 Display → NURBS → CVs 显示曲线 CV 点，再次执行 CV Curve Tool 命令，捕捉到肚子外轮曲线两端 CV 点上，绘制出金龟子身体背部轮廓曲线，如图 3.40 所示。

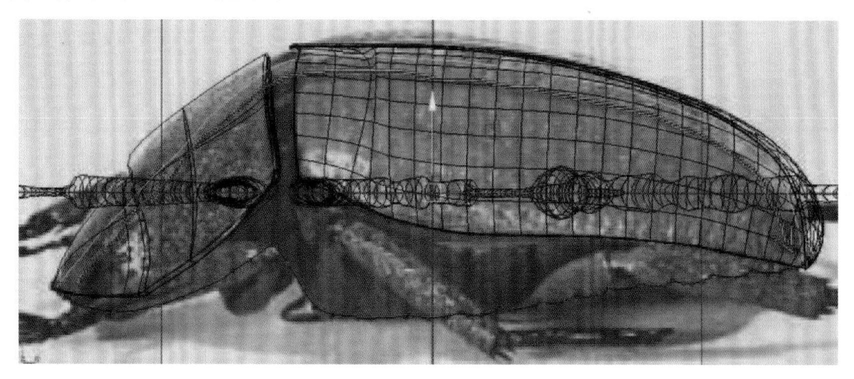

图 3.40

（40）切换到top顶视图，再次执行CV Curve Tool命令，捕捉到肚子外轮曲线两端CV点上，绘制出金龟子身体一边的外轮廓曲线，如图3.41所示。

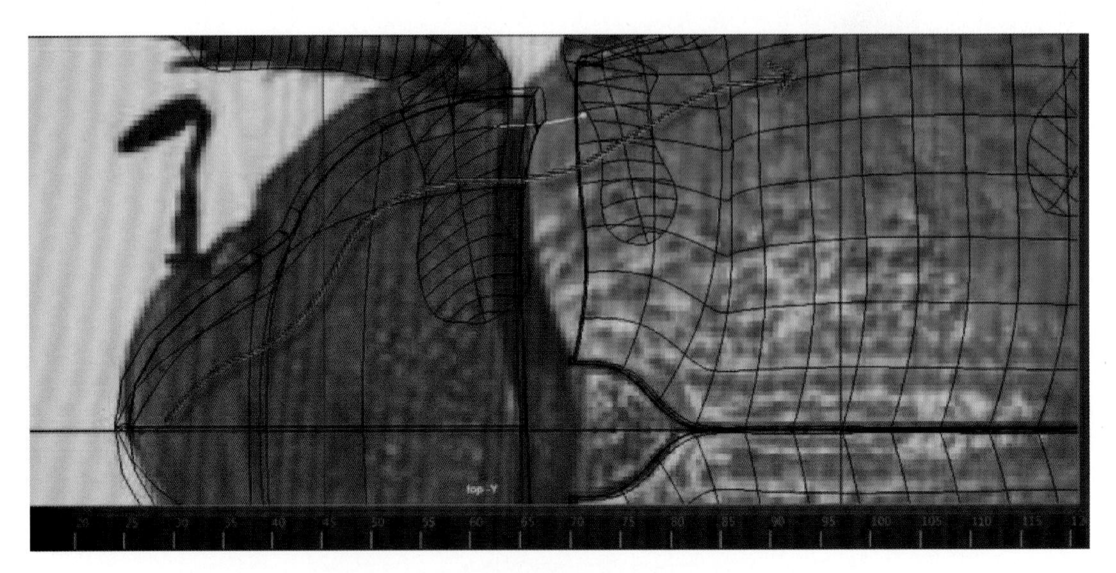

图 3.41

（41）切换到front前视图，选中刚绘制的金龟子身体一边的外轮廓曲线，按住鼠标右键进入Control Vertex点层级，调节轮廓曲线起伏位置关系，如图3.42所示。

图 3.42

（42）选中调节好的金龟子身体一边的外轮廓曲线，按快捷键Ctrl+D复制，再打开右边的属性通道栏，将Scale Z属性设置为-1，镜像复制出身体另一边的外轮廓曲线，如图3.43所示。

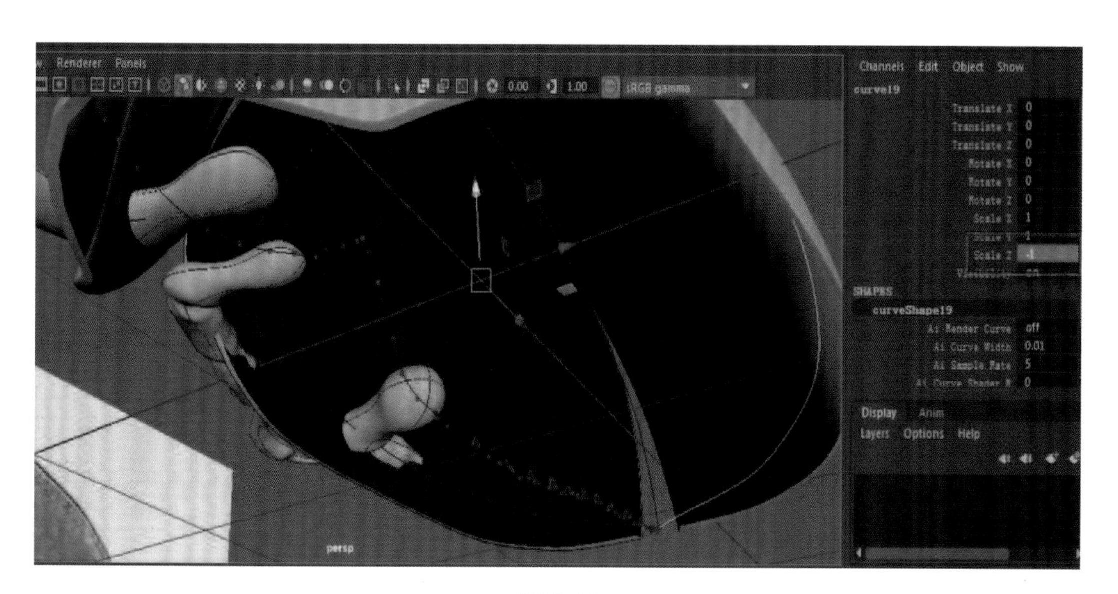

图 3.43

（43）选中身体下面肚子外轮廓曲线，执行 Display → NURBS → CVs 命令，取消 CV 点的显示，如图 3.44 所示。

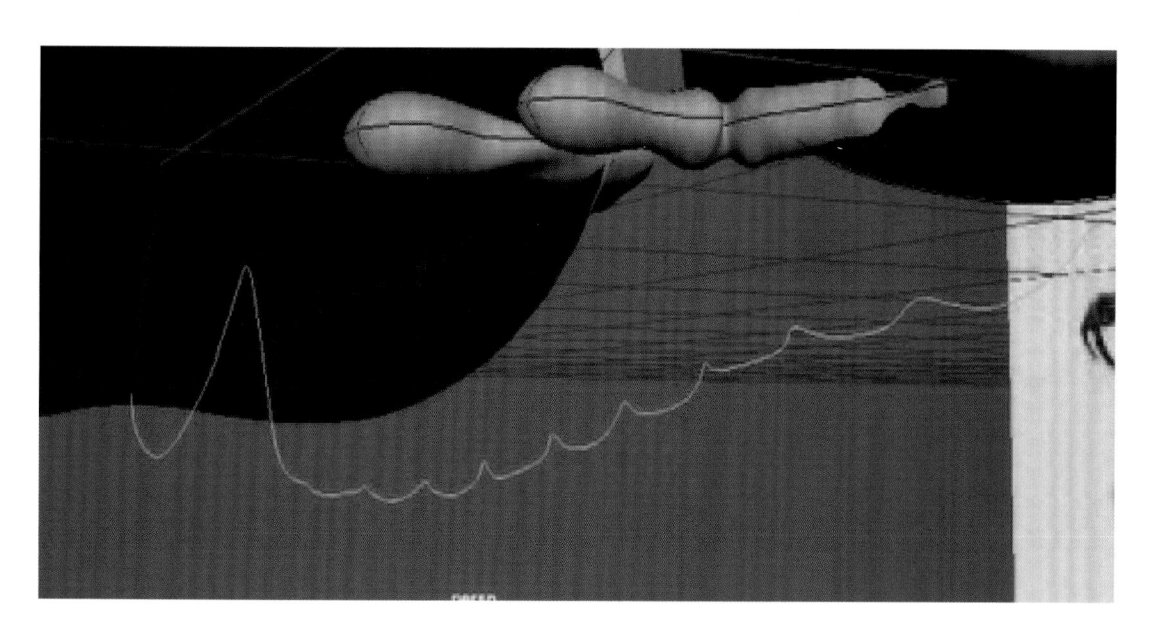

图 3.44

（44）选中刚绘制的 4 条外轮廓 CV 曲线，执行 Curves → Rebuild 命令，设置 Number of spans 为 60，重置曲线的点，如图 3.45 所示。

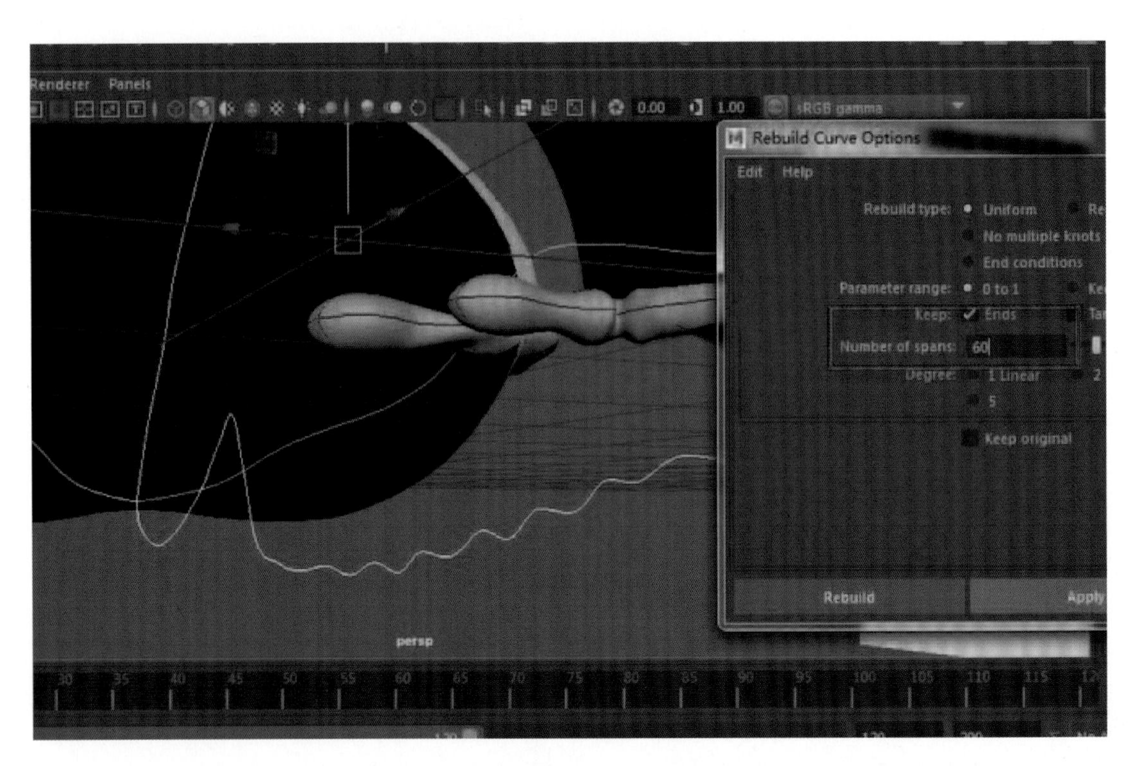

图 3.45

（45）按照顺序，依次逐个按Shift键加选，选中身体的4条外轮廓CV曲线，如图3.46所示。

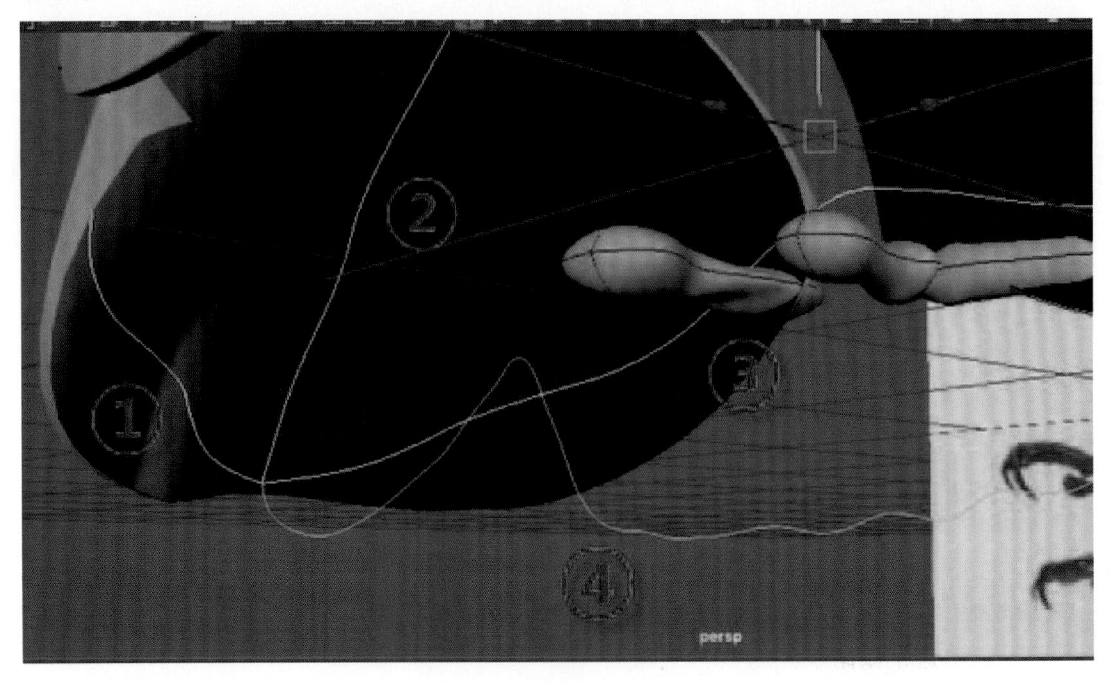

图 3.46

（46）在身体 4 条外轮廓 CV 曲线选中的状态下，执行 Surfaces → Loft 命令，点开后面的方框，在弹出的对话框中勾选 Close 选项，点 Apply 按钮完成，创建出金龟子身体部分的模型如图 3.47 所示。

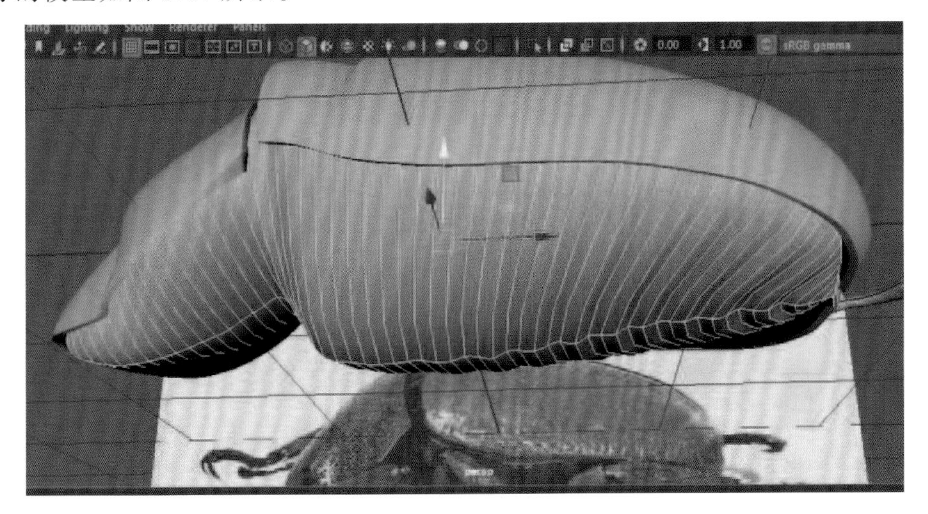

图 3.47

（47）执行 Create → NURBS Primitives → Sphere 创建一个 NURBS 球体，选中球体模型中间的 Iso 经纬线，执行 Surfaces → Detach 命令，将 NURBS 球体分离成两半，删除一半，留下一半制作出金龟子眼睛模型，如图 3.48 所示。

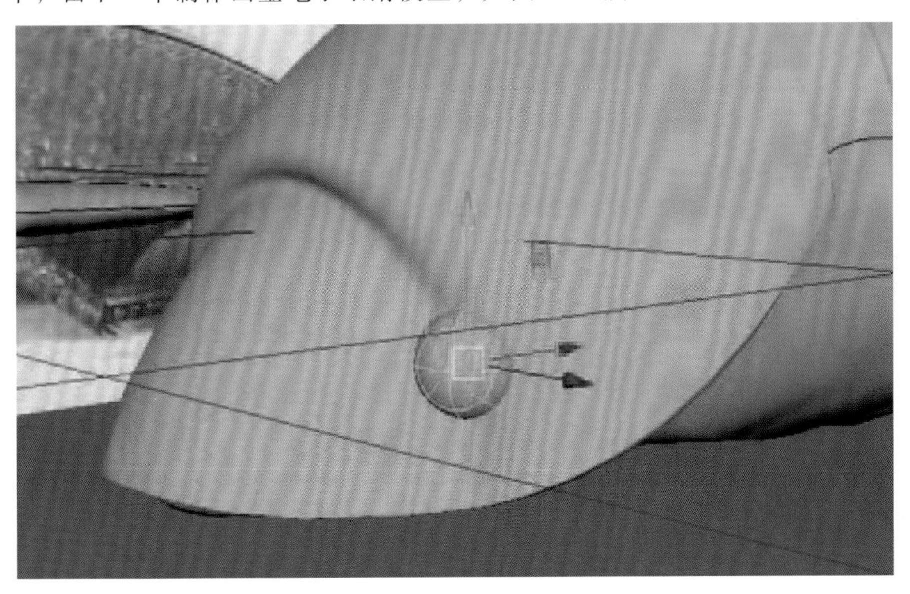

图 3.48

（48）选中眼睛模型，按快捷键 Ctrl+D 复制，并打开右边的属性通道栏，将 Scale Z 属性设置为 -1，镜像复制出另一边的眼睛模型，如图 3.49 所示。

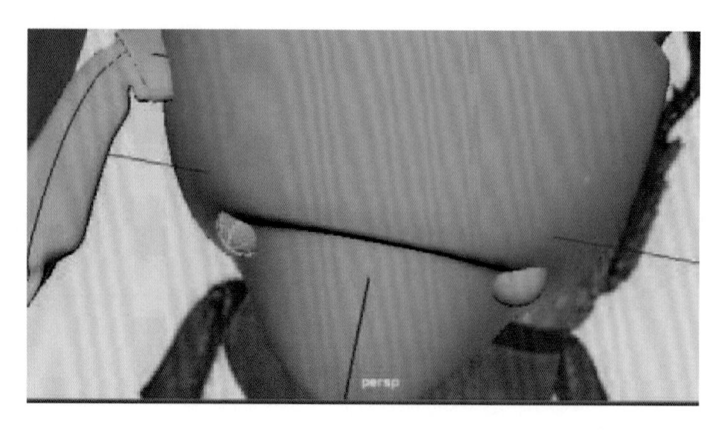

图 3.49

（49）根据金龟子前脚、中脚、后脚模型同样的制作方法和原理，制作出金龟子前面触角部分的模型，如图 3.50 所示。

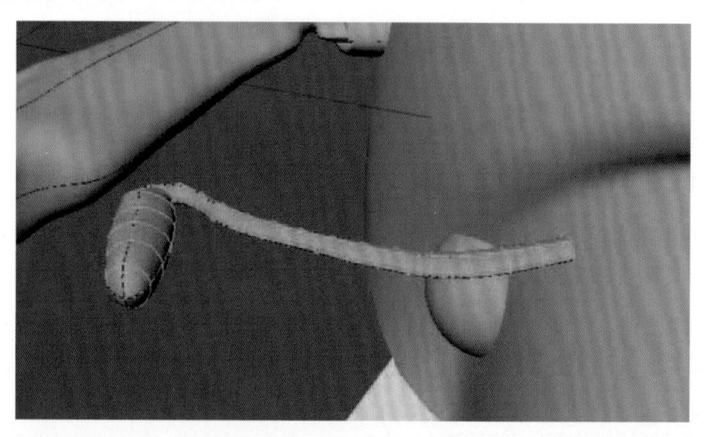

图 3.50

（50）创建一个 NURBS 球体模型，缩放移动到背部中心位置，如图 3.51 所示。

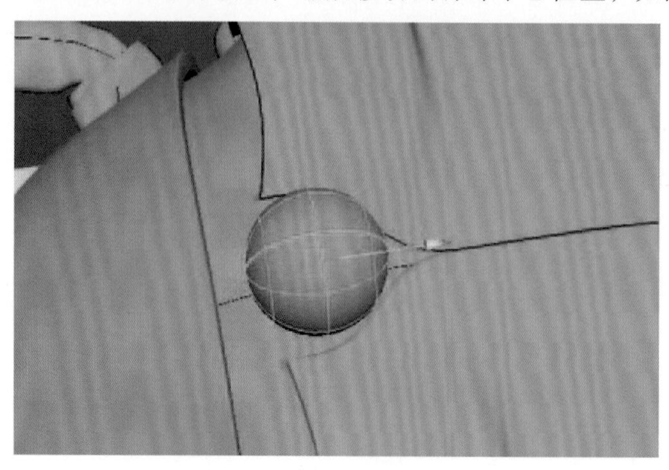

图 3.51

（51）选中球体模型，进入 Control Vertex 点层级调节点，添加 Iso 线，缩放并压扁球体模型，制作出壳中心部分的模型，如图 3.52 所示。

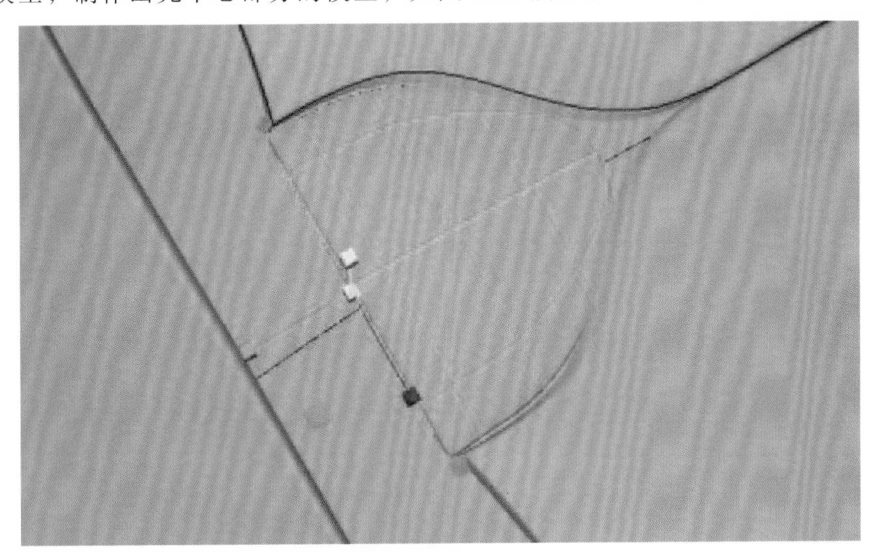

图 3.52

（52）执行 Create → NURBS Primitives → Cone 创建一个 NURBS 锥体，将右边属性通道栏中的 Spans 参数设置为 3，如图 3.53 所示。

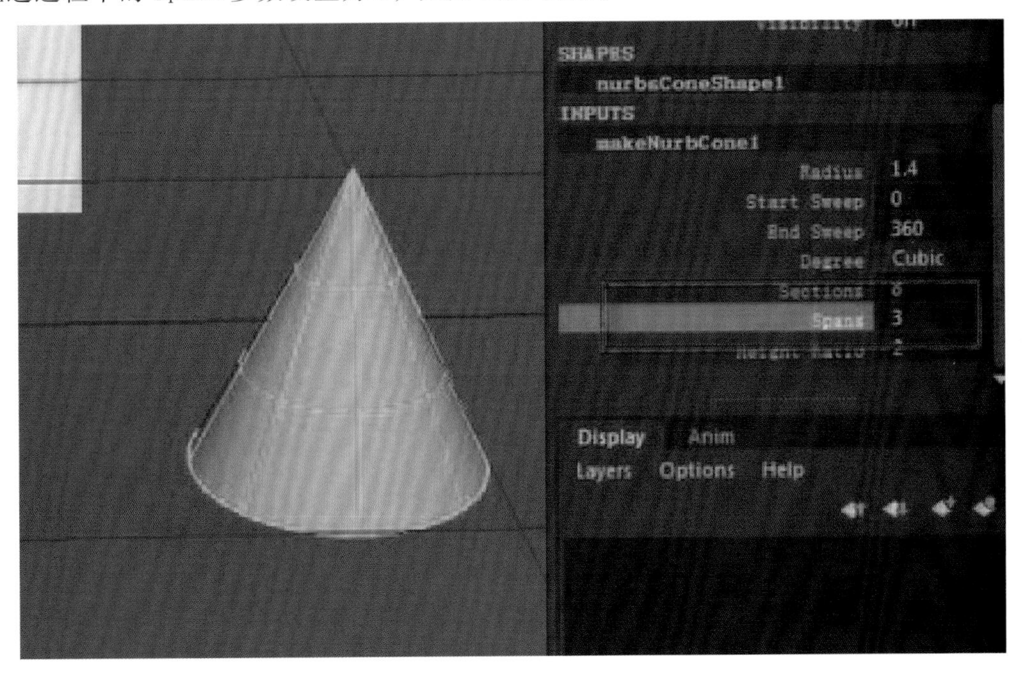

图 3.53

（53）缩放并拉长 NURBS 锥体模型，如图 3.54 所示。

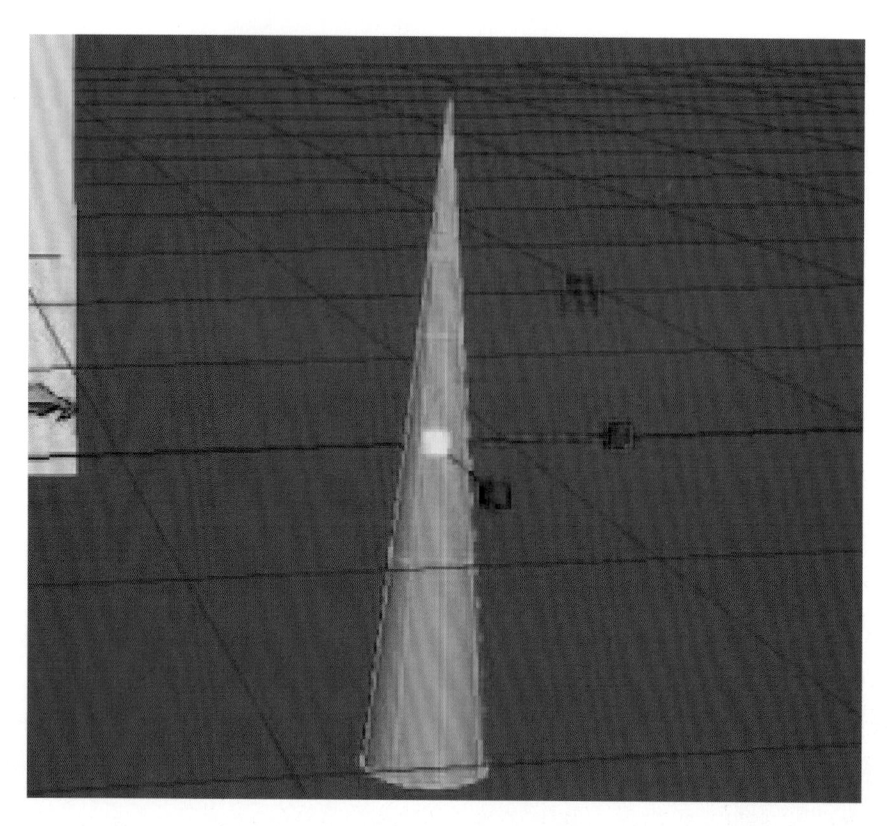

图 3.54

（54）将 NURBS 锥体模型移动缩放到金龟子脚倒刺的位置，进入 Control Vertex 点层级调节点，制作出倒刺的模型，如图 3.55 所示。

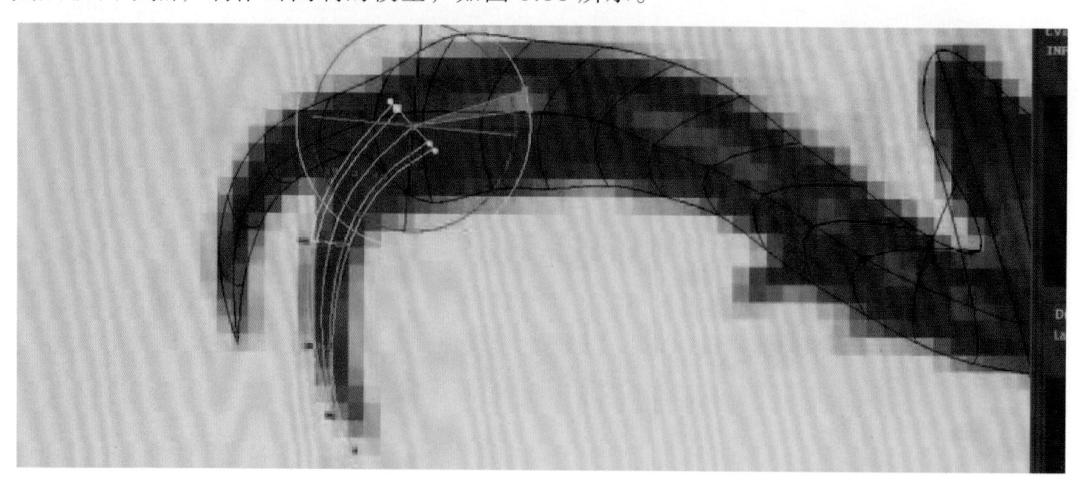

图 3.55

（55）根据前面制作倒刺模型同样的制作方法和原理，制作出金龟子前脚、中脚、后脚上大大小小的倒刺模型，如图 3.56 所示。

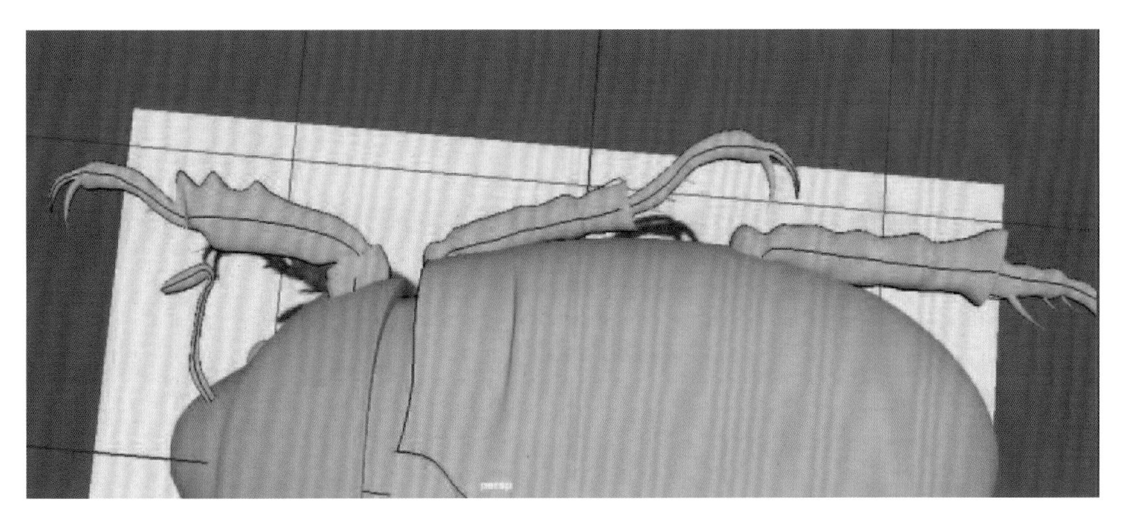

图 3.56

（56）选中前脚模型，进入 Control Vertex 点层级，框选点调节前脚的动作动态，并将倒刺模型移动到合适的位置，如图 3.57 所示。

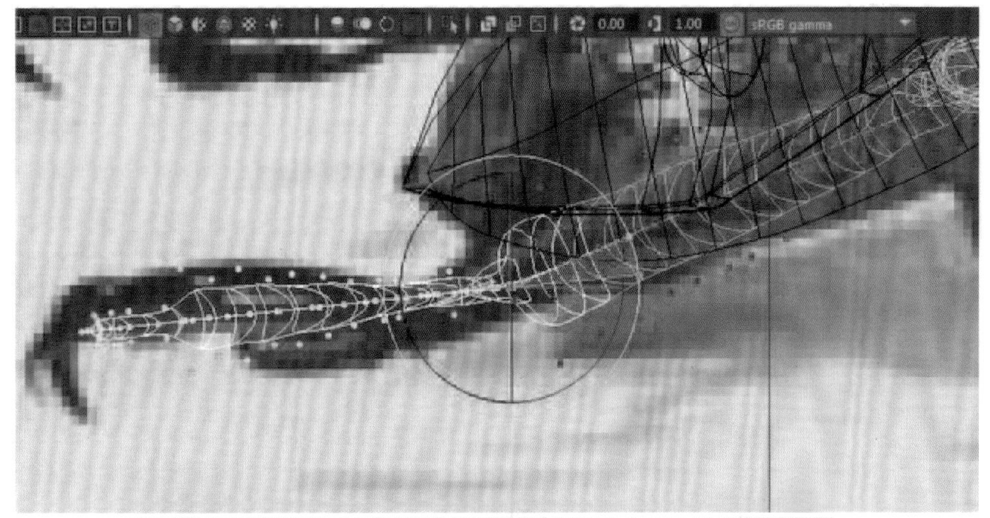

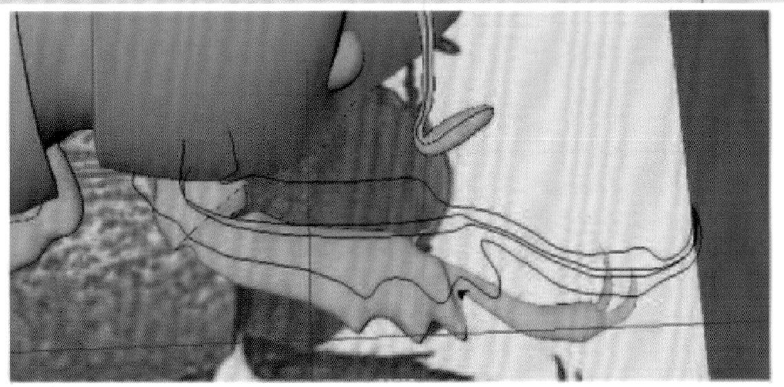

图 3.57

（57）使用同样的调节方法，选中模型进入 Control Vertex 点层级，框选点调节出金龟子中脚、后脚、触角模型的动作动态，并将其他倒刺模型移动到合适的位置，如图 3.58 所示。

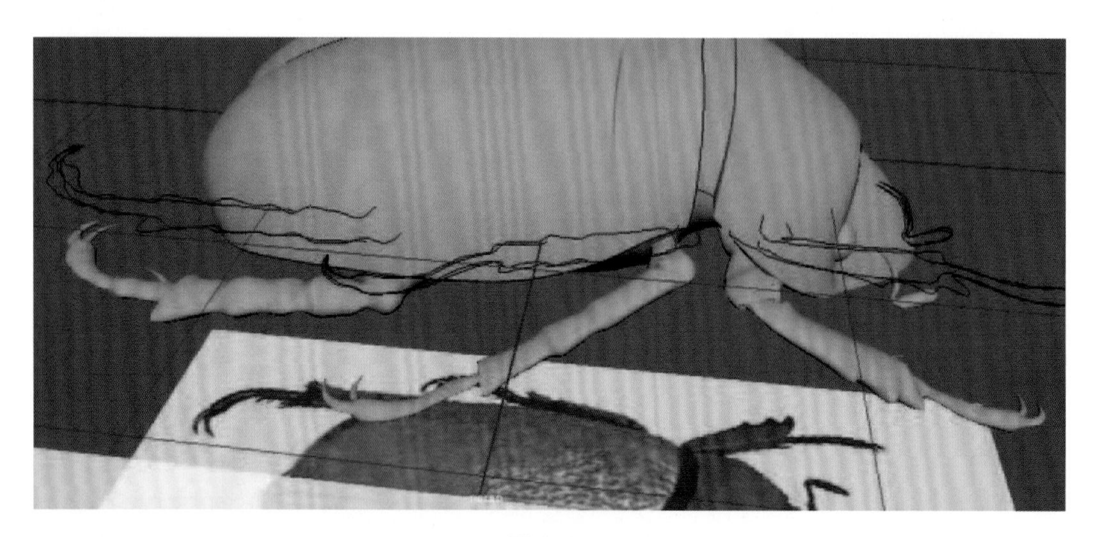

图 3.58

（58）框选脚上面多余的 CV 曲线，按 Delete 键删除多余的 CV 曲线，如图 3.59 所示。

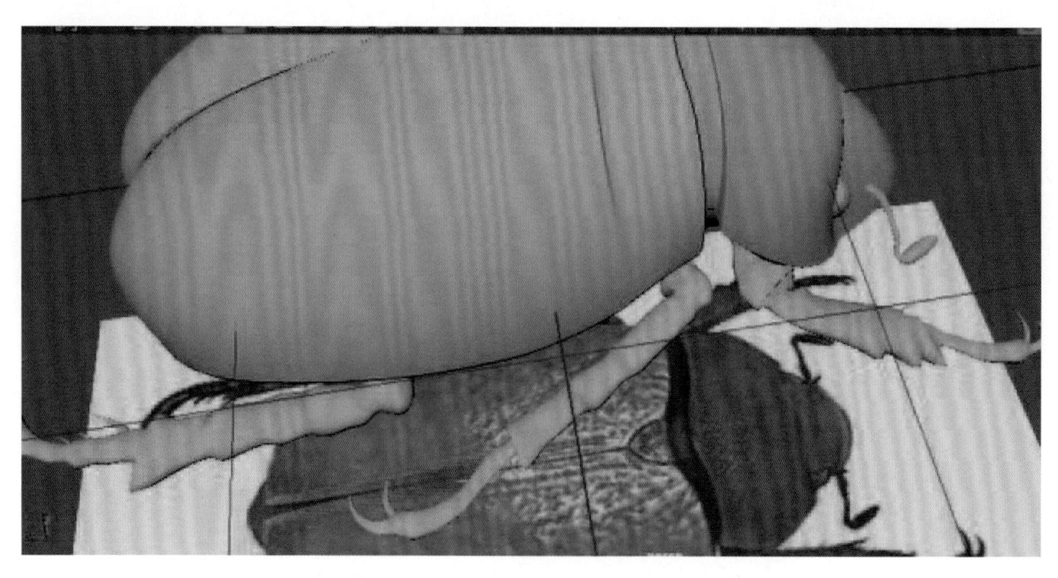

图 3.59

（59）选中右边所有脚、触角、倒刺的模型，按 Ctrl+G 键对选中模型打组，再按 Ctrl+D 键复制，再打开右边的属性通道栏，将 Scale Z 属性设置为 -1，镜像复制出金龟子左边的脚、触角、倒刺的模型，如图 3.60 所示。

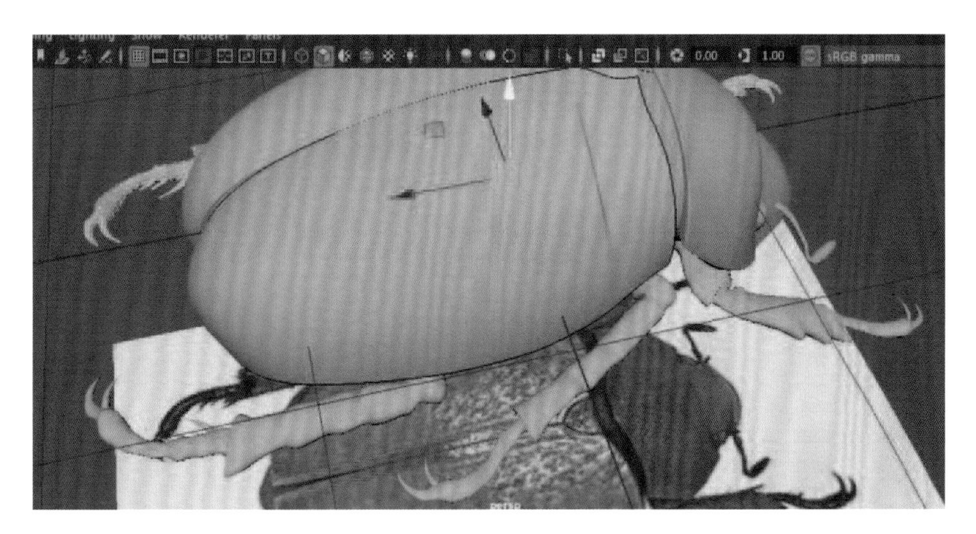

图 3.60

（60）框选背景参考图，按 Ctrl+H 键隐藏背景参考图片，如图 3.61 所示。

图 3.61

（61）此时金龟子整体模型效果如图 3.62 所示。

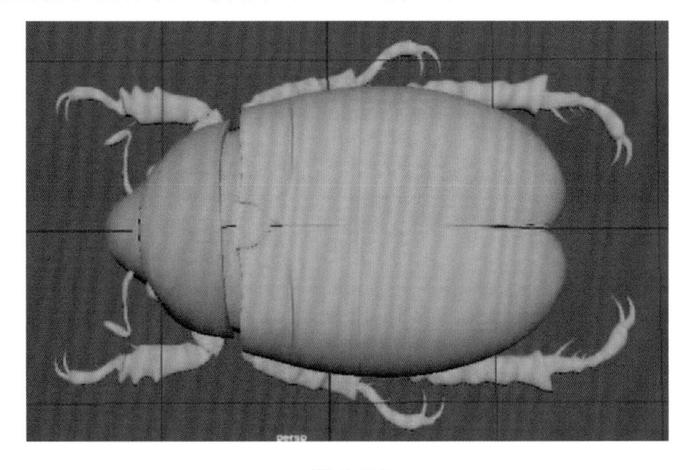

图 3.62

（62）框选金龟子模型，按 Ctrl+G 键对模型打组，整体移动到视图地平面以上的位置，如图 3.63 所示。

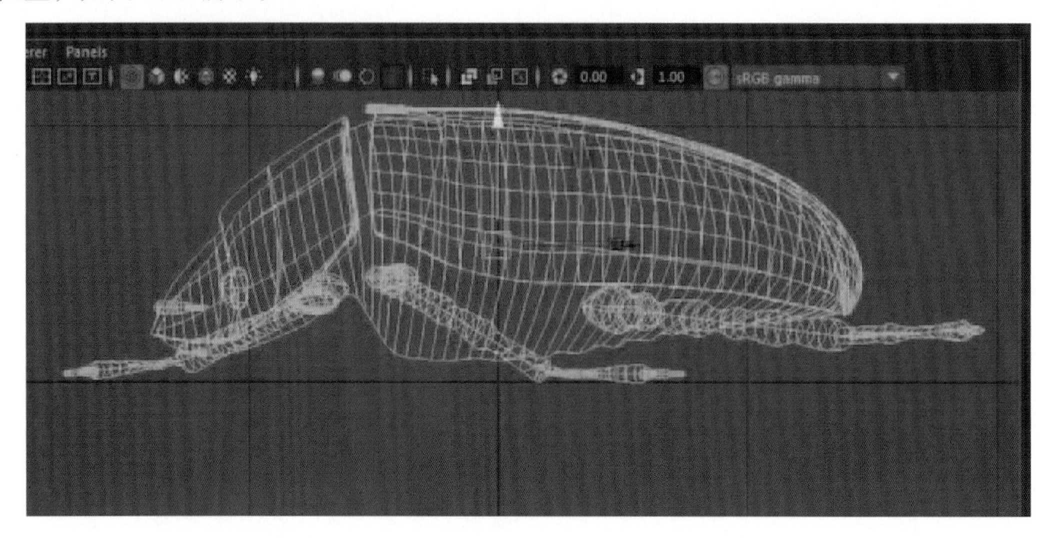

图 3.63

（63）为金龟子模型创建地平面、周围挡光面模型，渲染尺寸设置 Image Size → presets：HD_720 大小，选中所有模型赋予 aiAmbientocclusion 材质，材质球 Samples 属性设置为 10，创建摄像机，选择合适的渲染角度，如图 3.64 所示。

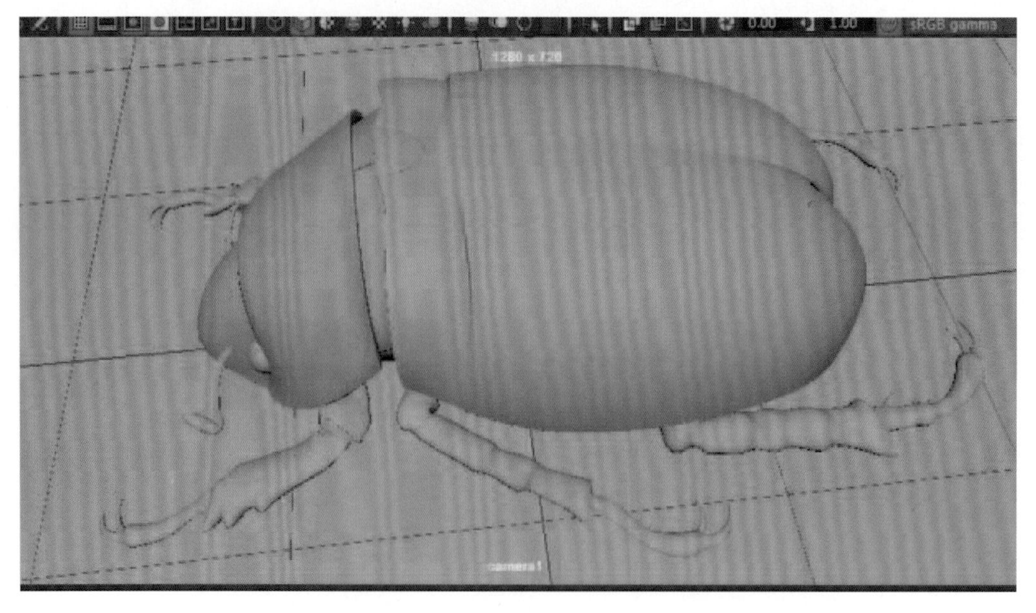

图 3.64

（64）执行 Arnold → Arnold RenderView（阿诺德渲染器）命令，渲染出的金龟子效果如图 3.65 所示。

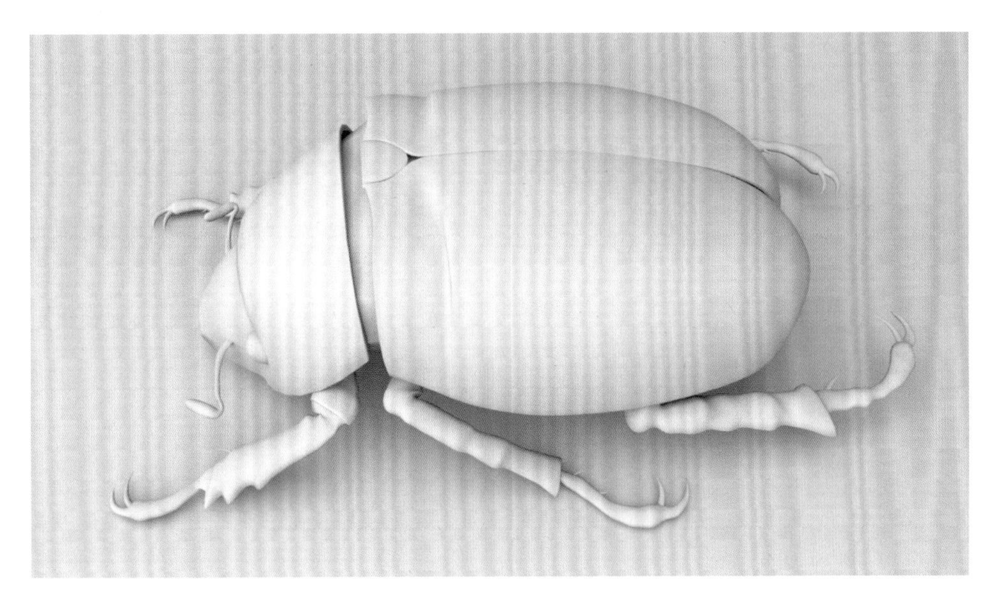

图 3.65

【项目拓展】

运用本项目所学知识，使用 Maya 软件创建休闲鞋模型的效果，如图 3.66 所示。

图 3.66

【项目评价】

运用项目评价表进行评价，如表 3.1 所示。

表 3.1　金龟子评价表

项目 3　评价细则		自　评	教师评价
1	对金龟子模型造型结构的把握		
2	使用 Curves → Rebuild 命令重置曲线		
3	Surfaces → Loft 命令的使用		
4	Birail → Birail 1 Tool 命令的使用		
5	Surfaces → Detach 命令的使用		
项目综合评价			

【项目提出】

耳麦(见图4.1)在现代生活中有着相当重要的地位。耳麦是耳机与麦克风的整合体，耳麦的造型结构比较复杂。本项目将使用Maya多边形制作耳麦的模型。

图4.1 耳麦

【项目分析】

耳麦的模型结构主要包括头带、耳壳、驱动器、耳垫、导线等。制作模型之前要对耳麦的结构造型进行分析研究，对耳麦结构分析透彻以后，再进入 Maya 软件制作耳麦的模型。

【学习目标】

要求掌握以下内容：

（1）多边形圆柱体的灵活运用。

（2）对耳麦模型造型结构的把握。

（3）Extrude 挤出命令的使用。

（4）Insert Edge Loop Tool 命令的使用。

（5）Deform → Nonlinear → Bend 命令的使用。

【项目实施】

（1）在 Maya 界面中，执行 Polygons →多边形圆柱体命令，创建模型，如图 4.2 和图 4.3 所示。

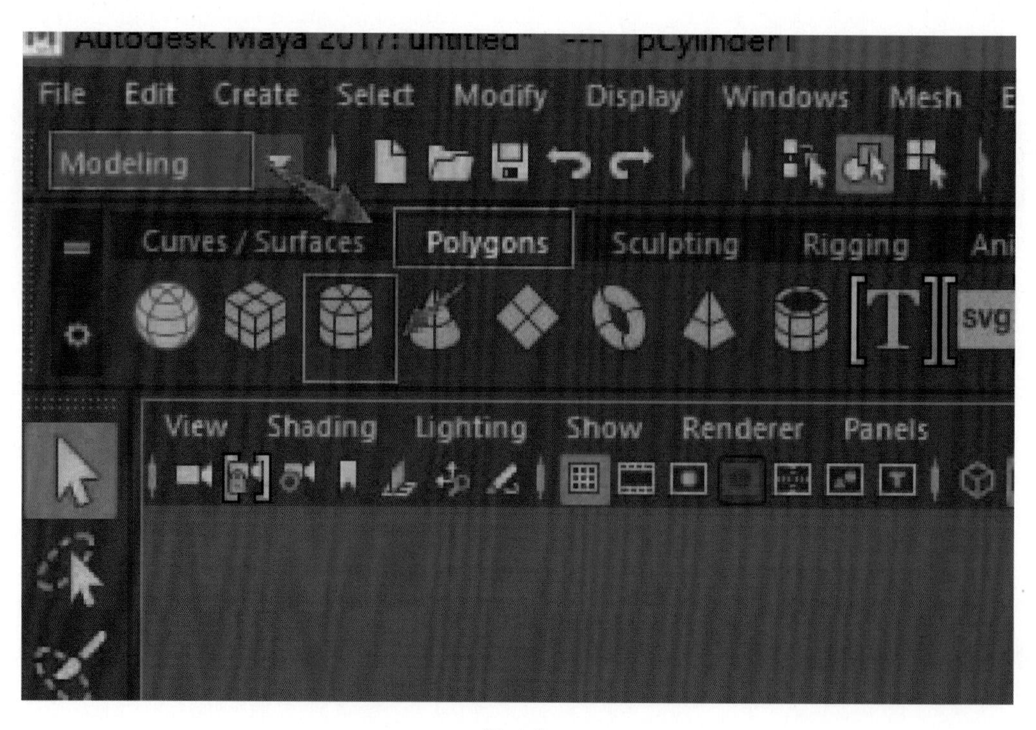

图 4.2

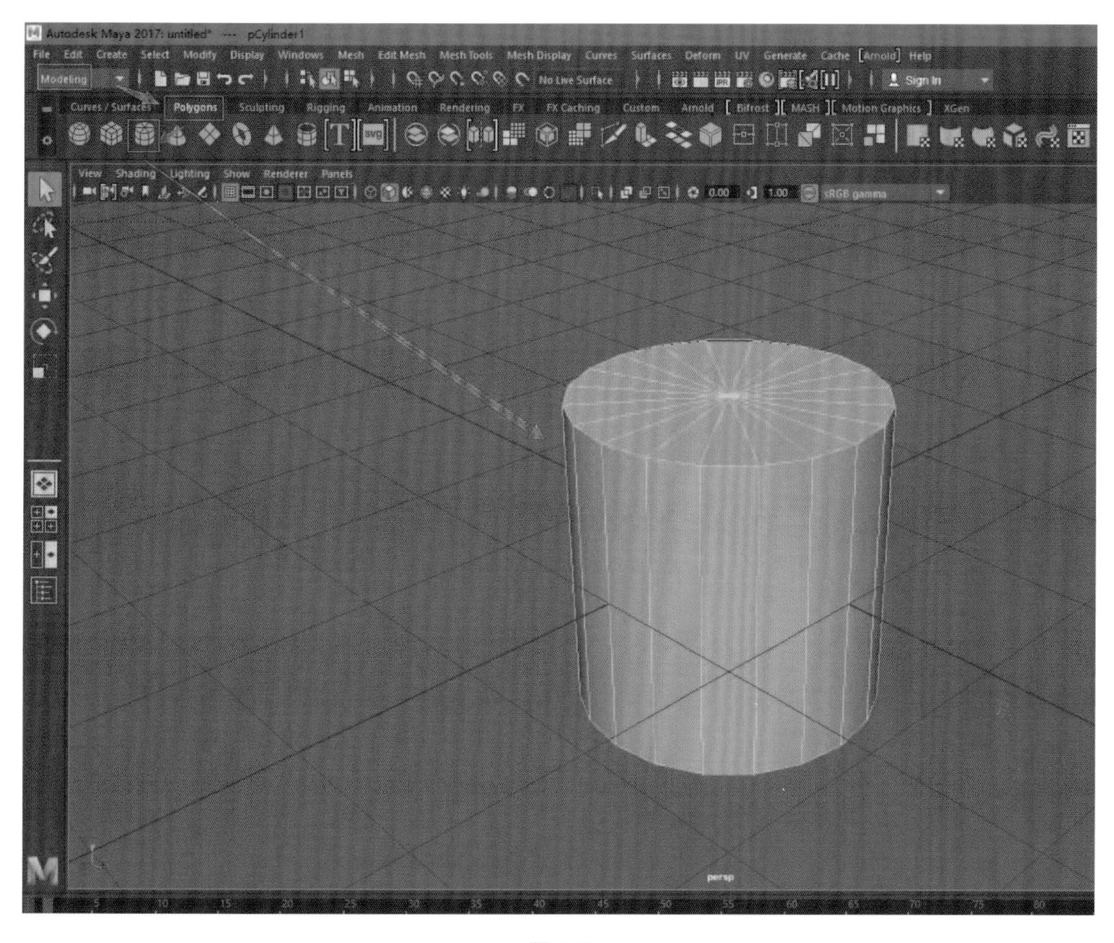

图 4.3

（2）按 E 键旋转工具，X 轴旋转 90°，如图 4.4 所示。

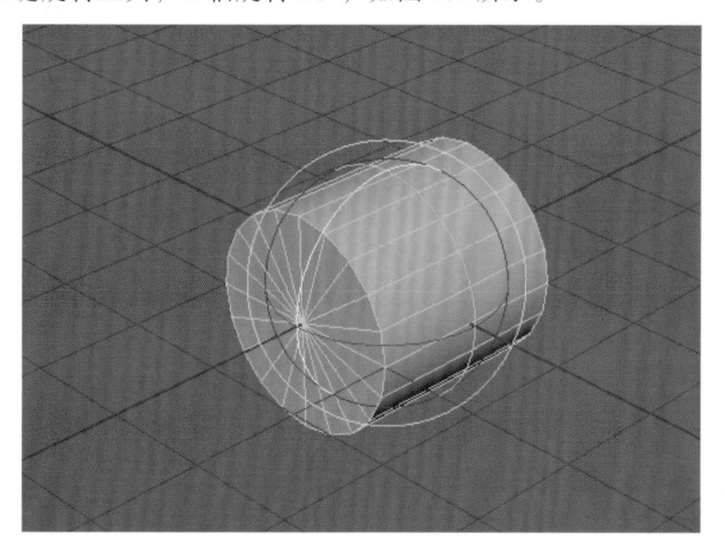

图 4.4

（3）按 R 键缩放工具，调整模型大小，如图 4.5 所示。

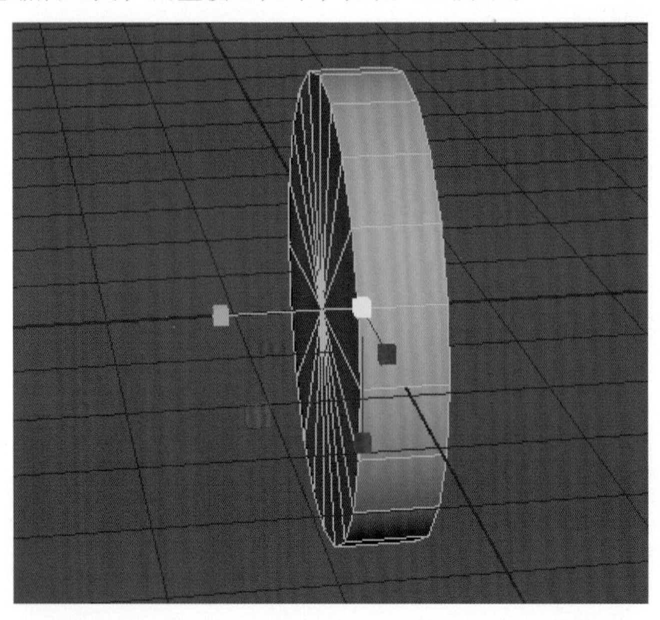

图 4.5

（4）按 F10 线选择，选择两圆形面上的线，按 Delete 键删除，如图 4.6 所示。

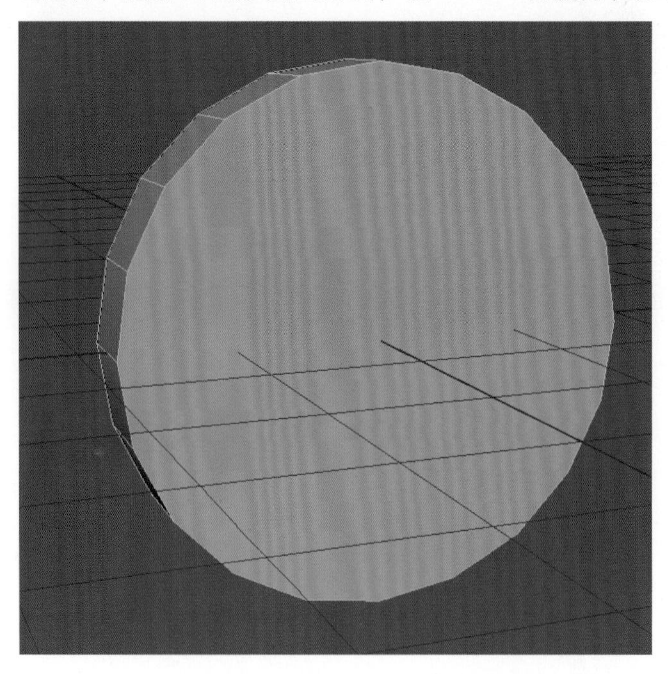

图 4.6

（5）按 F11 面选择，选择面，按 R 键缩放工具，等比例放大，如图 4.7 所示。

（6）执行 Edit Mesh → Extrude（挤出）命令，如图 4.8 所示。

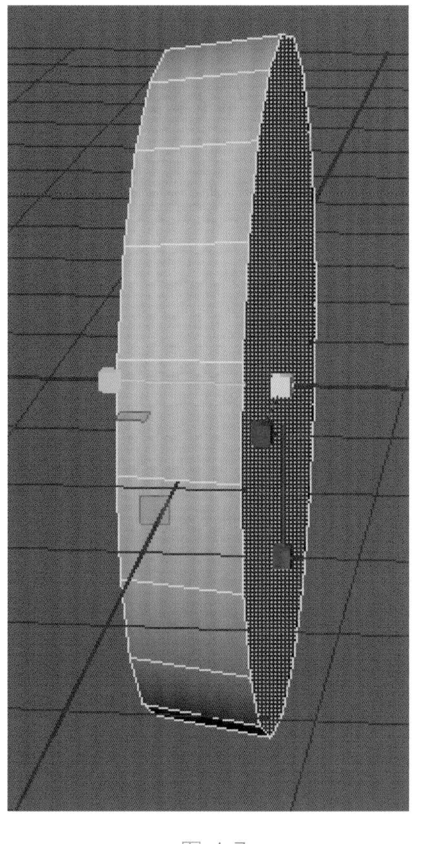

图 4.7

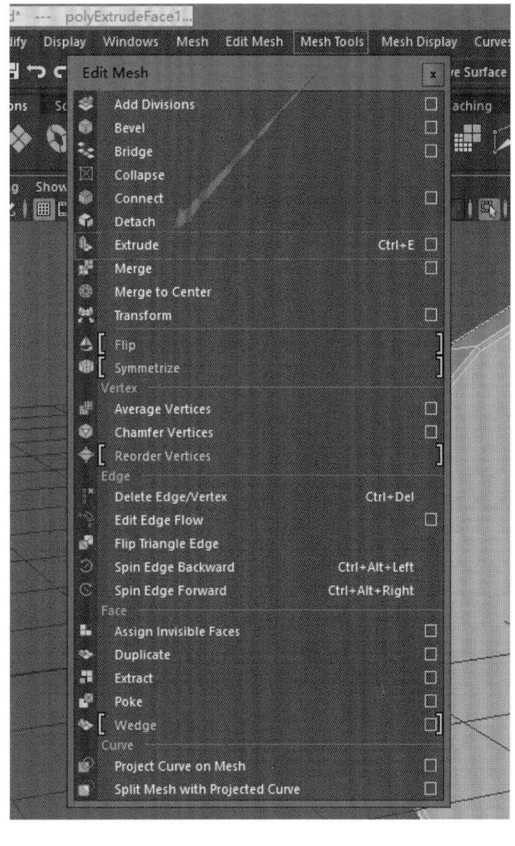

图 4.8

（7）在挤出图标上点击一下正方体，鼠标点住图标中心正方体，等比例缩小面，如图 4.9 所示。

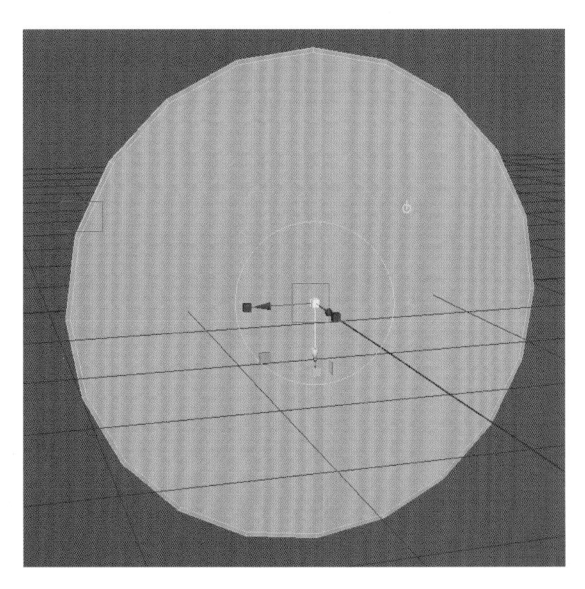

图 4.9

（8）再次执行 Edit Mesh → Extrude（挤出）命令，向内挤出面，如图 4.10 所示。

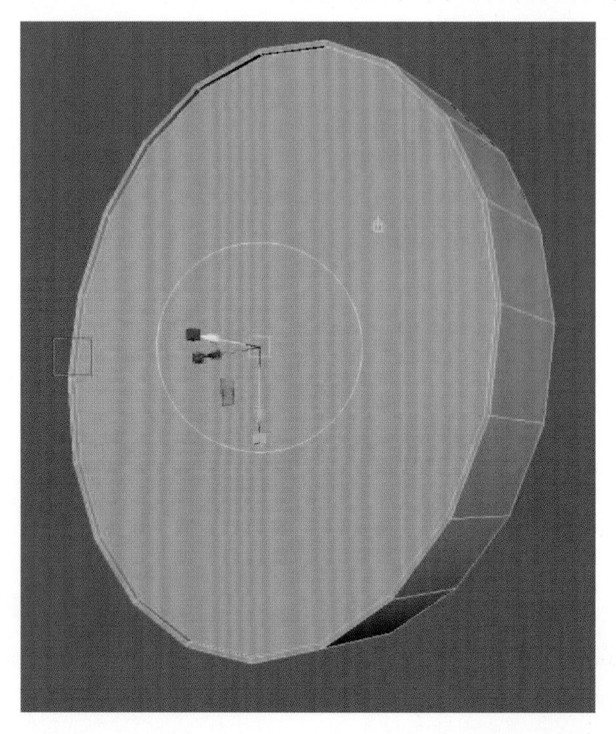

图 4.10

（9）再次执行 Edit Mesh → Extrude（挤出）命令，在挤出图标上点击一下正方体，鼠标点住图标中心正方体，等比例缩小面，如图 4.11 所示。

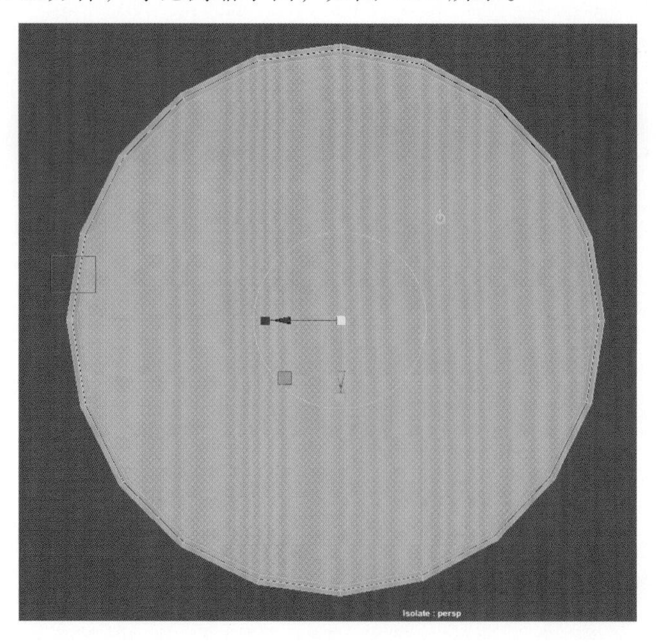

图 4.11

（10）再次执行 Edit Mesh → Extrude（挤出）命令，向外挤出面，如图 4.12 所示，在挤出图标上点击一下正方体，鼠标点住图标中心正方体，等比例放大面，如图 4.13 所示。

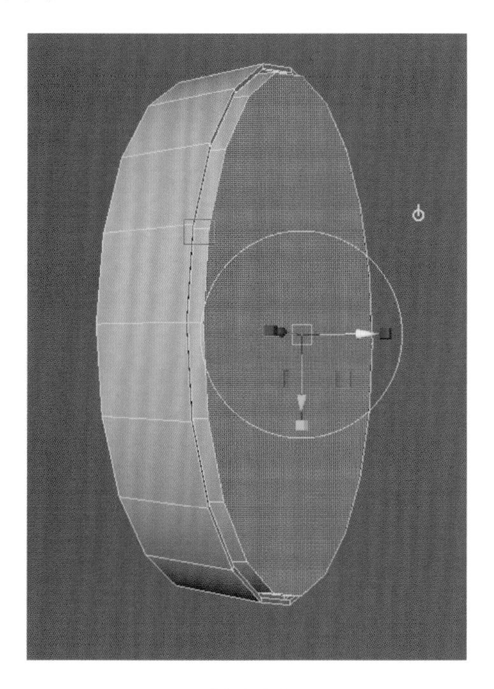

图 4.12

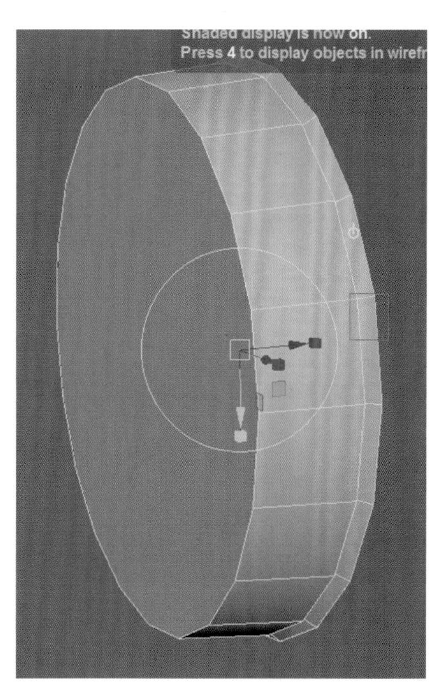

图 4.13

（11）选中另一边圆形面，执行 Edit Mesh → Extrude（挤出）命令，向外挤出面，如图 4.14 所示，在挤出图标上点击一下正方体，鼠标点住图标中心正方体，等比例缩小面，如图 4.15 所示。

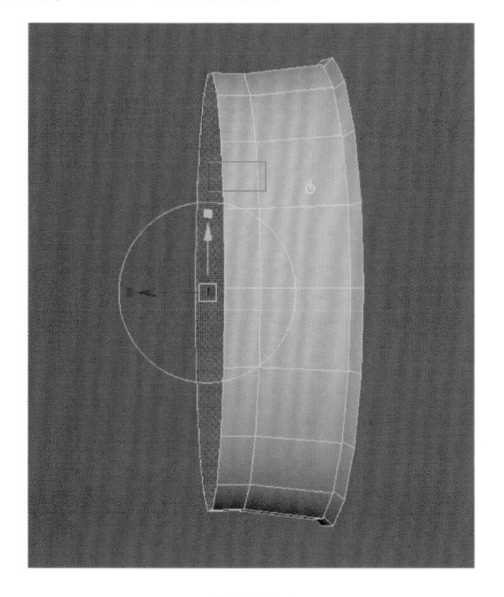

图 4.14

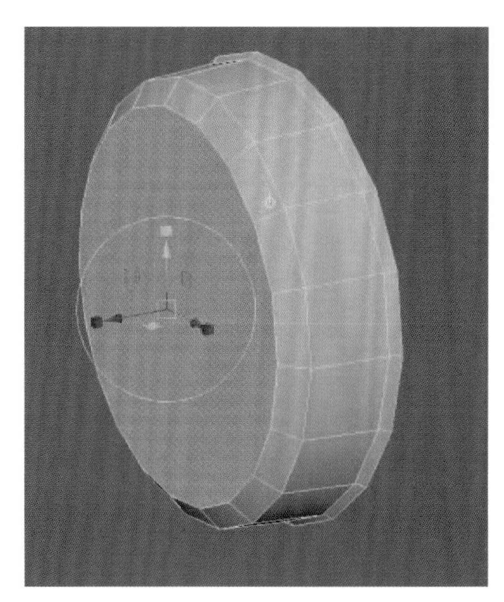

图 4.15

（12）执行 Edit Mesh → Extrude（挤出）命令，向外挤出面，如图 4.16 所示，在挤出图标上点击一下正方体，鼠标点住图标中心正方体，等比例放大面，如图 4.17 所示。

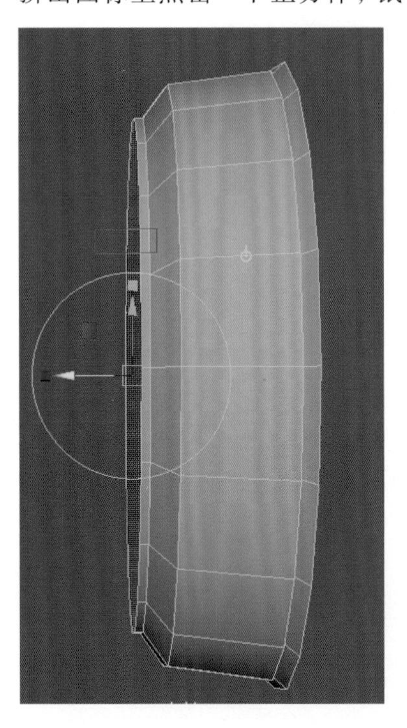

图 4.16

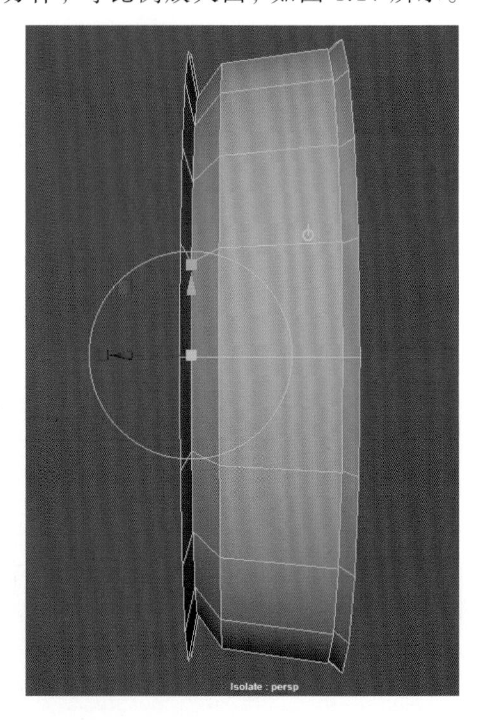

图 4.17

（13）执行 Edit Mesh → Extrude（挤出）命令，向外挤出面，如图 4.18 所示。

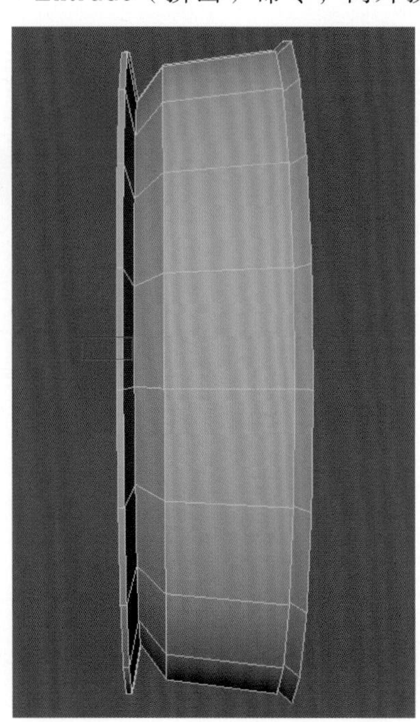

图 4.18

（14）再次执行 Edit Mesh → Extrude（挤出）命令，在挤出图标上点击一下正方体，鼠标点住图标中心正方体，等比例缩小面，如图 4.19 所示。

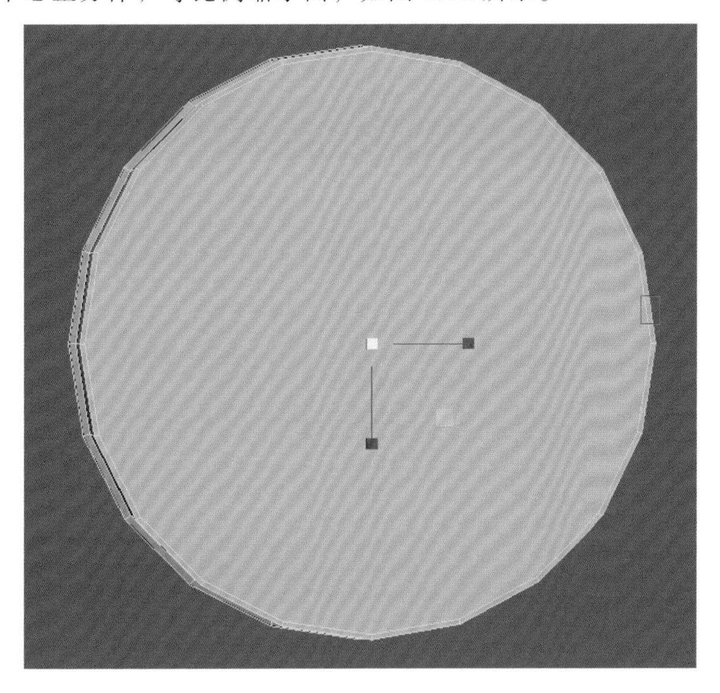

图 4.19

（15）执行 Edit Mesh → Extrude（挤出）命令，向外挤出，如图 4.20 所示，在挤出图标上点击一下正方体，鼠标点住图标中心正方体，等比例放大面，如图 4.21 所示。

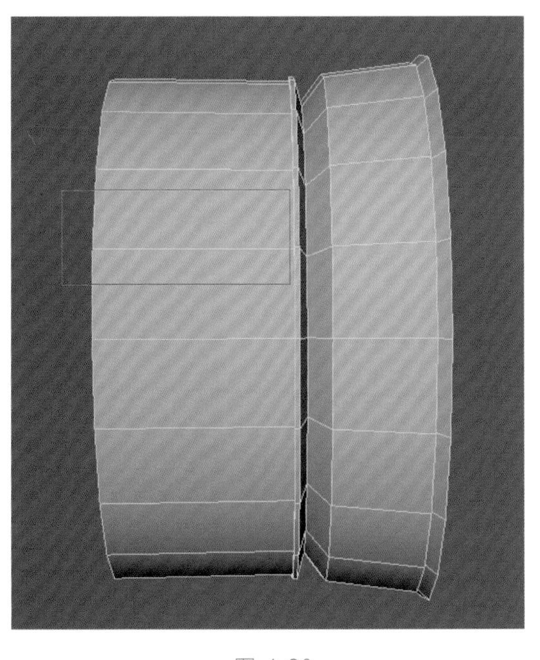

图 4.20

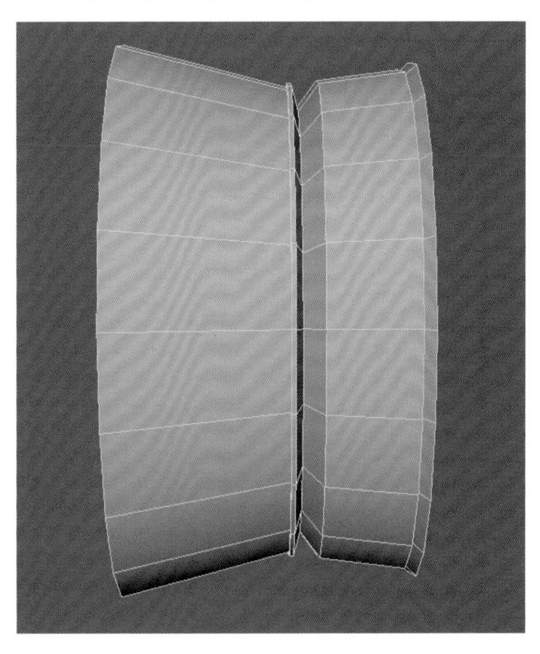

图 4.21

（16）执行 Edit Mesh → Extrude（挤出）命令，向外挤出，在挤出图标上点击一下正方体，鼠标点住图标中心正方体，等比例缩小面，如图 4.22 所示。

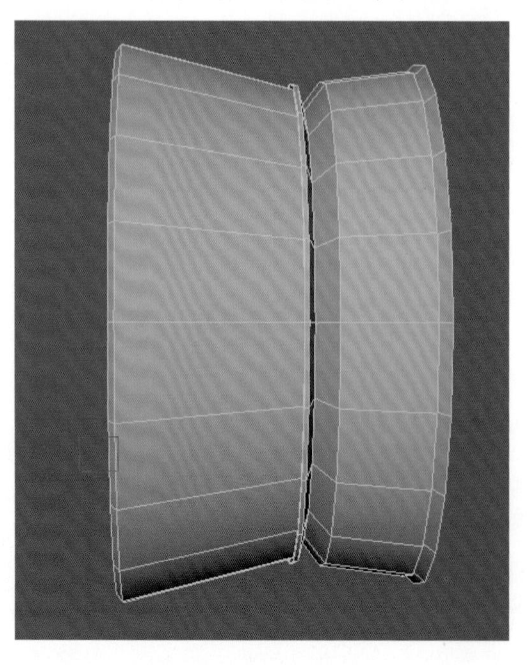

图 4.22

（17）执行 Edit Mesh → Extrude（挤出）命令，在挤出图标上点击一下正方体，鼠标点住图标中心正方体，等比例放大面，如图 4.23 所示。

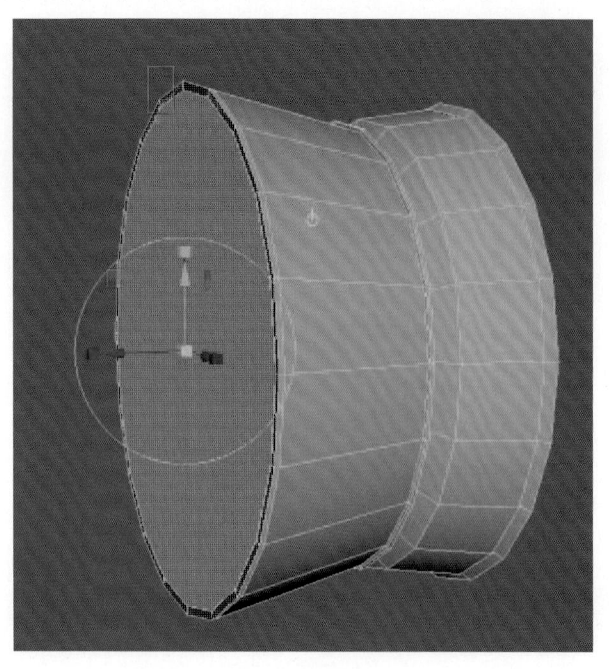

图 4.23

（18）执行 Edit Mesh → Extrude（挤出）命令，向外挤出，如图 4.24 所示。

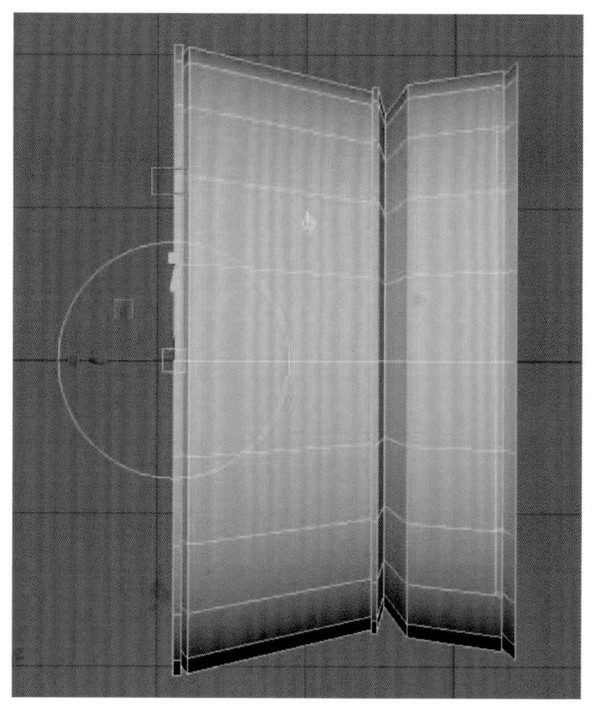

图 4.24

（19）执行 Edit Mesh → Extrude（挤出）命令，向外挤出，在挤出图标上点击一下正方体，鼠标点住图标中心正方体，等比例缩小面，如图 4.25 所示。

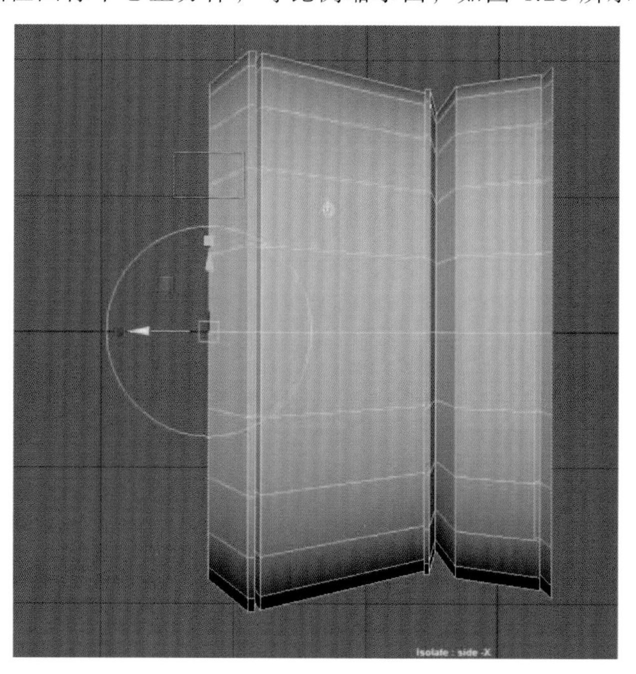

图 4.25

（20） 执行 Edit Mesh → Extrude（挤出）命令，在挤出图标上点击一下正方体，鼠标点住图标中心正方体，等比例缩小面，向内挤出，如图 4.26 所示。

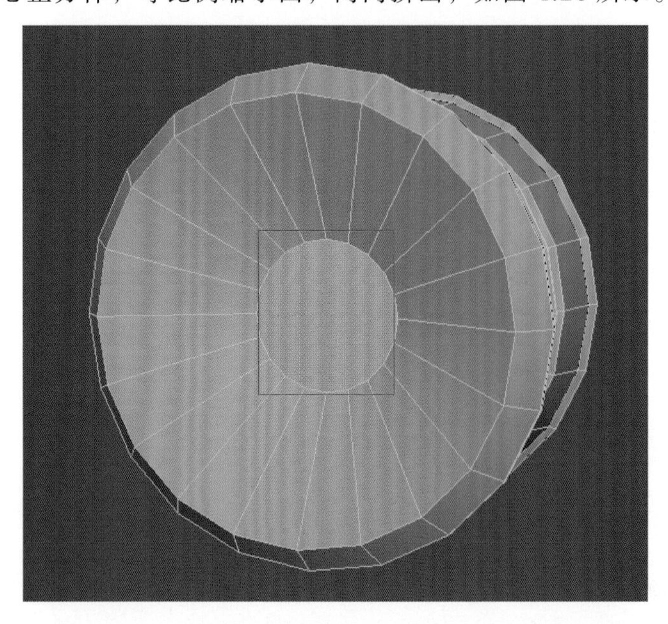

图 4.26

（21）按 F9 点选择，进入点模式，W 键移动工具发，R 键缩放工具，用这两个工具对模型进行一个整体的调整，如图 4.27 所示。

图 4.27

（22）按 F10 边选择，选中一条边，按住 Shift 键 + 鼠标右键，执行 Insert Edge Loop Tool（插入循环边线工具）命令，如图 4.28 所示。

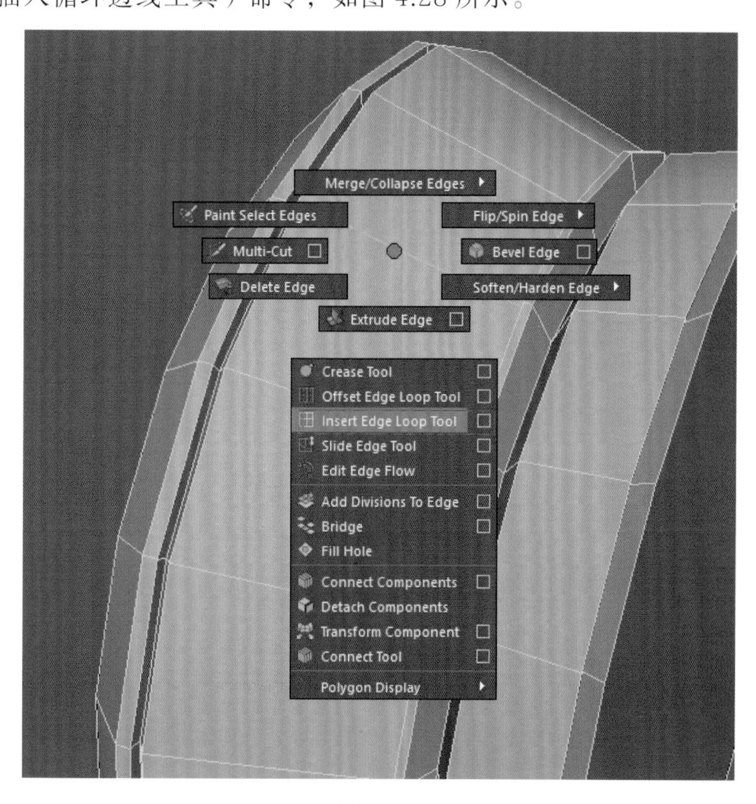

图 4.28

（23）加线，双击线会选中一圈线，按 R 键缩放工具，调整模型，如图 4.29 所示，按 3 键平滑模式，平滑模式检查模型的形，按 1 键实体模式，退出平滑，如图 4.30 所示。

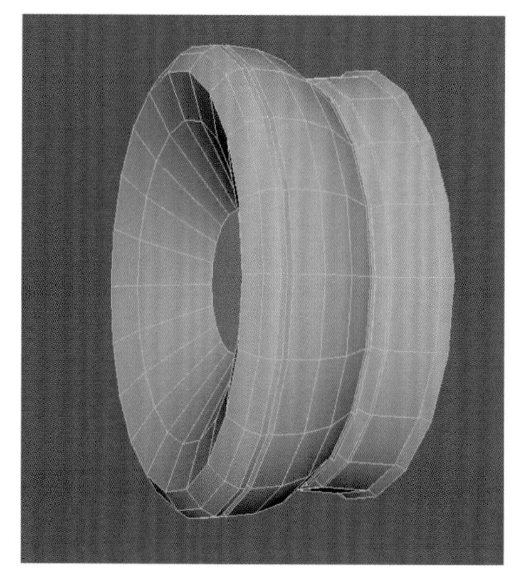

图 4.29

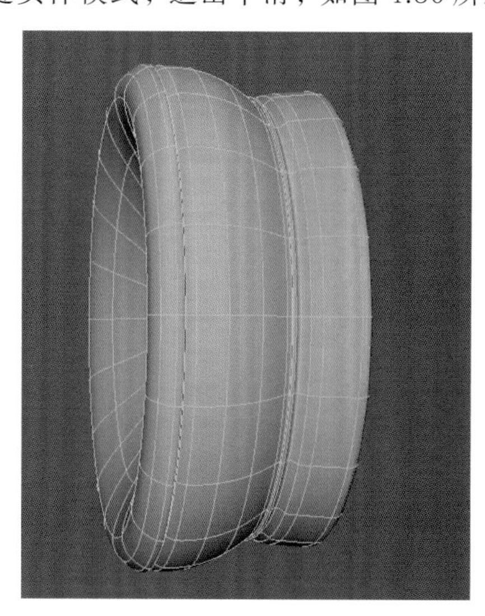

图 4.30

（24）切换到侧视图，按住鼠标右键，执行Object Mode（物体模式），如图4.31所示，选中模型，按E键旋转工具，旋转模型，如图4.32所示。

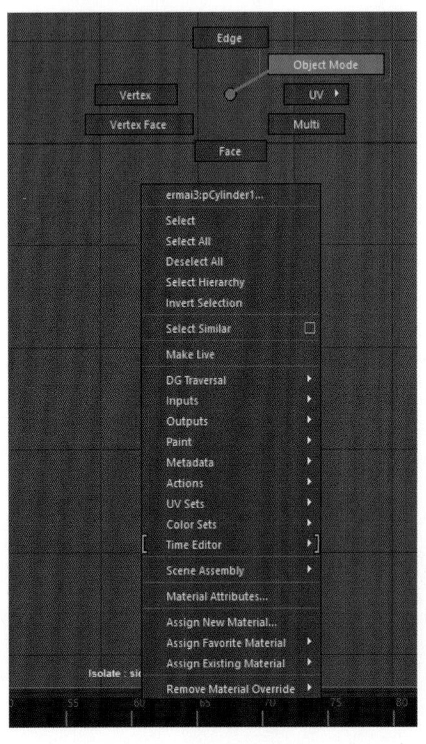

图 4.31

图 4.32

（25）在Maya界面中选择Polygons下的Cube，在网格上建立一个立方体，如图4.33所示。

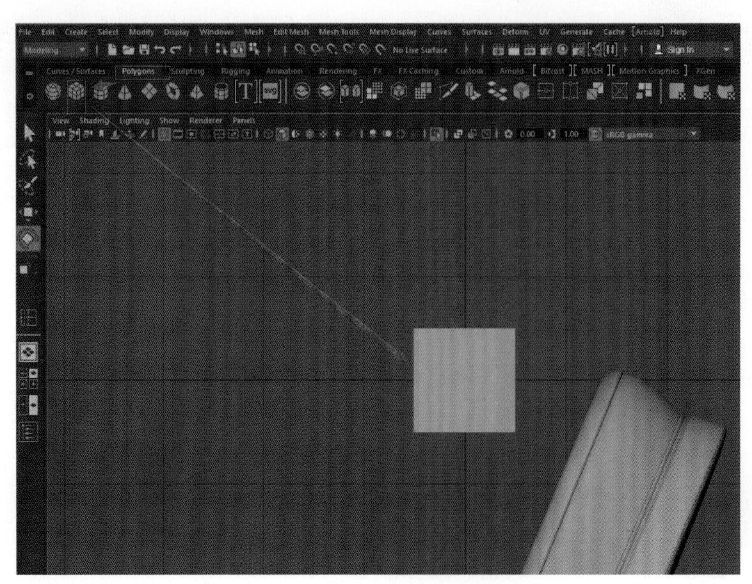

图 4.33

（26）按 W 键移动工具，按 F9 点选择，调整模型，如图 4.34 所示。

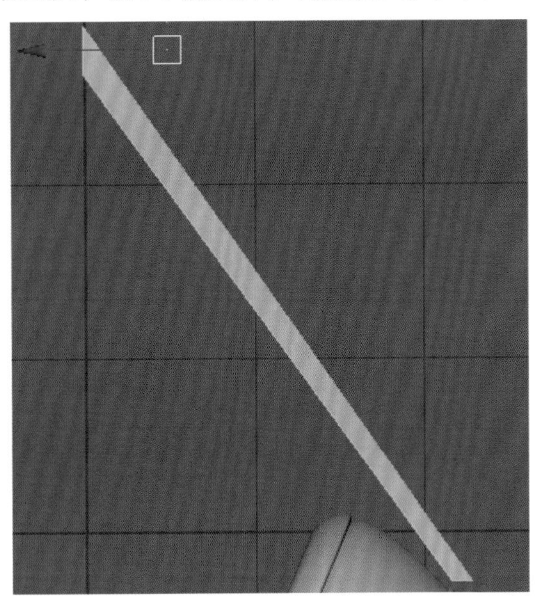

图 4.34

（27）按 F10 边选择，选中一条边，按住 Shift 键 + 鼠标右键，执行 Insert Edge Loop Tool（插入循环边线工具）命令后面的小方框，如图 4.35 所示，选择 Multiple edge loops，将 Number of edge loops 修改为 10，如图 4.36 所示。

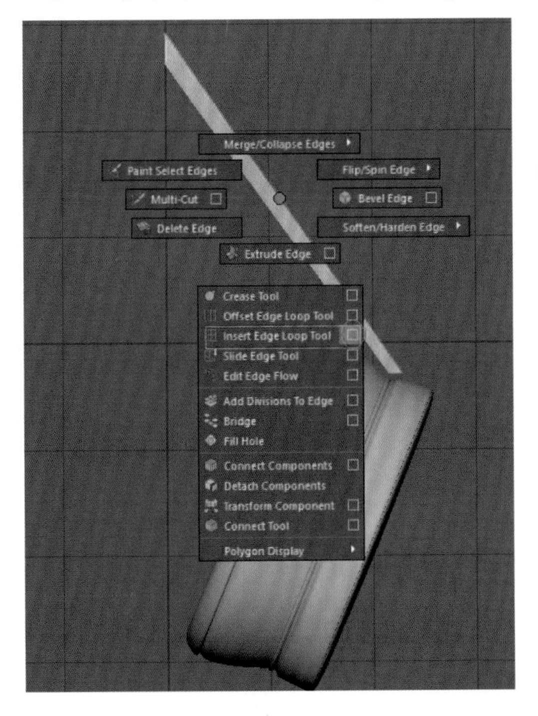

图 4.35

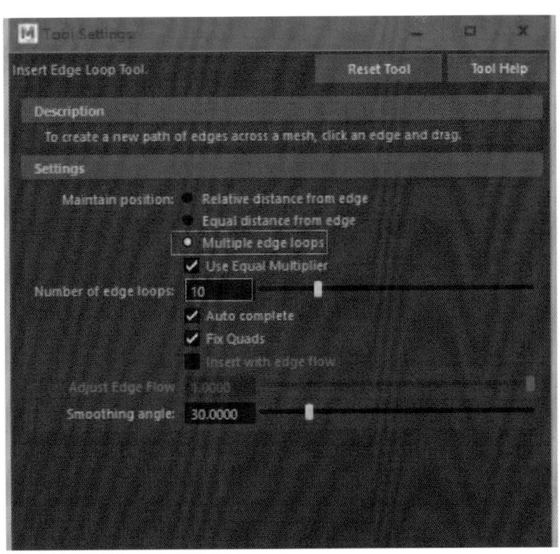

图 4.36

（28）加线（点击模型的边线），按4键线框模式，如图4.37所示。

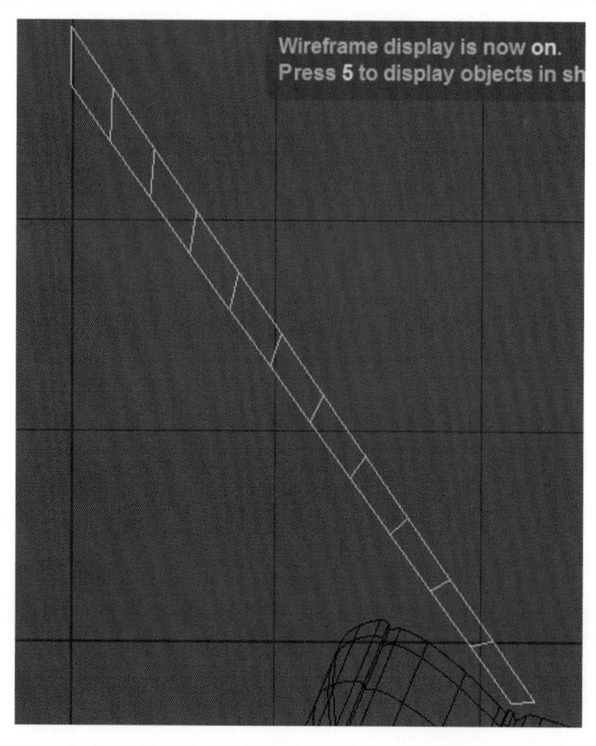

图4.37

（29）按F9点选择，调整点，按5键实体模式，如图4.38所示，按Ctrl+D键复制一个模型作为备用，如图4.39所示。

图4.38

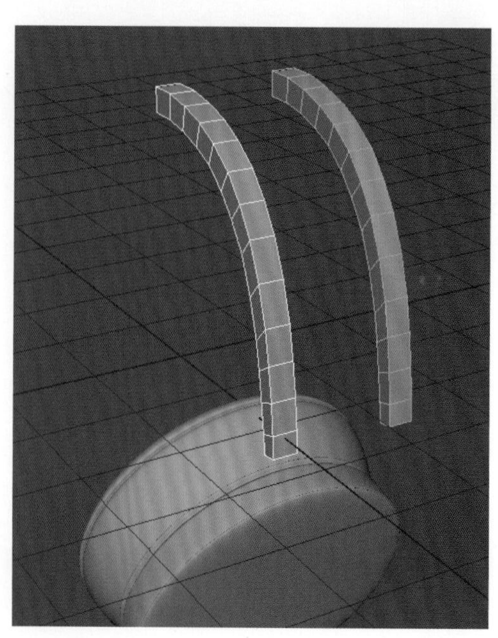

图4.39

（30）切换到透视图，调整模型，如图 4.40 所示。

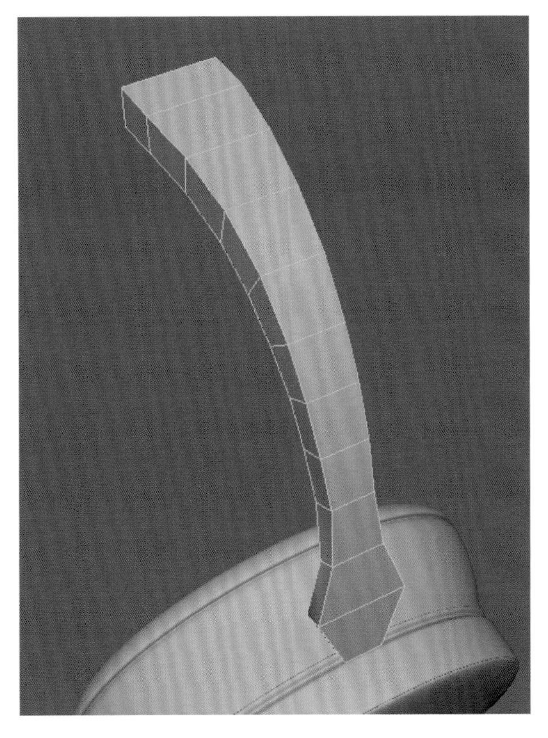

图 4.40

（31）按 F10 边选择，选中一条边，按住 Shift 键 + 鼠标右键，执行 Insert Edge Loop Tool（插入循环边线工具）命令后面的小方框，如图 4.41 所示，选择 Relative distance from edge，如图 4.42 所示。

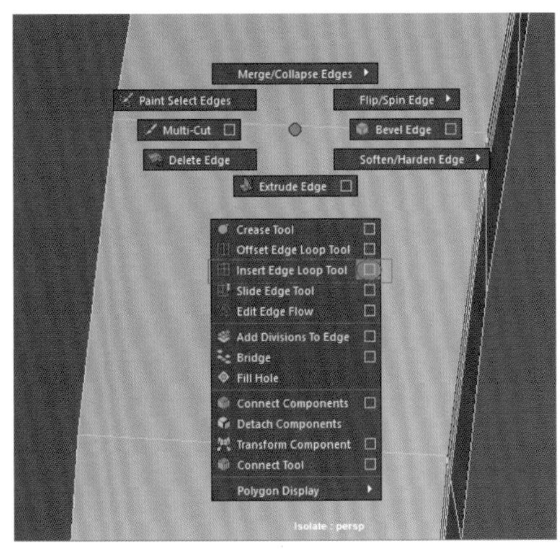

图 4.41

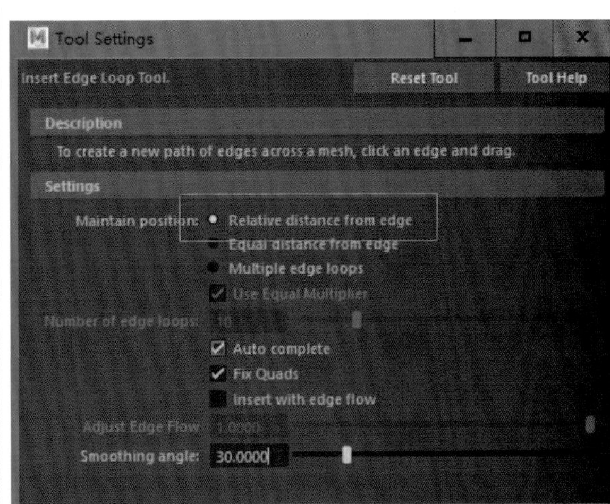

图 4.42

（32）加线，按 9 点选择，按 W 键移动工具，调整模型，如图 4.43 所示。

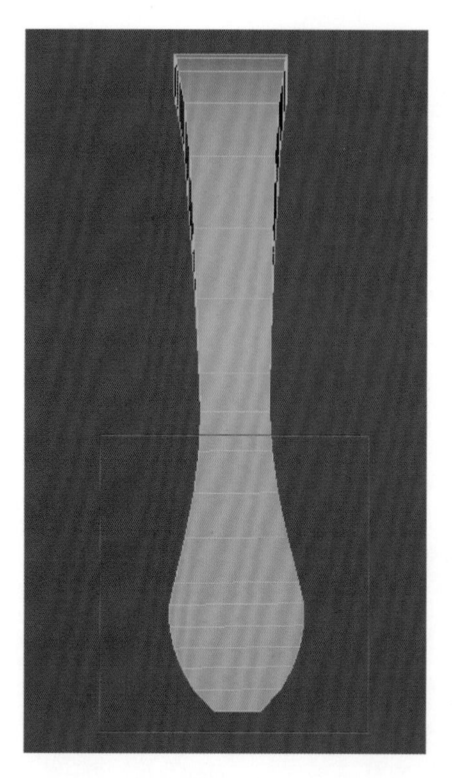

图 4.43

（33）按 F10 边选择，选中一条边，按住 Shift 键 + 鼠标右键，执行 Insert Edge Loop Tool（插入循环边线工具）命令，如图 4.44 所示，加上 3 条线，如图 4.45 所示。

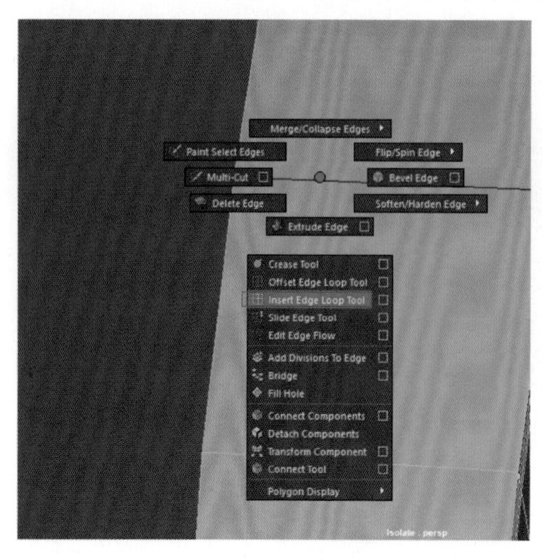

图 4.44

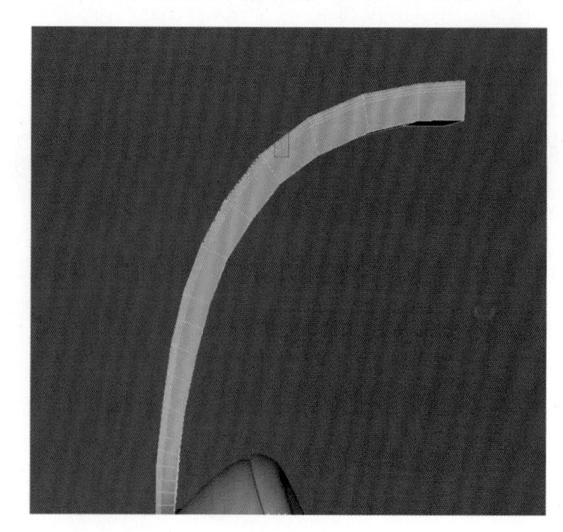

图 4.45

（34）按 F11 面选择，先选择一个面，再按住 Shift 键用鼠标双击另一个面，就会选中一圈面，如图 4.46 所示。

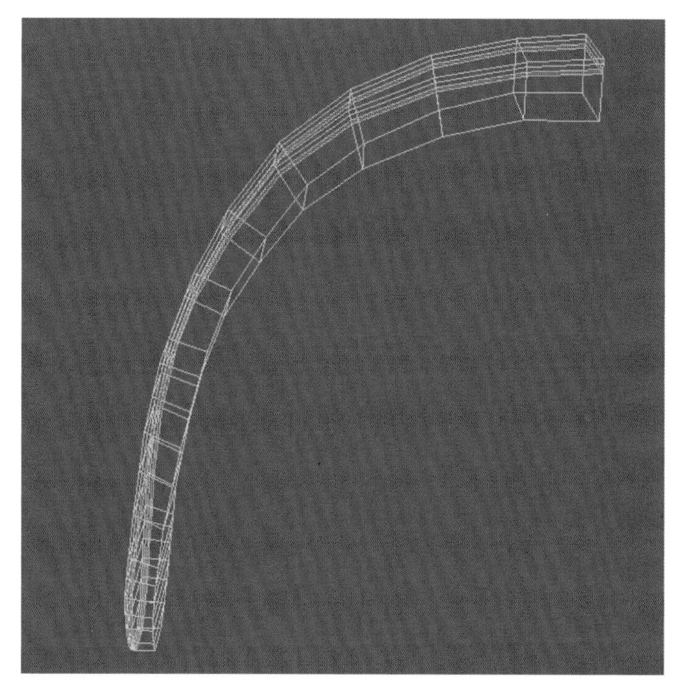

图 4.46

（35）执行 Edit Mesh 下的 Extrude（挤出）命令，如图 4.47 所示。

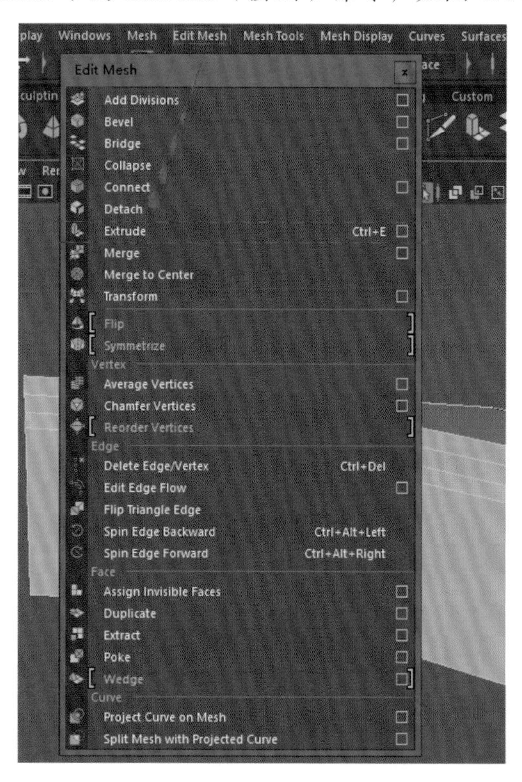

图 4.47

（36）向内挤出，如图 4.48 所示。

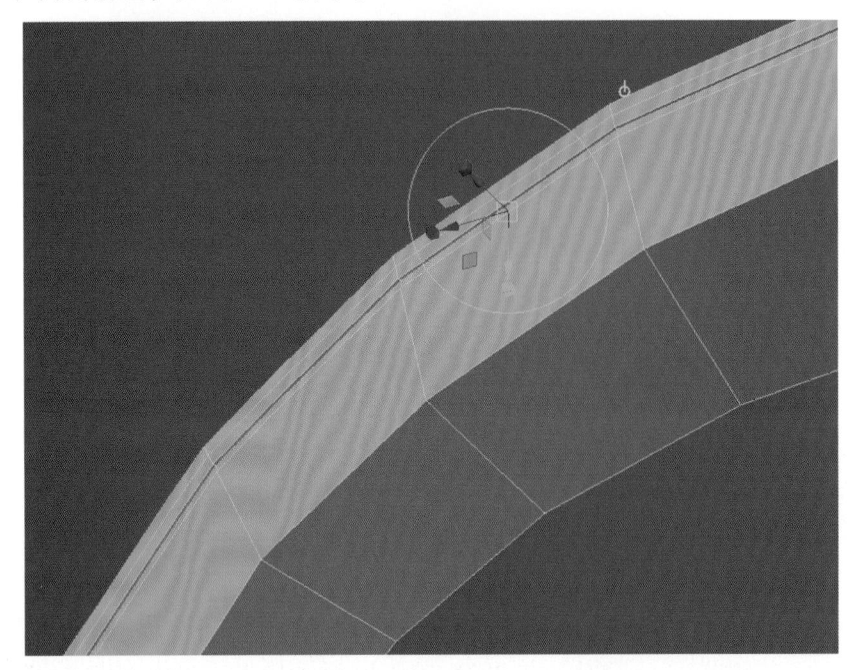

图 4.48

（37）双击线选择一圈线，按 R 键缩放工具，向外缩放，如图 4.49 所示。

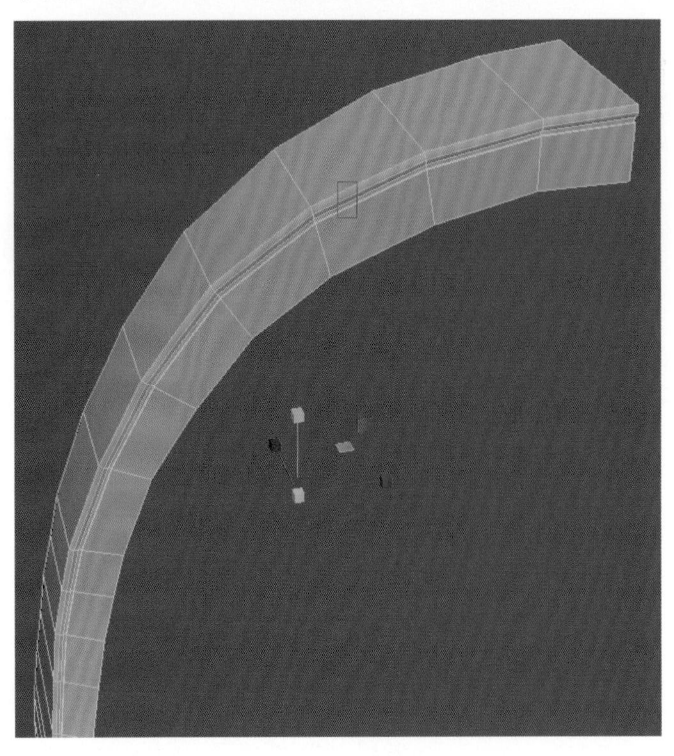

图 4.49

（38）按 Shift 键，连选面，向内缩放，如图 4.50 所示。

（39）按 F10 边选择，选中一条边，按住 Shift 键 + 鼠标右键，执行 Insert Edge Loop Tool（插入循环边线工具）命令，加两条线，如图 4.51 所示。

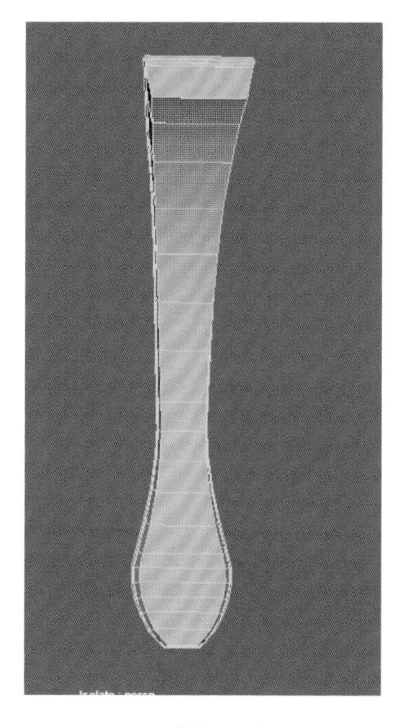

图 4.50

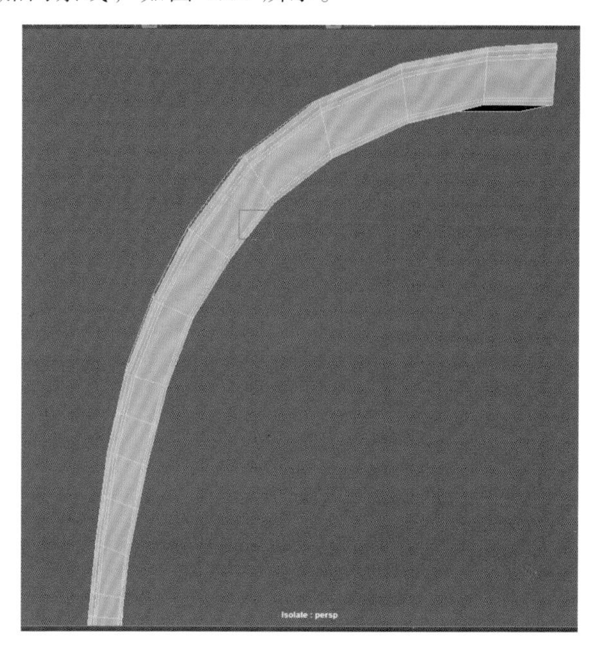

图 4.51

（40）按 F11 面选择，先选择一个面，再按住 Shift 键用鼠标双击另一个面，就会选中一圈面，如图 4.52 所示。

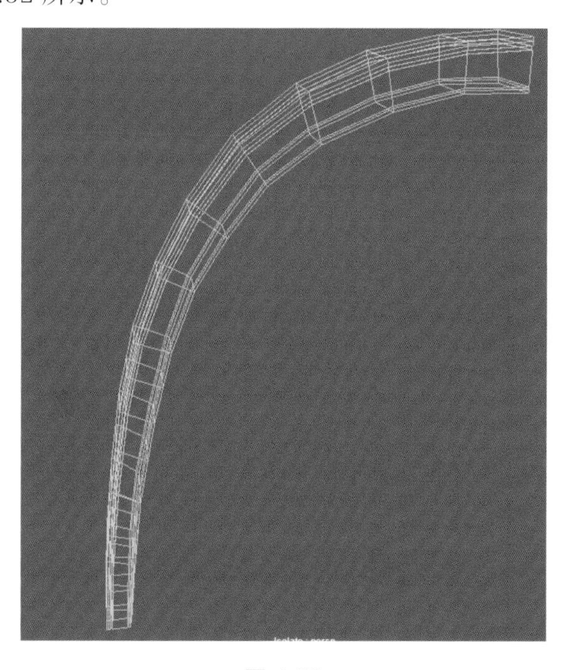

图 4.52

（41）执行 Edit Mesh → Extrude（挤出）命令，向内挤出，如图 4.53 所示。

图 4.53

（42）按 F11 面选择，选择面，如图 4.54 所示。

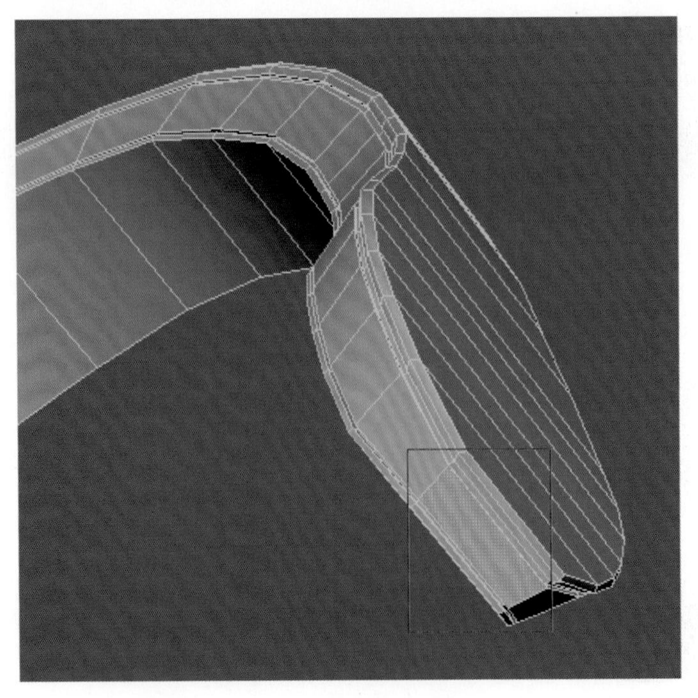

图 4.54

（43）执行 Edit Mesh → Extrude（挤出）命令，向外挤出，如图 4.55 所示。

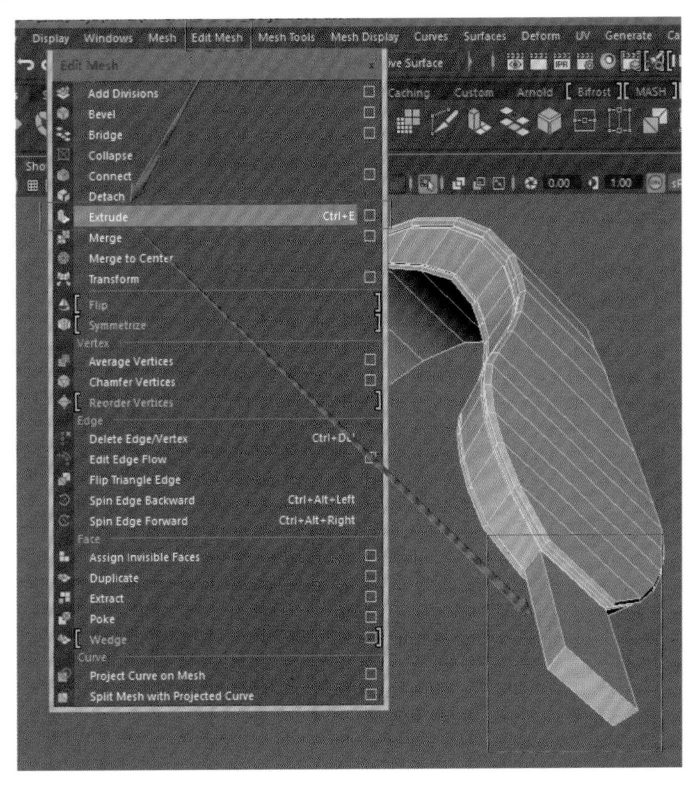

图 4.55

（44）按 W 键移动工具，按 F9 点选择，调整模型，如图 4.56 所示。

（45）按 F11 面选择，选择面，如图 4.57 所示。

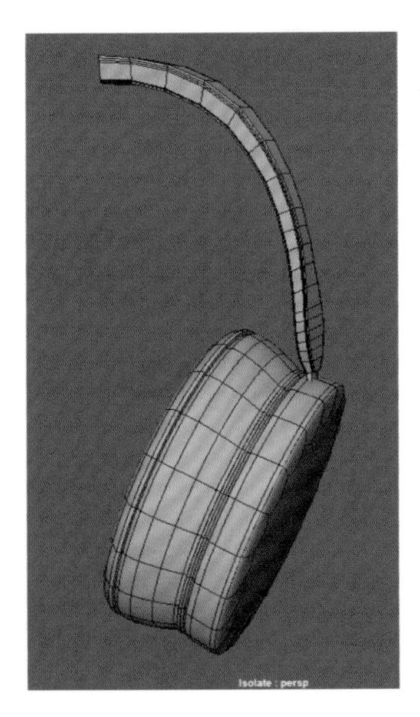

图 4.56

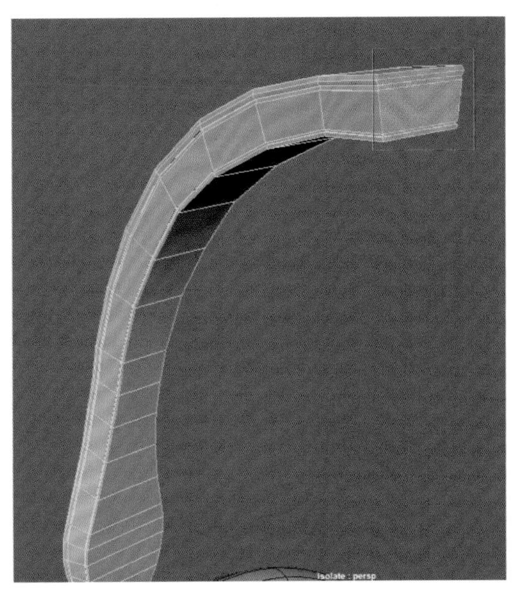

图 4.57

（46）按 Delete 键删除，如图 4.58 所示。

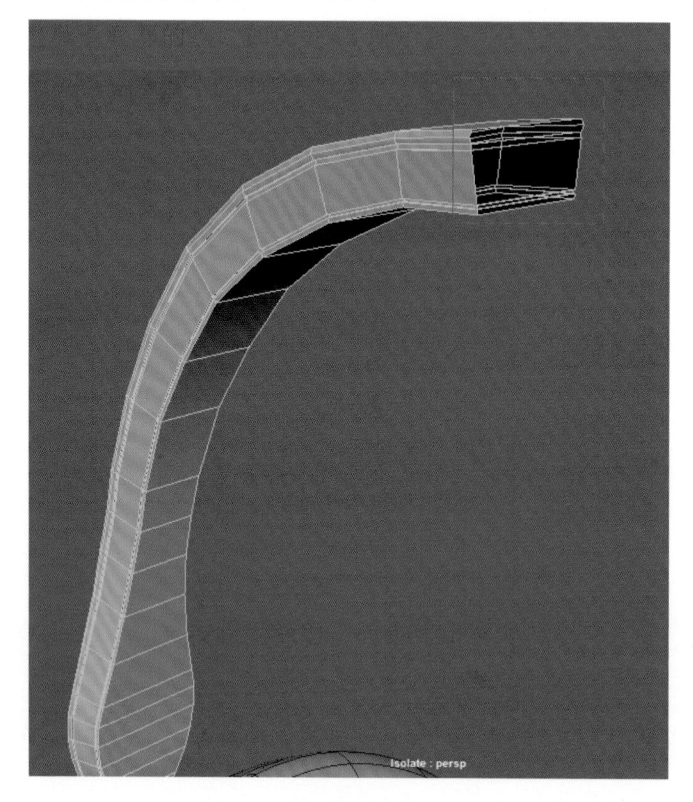

图 4.58

（47）把开始备用的模型进行调整，如图 4.59 所示。

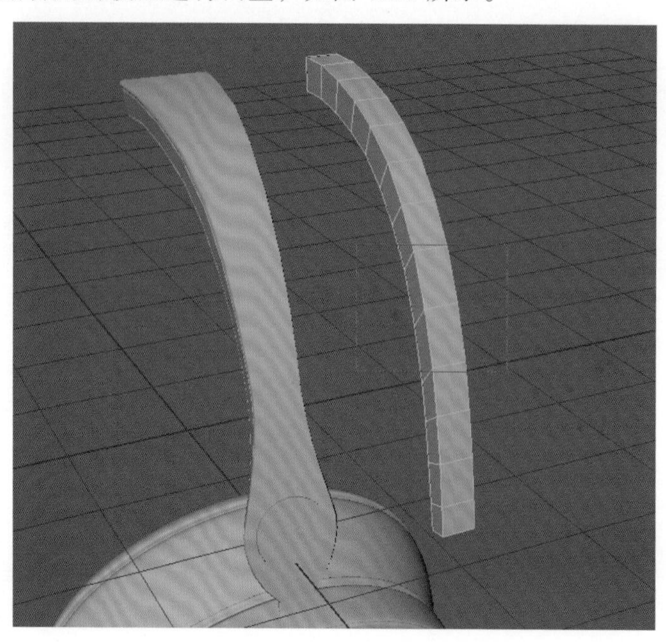

图 4.59

（48）按 F9 点选择，按 W 键移动工具，调整模型，如图 4.60 所示。

图 4.60

（49）按 F11 面选择，选择面删掉，如图 4.61 所示。

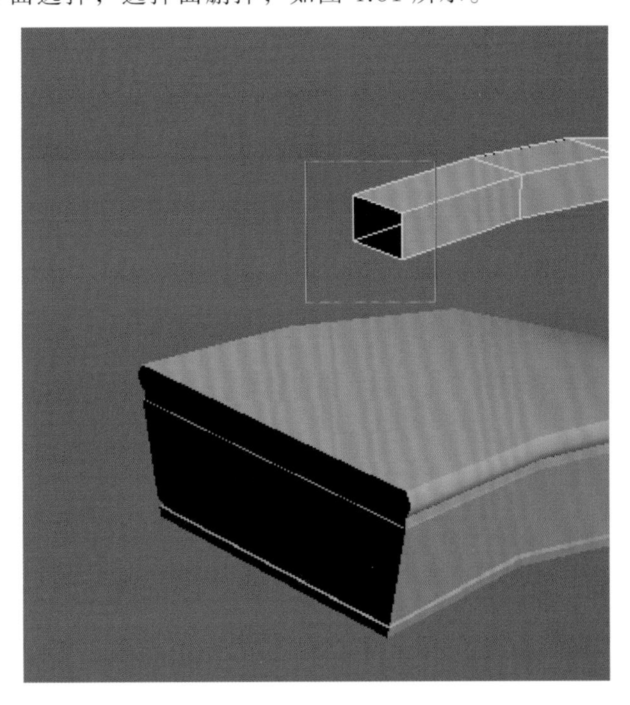

图 4.61

（50）在另一端，选择面，如图 4.62 所示。

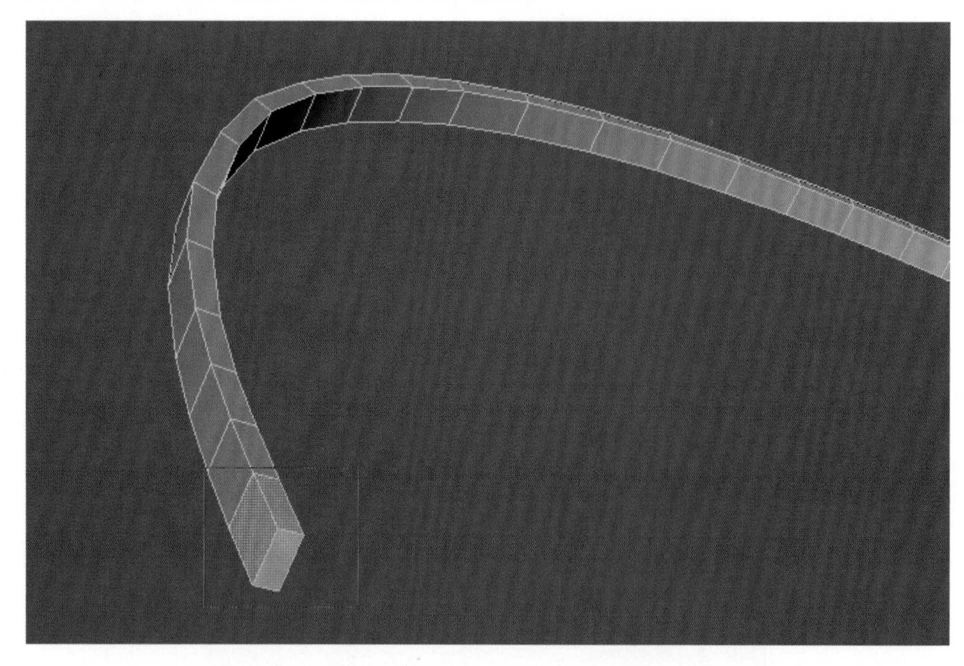

图 4.62

（51）执行 Edit Mesh → Extrude（挤出）命令，挤出，如图 4.63 所示。

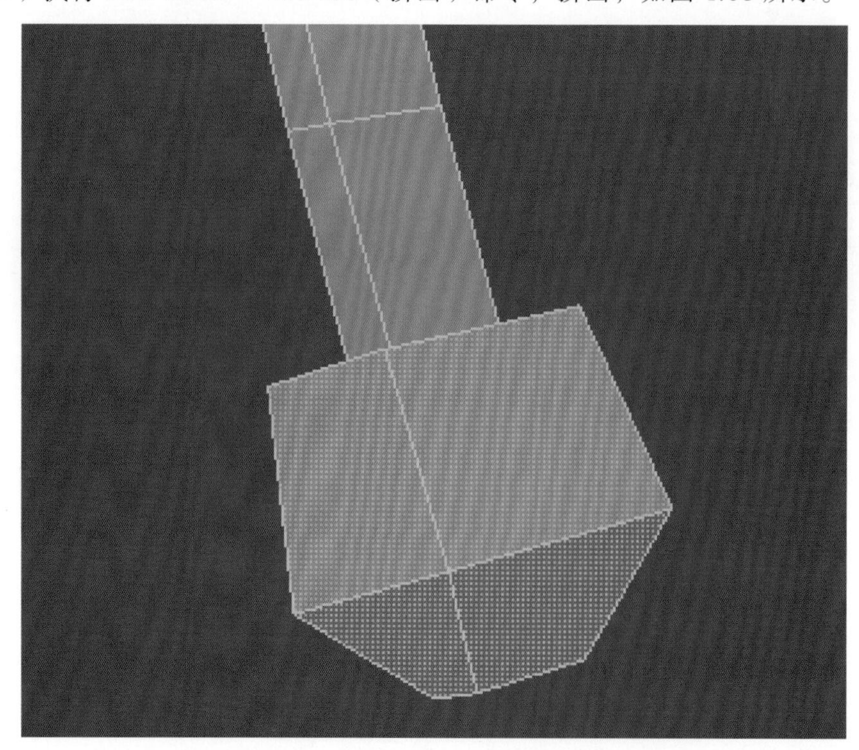

图 4.63

（52）按 F10 边选择，选中一条边，按住 Shift 键 + 鼠标右键，执行 Insert Edge Loop Tool（插入循环边线工具），在菱角加线，如图 4.64 所示。按 3 键平滑显示，观察，如图 4.65 所示。

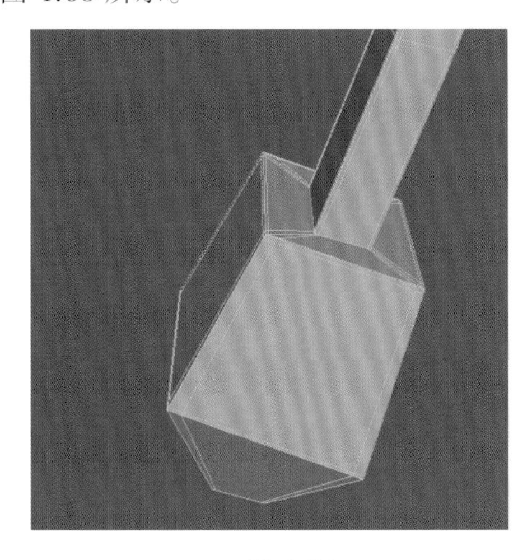

图 4.64

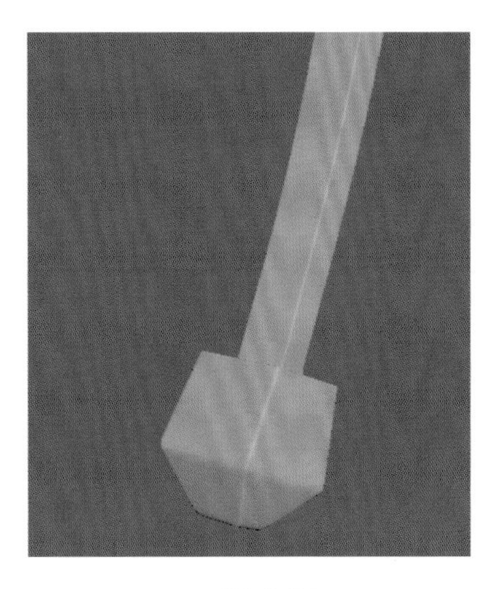

图 4.65

（53）按 1 键退出平滑，按住鼠标右键，执行 Object Mode（物体模式）命令，如图 4.66 所示。

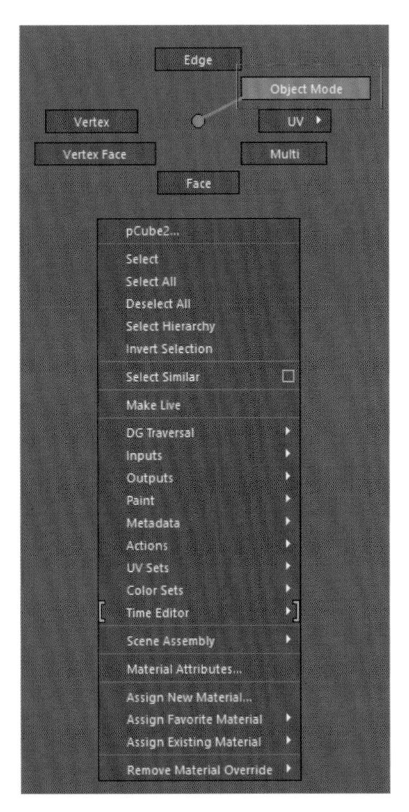

图 4.66

（54）选中模型，按 Ctrl+D 键复制一个模型，按 W 键移动工具，调整模型，如图 4.67 所示。

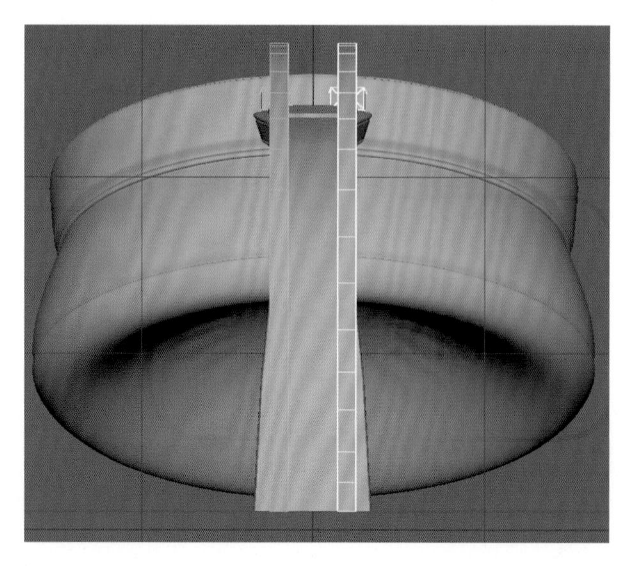

图 4.67

（55）在 Maya 界面中选择 Polygons 下的 Cylinder，在网格上建立一个圆柱体，如图 4.68 所示。

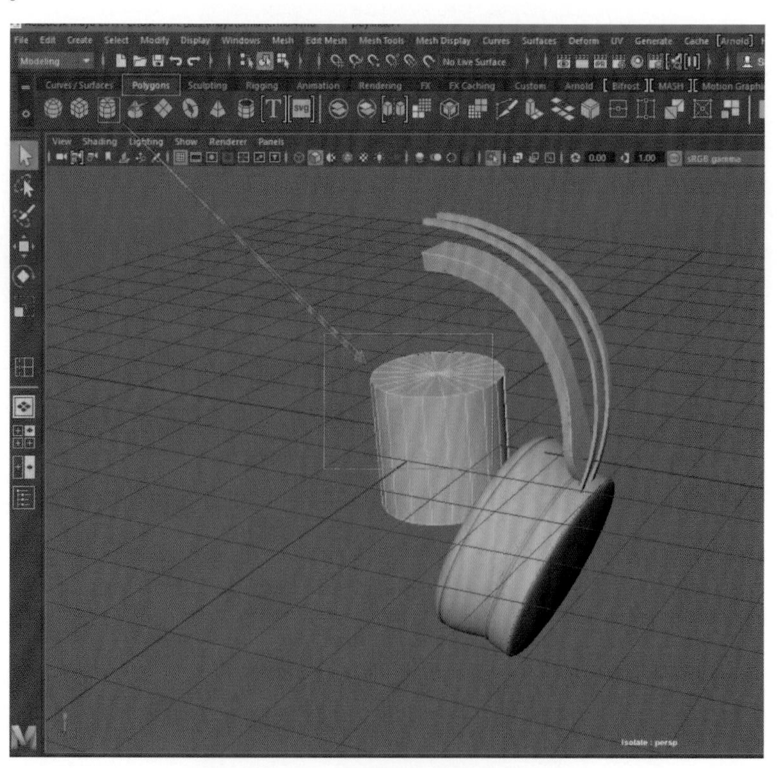

图 4.68

（56）按 F10 线选择，选两个圆形上的线，删掉；按 E 键旋转工具，调整模型方向；按 W 键移动工具，调整模型位置；按 R 键缩放工具，调整模型大小，如图 4.69 所示。

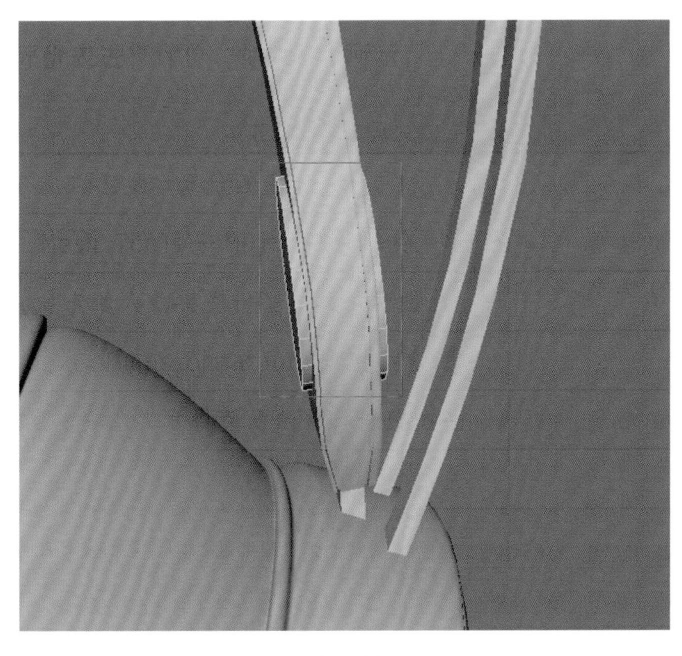

图 4.69

（57）按 F11 面选择，选择两边的圆形面，执行 Edit Mesh → Extrude（挤出）命令，在挤出图标上点击一下正方体，鼠标点住图标中心正方体，等比例放大面，如图 4.70 所示。

图 4.70

（58）执行 Edit Mesh → Extrude（挤出）命令，向外挤出面，如图 4.71 所示。

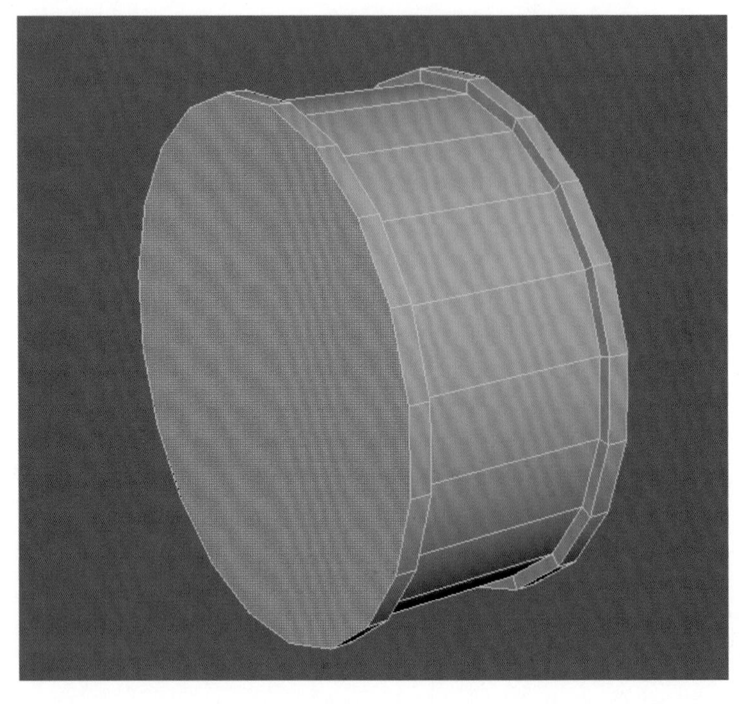

图 4.71

（59）执行 Edit Mesh → Extrude（挤出）命令，在挤出图标上点击一下正方体，鼠标点住图标中心正方体，等比例缩小面，点住箭头向里移动，如图 4.72 所示。

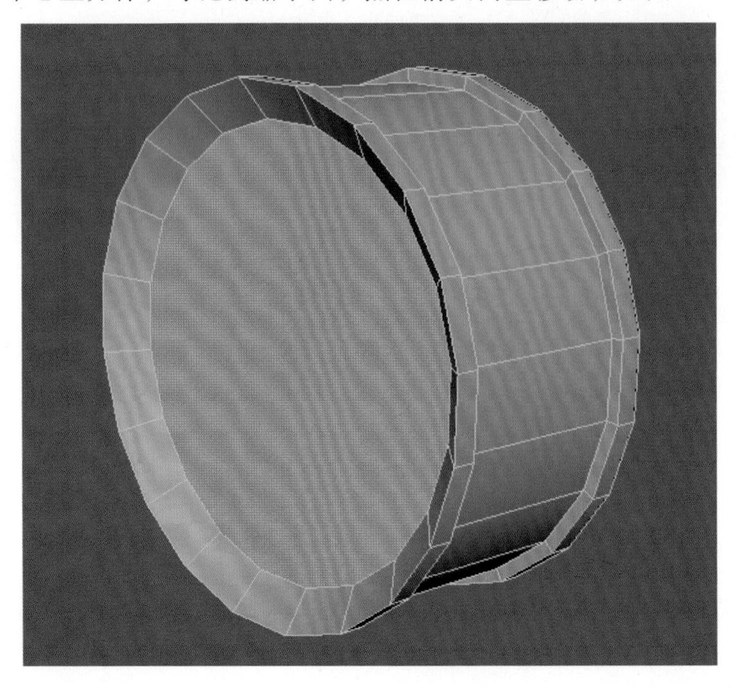

图 4.72

（60）执行 Edit Mesh → Extrude（挤出）命令，在挤出图标上点击一下正方体，鼠标点住图标中心正方体，等比例缩小面，点住箭头向外移动，如图 4.73 所示。

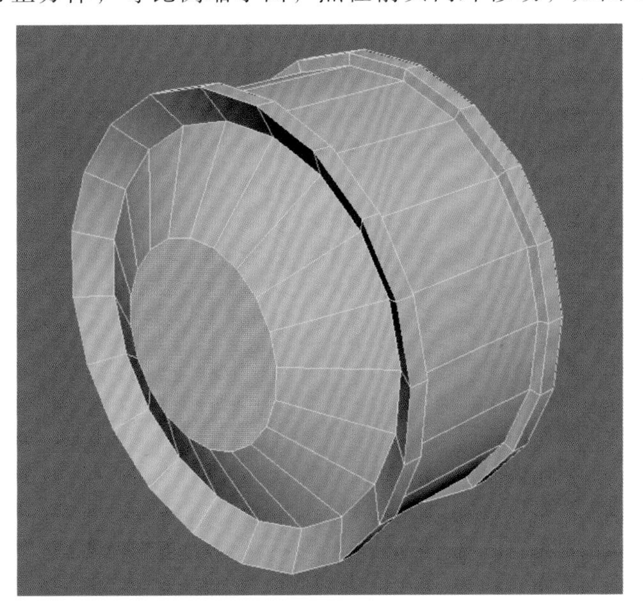

图 4.73

（61）在 Maya 界面中选择 Polygons → Cube，在网格上建立一个立方体，如图 4.74 所示。

图 4.74

（62）按 E 键旋转工具，调整模型方向；按 W 键移动工具，调整模型位置；按 R 键缩放工具，调整模型大小，如图 4.75 所示。

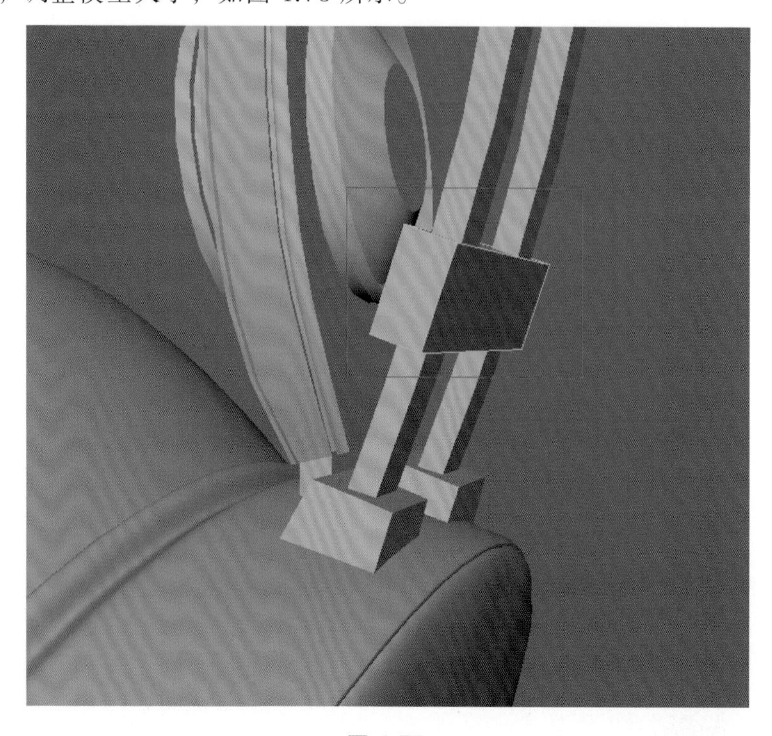

图 4.75

（63）按 F10 边选择，选中一条边，按住 Shift 键 + 鼠标右键，执行 Insert Edge Loop Tool（插入循环边线工具）命令，加线，如图 4.76 所示。

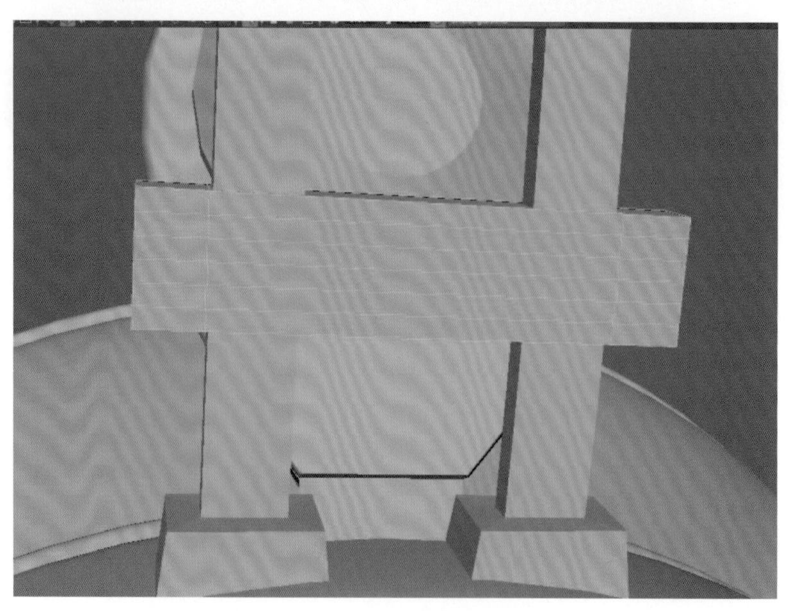

图 4.76

（64）按 F9 点选择，按 W 键移动工具，调整模型，如图 4.77 所示。

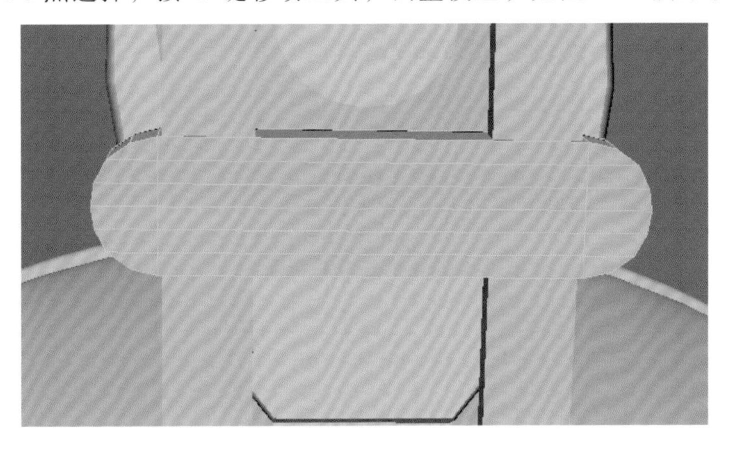

图 4.77

（65）按 F11 面选择，选择前后面，如图 4.78 所示。

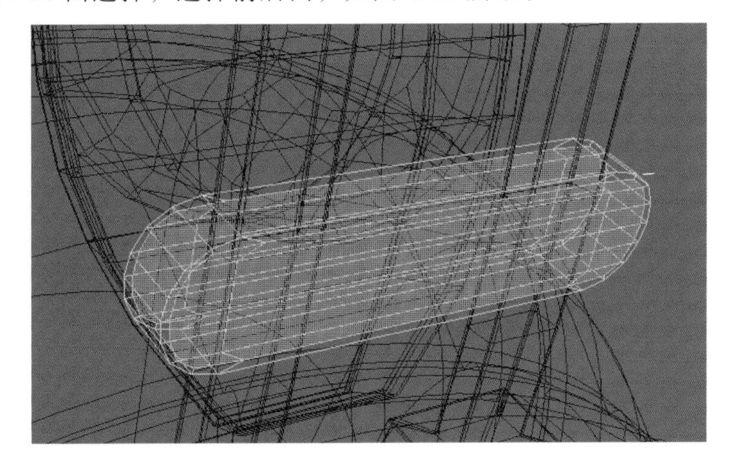

图 4.78

（66）执行 Edit Mesh → Extrude（挤出）命令，在挤出图标上点击一下正方体，鼠标点住图标中心正方体，等比例缩小面，如图 4.79 所示。

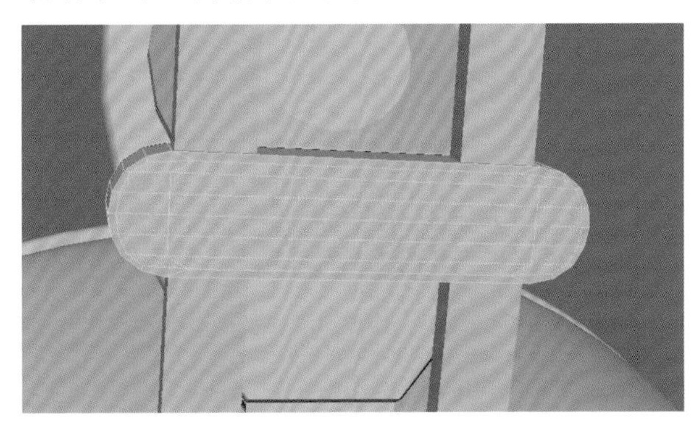

图 4.79

（67）执行 Edit Mesh → Extrude（挤出）命令，向里挤出，如图 4.80 所示。

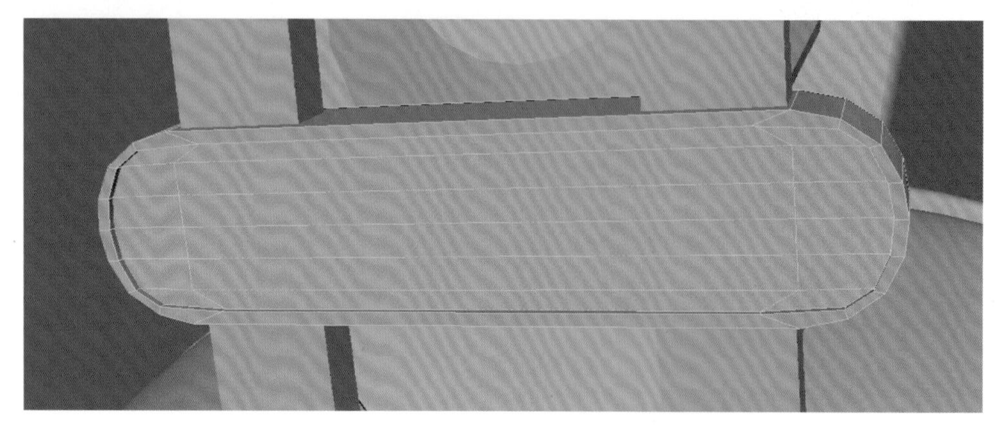

图 4.80

（68）先使用 Ctrl+G 键打组，再按 Ctrl+D 键复制一个模型，在界面右边把 scale Z 改为 -1，如图 4.81 所示。

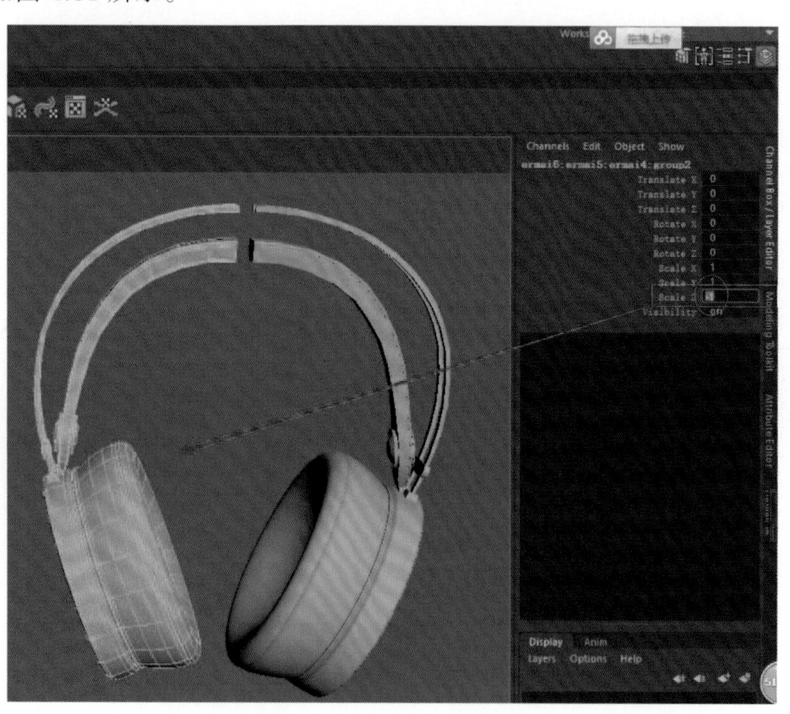

图 4.81

（69）合并模型（见图 4.82）有两种方式：

第一种，执行 Mesh → Combine 命令（红色的框）；

第二种，在界面点击 Polygons → Combine 图标（蓝色的圆框）。

注意：合并时只合并需要连接的模型。

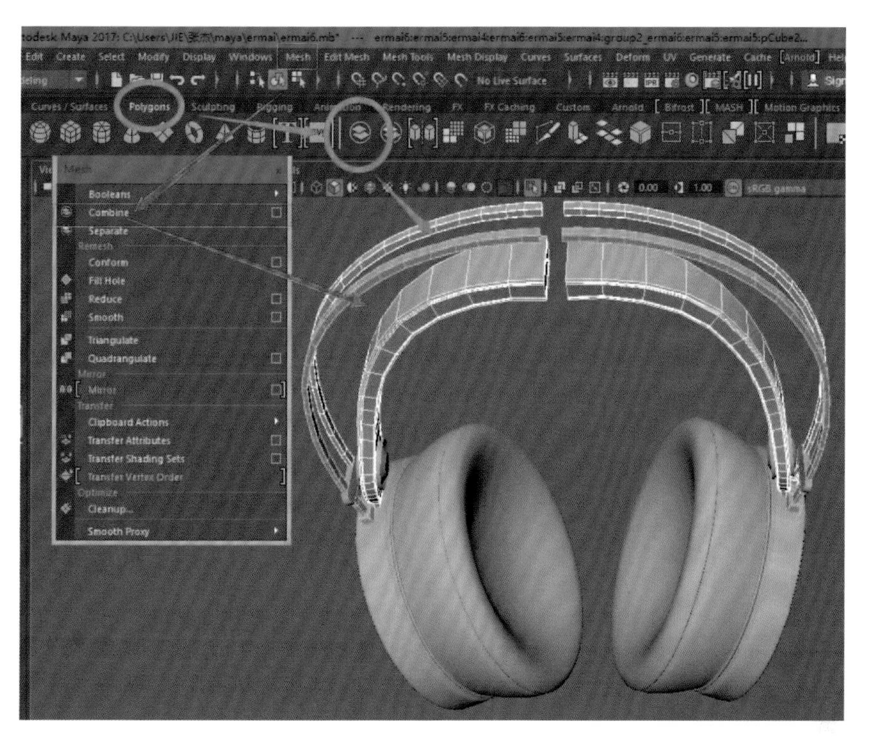

图 4.82

（70）先按 F9 点选择，再按 W 键移动工具，把缝隙连接，如图 4.83 所示。

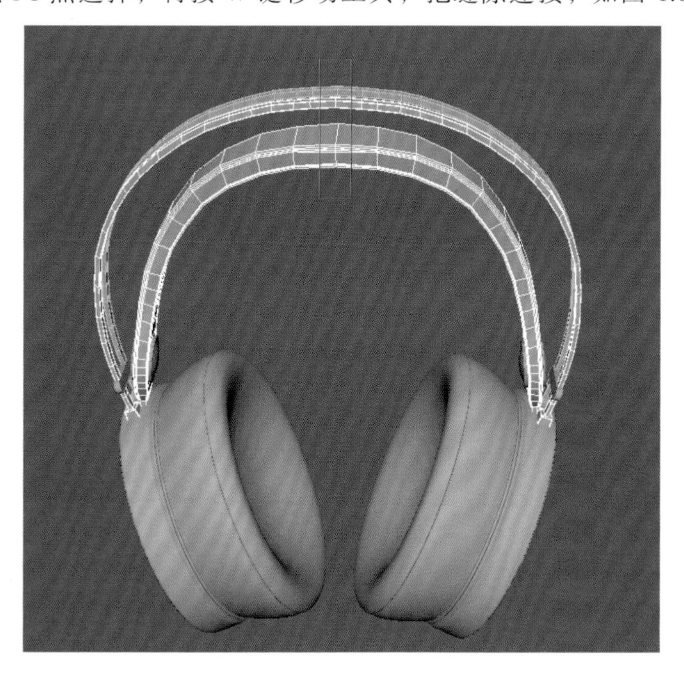

图 4.83

（71）执行 Edit Mesh → Merge（合并）命令，把中间的点合并，如图 4.84 所示。

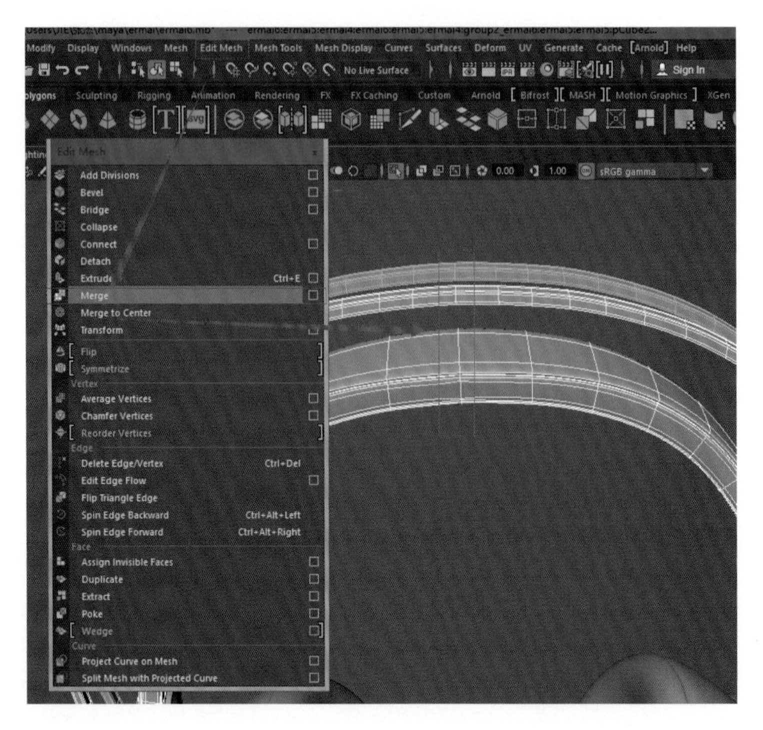

图 4.84

（72）在 Maya 界面中选择 Polygons → Cylinder，在网格上建立一个圆柱体，如图 4.85 所示。

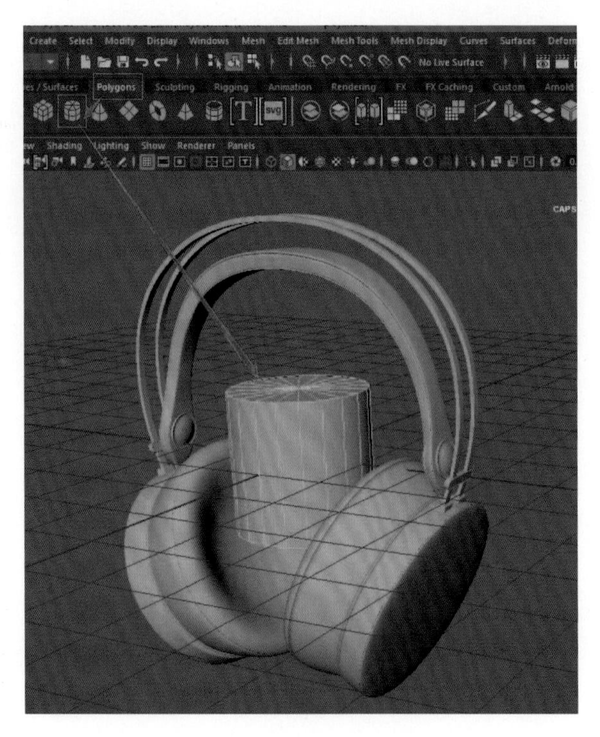

图 4.85

（73）按 F10 线选择，选两个圆形上的线，删掉；按 E 键旋转工具，调整模型方向；按 W 键移动工具，调整模型位置；按 R 键缩放工具，调整模型大小，如图 4.86 所示。

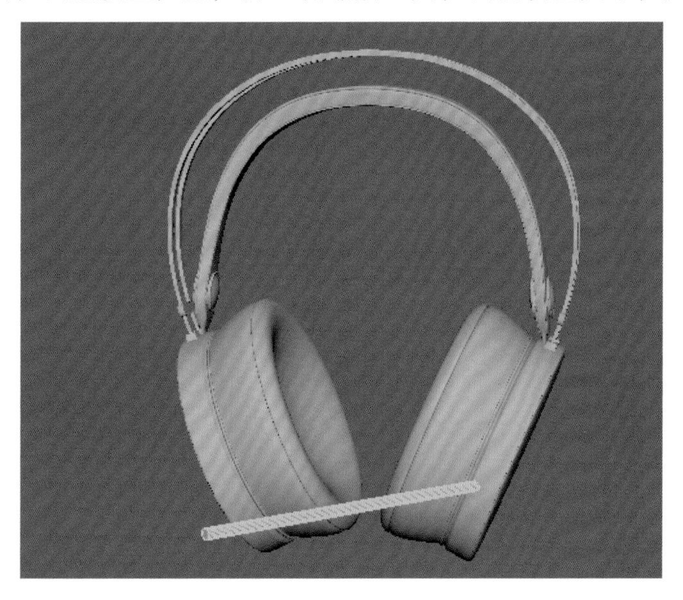

图 4.86

（74）按 F10 边选择，选中一条边，按住 Shift 键 + 鼠标右键，执行 Insert Edge Loop Tool（插入循环边线工具）命令后面的小方框，选择 Multiple edge loops，把 Number of edge loops 改为 15，如图 4.87 所示。

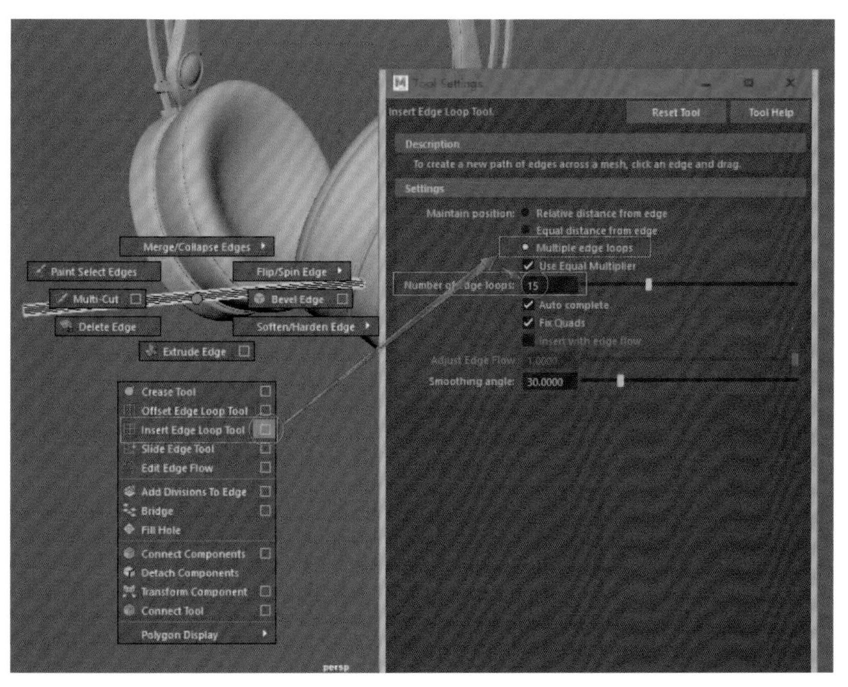

图 4.87

（75）执行 Deform → Nonlinear → Bend 命令，如图 4.88 所示。

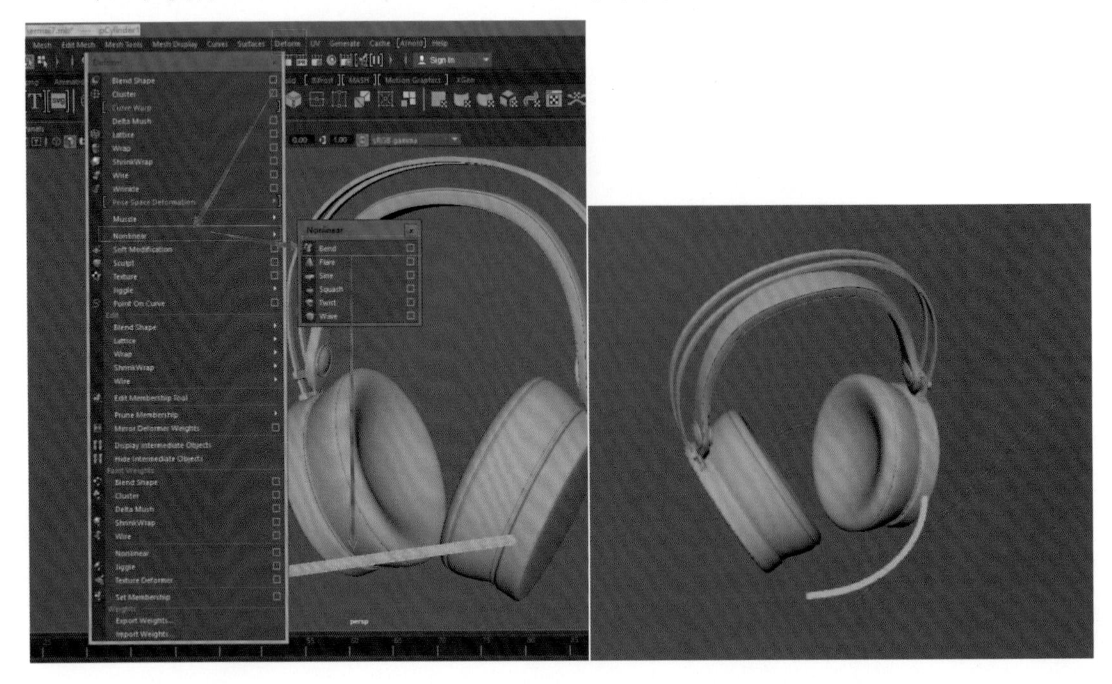

图 4.88

（76）按 F11 面选择，选择面，执行 Edit Mesh → Extrude（挤出）命令，向外挤出，如图 4.89 所示。

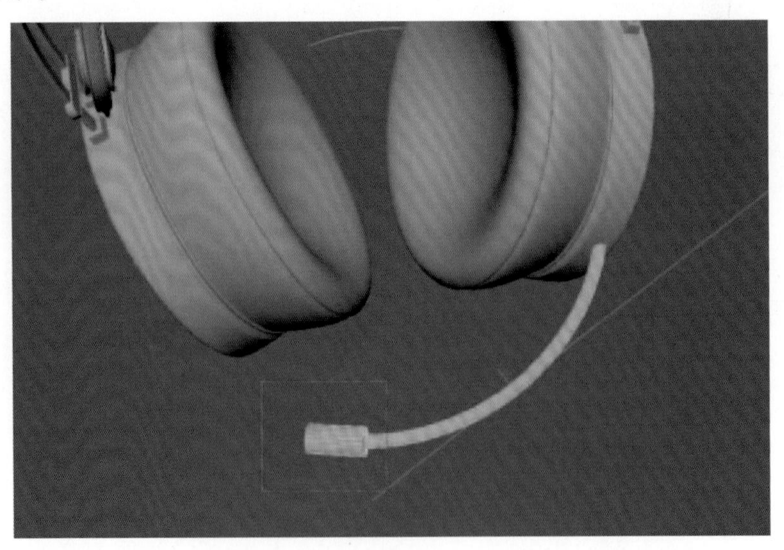

图 4.89

（77）按鼠标右键，执行 Object Mode（物体模式）命令，选中模型，按 Alt+Shift+D 键删除历史记录，成功删除就没有那根线了，如图 4.90 所示。

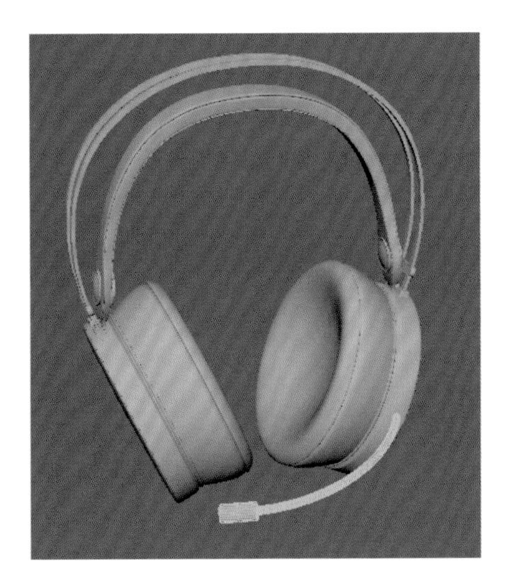

图 4.90

（78）按 F11 面选择，选择面，如图 4.91 所示。

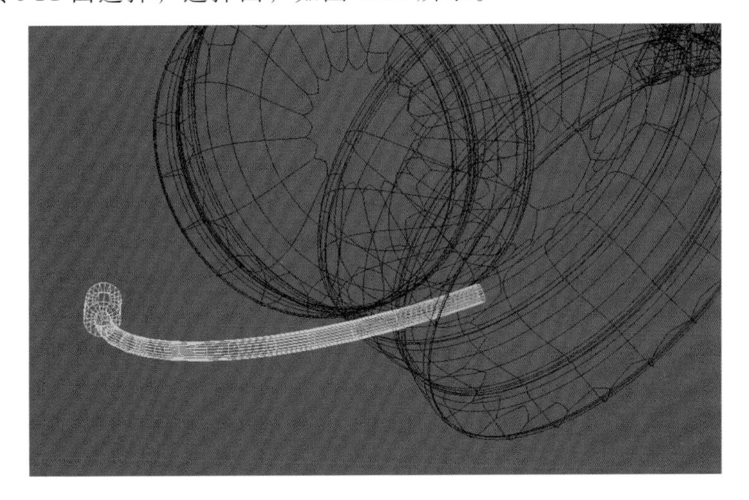

图 4.91

（79）执行 Edit Mesh→Extrude（挤出）命令，挤出，按 F10 线选择，双击选中一圈线，按 R 键缩放工具，进行放大，如图 4.92 所示。

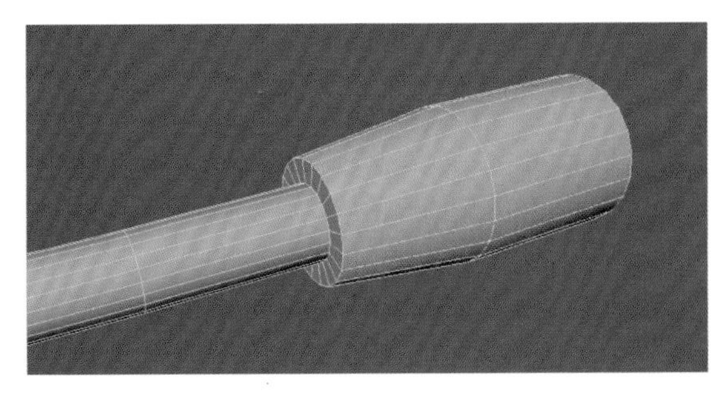

图 4.92

（80）按 F10 线选择，选中一条线，按住 Shift 键 + 鼠标右键，执行 Insert Edge Loop Tool（插入循环边线工具）命令，如图 4.93 所示，加线，如图 4.94 所示。

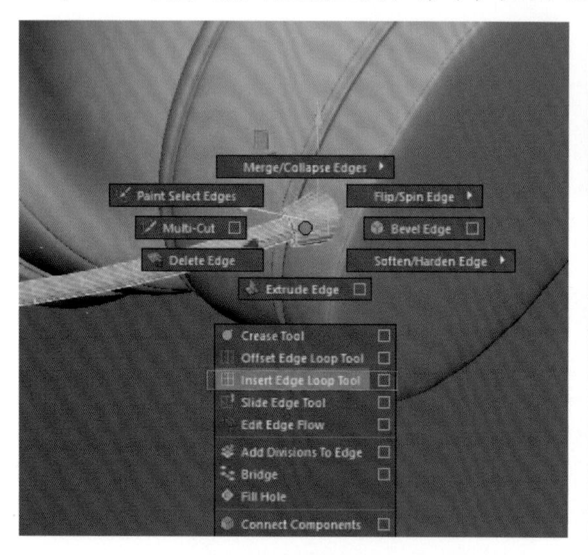

图 4.93

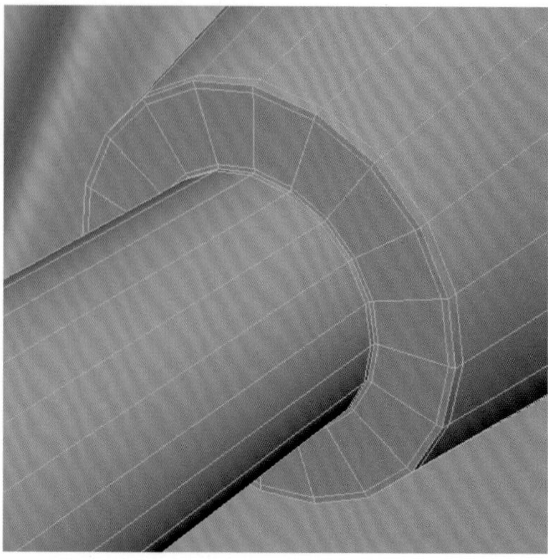

图 4.94

（81）给模型一个平滑，模型制作完成后效果如图 4.95 所示。

图 4.95

82）使用阿诺德渲染器，渲染出的耳麦模型效果如图 4.96 所示。

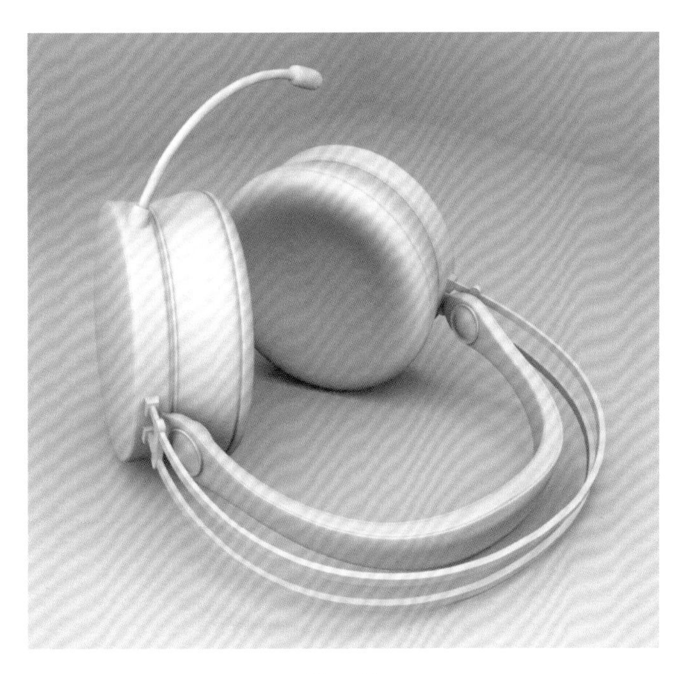

图 4.96

【项目拓展】

运用本项目所学知识，创建一个留声机模型的效果，如图 4.97 所示。

图 4.97

【项目评价】

运用项目评价表进行评价，如表 4.1 所示。

表 4.1　耳麦评价表

项目 4　评价细则		自　评	教师评价
1	多边形圆柱体的灵活运用		
2	对耳麦模型造型结构的把握		
3	Extrude 挤出命令的使用		
4	Insert Edge Loop Tool 命令的使用		
5	Bend 命令的使用		
项目综合评价			

百花齐放

【项目提出】

本项目将使用Maya多边形制作玫瑰花、百合花、花叶的模型，营造百花齐放的效果（见图5.1）。

图5.1

【项目分析】

百花齐放模型主要包括玫瑰花、百合花、花蕾、花叶、枝干等。制作模型之前要对花朵、花叶、枝干的结构造型进行分析研究，对结构分析透彻以后，再进入 Maya 软件制作各种花朵的模型。

【学习目标】

要求掌握以下内容：

（1）对花朵、花蕾、枝干模型结构的把握。

（2）玫瑰花瓣、百花花瓣的制作。

（3）Combine 命令的使用。

（4）花叶、枝干模型的制作。

（5）Rotate 旋转复制的方法。

【项目实施】

（1）玫瑰花制作，使用 Polygons → Sphere（球体）命令在网格上建立球体，如图 5.2 所示。

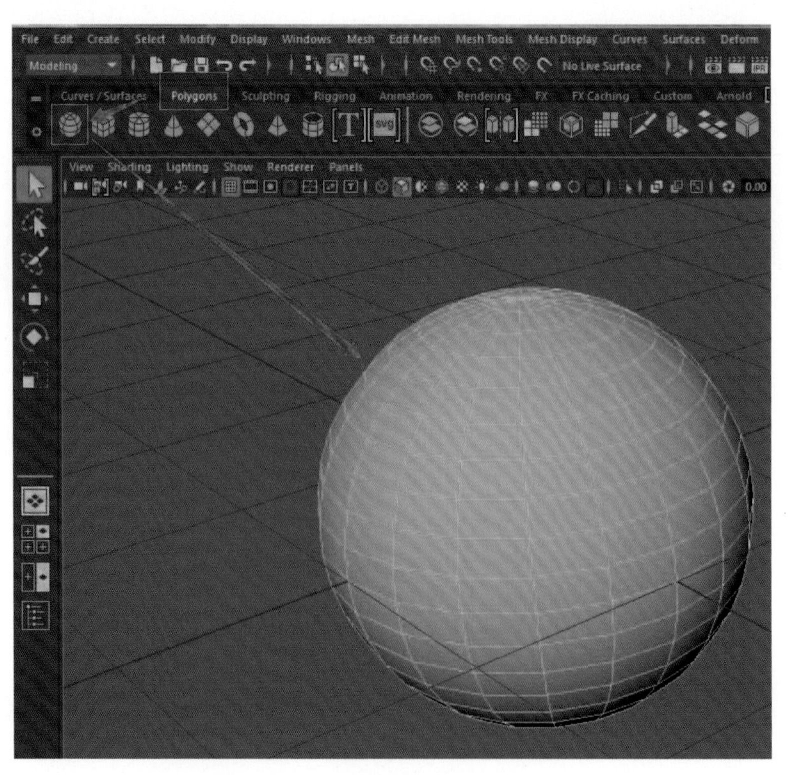

图 5.2

（2）Maya 界面右边，将 Poiy Sphere1 下的 Subdivisions Axis 改为 16，Subdivisions Height 改为 16，如图 5.3 所示。

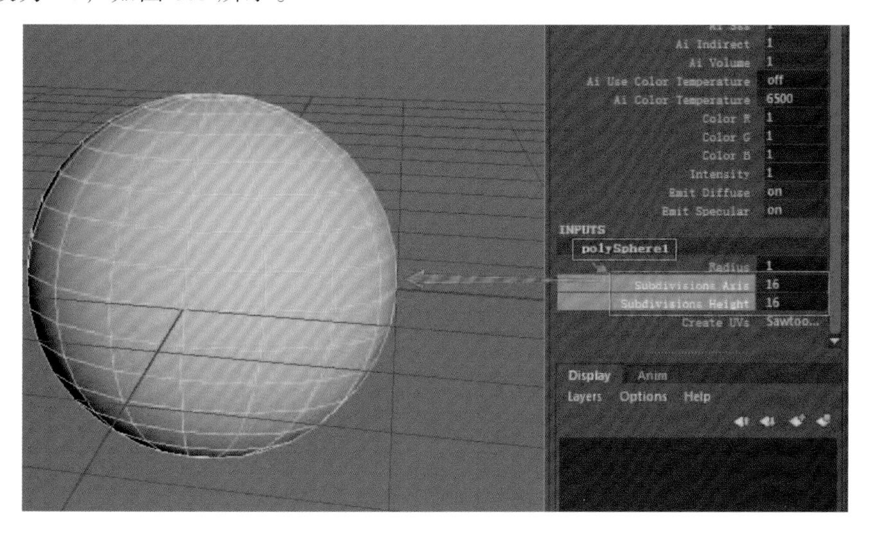

图 5.3

（3）按 F11 面选择，在正视图中选择面，如图 5.4 所示。

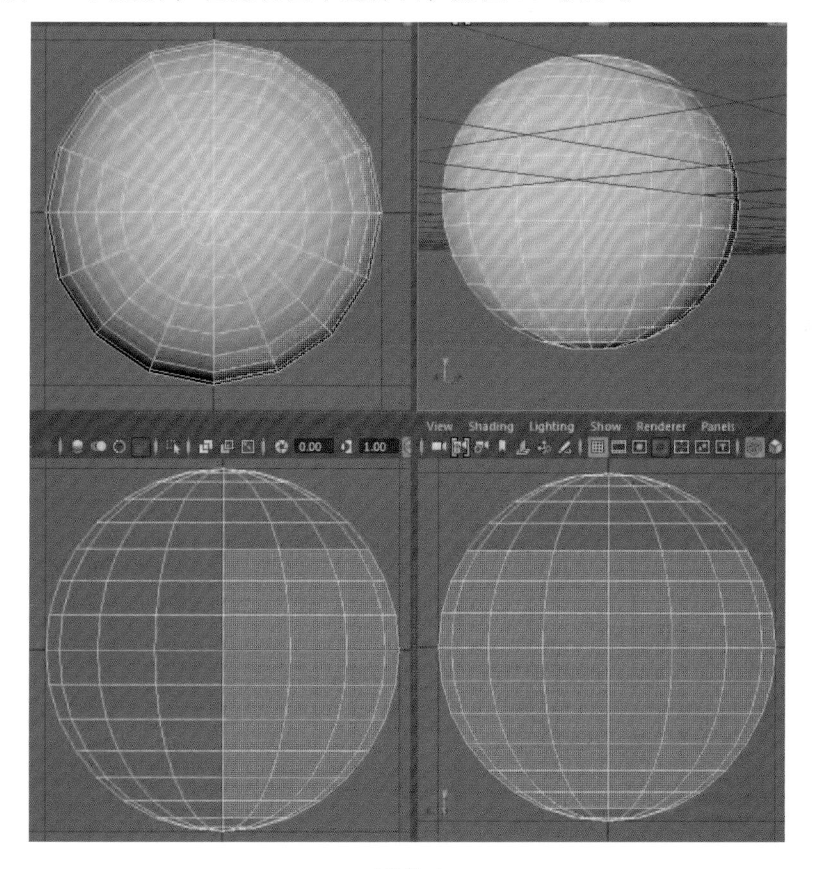

图 5.4

（4）按住 Shift 键，框选模型，删掉面，如图 5.5 所示。

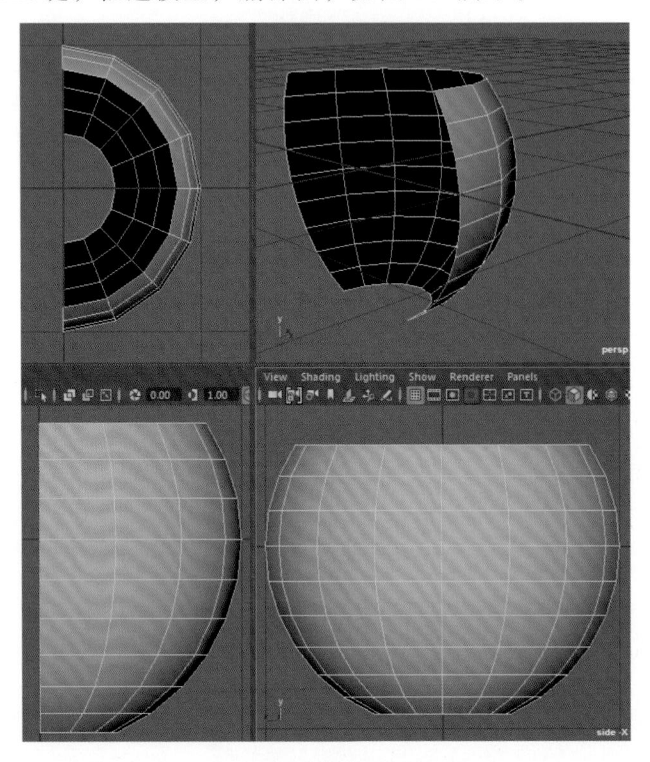

图 5.5

（5）在视图窗口 Lighting（照明）→勾选 Two Sided Lighting（双面照明）命令，4 个窗口都要执行，如图 5.6 所示。

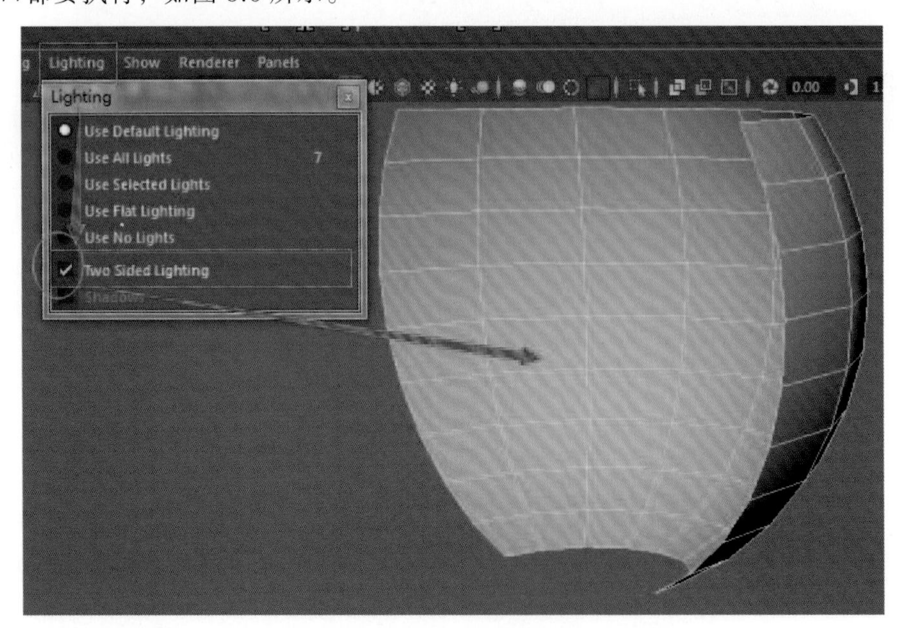

图 5.6

（6）按 F9 点选择，选择 4 个角的点，删掉，如图 5.7 所示。

图 5.7

（7）按 W 键移动工具，E 键旋转工具，R 键缩放工具，F9 点选择，F10 边选择，F11 面选择，调整玫瑰花瓣，如图 5.8 所示。

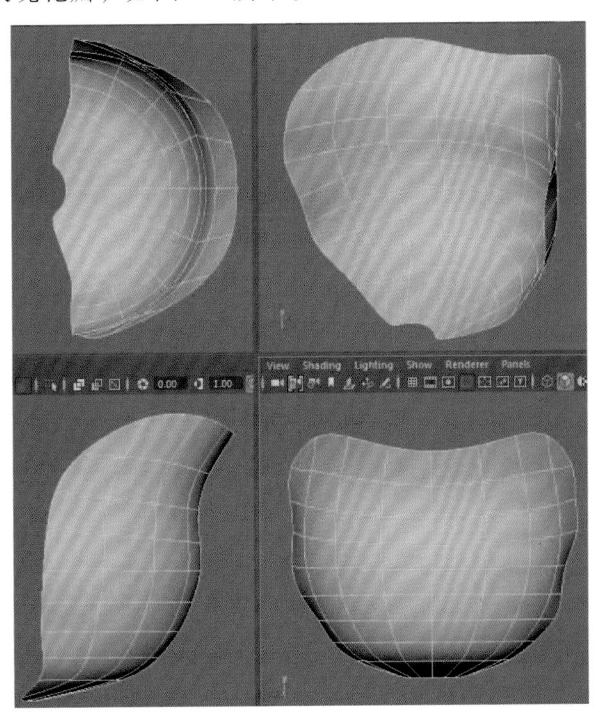

图 5.8

（8）按 Insert 键，调整中心点，如图 5.9 所示。

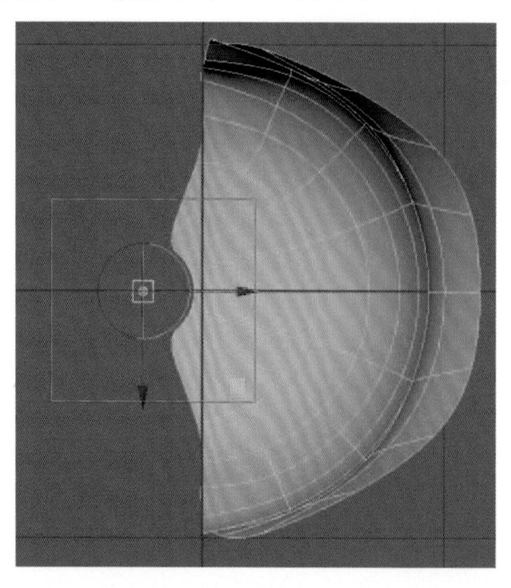

图 5.9

（9）执行 Edit → Duplicate Special 后面的小方框→选择 Copy → Rotate Y 轴改为 90 → Number of copies 改为 3 → Duplicate Special，如图 5.10 所示。

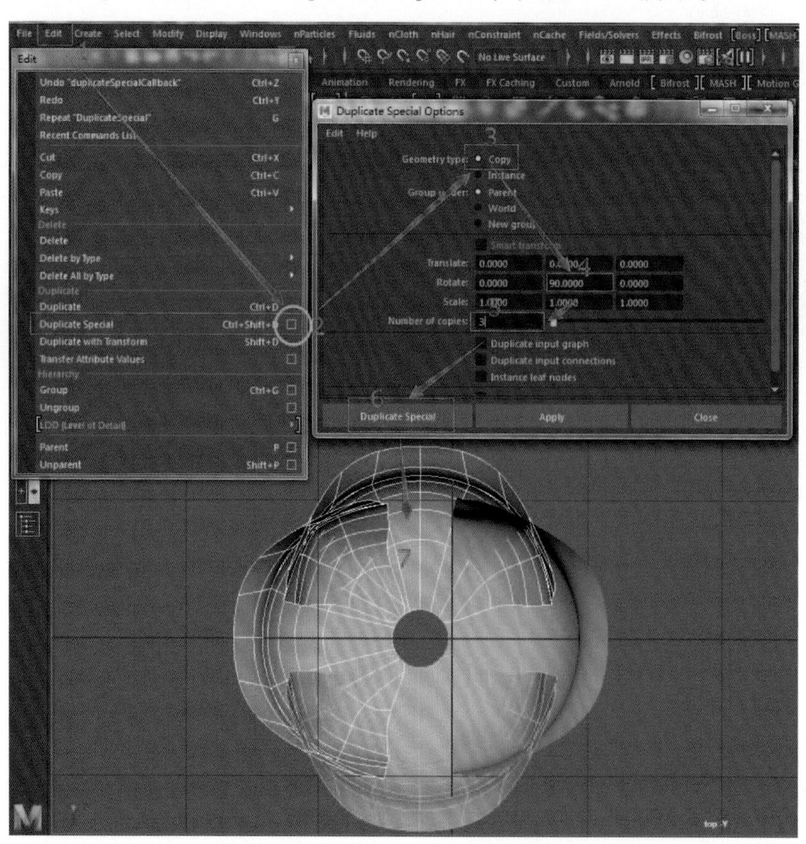

图 5.10

（10）按 B 键软选择，按住 B 键 + 鼠标中键，可以调整软选择范围，如图 5.11 所示。

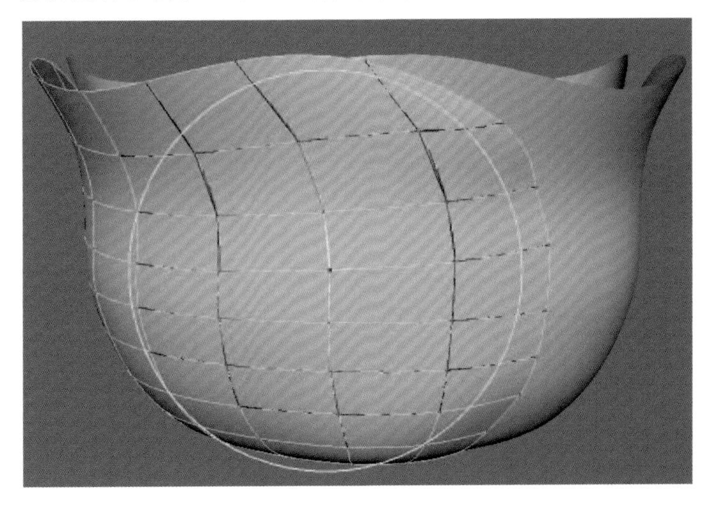

图 5.11

（11）用软选择，调整花瓣，不要让花瓣之间发生穿插，如图 5.12 所示。

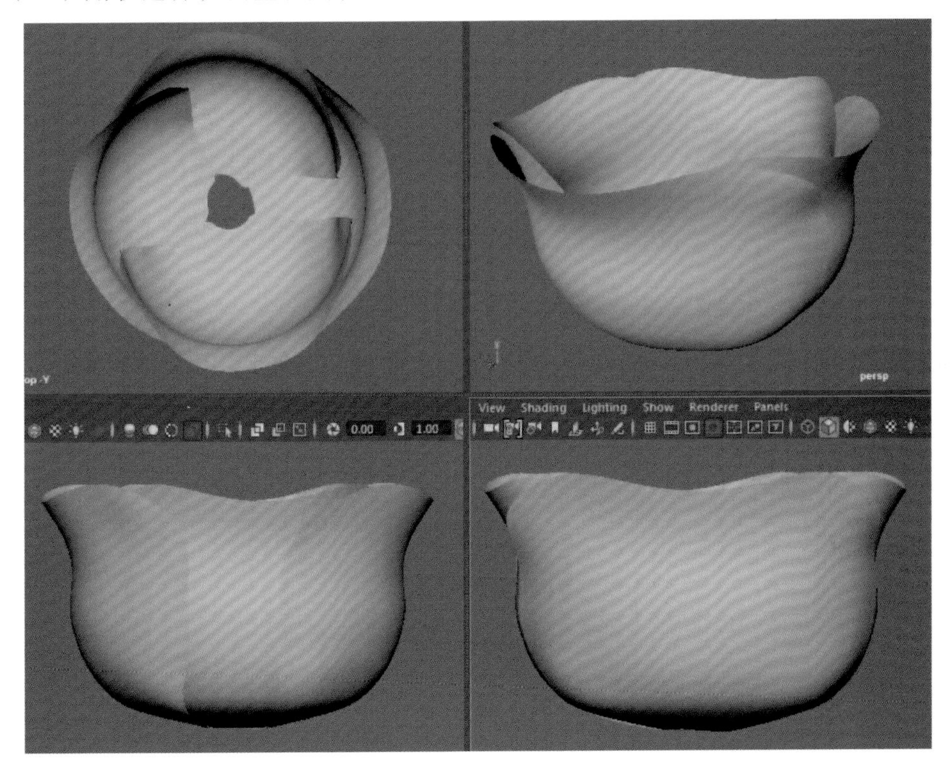

图 5.12

（12）框选全部的花瓣，按 F9 点选择，按 B 键软选择，按 R 键缩放工具，按 W 键移动工具，调整整个玫瑰花的形状，如图 5.13 所示。

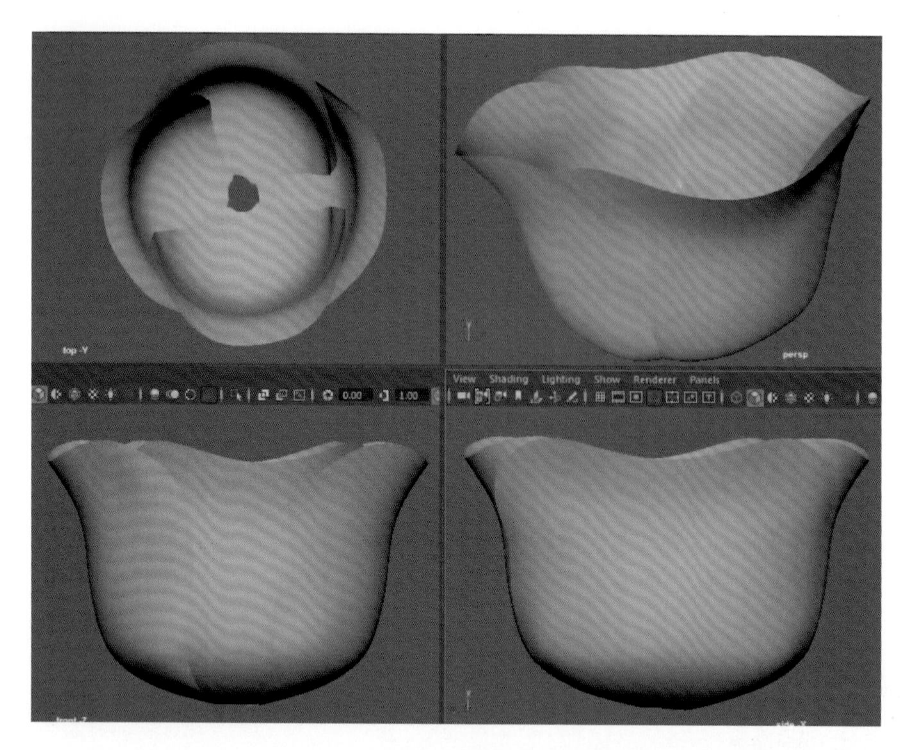

图 5.13

（13）框选全部的花瓣，按 Ctrl+G 键打组，如图 5.14 所示。

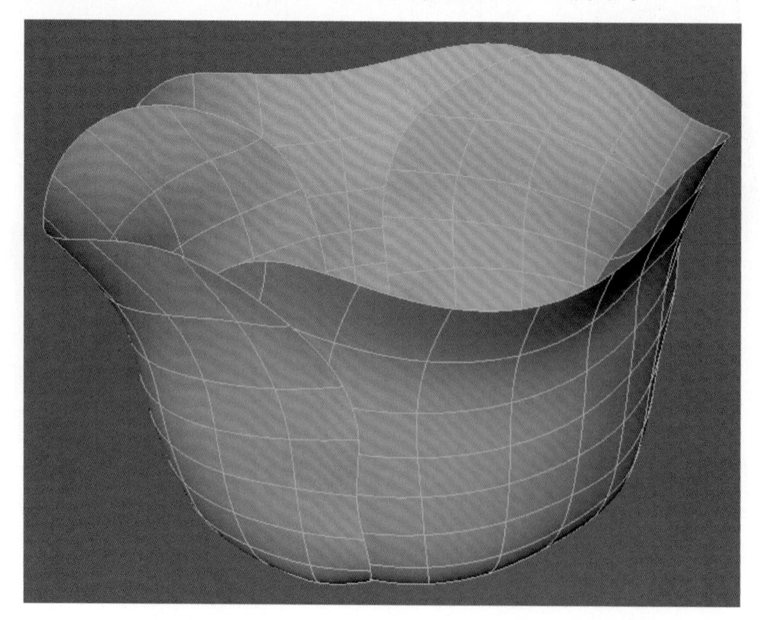

图 5.14

（14）按 Ctrl+D 键复制，按 E 键旋转工具，旋转一下角度，按 R 键缩放工具，缩放一下大小，如图 5.15 所示。

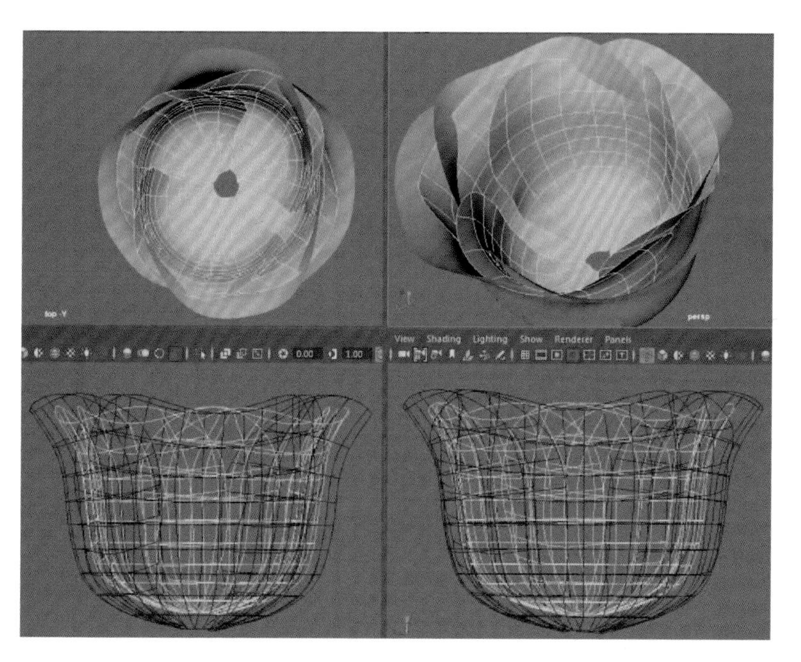

图 5.15

（15）按 F9 点选择，按 B 键软选择，按住 B 建 + 鼠标中键，调整软选择的范围，调整复制出来的花瓣，不要让花瓣之间发生穿插，如图 5.16 所示。

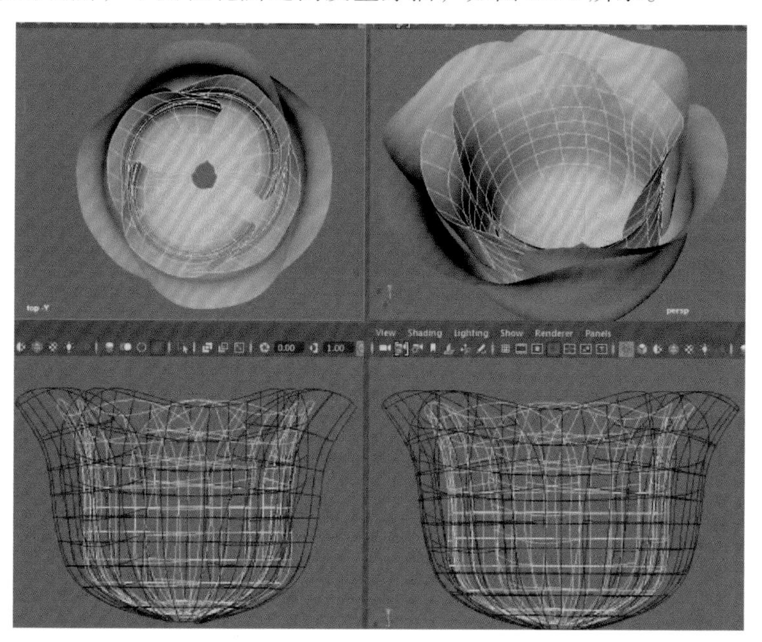

图 5.16

（16）继续按 Ctrl+D 键复制，按 E 键旋转工具，旋转一下角度，按 R 键缩放工具，缩放一下大小，按 F9 点选择，按 B 键软选择，按住 B 建 + 鼠标中键，调整软选择的范围，调整复制出来的花瓣，不要让花瓣之间发生穿插，如图 5.17 所示。

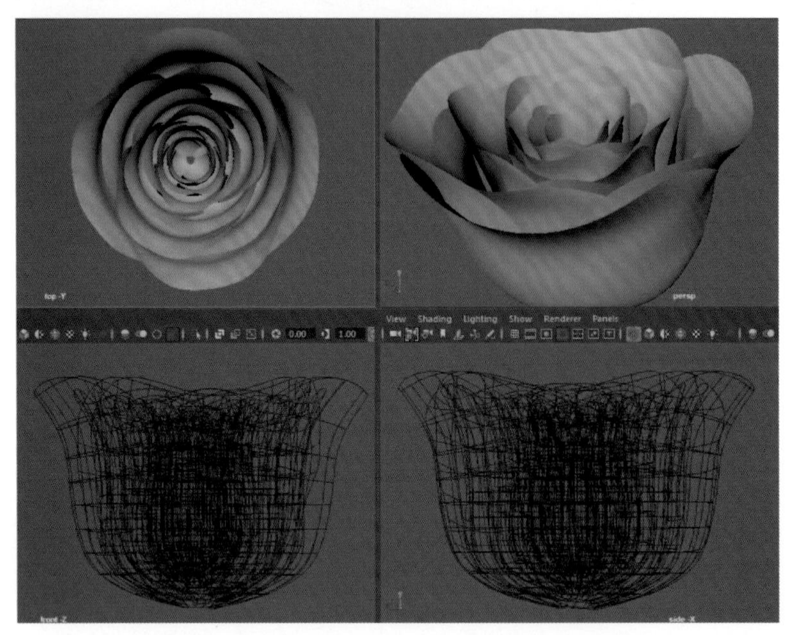

图 5.17

（17）执行 Polygons → Cylinder（圆柱体）命令，在网格上建立圆柱体，如图 5.18 所示。

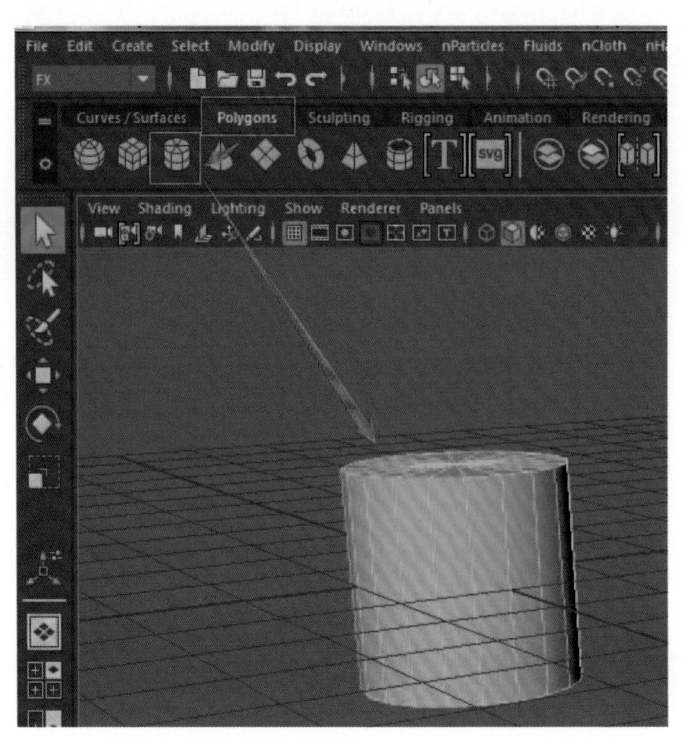

图 5.18

（18）在 Maya 界面右边将 polyCylinder1 → Subdivisions Axis 改为 12，如图 5.19 所示。

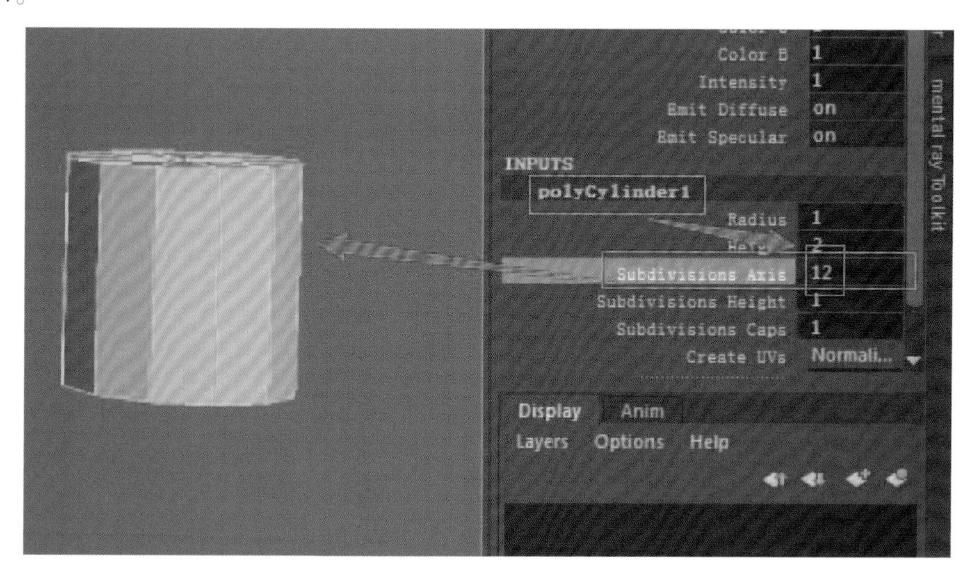

图 5.19

（19）按 W 键移动工具，调整位置，按 R 键缩放工具，调整大小，如图 5.20 所示。

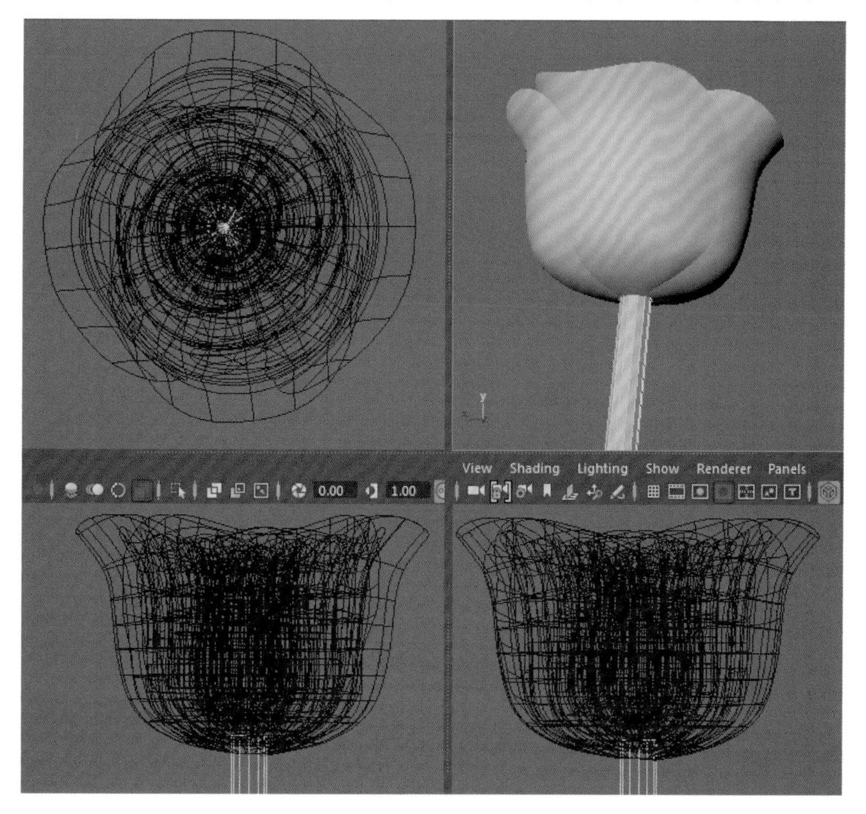

图 5.20

（20）按住 Shift 键 + 鼠标右键→选择 Insert Edge Loop Tool，如图 5.21 所示。

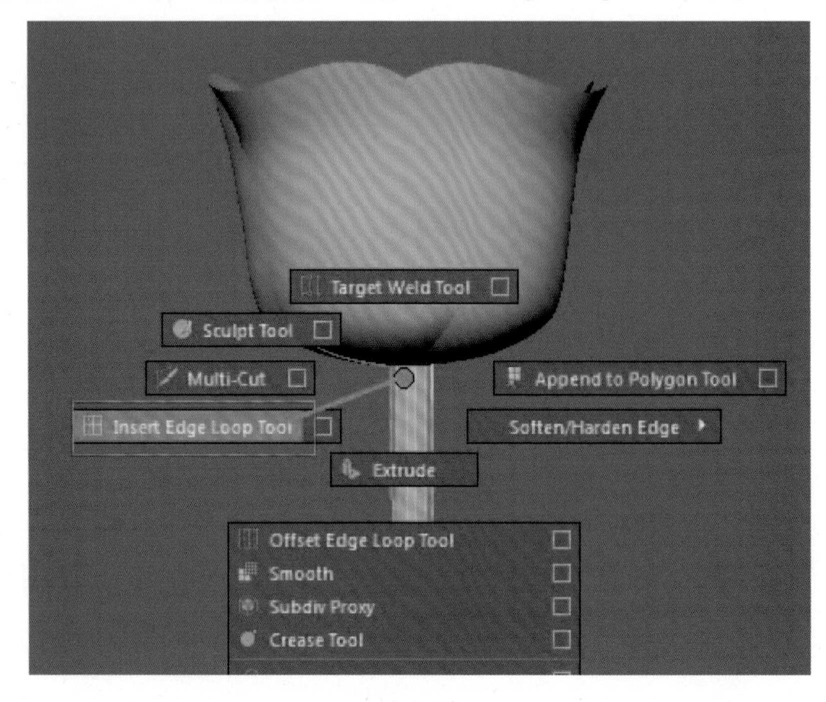

图 5.21

（21）加 4 条线，并用缩放工具调整大小，如图 5.22 所示。

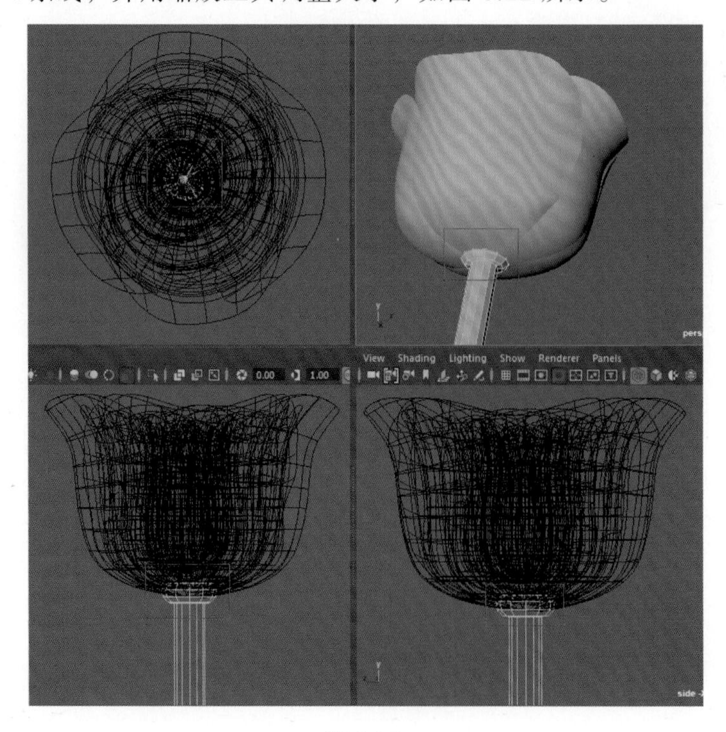

图 5.22

（22）按G键执行上一个命令，加4条线，使茎秆弯曲，如图5.23所示，按F11面选择，把底面删掉，如图5.24所示。

图 5.23

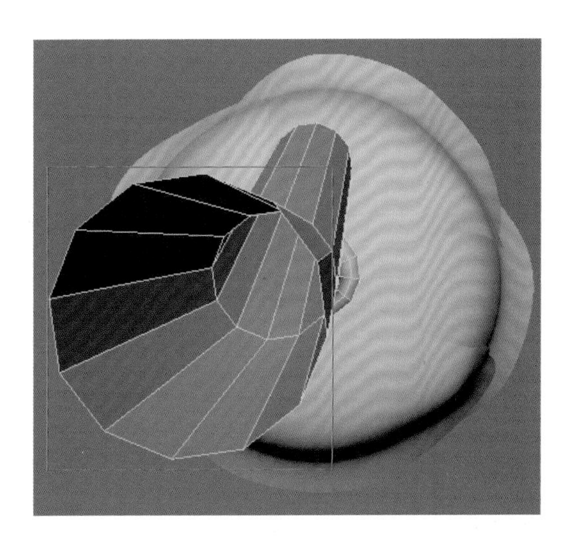

图 5.24

（23）按F11面选择，选择两个面，如图5.25所示。

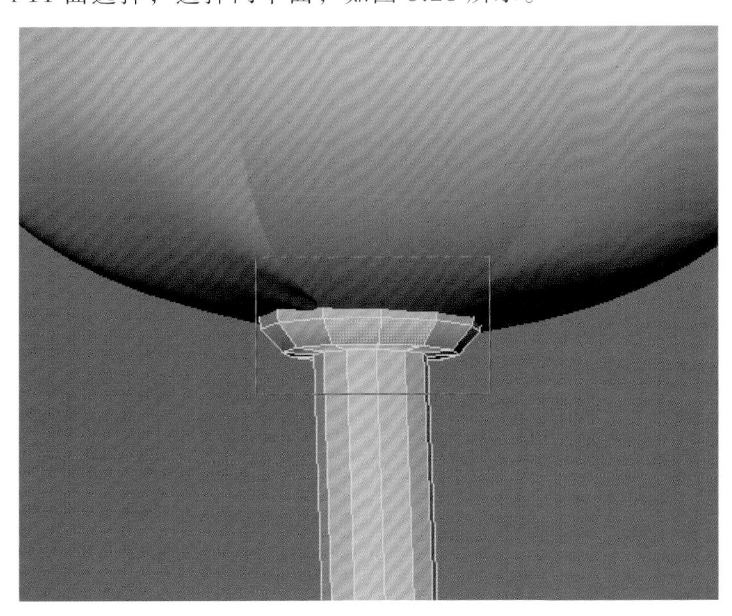

图 5.25

（24）执行Modeling → Edit Mesh → Extrude（挤出）命令，如图5.26所示。

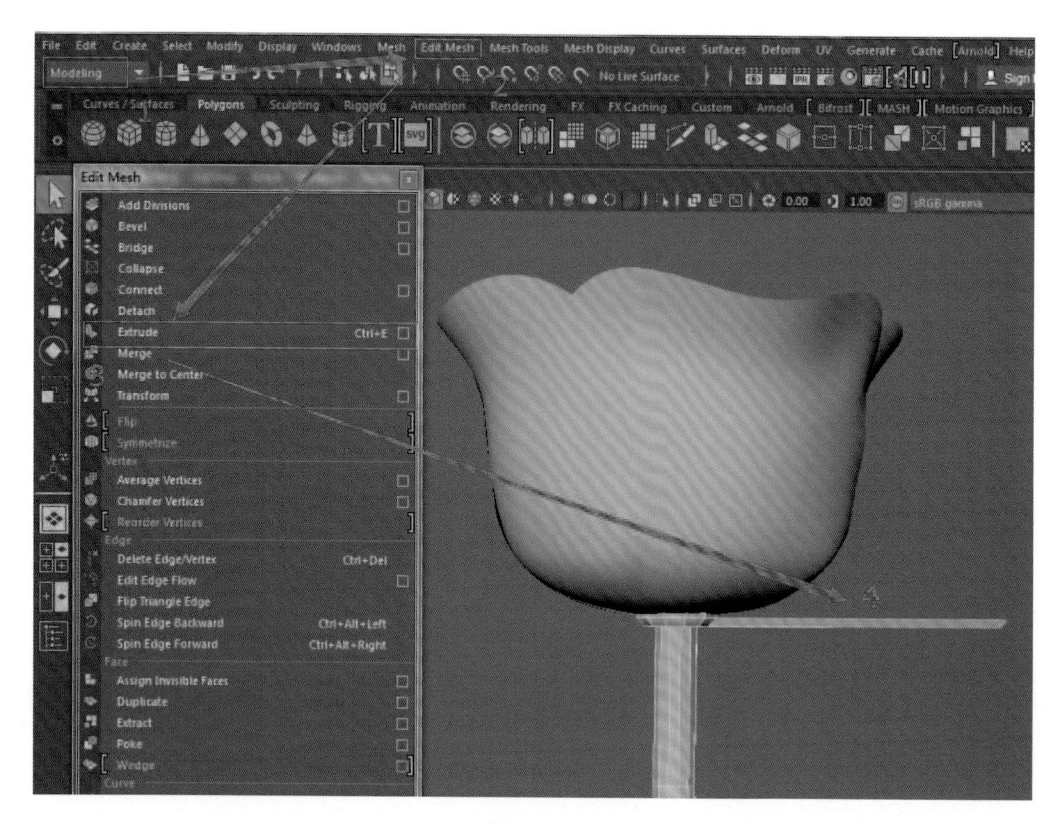

图 5.26

（25）按 R 键缩放工具，把挤出的面缩小，如图 5.27 所示。

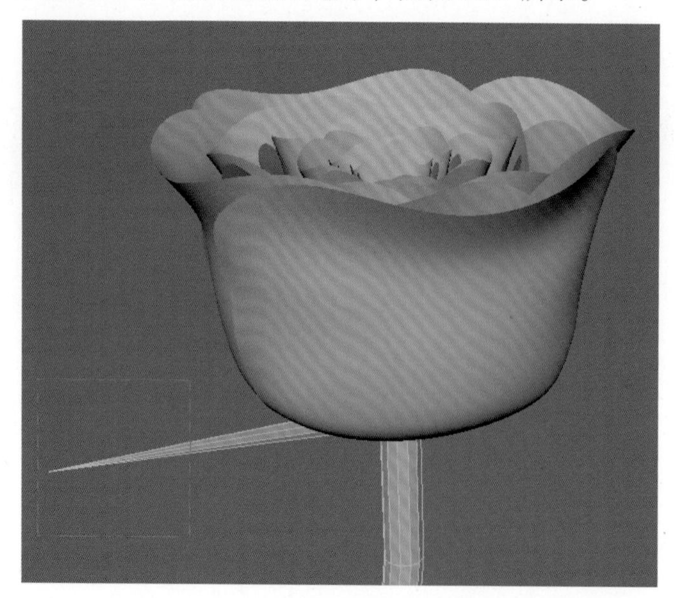

图 5.27

（26）按住 Shift 键 + 鼠标右键→ Insert Edge Loop Tool，如图 5.28 所示。

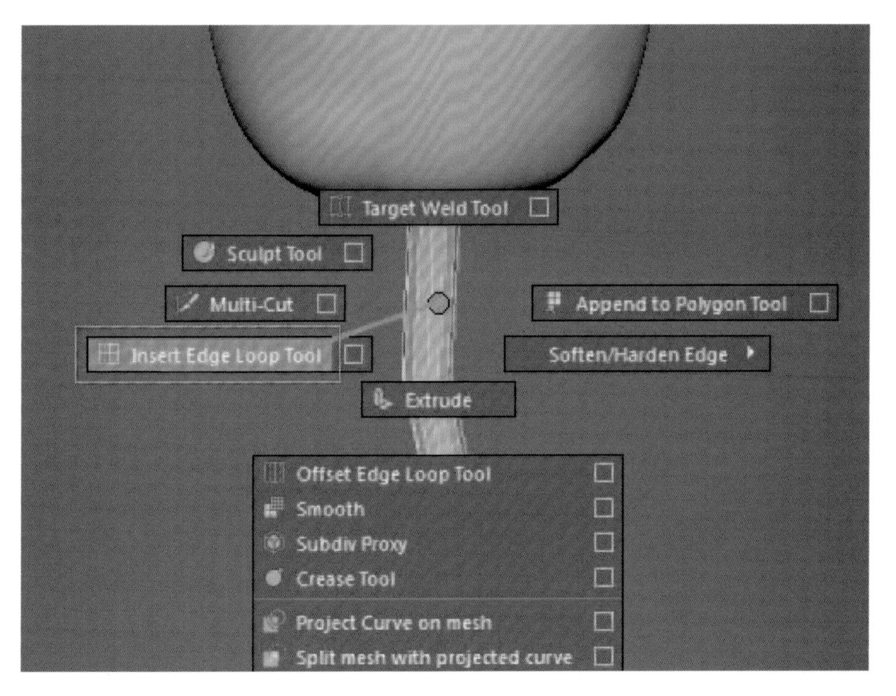

图 5.28

（27）加 3 条线，并调整模型，如图 5.29 所示。

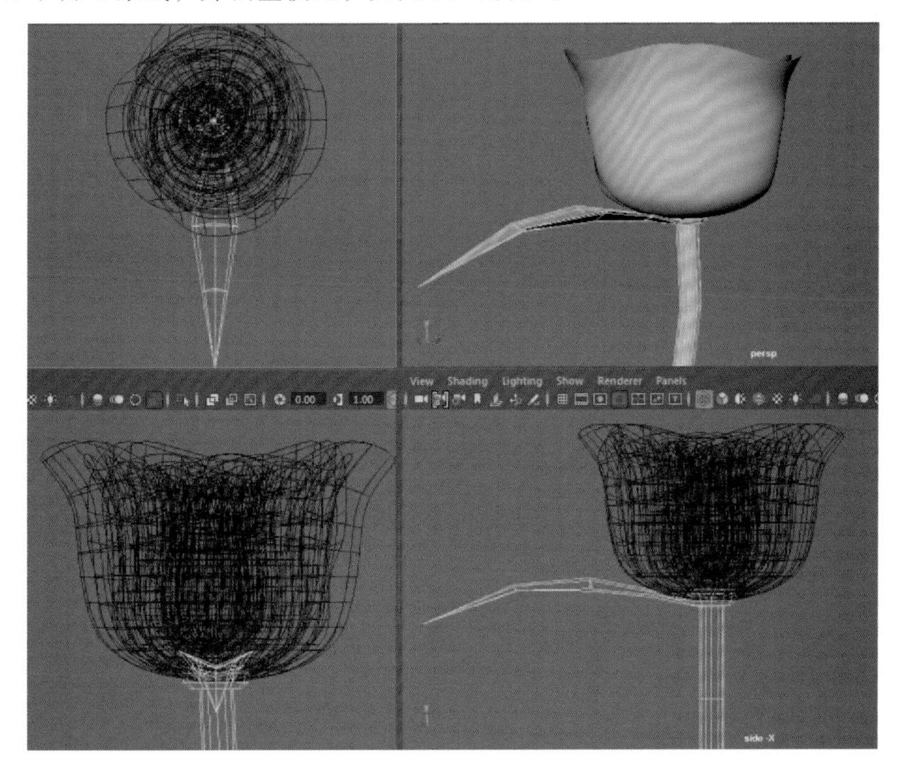

图 5.29

（28）按 F11 面选择，各两个面，选择两个面，删掉，如图 5.30 所示。

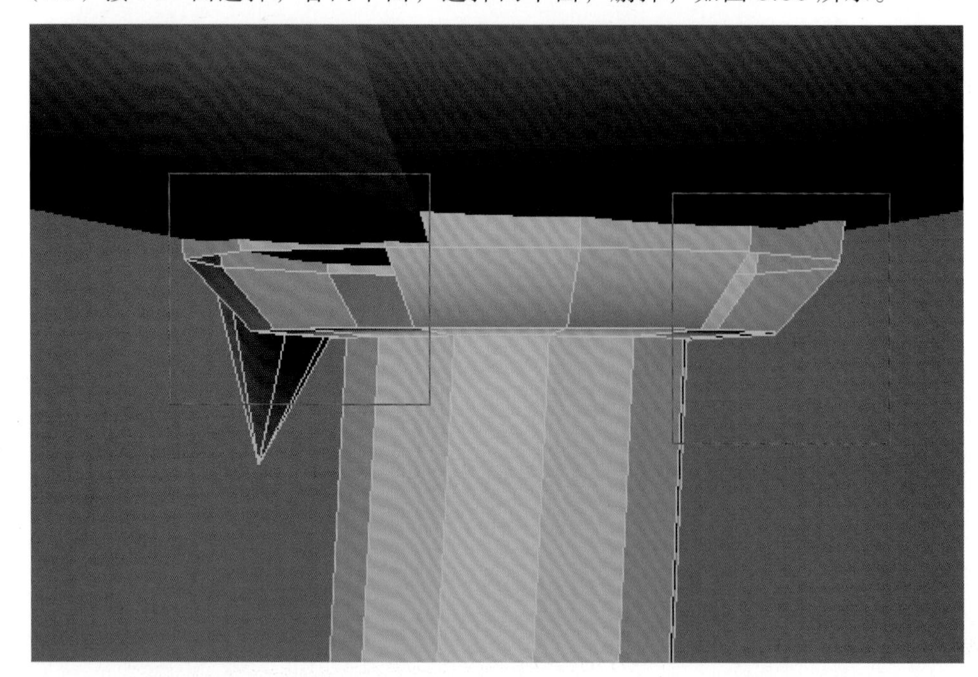

图 5.30

（29）复制花萼的面，如图 5.31 所示。

图 5.31

（30）执行 Edit Mesh → Duplicate（复制）命令，如图 5.32 所示。

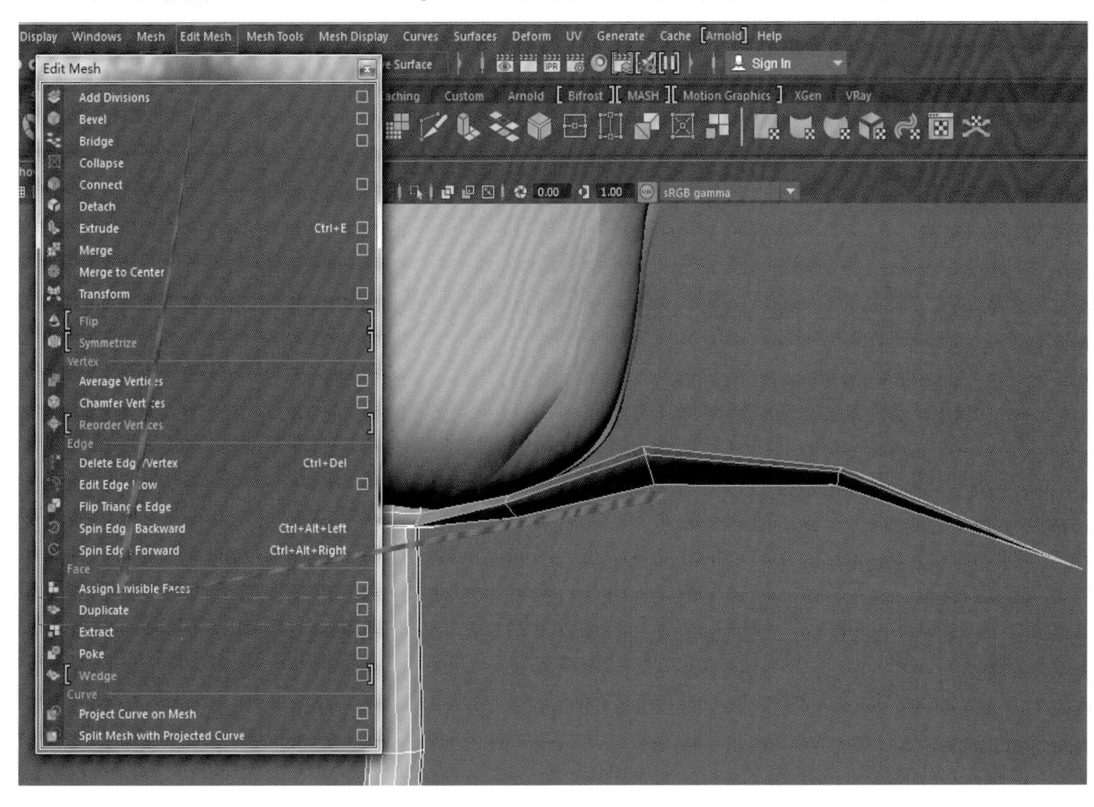

图 5.32

（31）在右边，将 Rotate Y 轴改为 120，如图 5.33 所示，再按 Ctrl+D 键复制模型，把 Rotate Y 轴改为 240，如图 5.34 所示。

图 5.33

图 5.34

（32）选中所有的花萼与茎秆，执行 Mesh → Combine 命令，如图 5.35 所示。

图 5.35

（33）按 F9 点选择，框选中间的点，执行 Edit Mesh → Merge 命令，如图 5.36 所示。

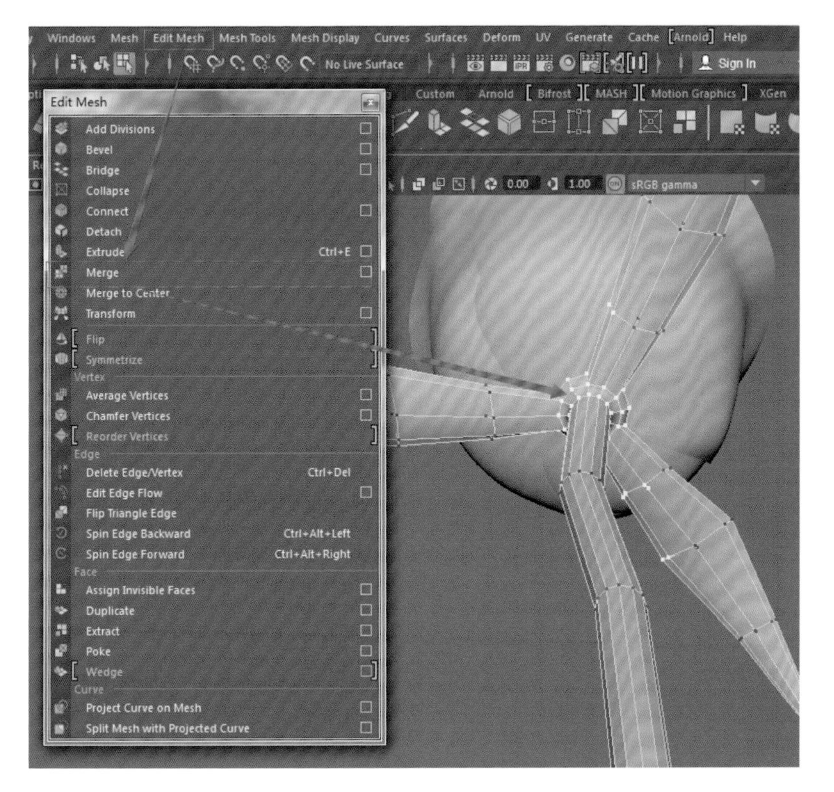

图 5.36

（34）Polygons→Plane（平面）命令，在网格上建立平面，如图 5.37 所示。

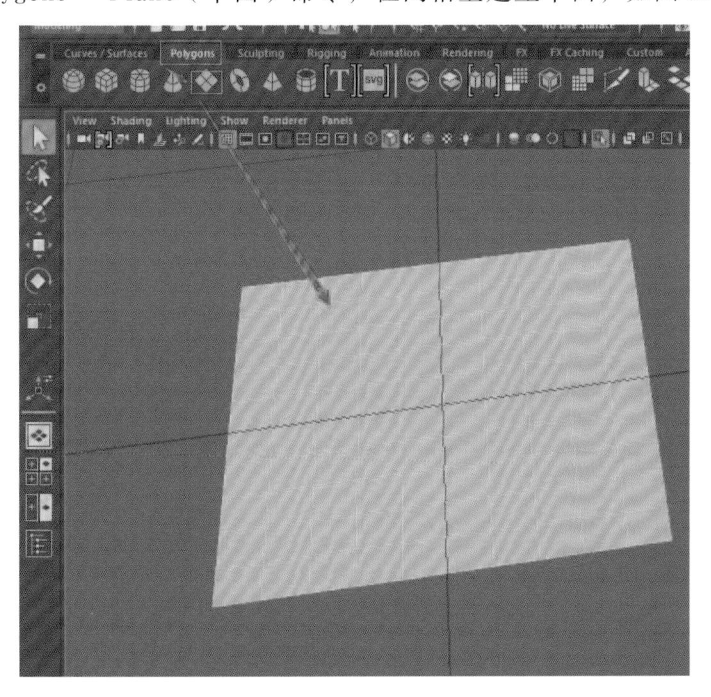

图 5.37

（35）在右边，将 polyPlane1 → Subdivisions Width 改为 6，将 Subdivisions Height 改为 6，如图 5.38 所示。

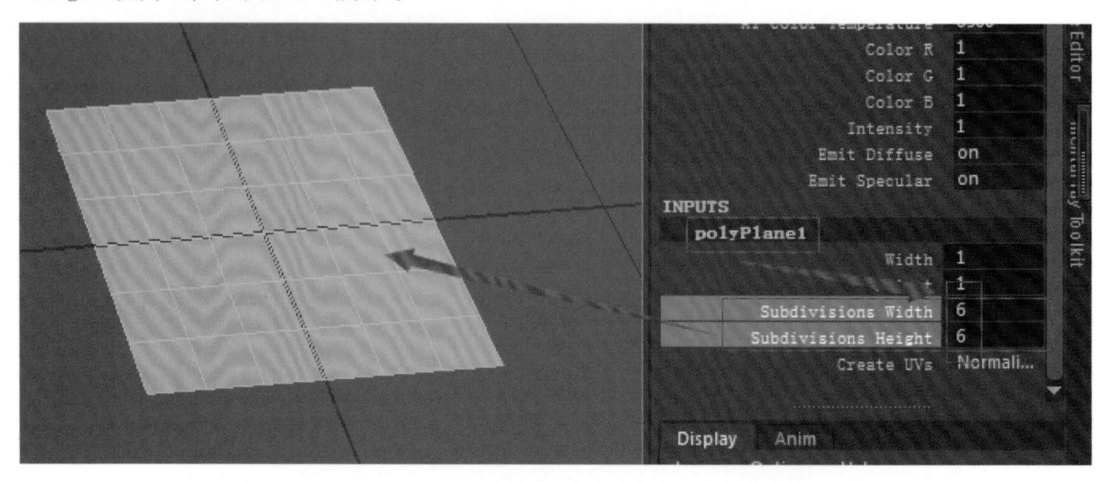

图 5.38

（36）切换到顶视图，按 F 9 点选择，调整叶子，如图 5.39 所示。

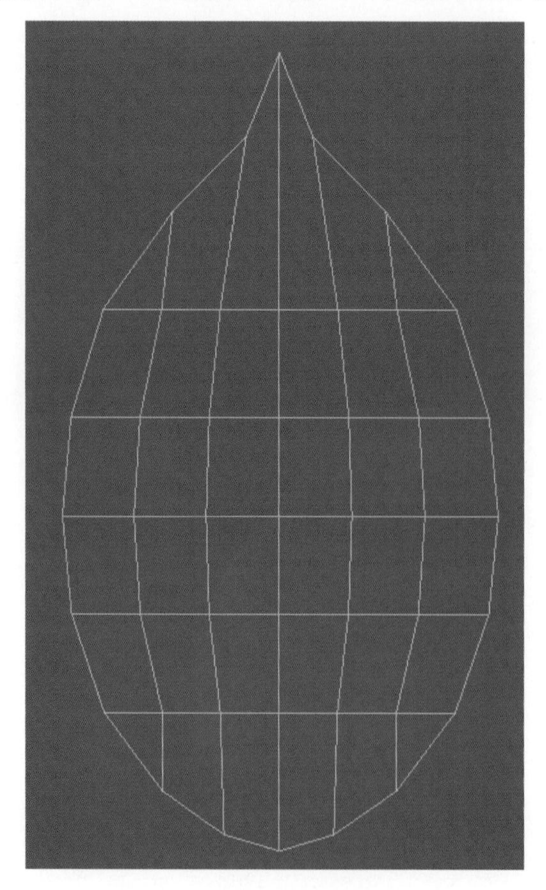

图 5.39

（37）按住 Shift 键 + 鼠标右键→ Insert Edge Loop Tool，如图 5.40 所示。

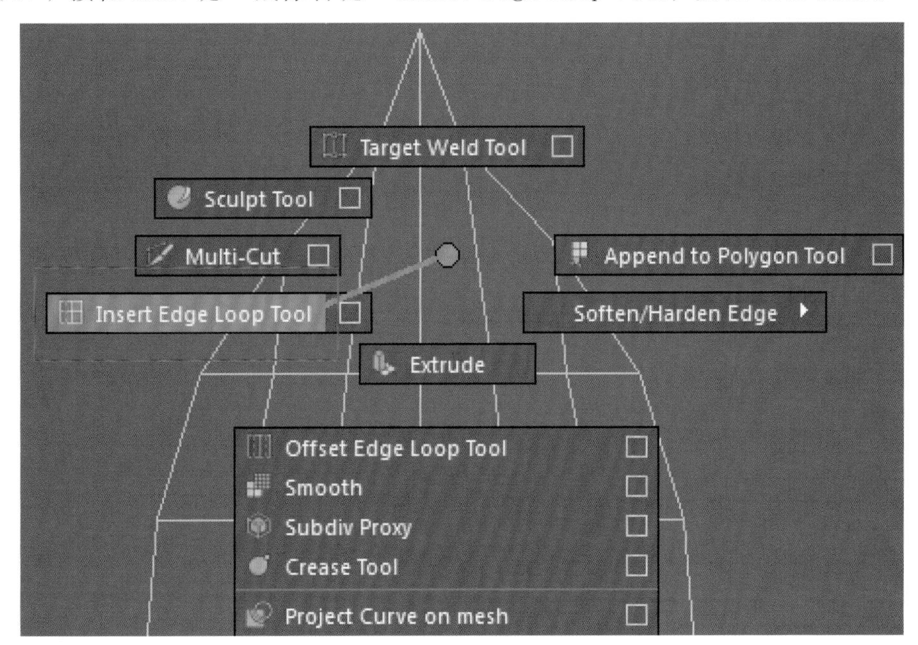

图 5.40

（38）在叶子中间加两条线，如图 5.41 所示。

图 5.41

（39）调整模型，使中间凹下去，两边凸起来，如图 5.42 所示。

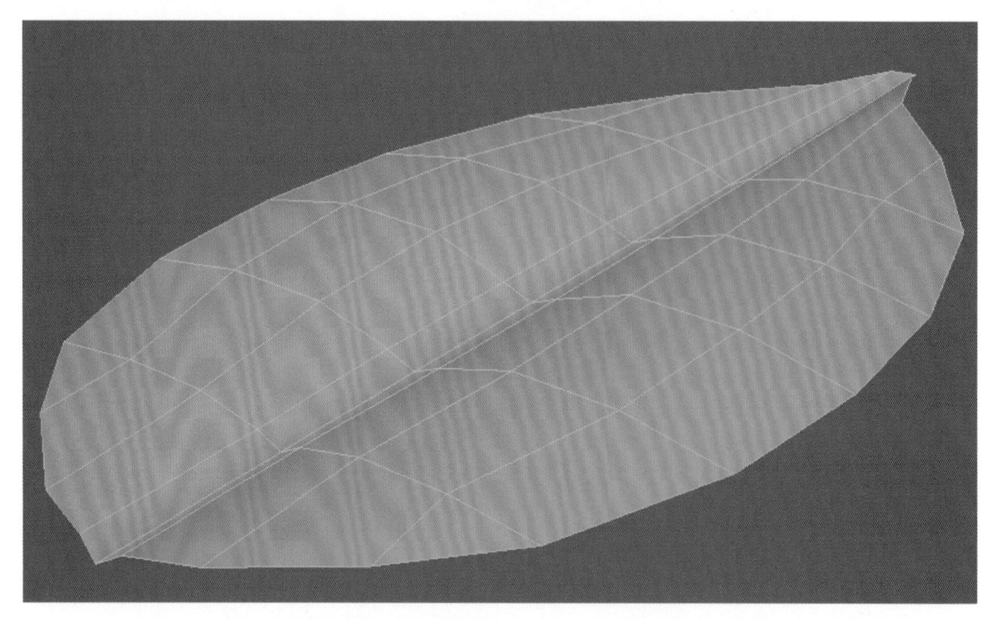

图 5.42

（40）按 E 键旋转工具，调整叶子弯曲，如图 5.43 所示。

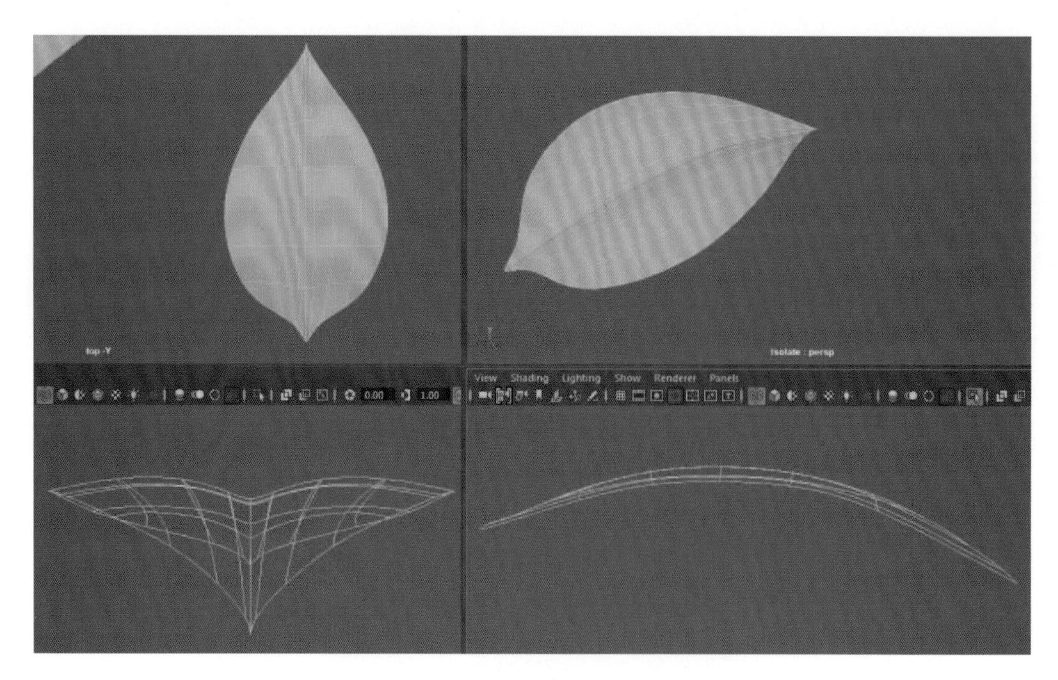

图 5.43

（41）执行 Polygons → Cylinder（圆柱体）命令，在网格上建立圆柱体，如图 5.44 所示。

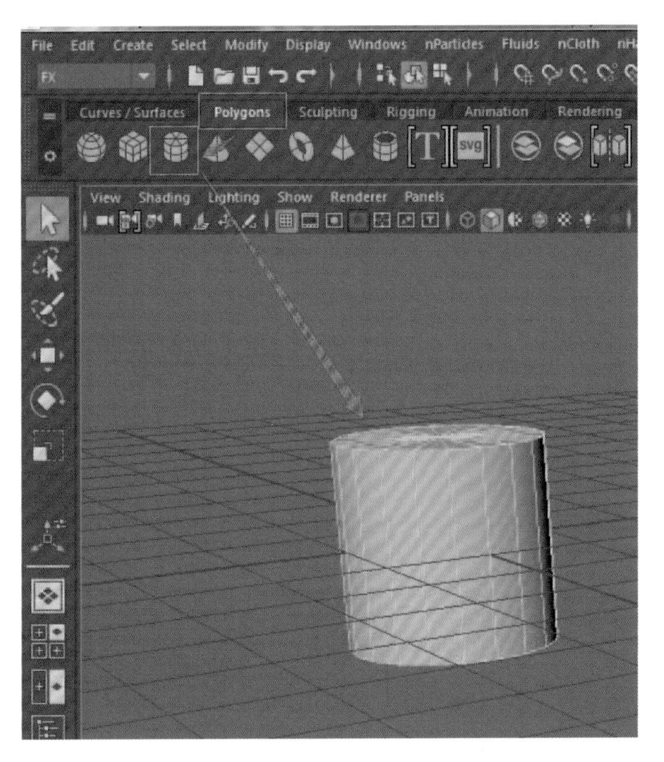

图 5.44

（42）在 Maya 界面右边，将 polyCylinder2→Subdivisions Axis 修改为 6，如图 5.45 所示。

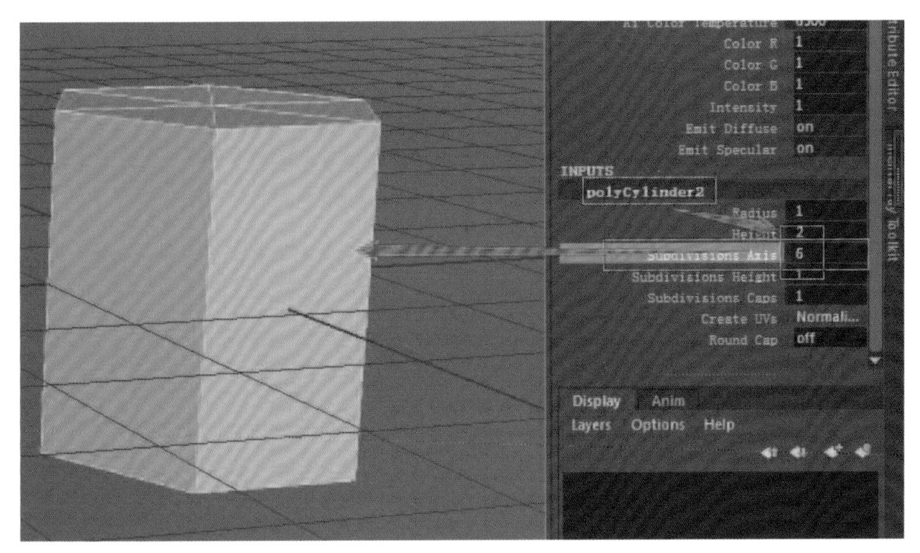

图 5.45

（43）按 R 键缩放工具，调整茎秆的大小，按 F9 点选择，把上面的面缩小，如图 5.46 所示。

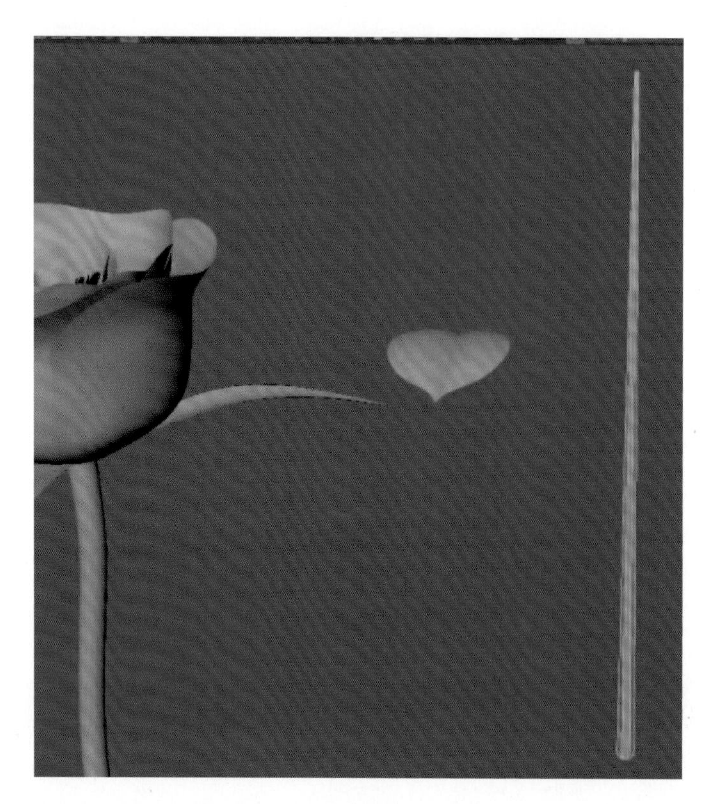

图 5.46

（44）按住 Shift 键 + 鼠标右键→ Insert Edge Loop Tool，如图 5.47 所示。

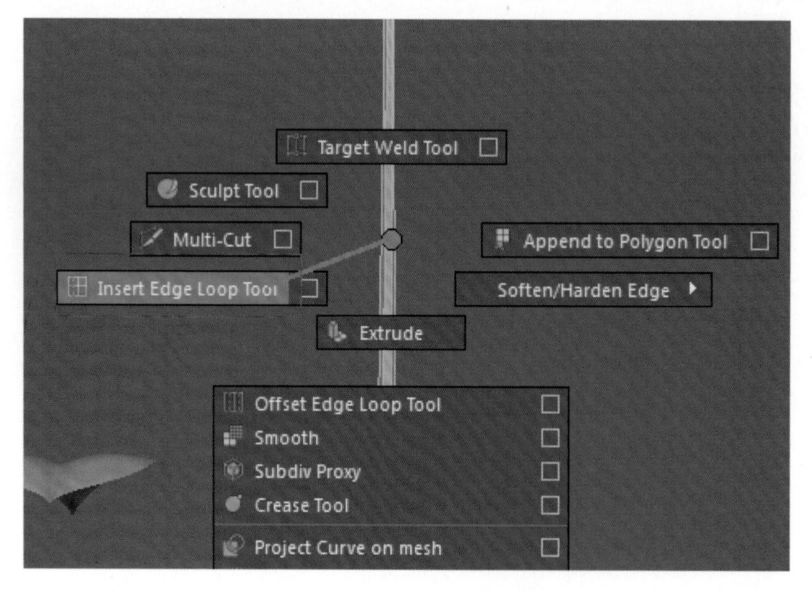

图 5.47

（45）加两条线，使茎秆弯曲，按 F11 面选择，选择底面，删掉，如图 5.48 所示。

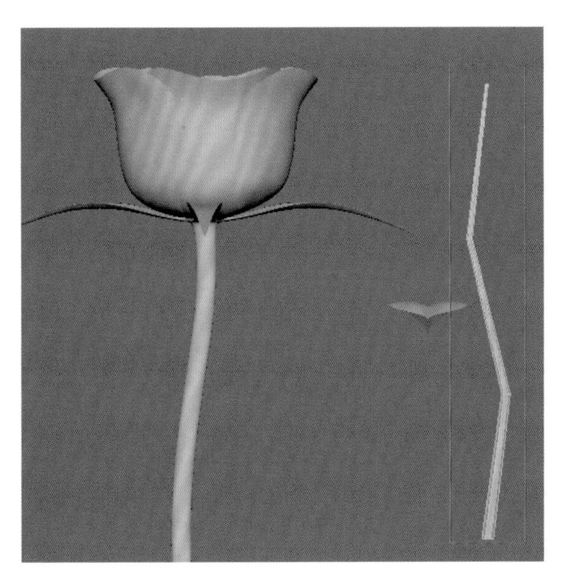

图 5.48

（46）按 Ctrl+D 键复制，调整，如图 5.49 所示。

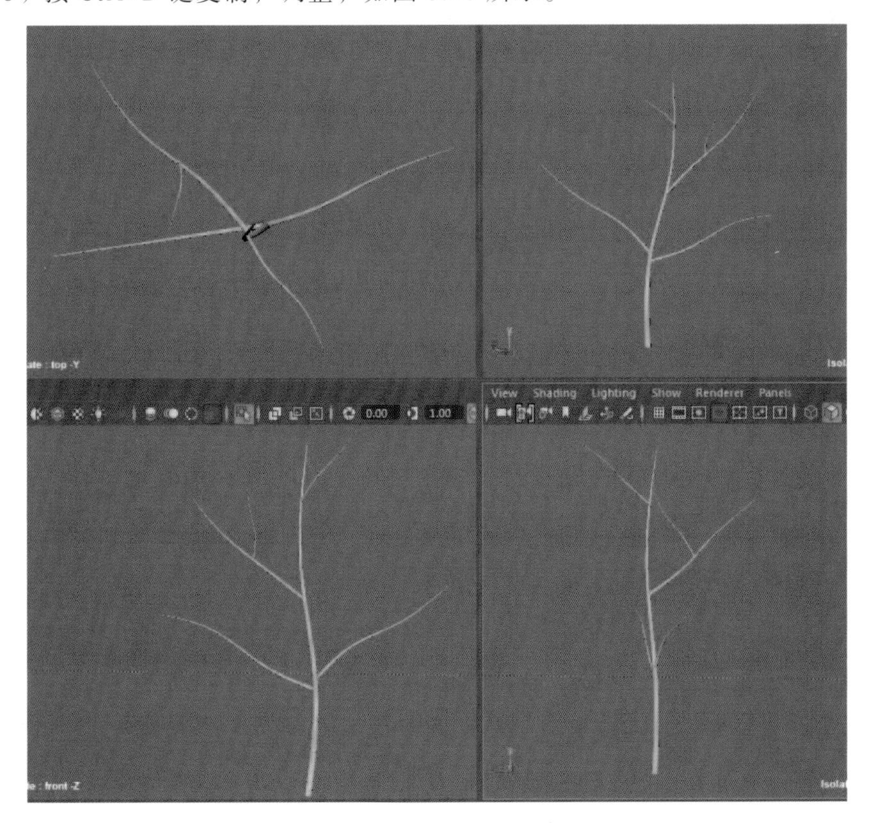

图 5.49

（47）选中茎秆，执行 Mesh → Combine 命令，如图 5.50 所示。

图 5.50

（48）调整，如图 5.51 所示。

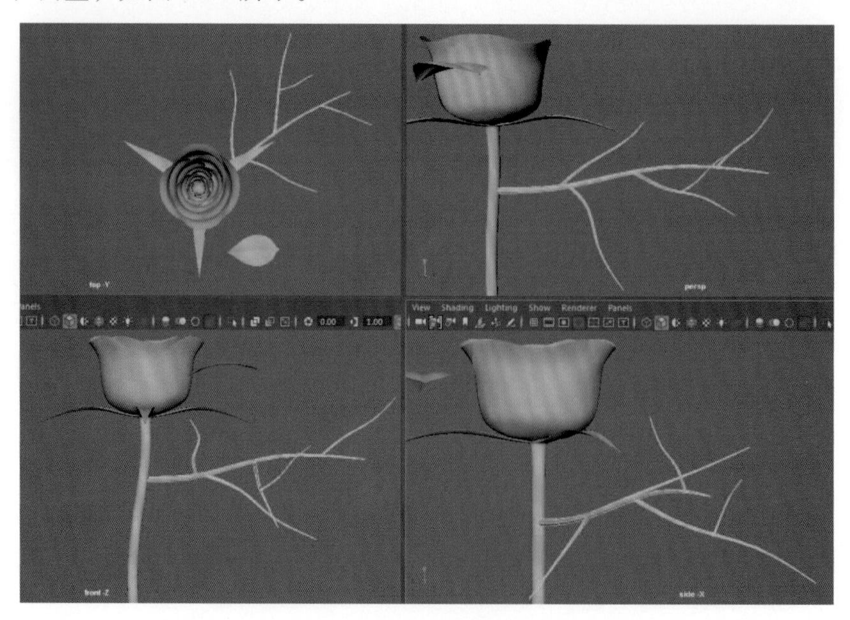

图 5.51

(49) 把叶子放上去，如图 5.52 所示。

图 5.52

(50) 选中所有的叶子与枝干，按 Ctrl+G 键打组，再按 Ctrl+D 键复制，组合模型，如图 5.53 所示。

图 5.53

（51）玫瑰花建好，放在一边，按 Ctrl+1 键隐藏，如图 5.54 所示。

图 5.54

（52）百合花的制作。执行 Polygons → Plane（平面）命令，在网格上建立平面，如图 5.55 所示。

图 5.55

（53）在右边，将 polyPlane1 → Subdivisions Width 改为 6，将 Subdivisions Height 改为 9，如图 5.56 所示。

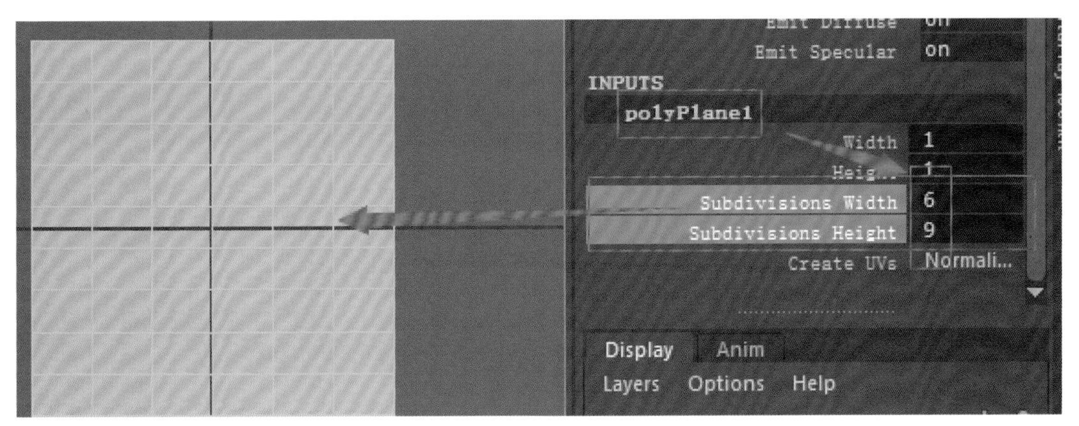

图 5.56

（54）按 F9 点选择，按 W 键移动工具，调整百合花瓣，如图 5.57 所示。

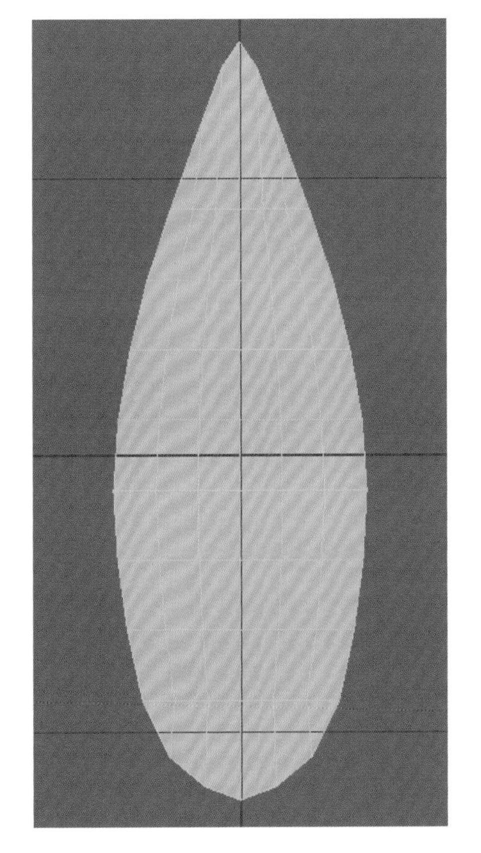

图 5.57

（55）按住 Shift 键 + 鼠标右键，选择 Multi-Cut，连接线，如图 5.58 所示。

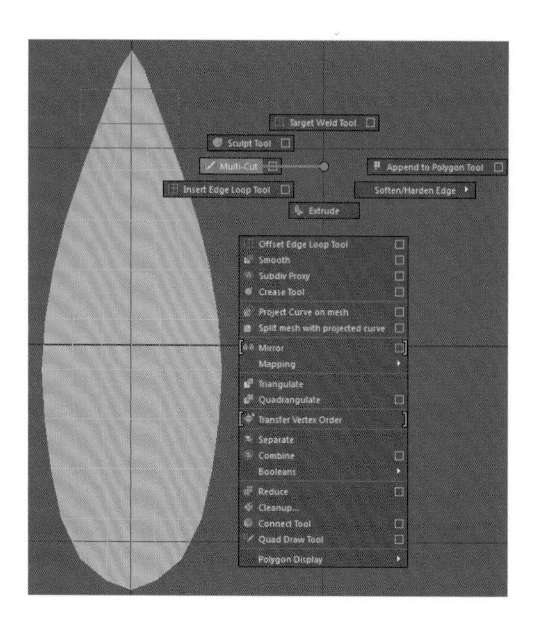

图 5.58

（56）按住 Shift 键 + 鼠标右键→ Insert Edge Loop Tool，在花瓣中间加线，如图 5.59 所示。

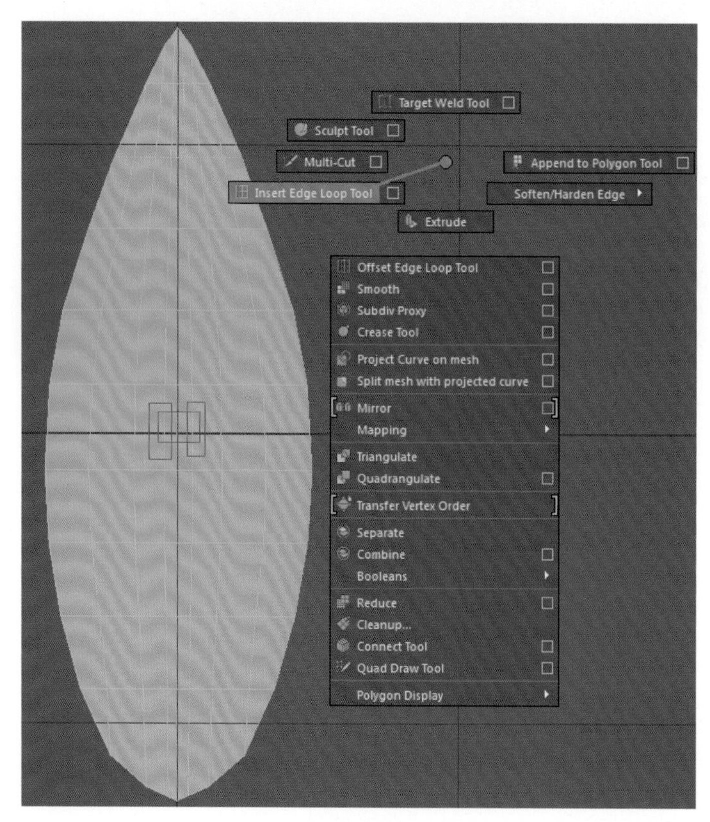

图 5.59

（57）调整花瓣，使中间凹下去，两边凸起来，如图 5.60 所示。

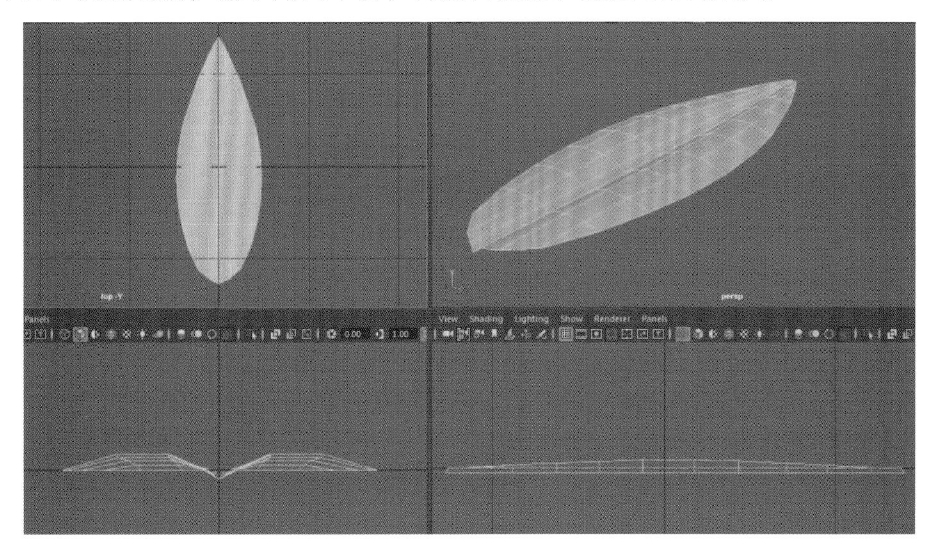

图 5.60

（58）按 E 键旋转工具，调整花瓣弯曲，如图 5.61 所示。

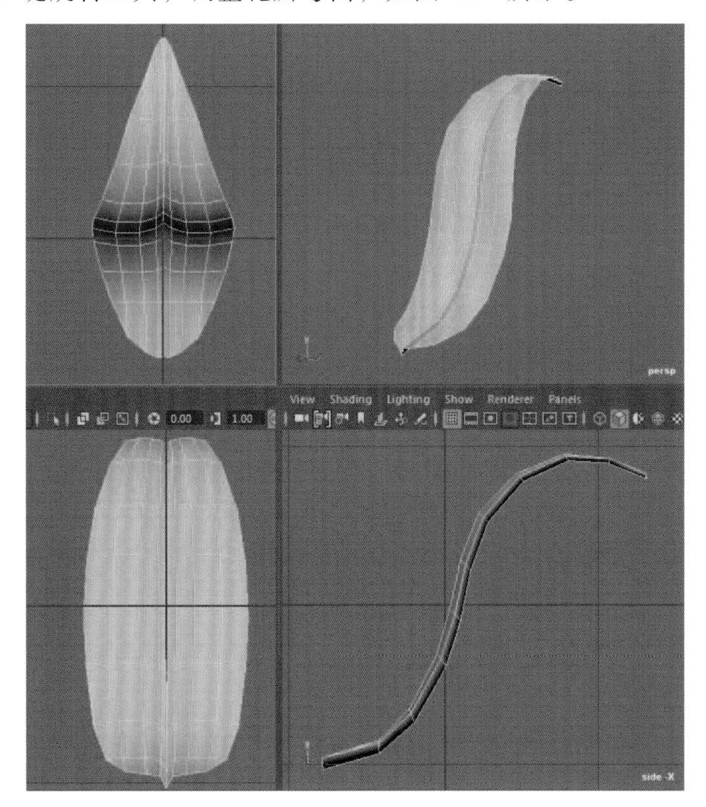

图 5.61

（59）调整花瓣两边的点，呈现波浪感，如图 5.62 所示。

图 5.62

（60）选中花瓣，执行 Modeling → Edit Mesh → Extrude（挤出）命令，挤出一点厚度，如图 5.63 所示。

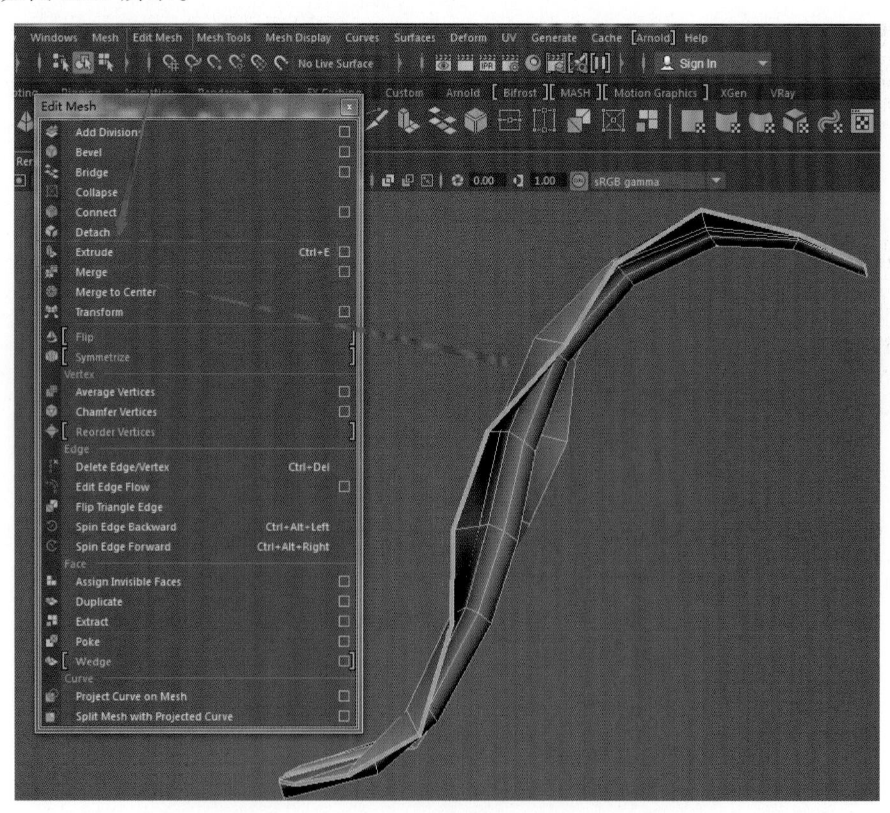

图 5.63

（61）按 Insert 键，调整中心点，如图 5.64 所示。

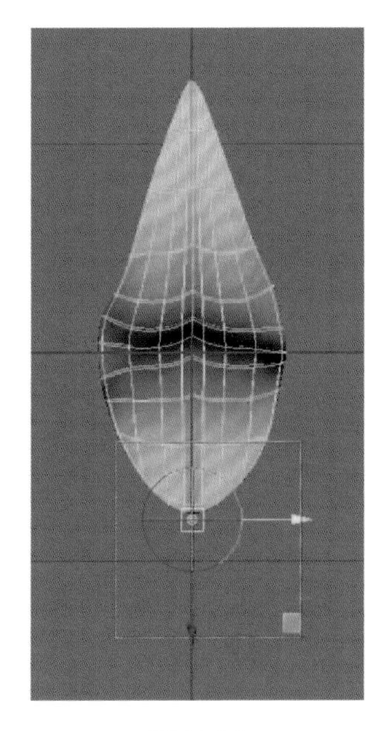

图 5.64

（62）执行 Edit → Duplicate Special 后面的小方框→选择 Copy → Rotate Y 轴改为 120 → Number of copies 改为 2 → Duplicate Special，如图 5.65 所示。

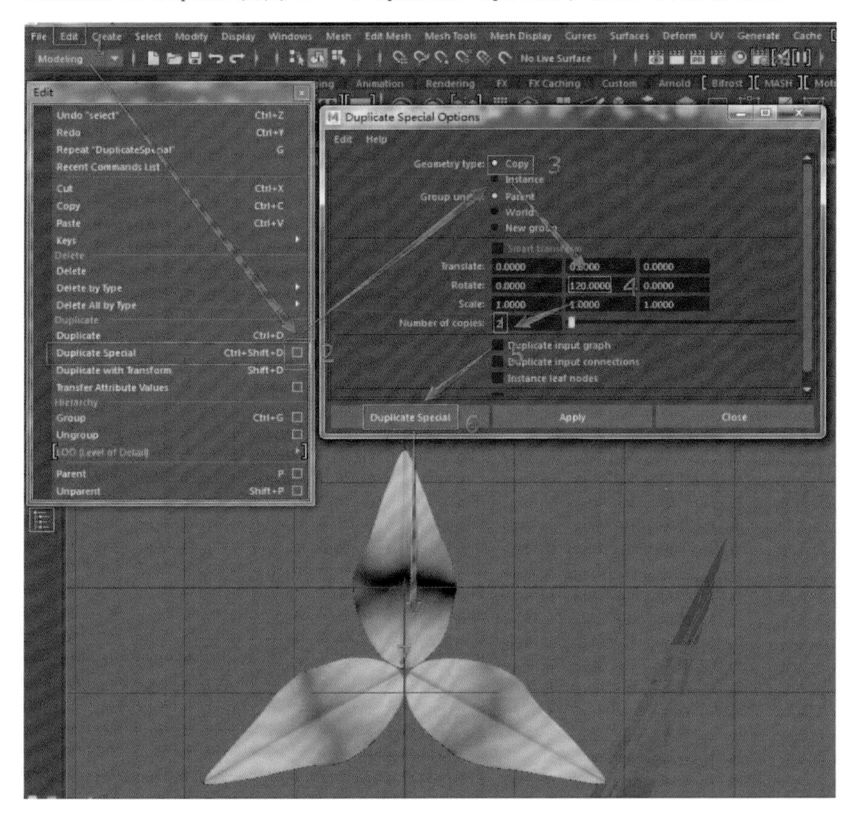

图 5.65

（63）选中 3 片花瓣，按 Ctrl+G 键打组，如图 5.66 所示。

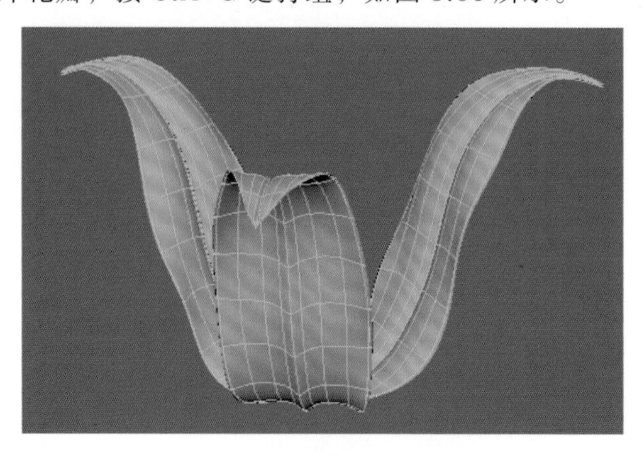

图 5.66

（64）按住 Ctrl+D 键复制，按 E 键旋转 60°，如图 5.67 所示。

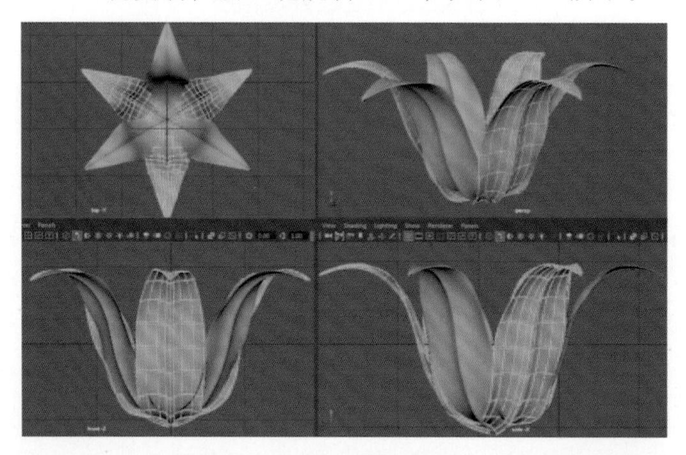

图 5.67

（65）用旋转工具，调整花瓣，不要让花瓣之间发生穿插，如图 5.68 所示。

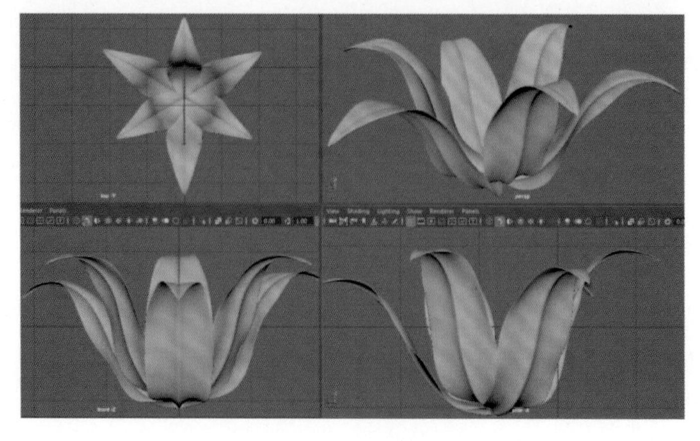

图 5.68

（66）执行 Polygons → Cylinder（圆柱体）命令，在网格上建立圆柱体，如图 5.69 所示。

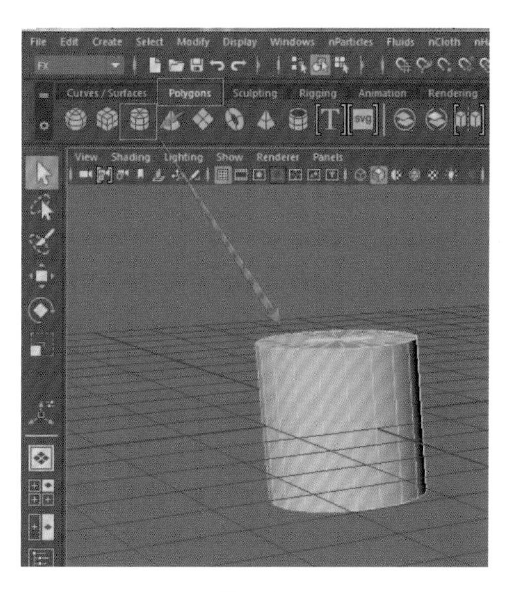

图 5.69

（67）加线，调整模型，如图 5.70 所示。

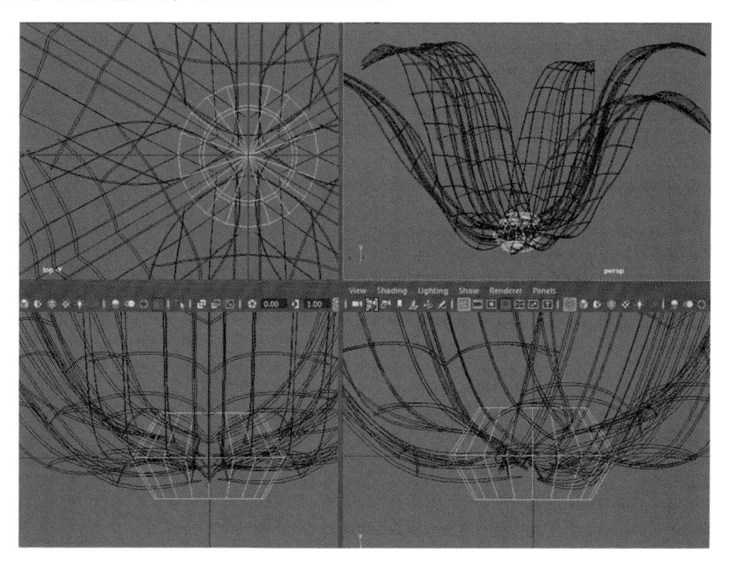

图 5.70

（68）执行挤出命令有 3 种方式：

① 执行 Edit Mesh → Extrude（挤出）命令（红色线框）。

② 执行 polygons → Extrude（挤出）命令（蓝色线框）。

③ 按快捷键 Ctrl+E，如图 5.71 所示。

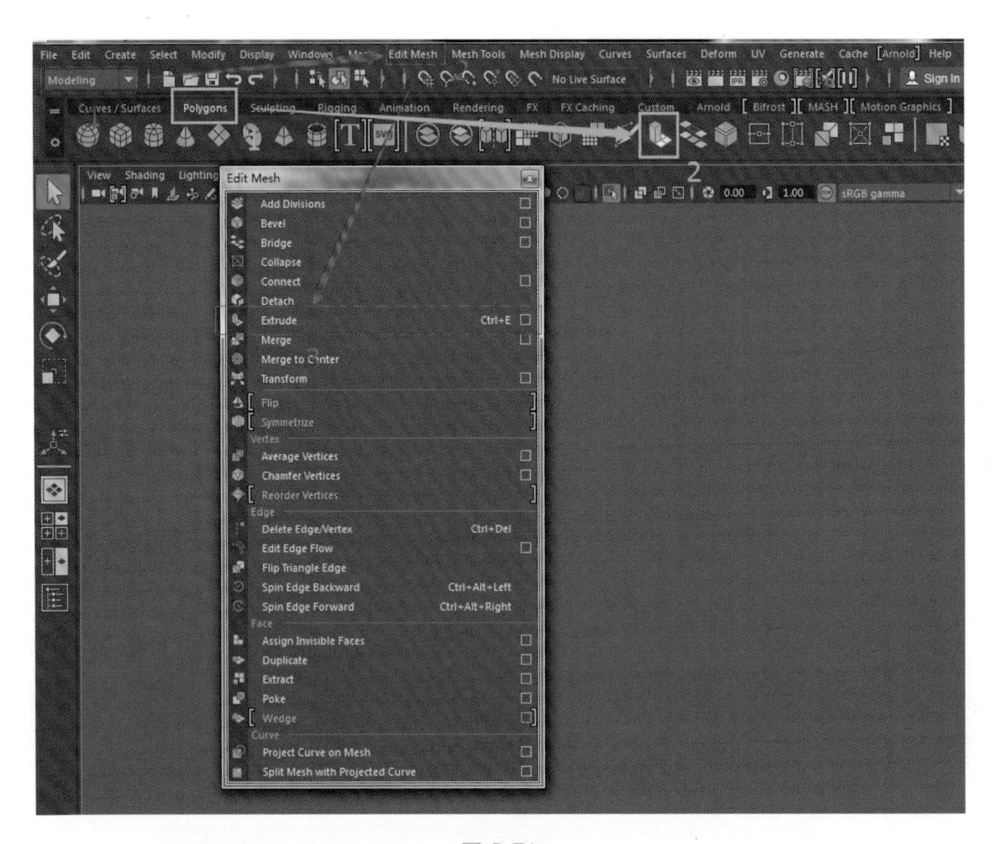

图 5.71

（69）挤出，按 R 键缩放工具，缩小面，再次执行挤出，挤出茎秆，如图 5.72 所示。

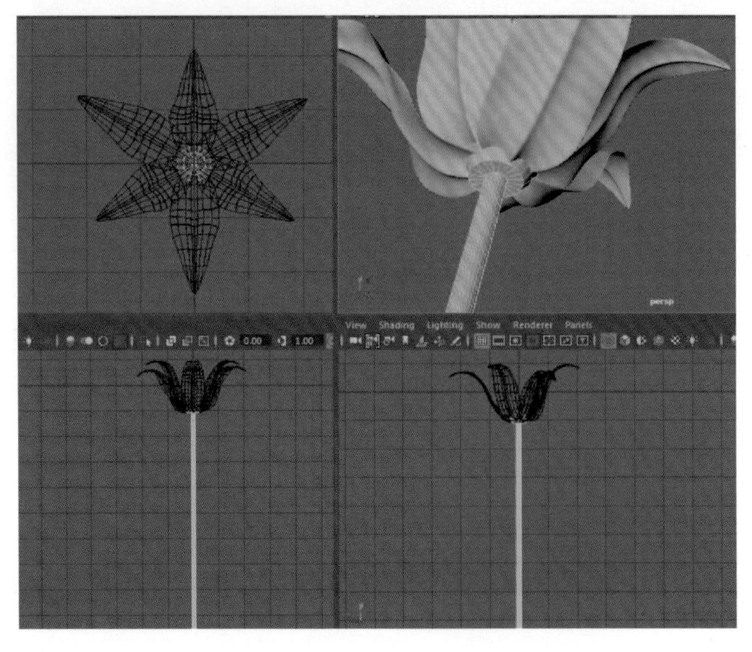

图 5.72

（70）按住 Shift 键 + 鼠标右键→ Insert Edge Loop Tool，如图 5.73 所示。

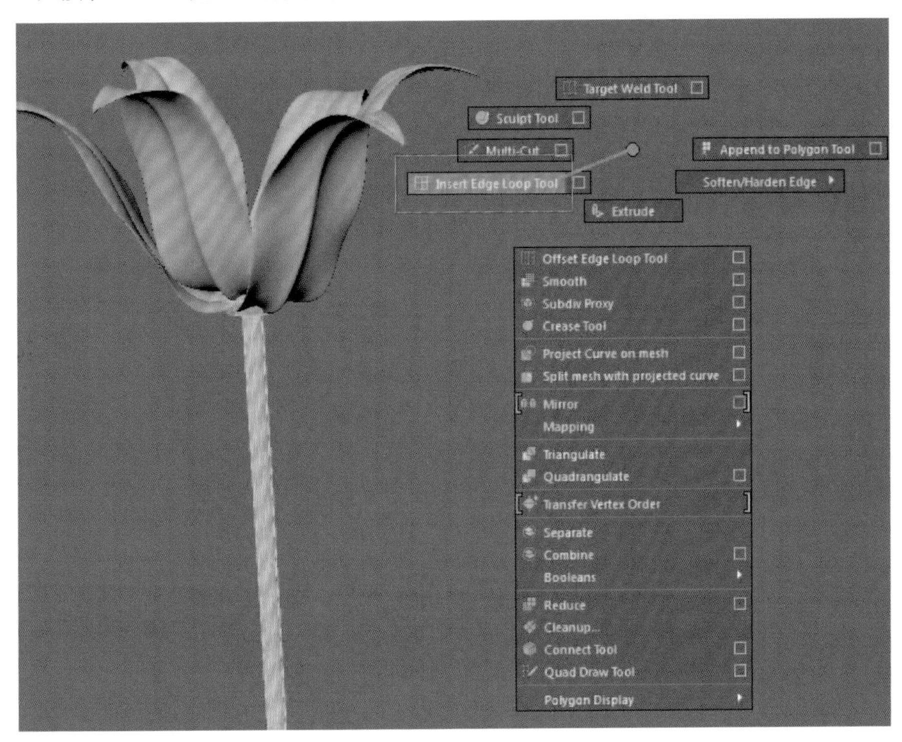

图 5.73

（71）加线，使茎秆弯曲，如图 5.74 所示。

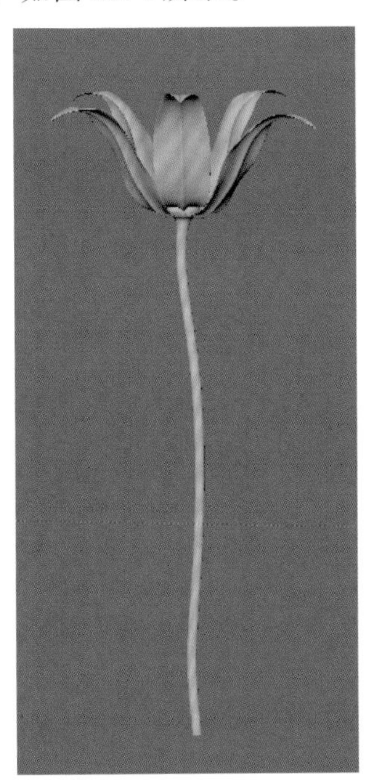

图 5.74

（72）执行 Polygons → Cylinder（圆柱体）命令，在网格上建立圆柱体，如图 5.75 所示。

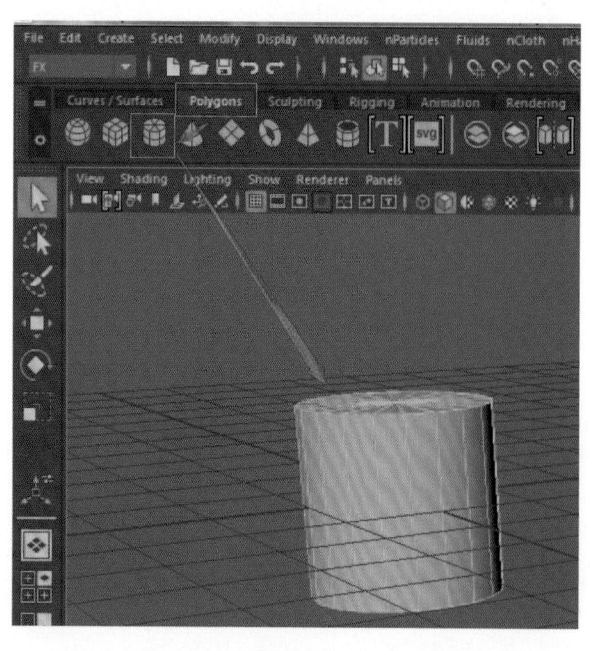

图 5.75

（73）按 R 键缩放工具，调整圆柱大小长度，按住 Shift 键 + 鼠标右键→ Insert Edge Loop Tool，如图 5.76 所示。

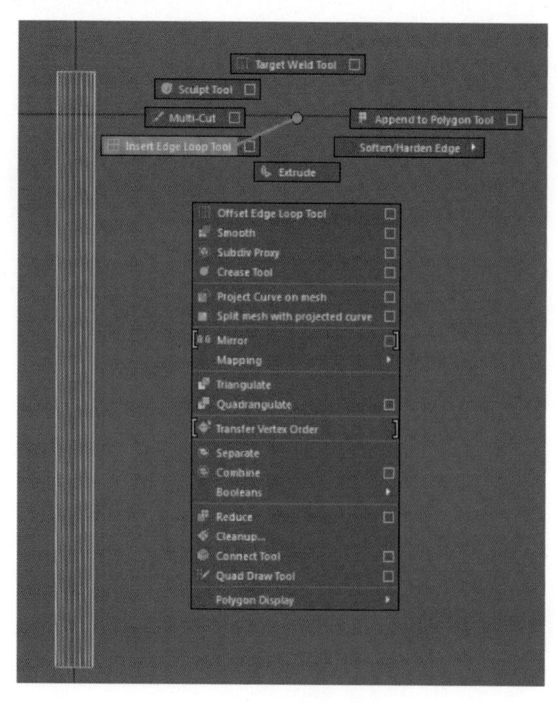

图 5.76

（74）加线，按 R 键缩放工具，调整模型，调整后按 Ctrl+D 键复制一个模型，按 E 键旋转工具，弯曲复制出来的花蕾，调整一下大小，如图 5.77 所示。

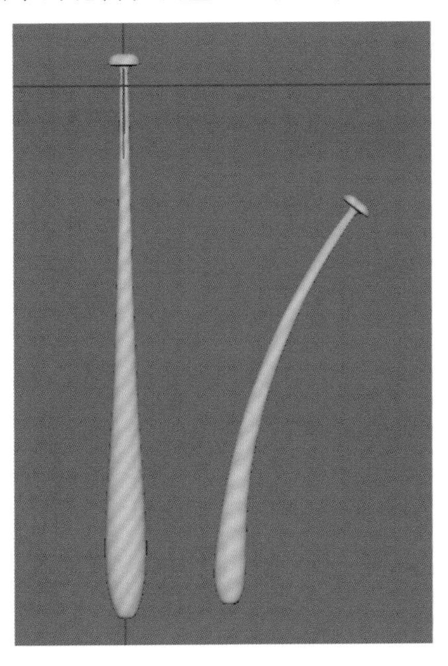

图 5.77

（75）选中弯曲的花蕾，按 Insert 键，调整中心点，如图 5.78 所示。

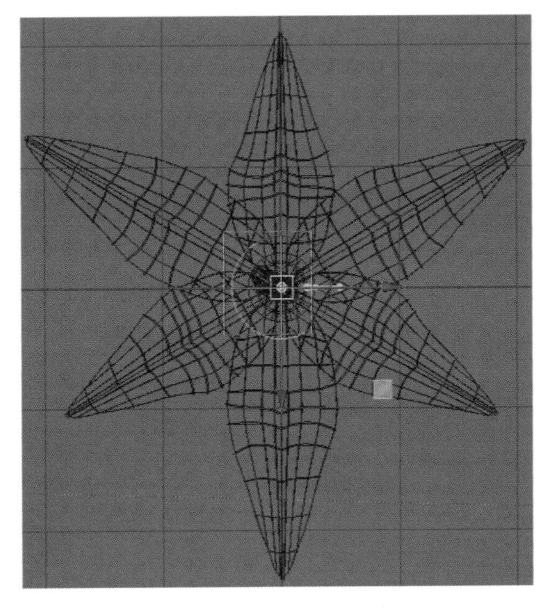

图 5.78

（76）执行 Edit → Duplicate Special 后面的小方框→选择 Copy → Rotate Y 轴改为 45 → Number of copies 改为 8 → Duplicate Special，如图 5.79 所示。

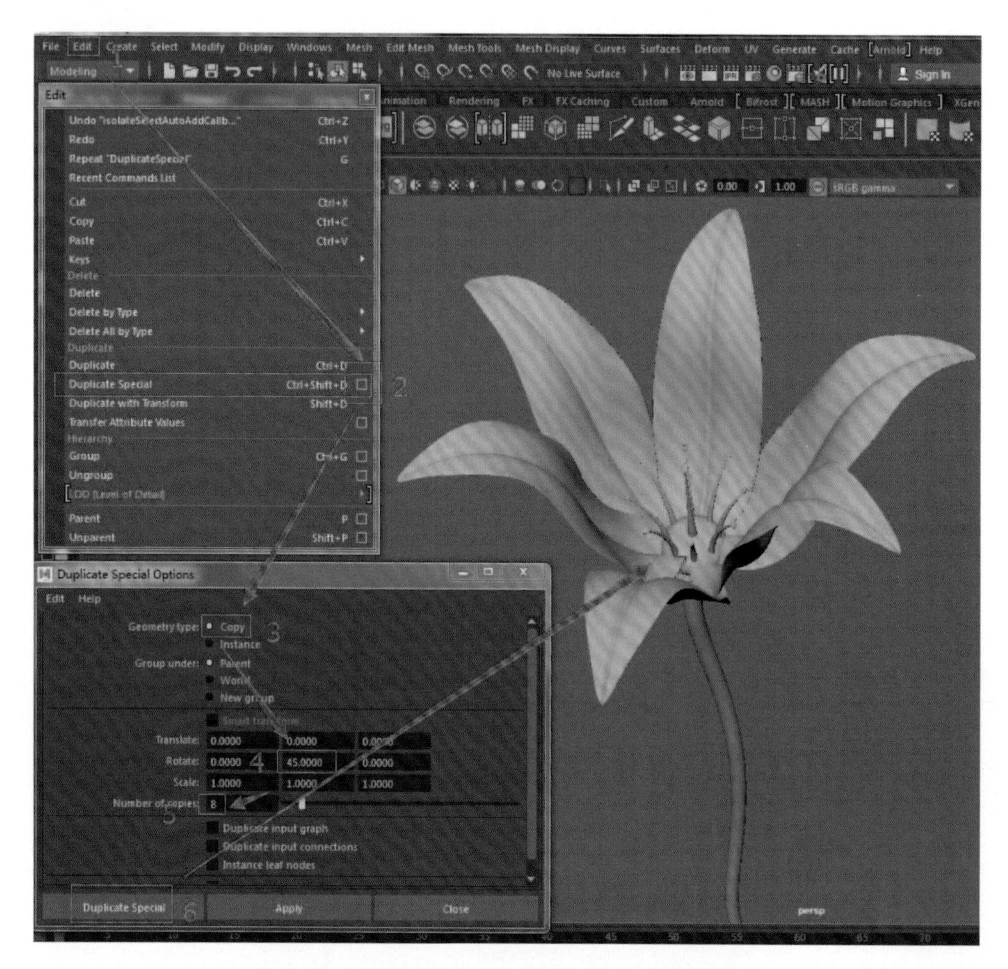

图 5.79

（77）执行 Polygons→Plane（平面）命令，在网格上建立平面，在右边通道属性栏，将 polyPlane1→Subdivisions Width 改为 8→Subdivisions Height 改为 4，按 R 键缩放工具，调整叶子大小，如图 5.80 所示。

图 5.80

（78）按 F9 点选择，按 W 键移动工具，调整百合叶子，如图 5.81 所示。

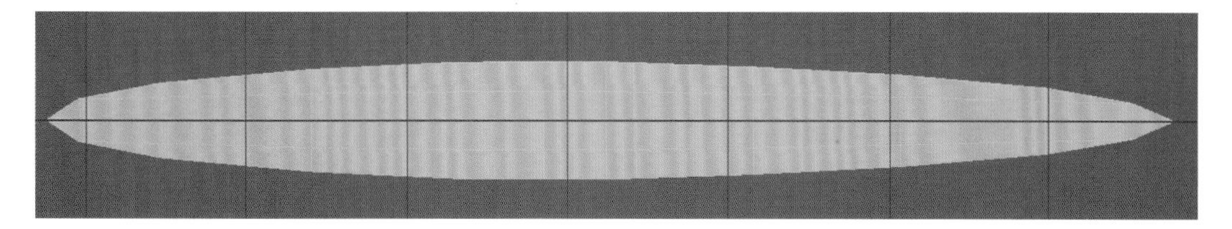

图 5.81

（79）按住 Shift 键 + 鼠标右键→Insert Edge Loop Tool，在叶子中间加线，如图 5.82 所示。

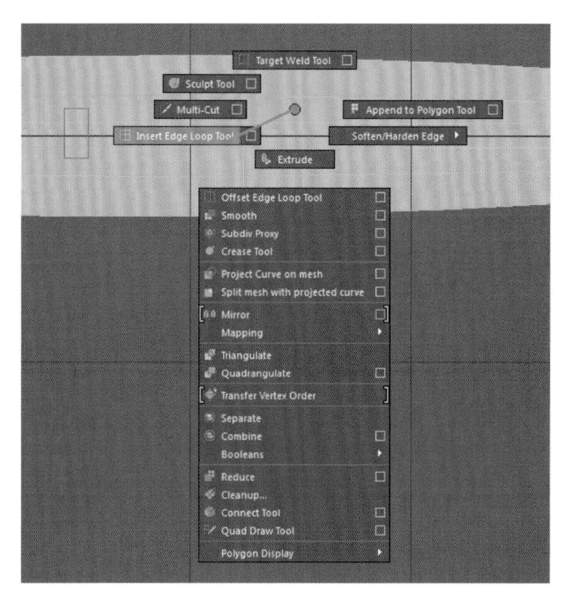

图 5.82

（80）调整叶子，使中间凹下去，两边凸起来，如图 5.83 所示。

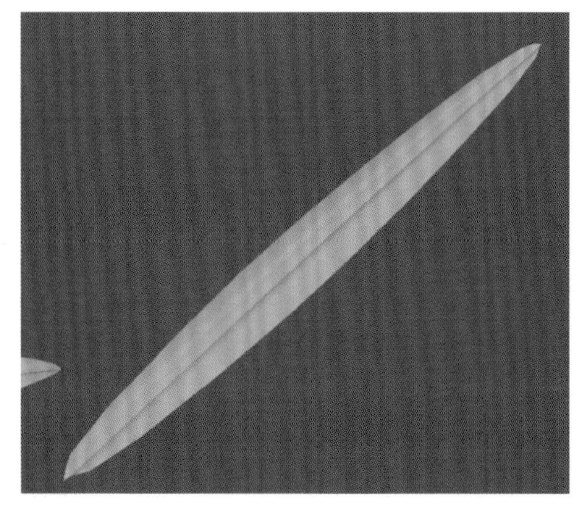

图 5.83

（81）按 E 键旋转工具，调整叶子弯曲，如图 5.84 所示。

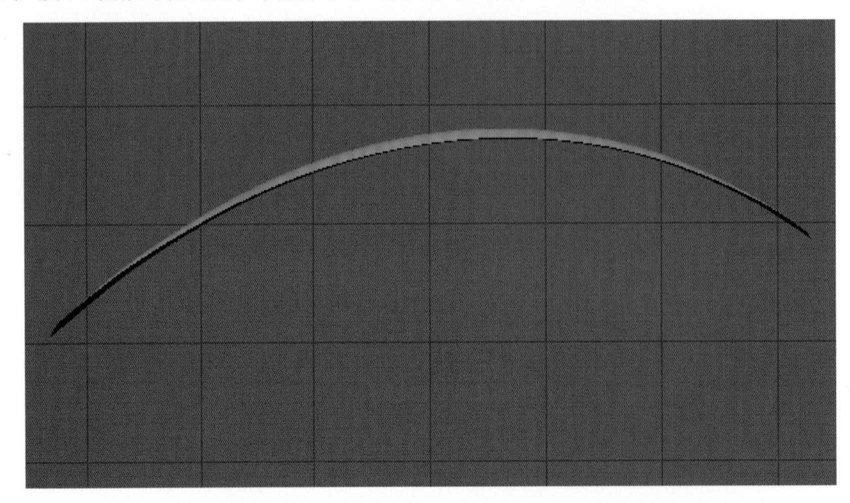

图 5.84

（82）按 W 键键移动工具，按 E 键旋转工具，按 R 键缩放工具，摆放叶子位置，按 Ctrl+D 键复制，如图 5.85 所示。

图 5.85

（83）百合花的效果如图 5.86 所示。

图 5.86

（84）执行 Polygons → Sphere（球体）命令，在网格上建立球体，如图 5.87 所示。

图 5.87

（85）在界面右边，将 poiysphere1 → Subdivisions Axis 改为 12 → Subdivisions Height 改为 12，按 R 键缩放工具，调整，如图 5.88 所示。

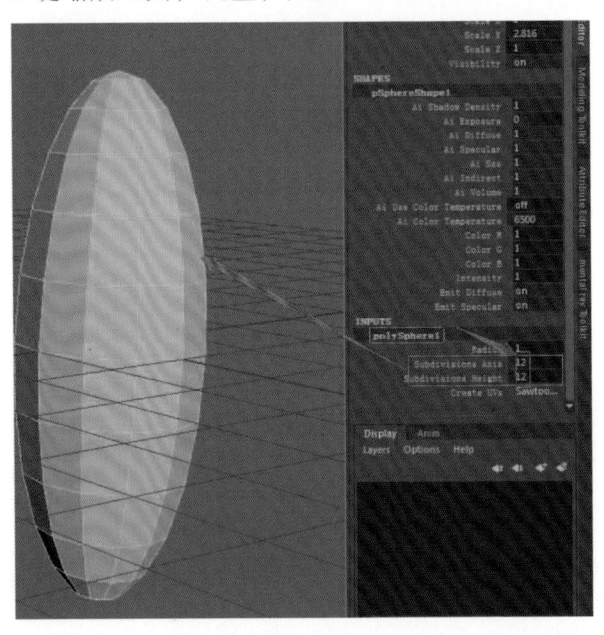

图 5.88

（86）按 F11 面选择，选择 1/3 的面，将多余的删掉，如图 5.89 所示。

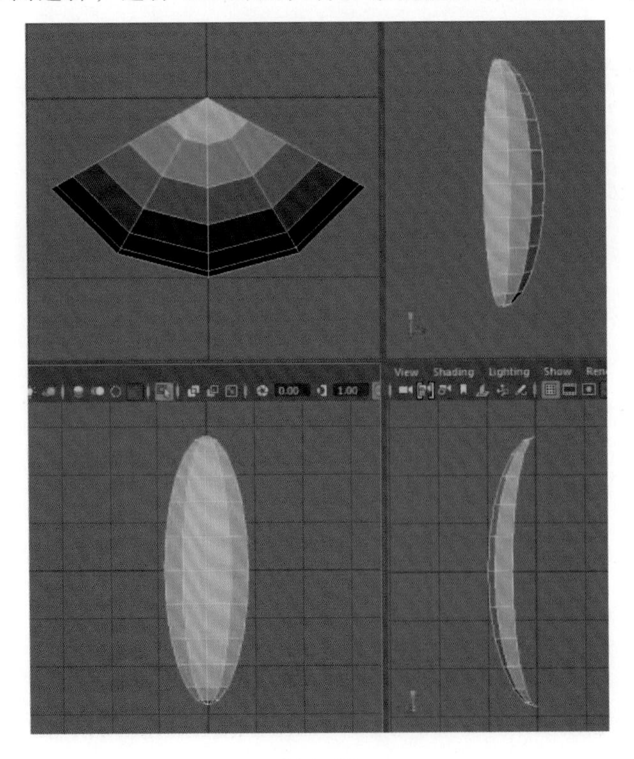

图 5.89

（87）按住 Shift 键 + 鼠标右键，选择 Multi - Cut，如图 5.90 所示。

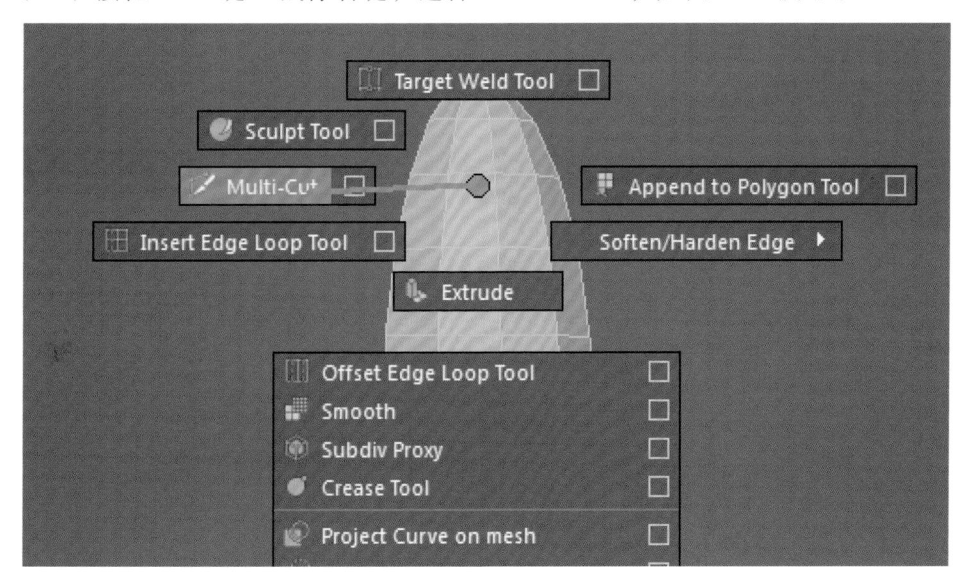

图 5.90

（88）切出一条线，并选择线，使线凹进去，如图 5.91 所示。

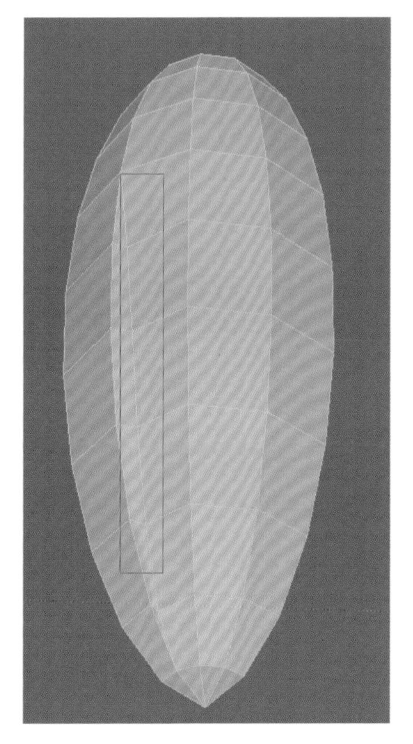

图 5.91

（89）继续同一操作，使花苞呈现皱褶感，如图 5.92 所示。

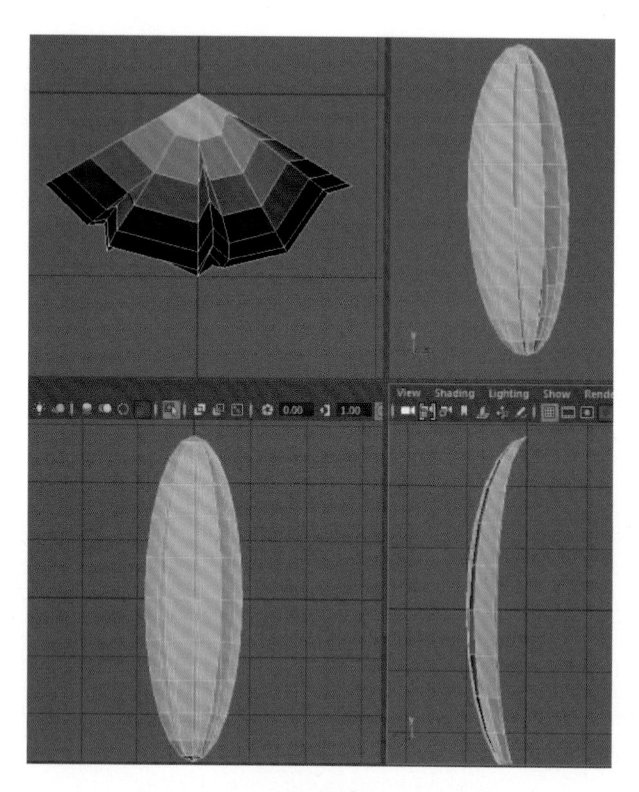

图 5.92

（90）选中花瓣，执行 Modeling → Edit Mesh → Extrude（挤出）命令，挤出一点厚度，如图 5.93 所示。

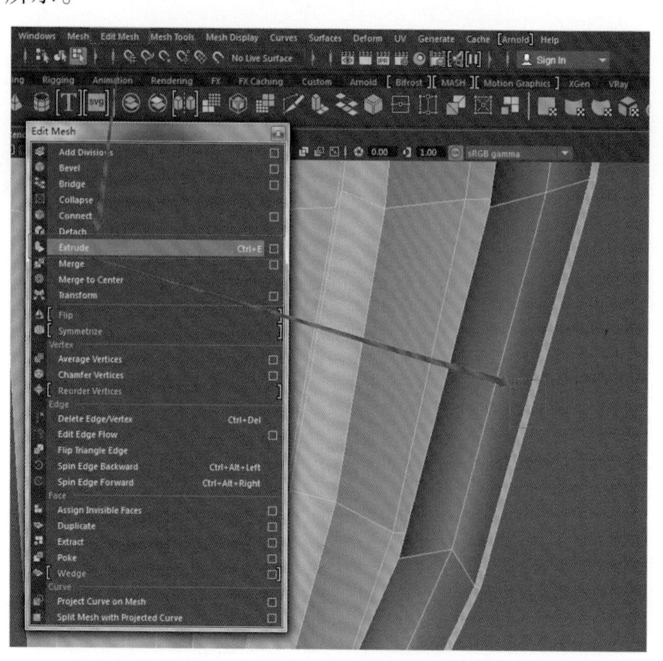

图 5.93

（91）执行 Edit → Duplicate special 后面的小方框→选择 Copy → Rotate Y 轴改为 120 度→ Number of copies 改为 2 → Duplicate Special，如图 5.94 所示。

图 5.94

（92）按 Ctrl+D 键复制一片花瓣，如图 5.95 所示。

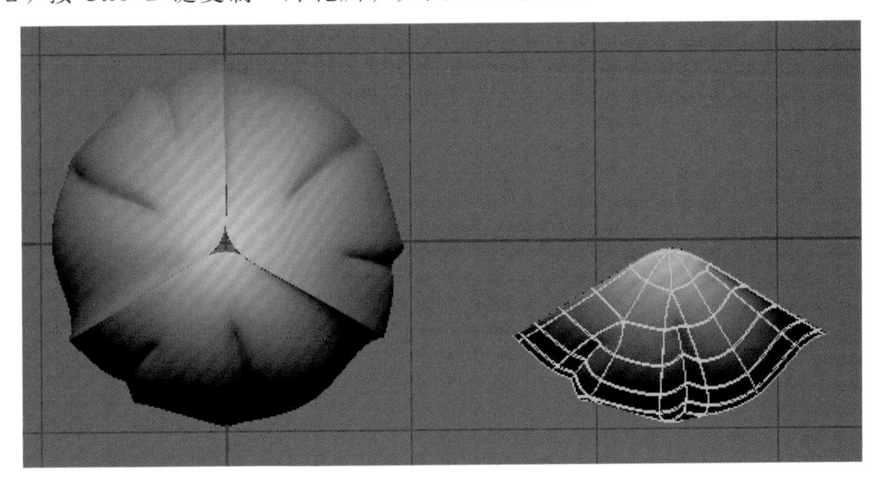

图 5.95

（93）将复制出来的花瓣弯曲，如图 5.96 所示。

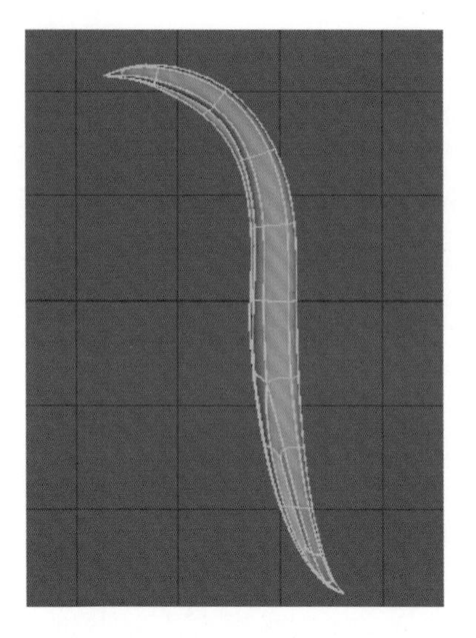

图 5.96

（94）执行 Edit → Duplicate Special 后面的小方框→选择 Copy → Rotate Y 轴改为 120 度→ Number of copies 改为 2 → Duplicate Special，如图 5.97 所示。

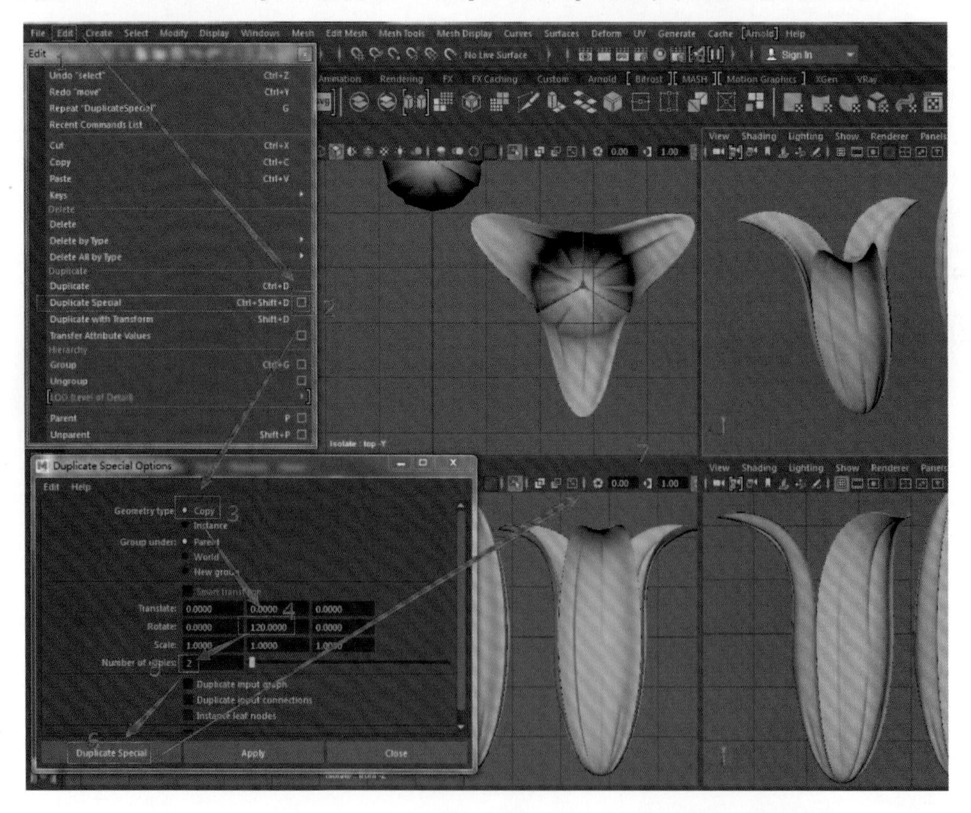

图 5.97

（95）把开始做的茎秆、花叶、花蕾，复制两份，如图 5.98 所示。

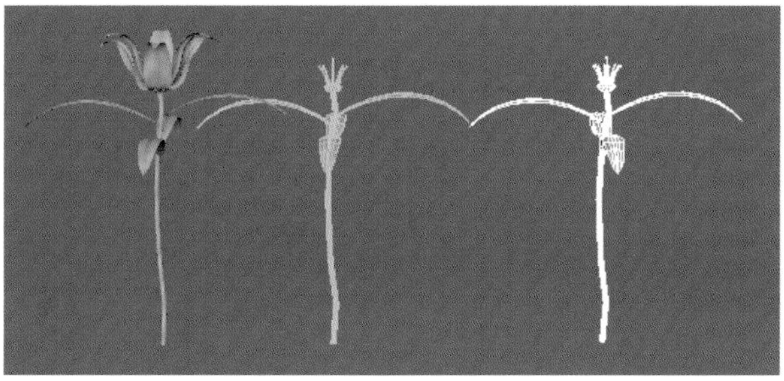

图 5.98

（96）百合花制作完成后移动到一边，如图 5.99 所示。

图 5.99

（97）花瓶制作。执行 Polygons→圆柱体命令，在网格上建立模型，如图 5.100 所示。

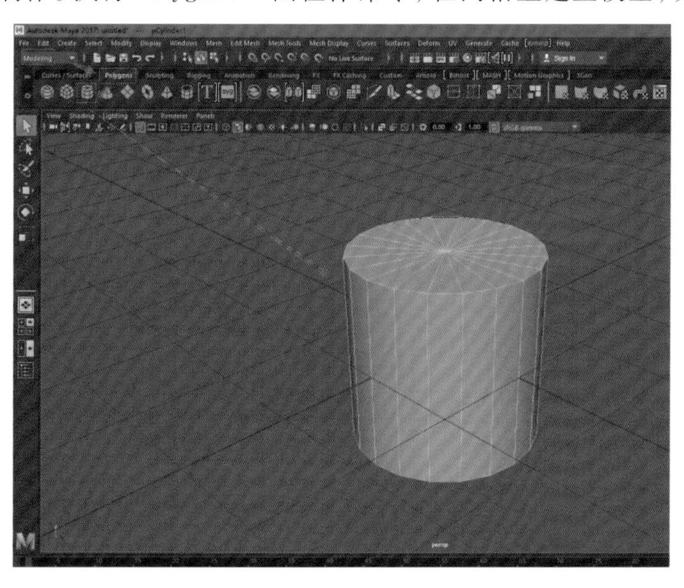

图 5.100

（98）按 R 键缩放工具，调整花瓶，如图 5.101 所示。

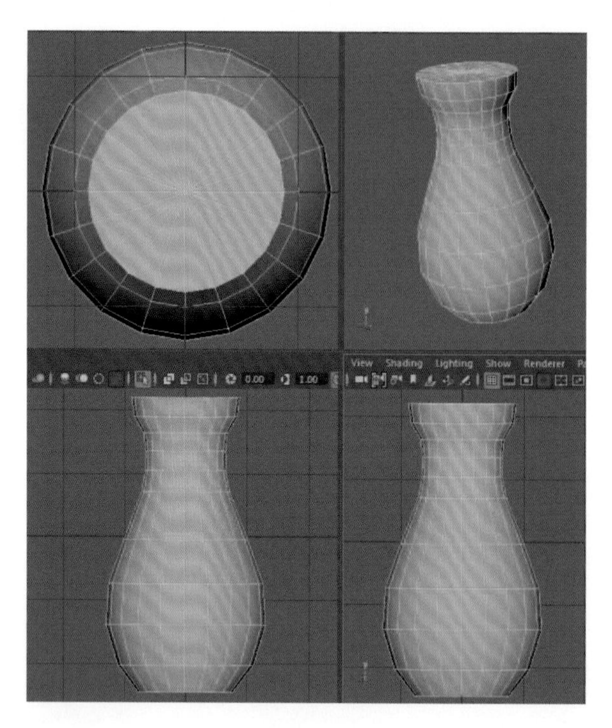

图 5.101

（99）执行挤出命令有 3 种方式：

① 执行 Edit Mesh → Extrude（挤出）命令（红色线框）。

② 执行 polygons → Extrude（挤出）命令（蓝色线框）。

③ 按快捷键 Ctrl+E，如图 5.102 所示。

图 5.102

（100）挤出，按 R 键缩放工具，调整面的大小，如图 5.103 所示。

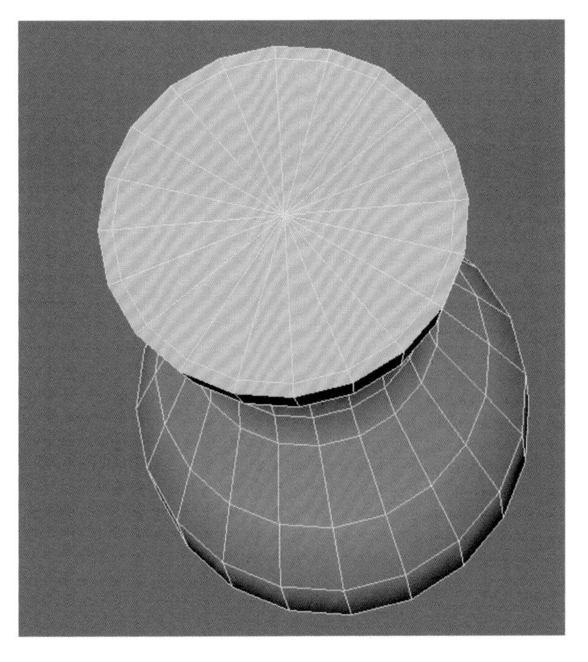

图 5.103

（101）继续挤出，挤出花瓶的厚度，并删掉面，如图 5.104 所示。

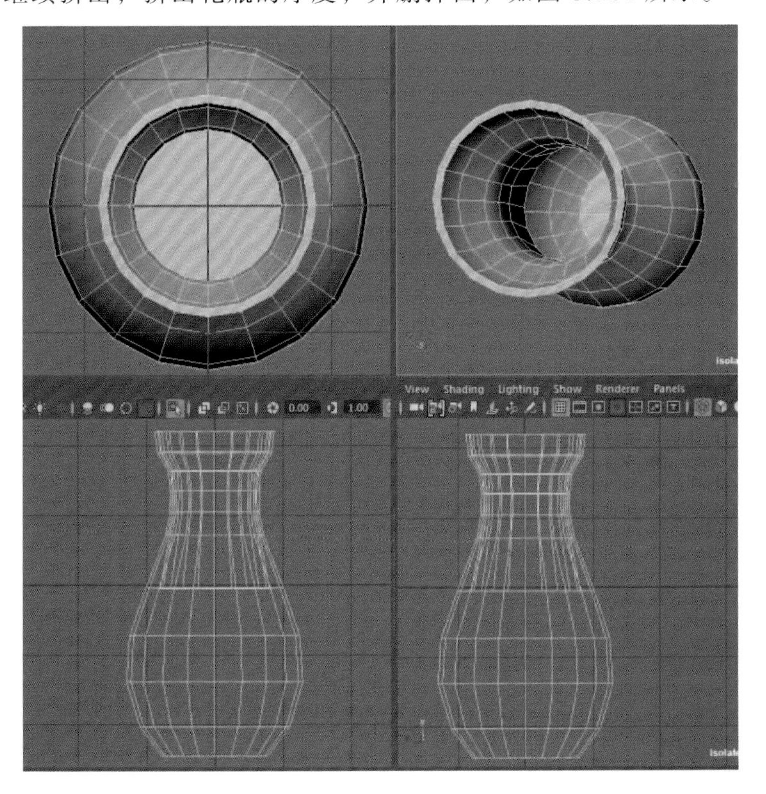

图 5.104

（102）继续挤出，花瓶的底部如图 5.105 所示。

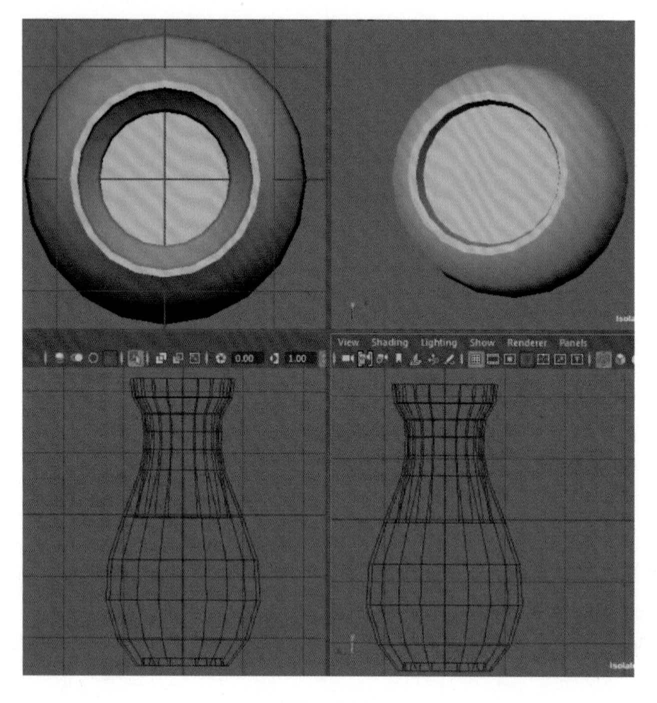

图 5.105

（103）按 F11 面选择，先选择一个面，再按住 Shift 键用鼠标双击另一个面，就会选中一圈面，如图 5.106 所示。

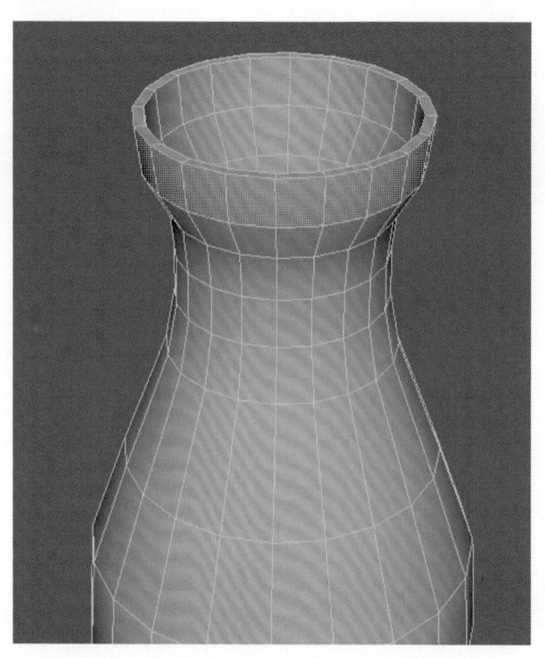

图 5.106

（104）执行 Edit Mesh → Duplicate（复制）命令，如图 5.107 所示。

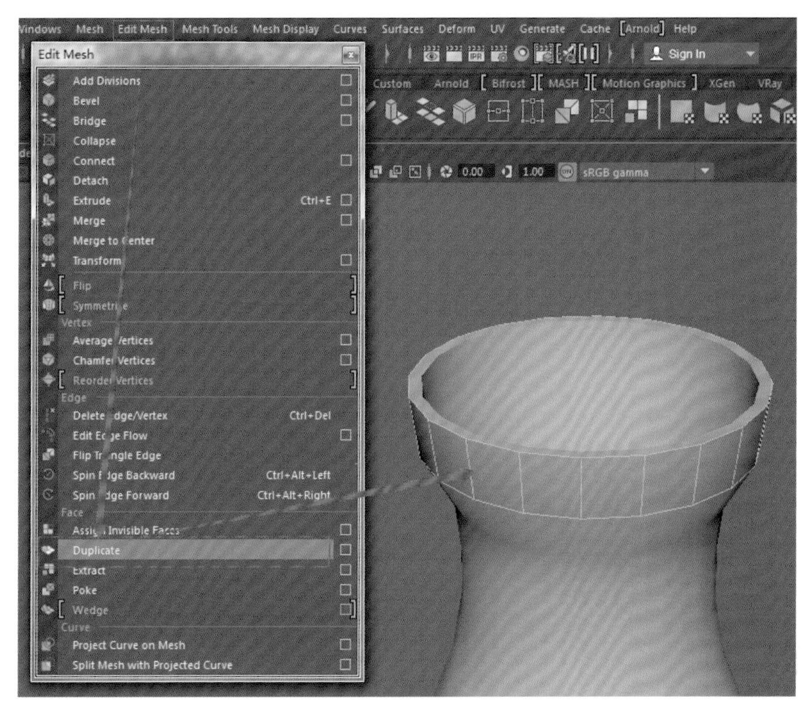

图 5.107

（105）执行 Edit Mesh → Extrude（挤出）命令，挤出厚度，如图 5.108 所示。

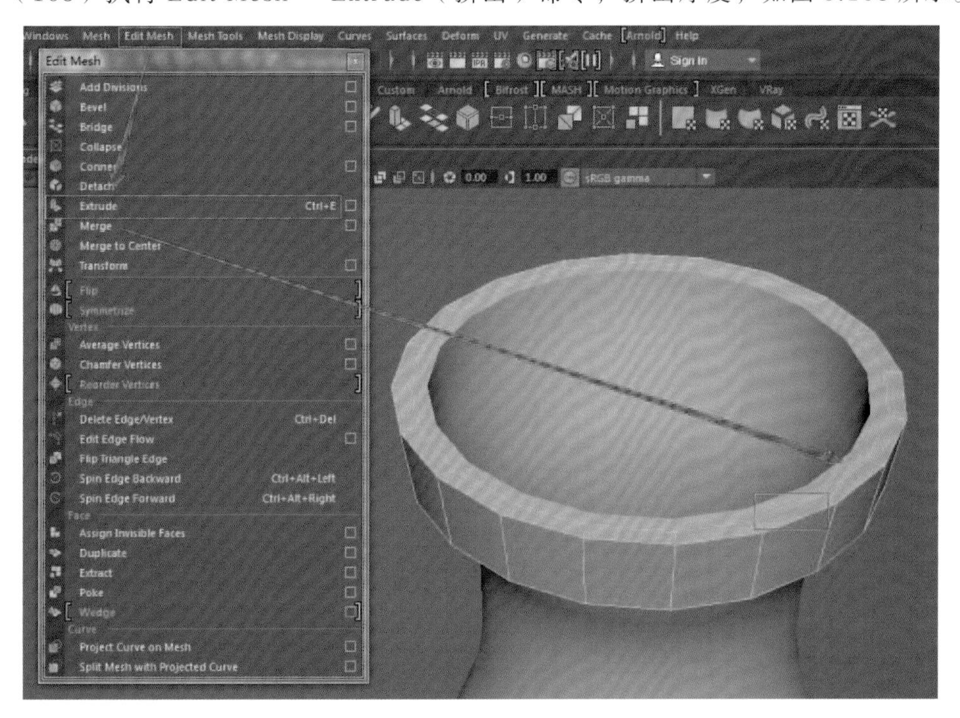

图 5.108

(106)按住 Shift 键 + 鼠标右键，执行 Insert Edge Loop Tool 命令，如图 5.109 所示。

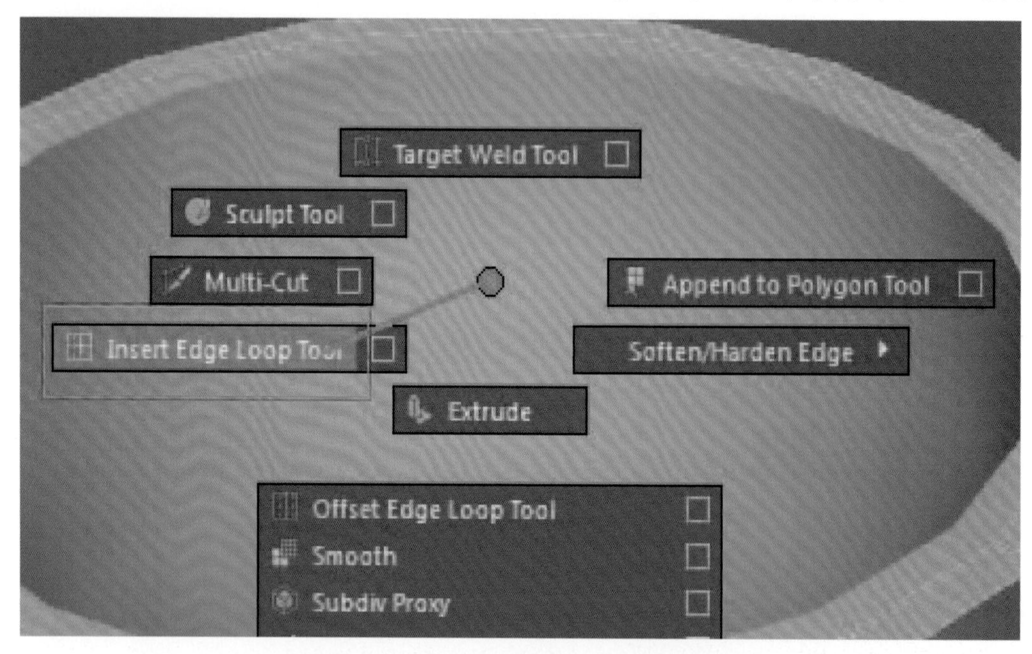

图 5.109

(107)加线，使花瓶边缘硬起来，如图 5.110 所示。

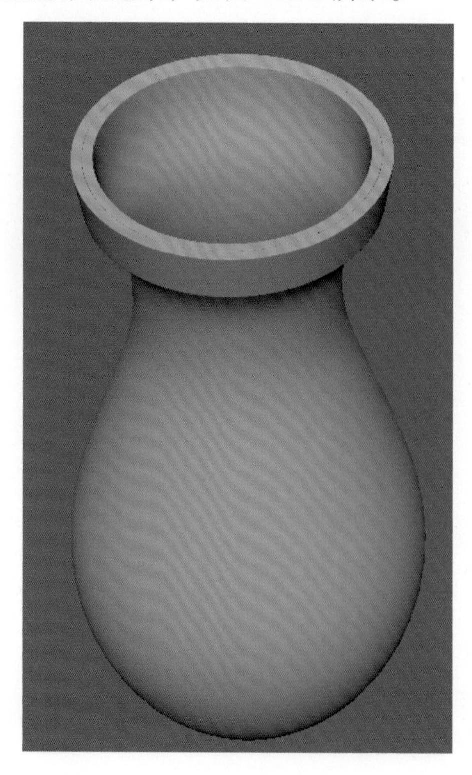

图 5.110

（108）执行 Create→Polygon Primitives→Cone（圆锥）命令，在网格上建立圆锥体，如图 5.111 所示。

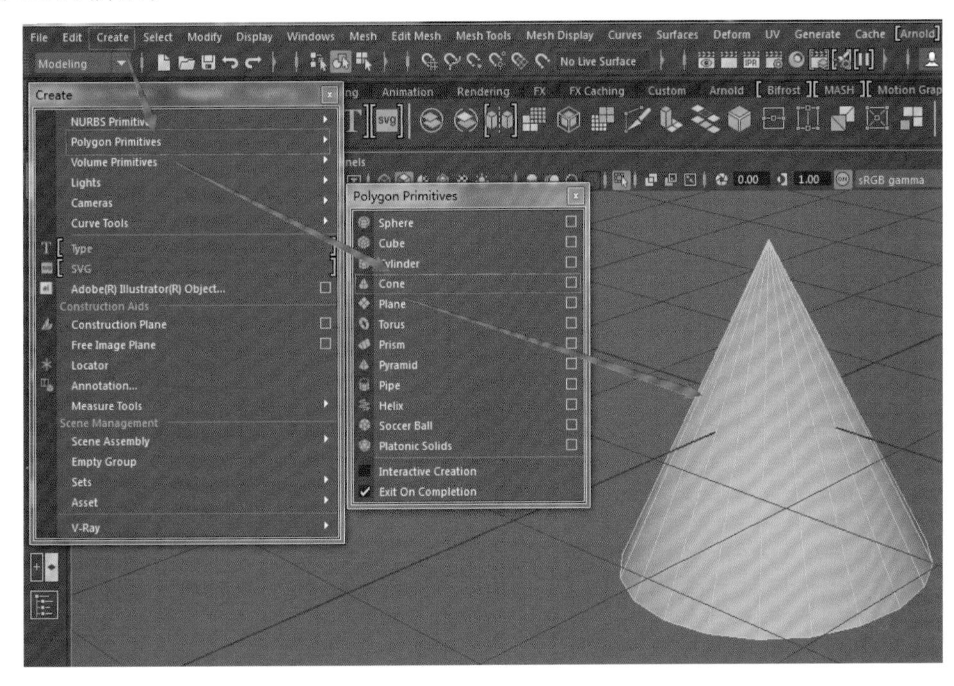

图 5.111

（109）在右边，将 INPUTS→polyCone1→Subdivisions Height 改为 9，如图 5.112 所示。

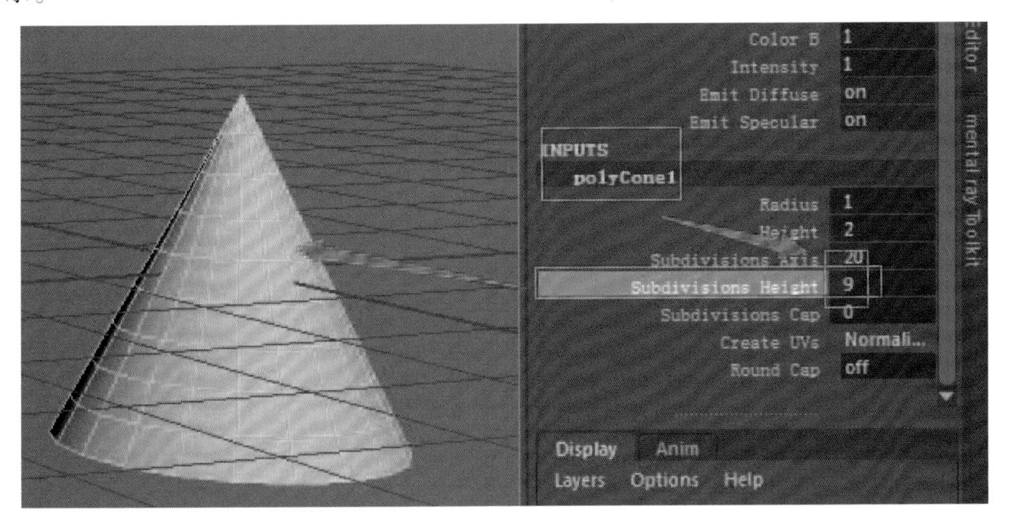

图 5.112

（110）按 F10 线选择，双击选中一圈线，按 R 键缩放工具，按 W 键移动工具，调整模型，按 F11 面选择，选择底面，删掉，如图 5.113 所示。

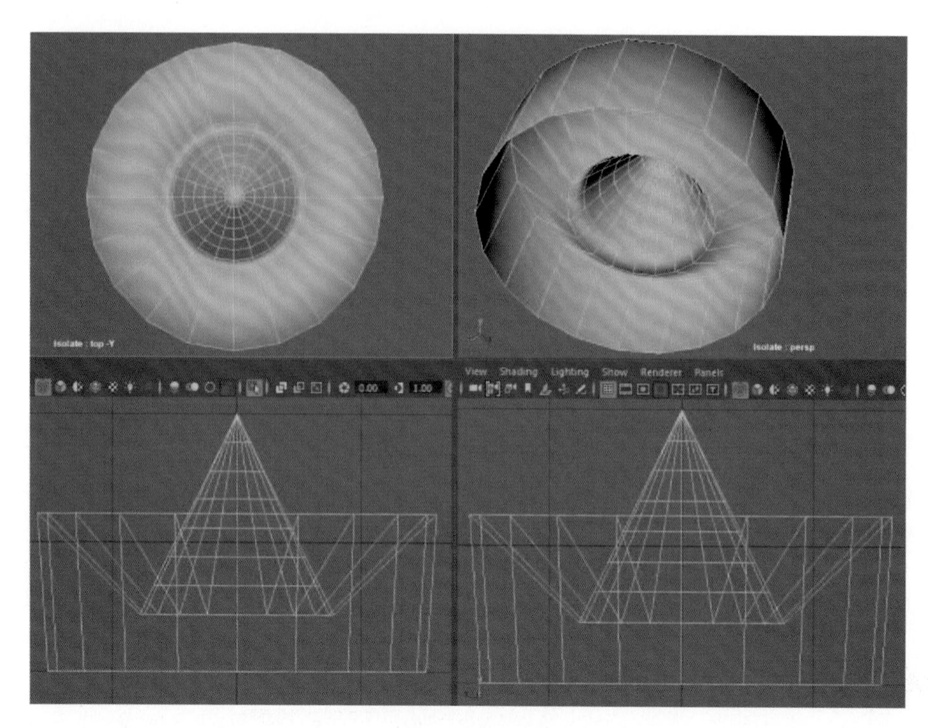

图 5.113

（111）按住 Shift 键 + 鼠标右键→ Insert Edge Loop Tool，如图 5.114 所示。

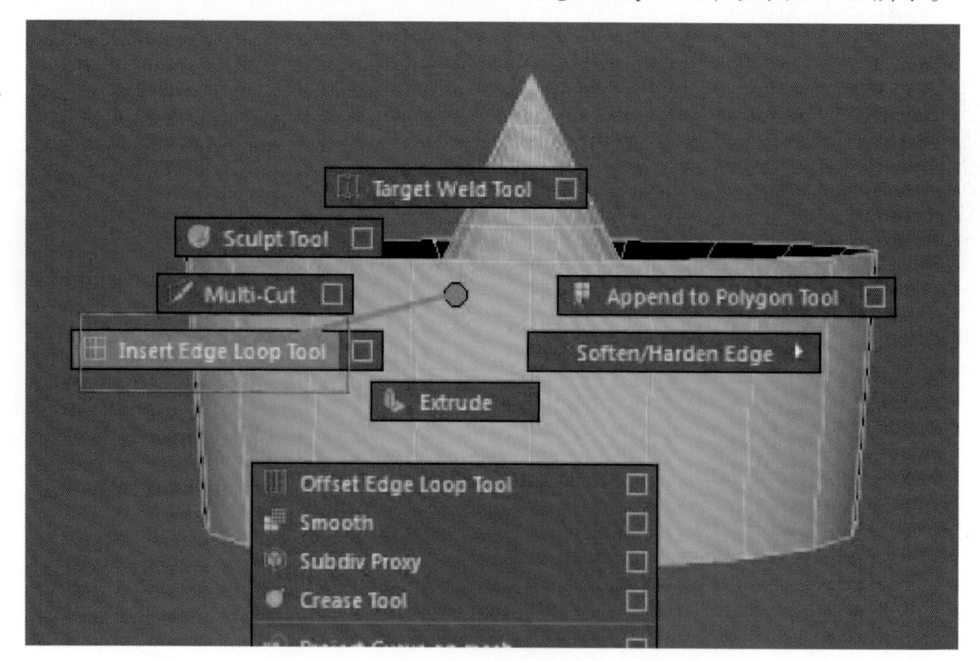

图 5.114

（112）加线，使边缘硬起来，如图 5.115 所示。

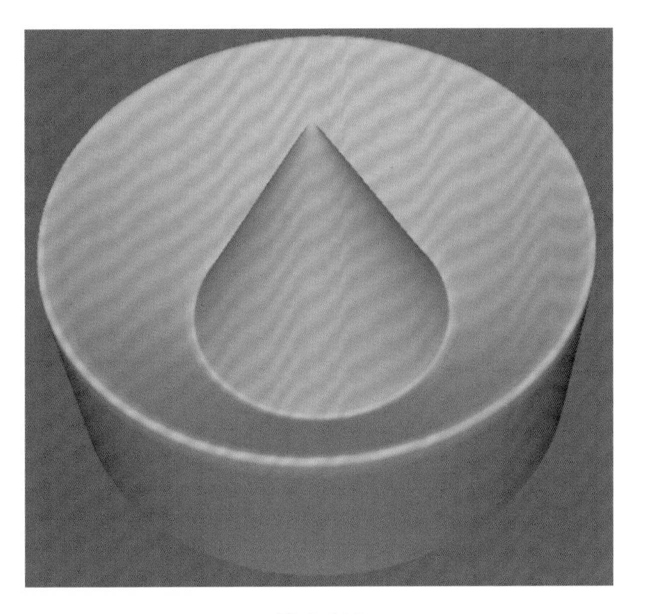

图 5.115

（113）按 E 键旋转方向，按 R 键缩放大小，按 W 键移动位置，如图 5.116 所示。

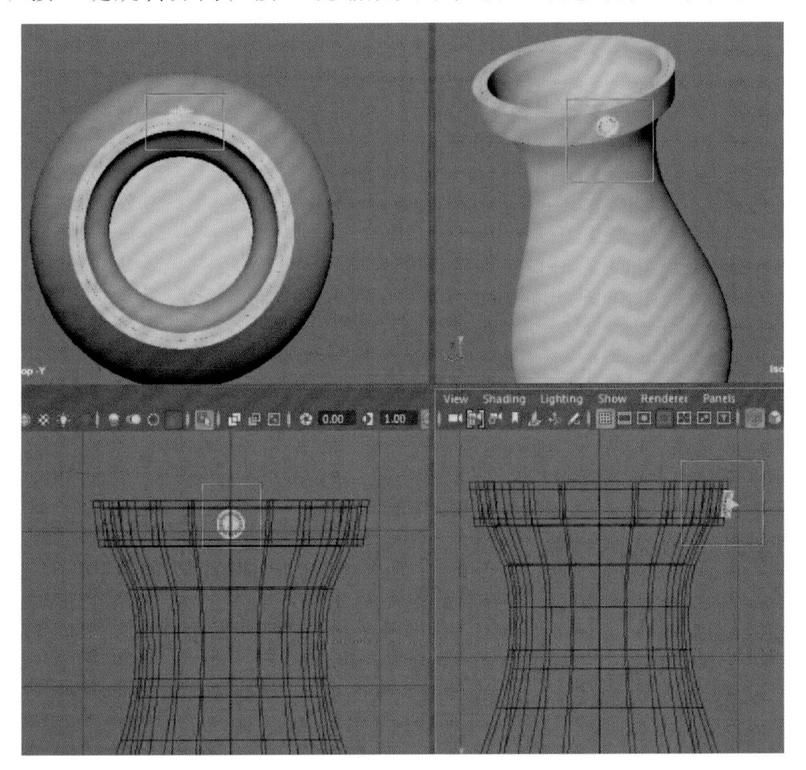

图 5.116

（114）按 Insert 键，调整中心点，如图 5.117 所示。

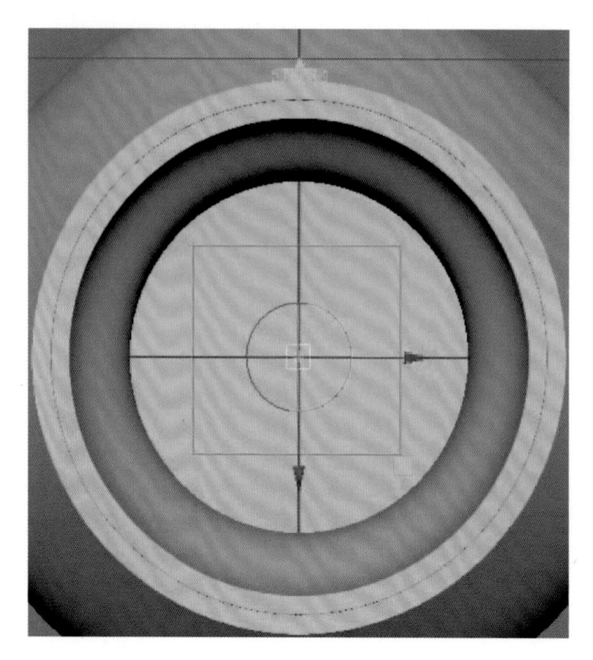

图 5.117

（115）执行 Edit → Duplicate Special 后面的小方框→选择 Copy → Rotate Y 轴改为 36° → Number of copies 改为 10 → Duplicate Special，如图 5.118 所示。

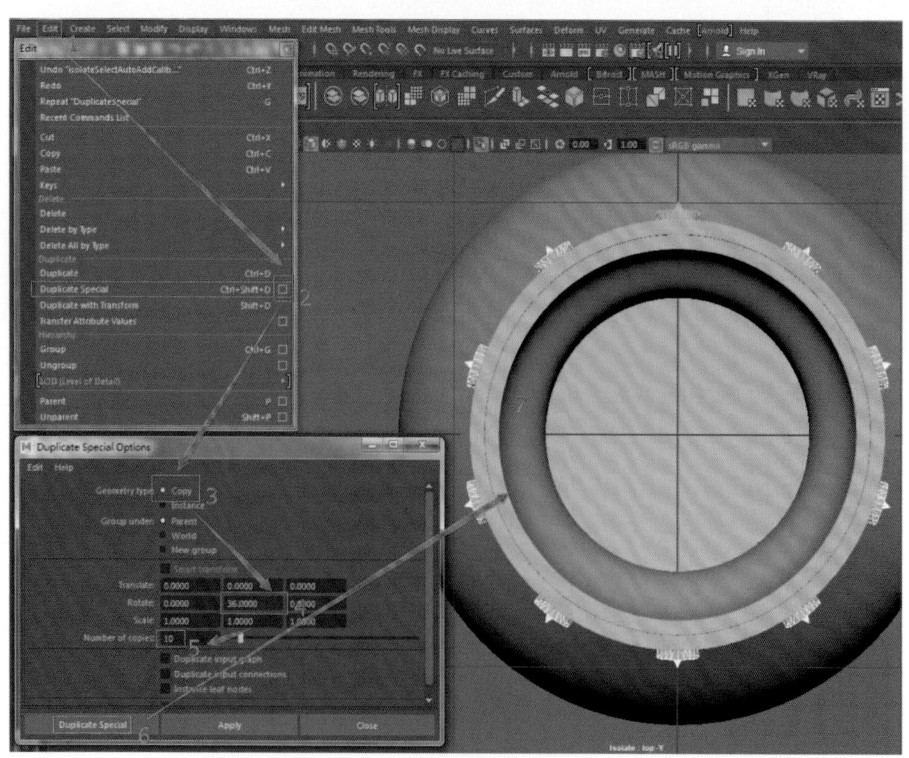

图 5.118

（116）花瓶制作完成，按 Ctrl+1 键取消全部隐藏，如图 5.119 所示。

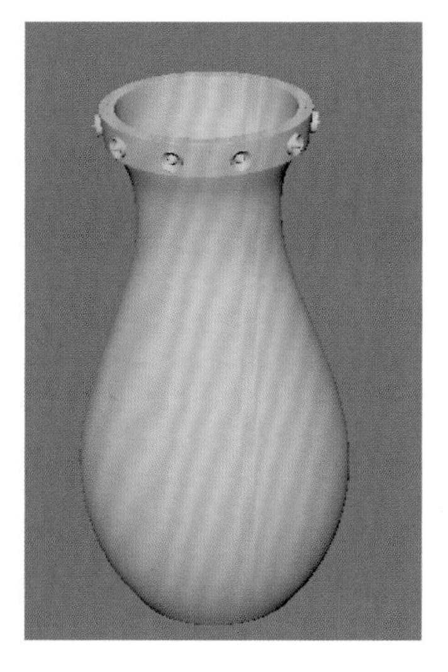

图 5.119

（117）把做好的玫瑰、百合、花苞插在花瓶中，如图 5.120 所示。

图 5.120

（118）百花齐放，所有模型最终的渲染效果如图 5.121 所示。

图 5.121

【项目拓展】

运用本项目所学知识，创建牡丹花模型的效果，如图 5.122 所示。

图 5.122

【项目评价】

运用项目评价表进行评价，如表 5.1 所示。

表 5.1 百花齐放评价表

项目 5 评价细则		自 评	教师评价
1	对花朵、花蕾、枝干模型结构的把握		
2	玫瑰花瓣、百花花瓣的制作		
3	Combine 命令的使用		
4	花叶、枝干模型的制作		
5	Rotate 旋转复制的方法		
项目综合评价			

项目 6

老式电话

【项目提出】

老式电话（见图 6.1）的造型结构比较复杂。本项目将使用 Maya 多边形制作老式电话的模型。

图 6.1　老式电话

【项目分析】

在制作老式电话的模型之前，要对老式电话的结构造型进行分析研究，对电话结构分析透彻以后，再进入 Maya 软件制作老式电话的模型。

【学习目标】

要求掌握以下内容：

（1）Insert Edge Loop Tool 命令的使用。

（2）对老式电话结构造型的把握。

（3）老式电话主体的制作。

（4）电话按键盘的制作。

（5）Extrude 挤出命令的使用。

（6）电话线的制作。

【项目实施】

（1）在 Maya 界面中，执行 Polygons →圆柱体命令，在网格上建立模型，如图 6.2 所示。

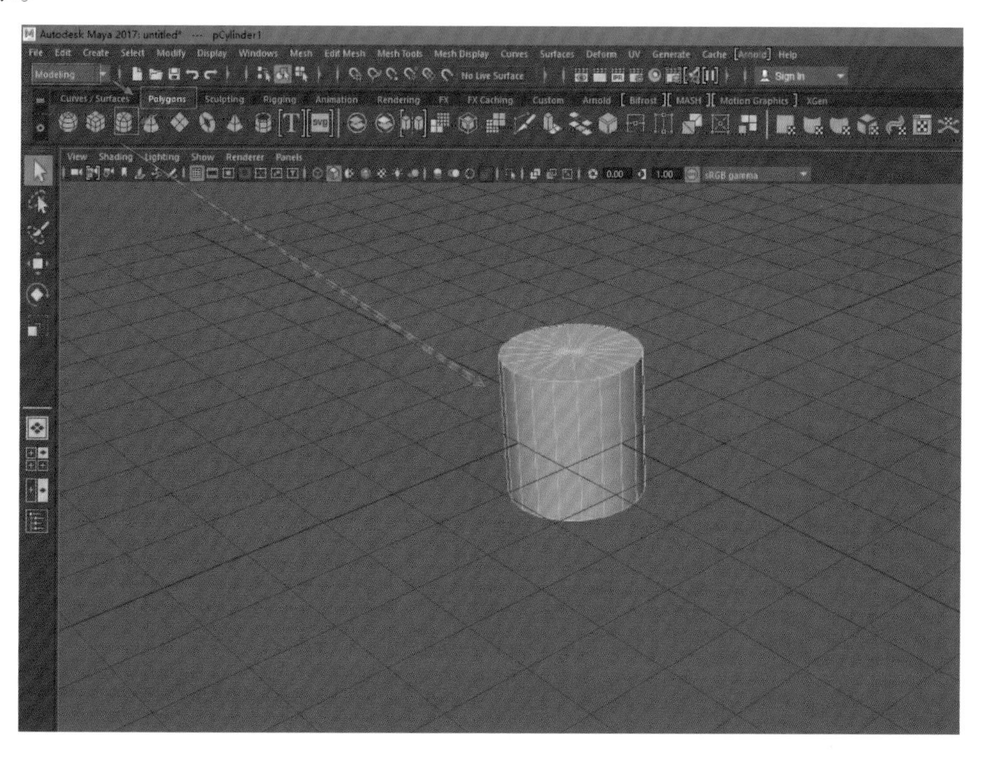

图 6.2

（2）按 F10 面选择，只选择底下的圆的线，按 Delete 删掉，如图 6.3 所示。

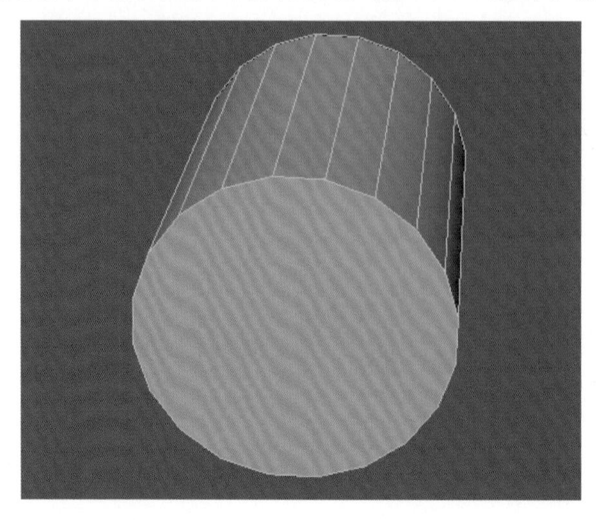

图 6.3

（3）执行挤出命令有 2 种方式：

① 执行 Edit Mesh → Extrude（挤出）命令（红色线框）。

② 执行 Polygons → Extrude（挤出）命令（蓝色线框），如图 6.4 所示。

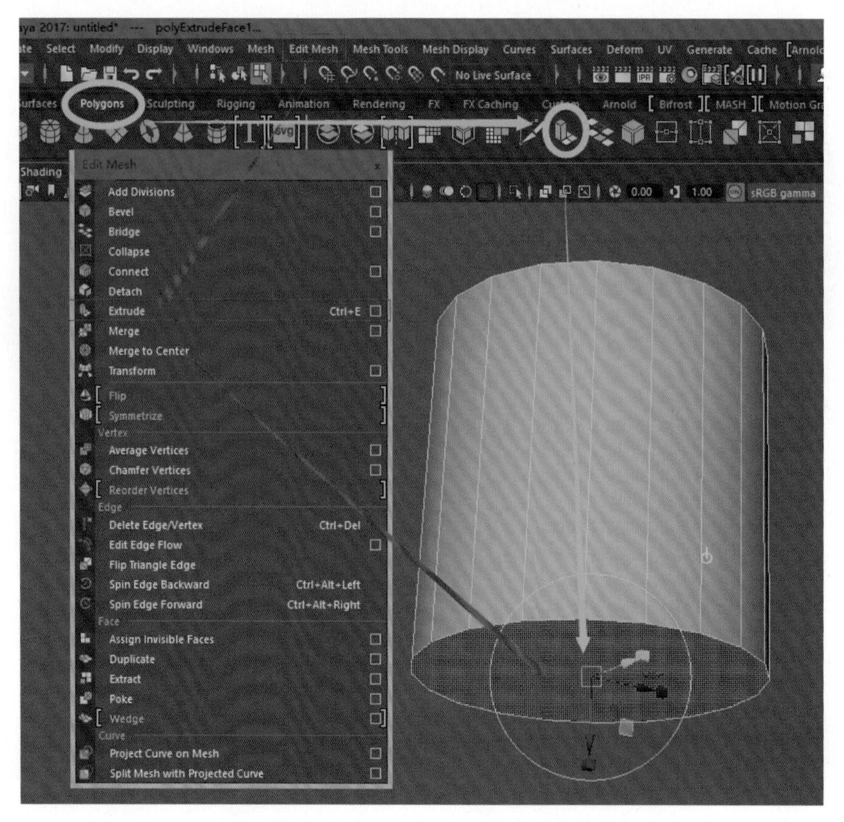

图 6.4

（4）按 G 键重复上一个命令，每挤一次需要按一次 G 键或点一次 Polygons → Extrude（挤出）命令，挤出，在挤出图标上点击一下正方体，鼠标点住图标中心正方体进行缩放，如图 6.5 所示。

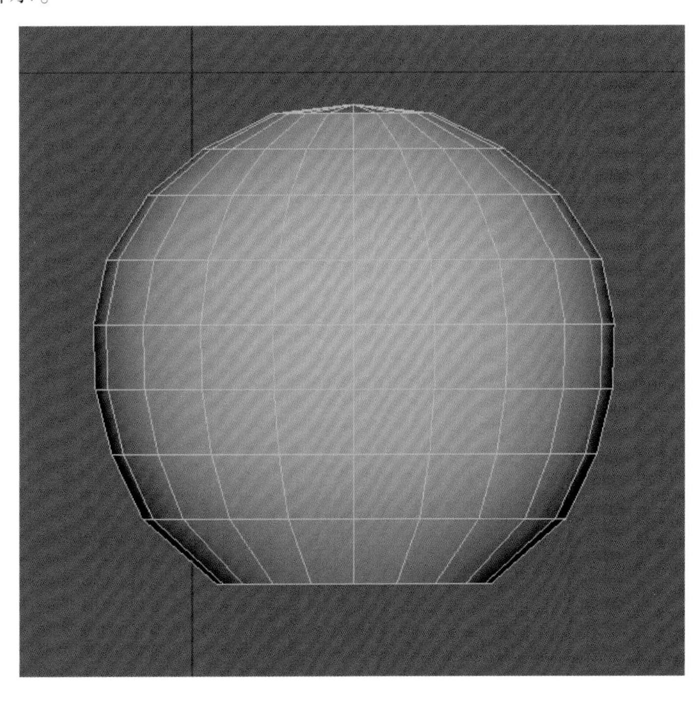

图 6.5

（5）继续执行 Polygons → Extrude（挤出）命令，挤出，每挤一次需要按一次 G 键或点一次 Polygons → Extrude（挤出）命令，在挤出图标上点击一下正方体，鼠标点住图标中心正方体进行缩放，如图 6.6 和图 6.7 所示。

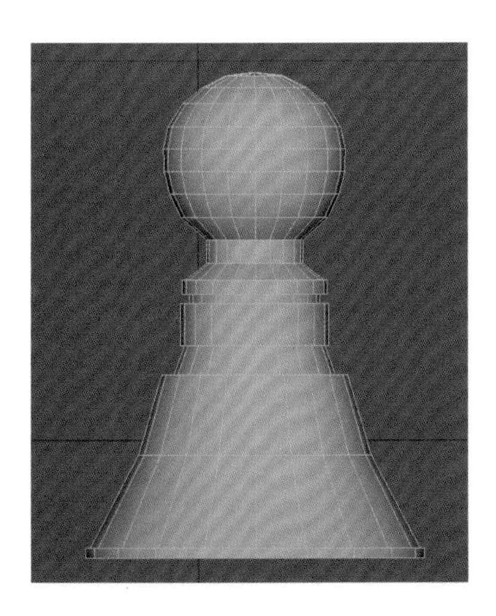

图 6.6

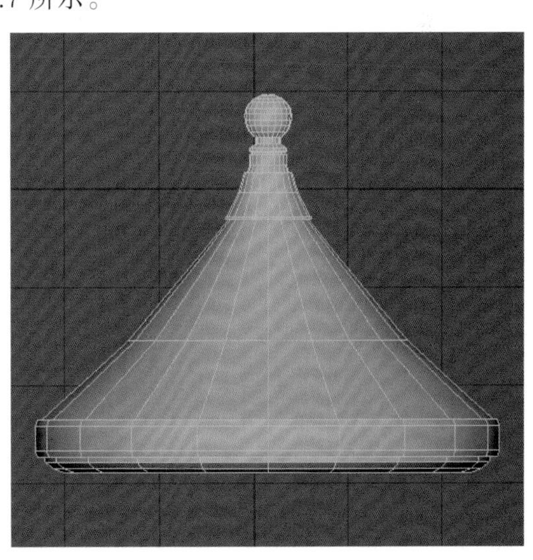

图 6.7

（6）按 F10 边选择，选中一条边，按住 Shift 键 + 鼠标右键，执行 Insert Edge Loop Tool（插入循环边线工具）命令，如图 6.8 所示。

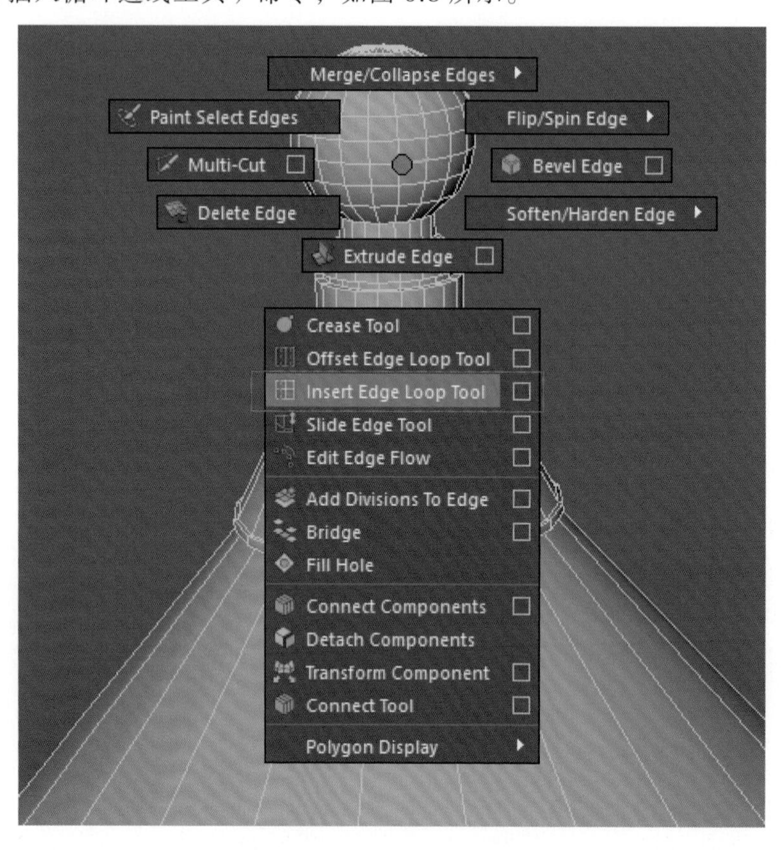

图 6.8

（7）对菱角进行加线，使菱角硬起来，按 3 平滑进行观察，如图 6.9 和图 6.10 所示。

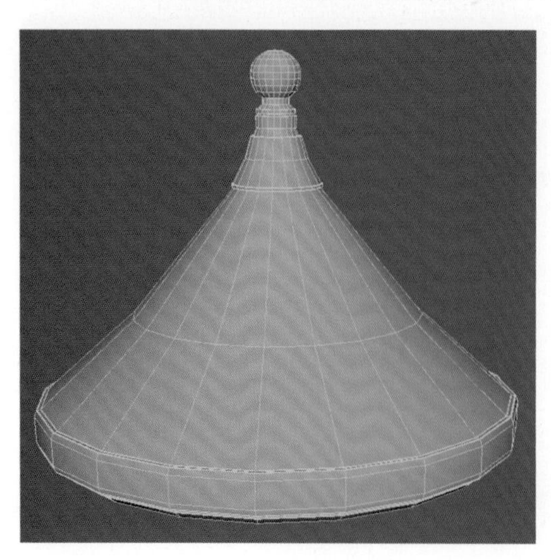

图 6.9

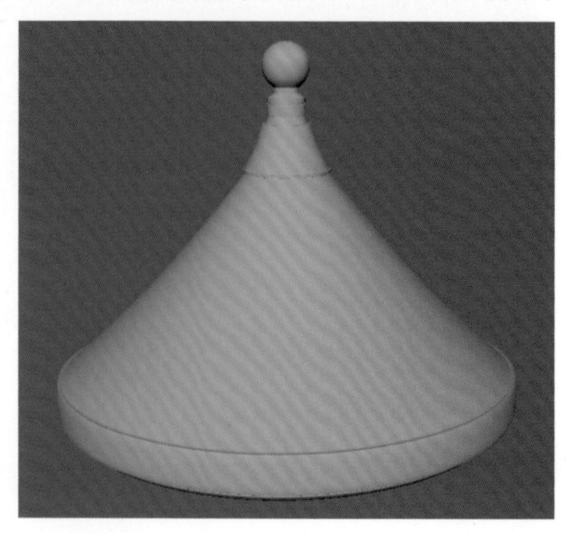

图 6.10

（8）在 Maya 界面中，执行 Polygons →圆柱体命令，在网格上建立模型，如图 6.11 所示。

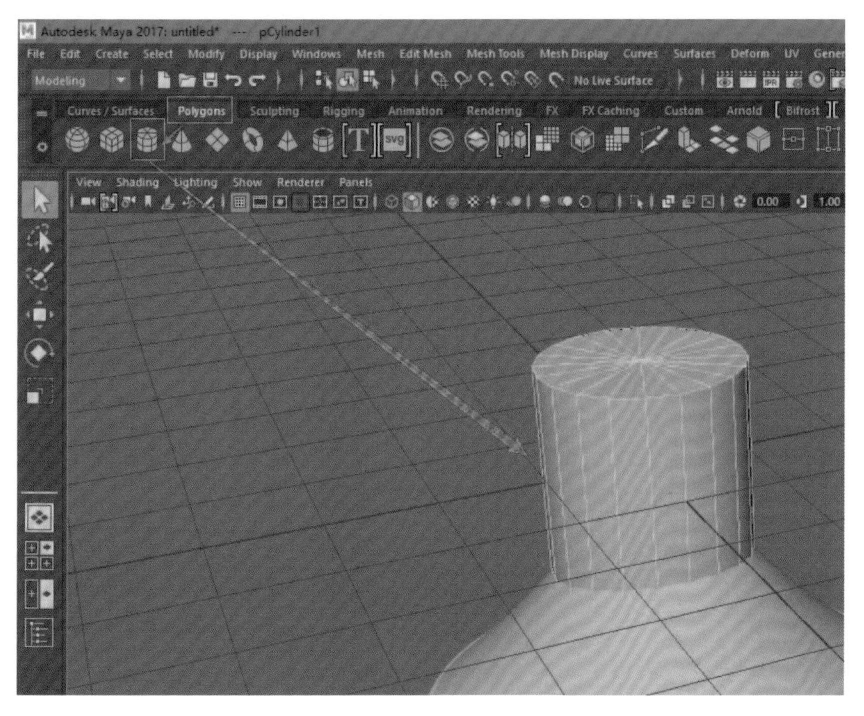

图 6.11

（9）按 E 键旋转工具，旋转 90°，按 F10 线选择，选择两个圆的线，删掉，如图 6.12 所示。

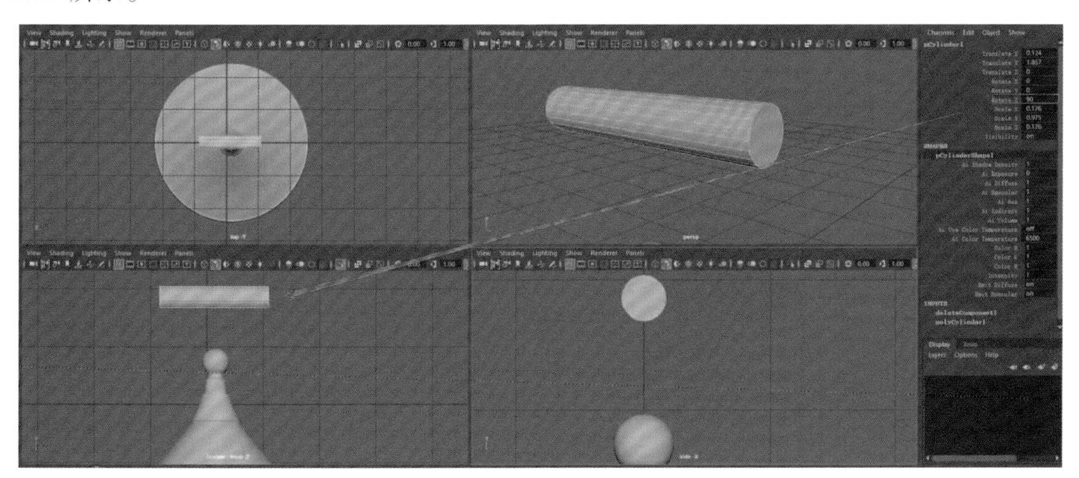

图 6.12

（10）按住鼠标右键，执行 Object Mode（物体模式）命令，如图 6.13 所示，按 Ctrl+D 键复制一个模型作为备用，如图 6.14 所示。

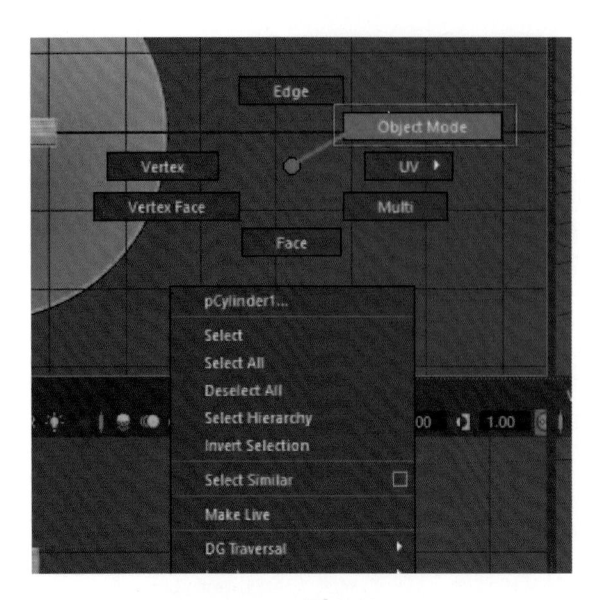

图 6.13

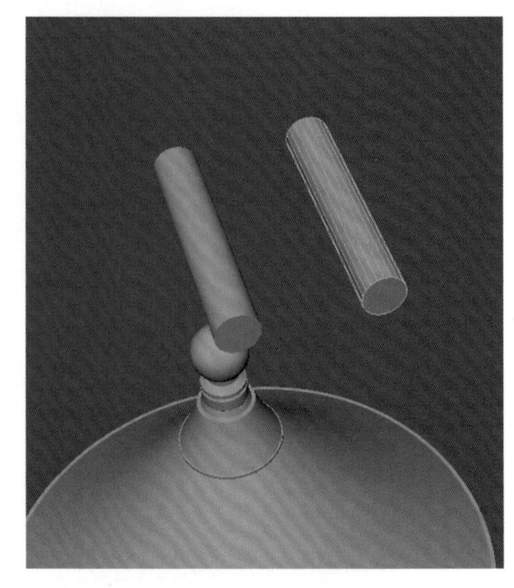

图 6.14

（11）按 W 键移动工具，移动位置，按 R 键缩放工具，调整大小，按 F11 面选择，选择圆形面，执行 Polygons → Extrude（挤出）命令，挤出，每挤一次需要按一次 G 键或点一次 Polygons → Extrude（挤出）命令，按 E 键旋转工具，调整方向，如图 6.15 所示。

提示：忘记了 Polygons → Extrude（挤出）命令在哪里，可以返回看第（3）步。

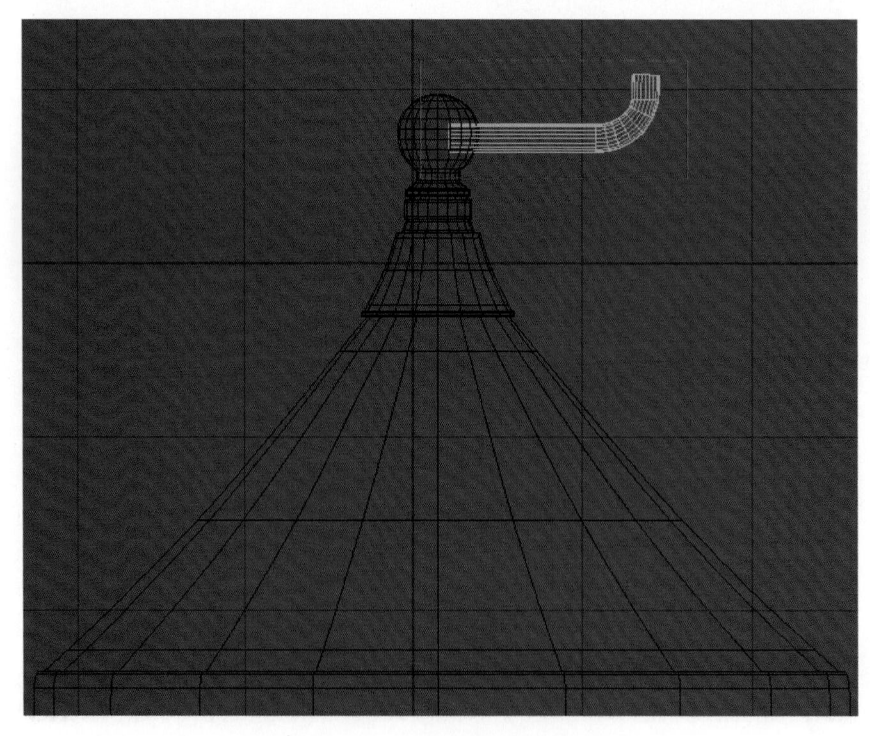

图 6.15

（12）继续执行 Polygons → Extrude（挤出）命令，挤出，每挤一次需要按一次 G 键或点一次 Polygons → Extrude（挤出）命令，在挤出图标上点击一下正方体，鼠标点住图标中心正方体进行缩放，如图 6.16 所示。

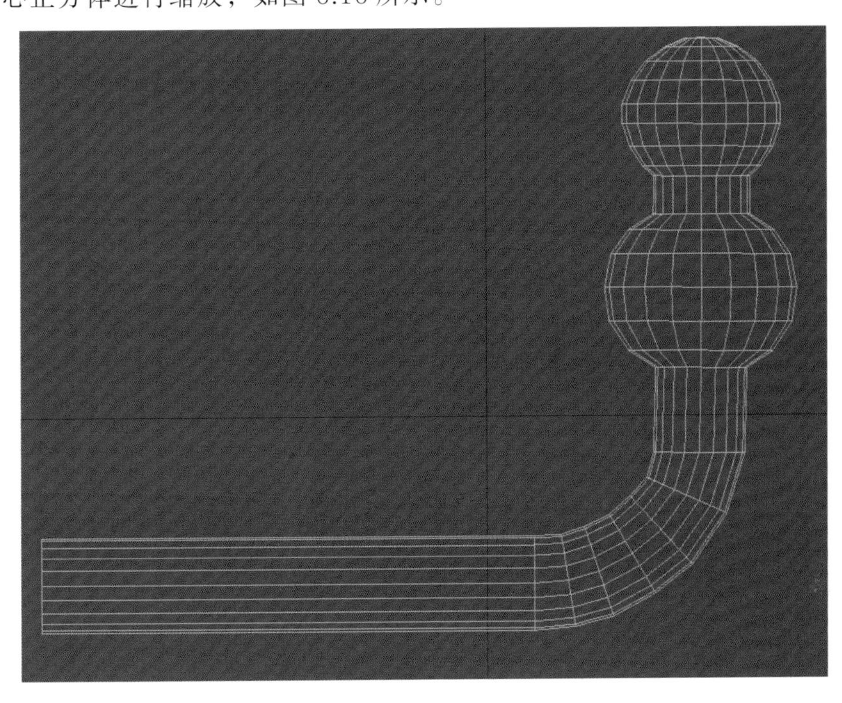

图 6.16

（13）按 F10 线选择，选中一条线，按住 Shift 键 + 鼠标右键，执行 Insert Edge Loop Tool（插入循环边线工具）命令，如图 6.17 所示，加线，如图 6.18 所示，按 3 键平滑显示，检查模型，如图 6.19 所示。

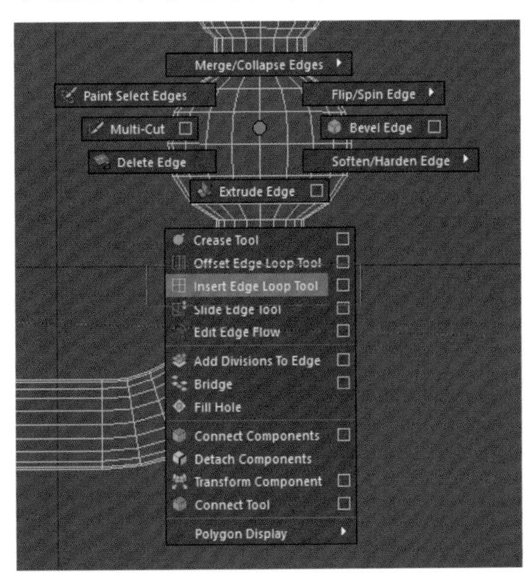

图 6.17

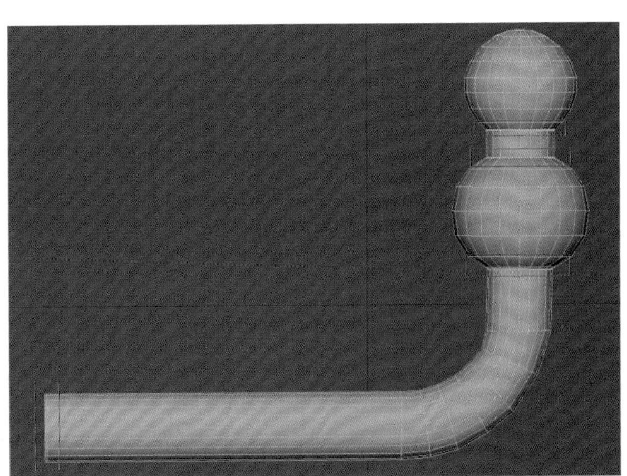

图 6.18

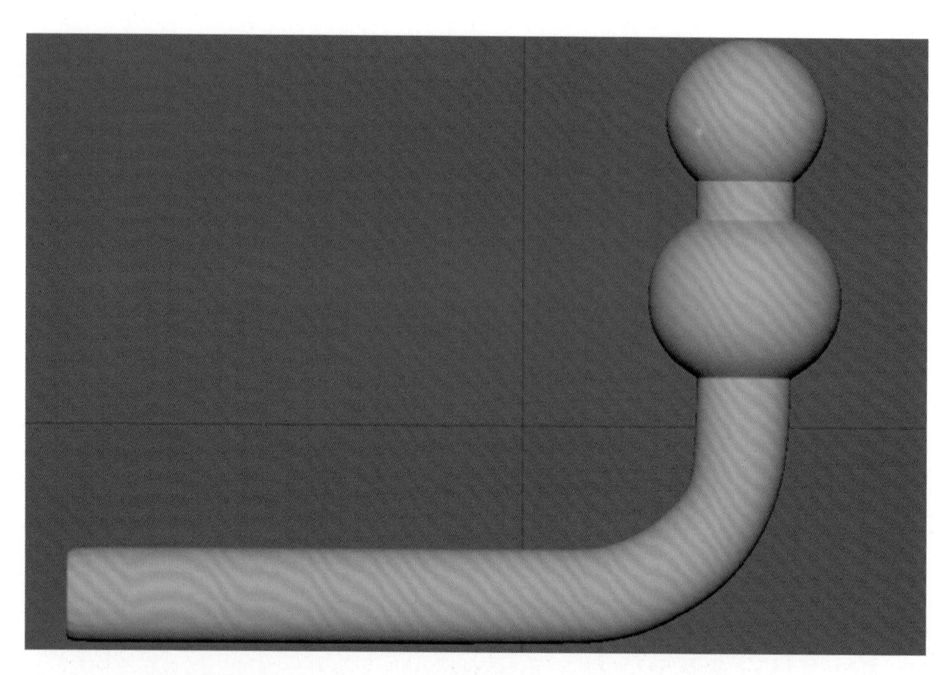

图 6.19

（14）按 Ctrl+D 键复制一个备用的圆柱体，按 R 键缩放工具，缩放大小，按 W 键移动位置，如图 6.20 和 7.21 所示。

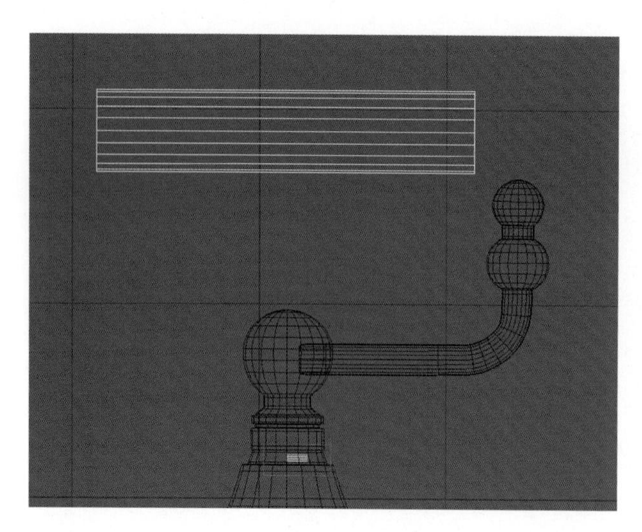

图 6.20

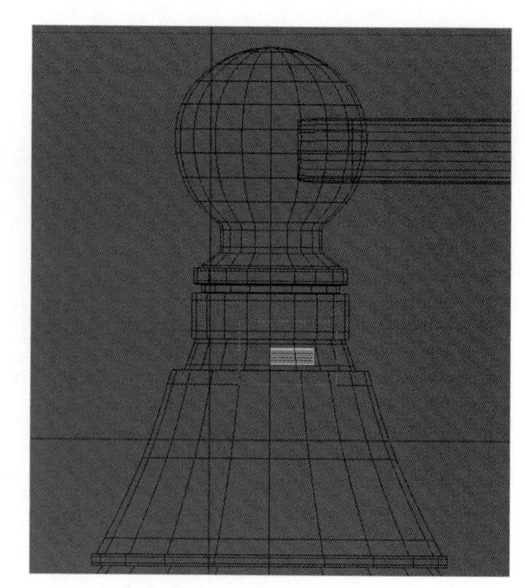

图 6.21

（15）执行 Create → Curve Tools → CV Curve Tool 命令，从圆柱体的右面开始画一条曲线（注意：画曲线时从左往右画，如图中蓝色箭头），如图 6.22 所示。

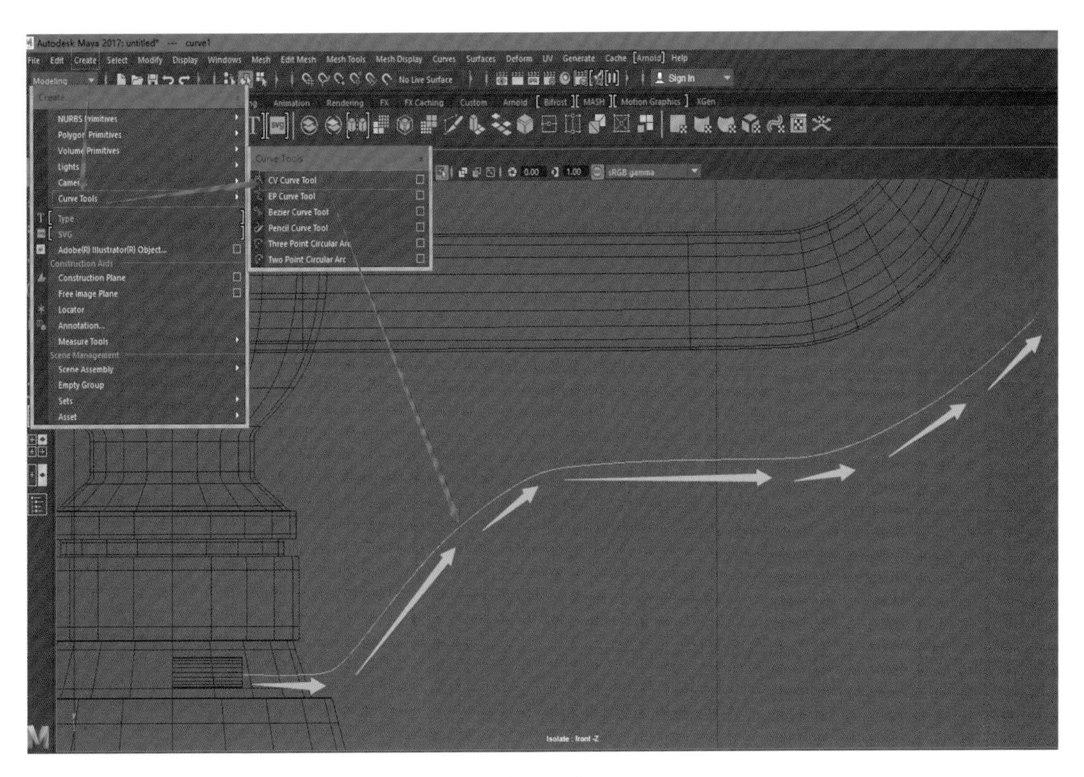

图 6.22

（16）第一步：按 F11 面选择，选择圆柱体的面（需要挤出的面）。第二步：按住 Shift 键，加选曲线 [在加选曲线时，如果曲线带有点，便按住鼠标右键，执行 Object Mode（物体模式）]，如图 6.23 所示。

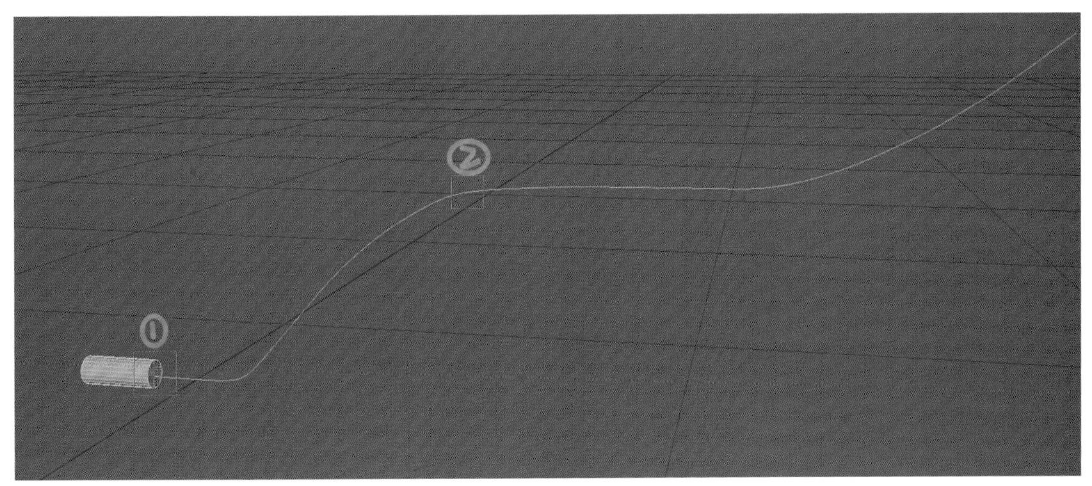

图 6.23

（17）执行 Edit Mesh → Extrude（挤出）后面的小方框，把 Divisions 的参数改为 30，点击 Extrude，如图 6.24 所示，模型就会跟随曲线挤出，如图 6.25 所示。

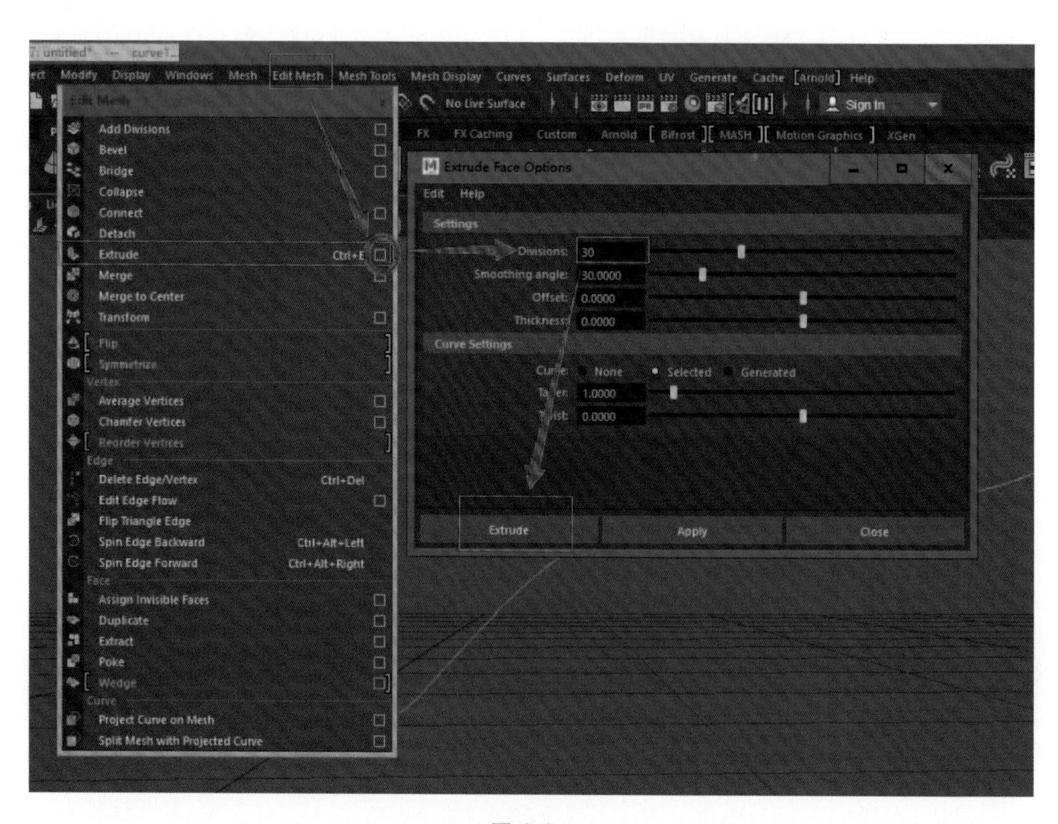

图 6.24

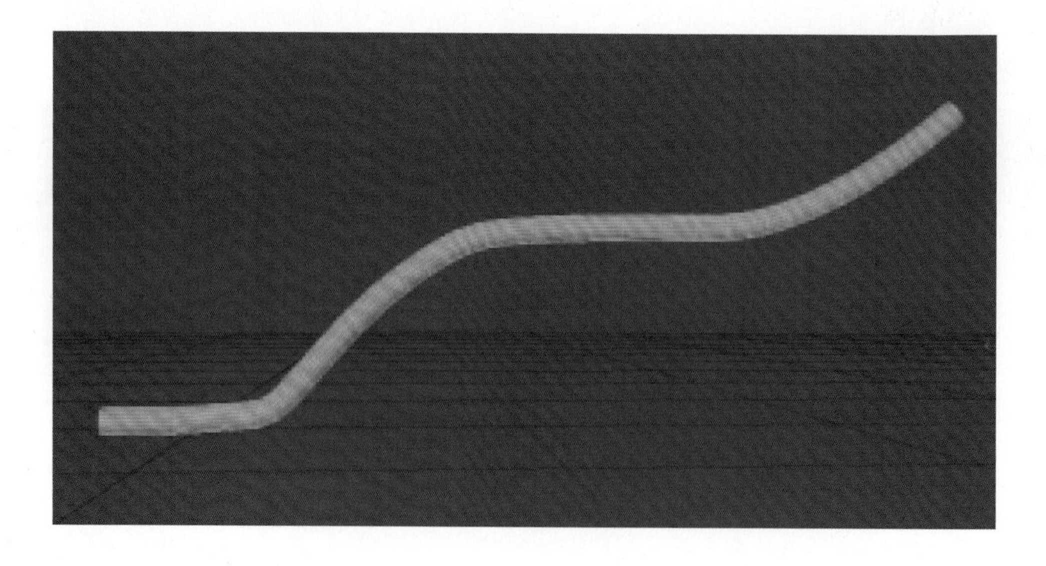

图 6.25

（18）按住鼠标右键，执行 Object Mode（物体模式）命令，选中模型，按 Alt+Shift+D 键删除历史记录，再把曲线删掉，如图 6.26 所示。

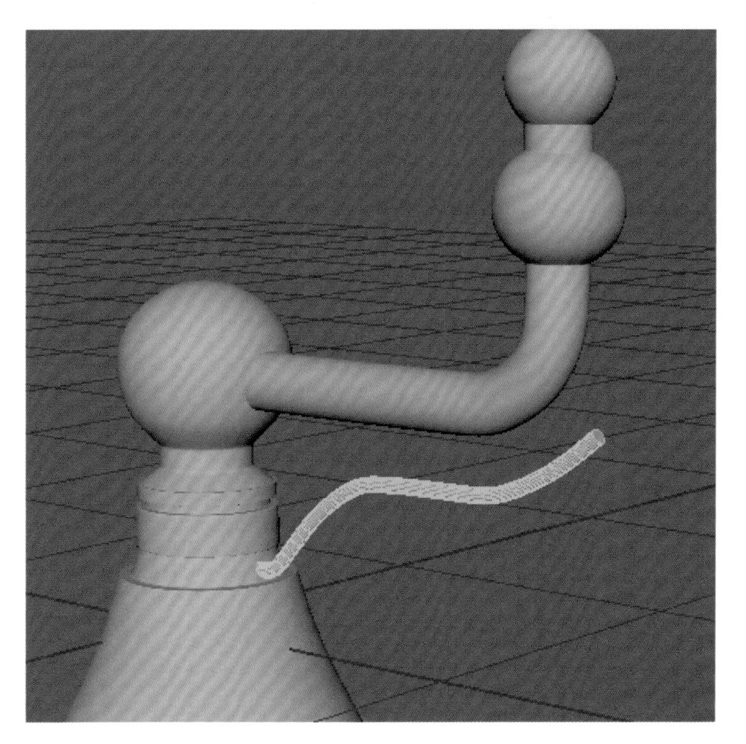

图 6.26

（19）按 F10 边选择，选中一条边，按住 Shift 键 + 鼠标右键，执行 Insert Edge Loop Tool（插入循环边线工具）命令，在两边加线，如图 6.27 所示。

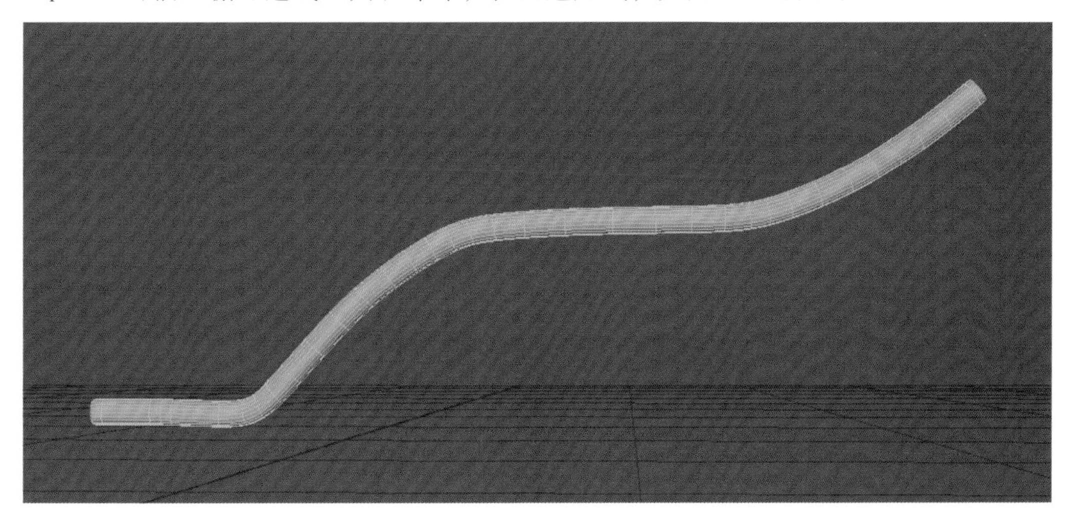

图 6.27

（20）按 Ctrl+D 键复制一个最开始备用的圆柱体，按 E 键旋转工具，Rotate Y 轴旋转 90°，按 W 键移动工具，调整位置，按 R 键缩放工具，调整大小，如图 6.28 所示。

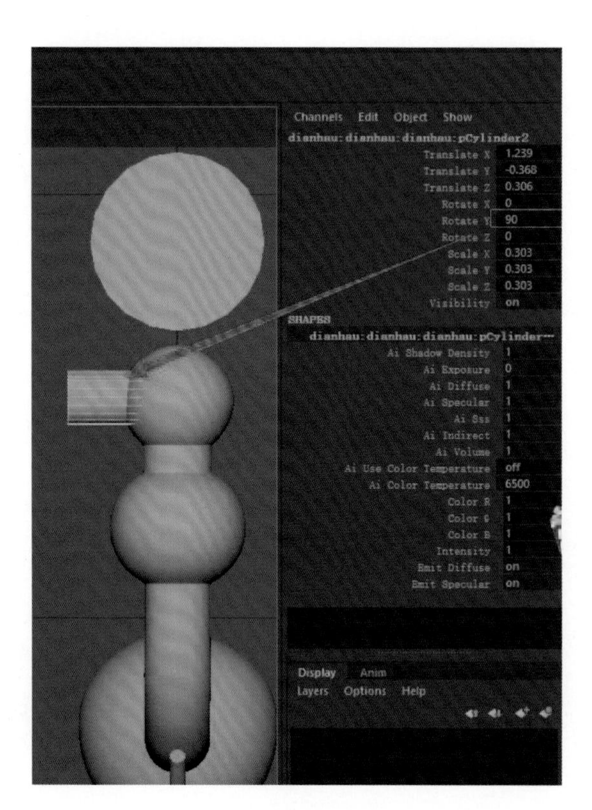

图 6.28

（21）执行 Edit Mesh → Extrude（挤出）后面的小方框，把 Divisions 的参数改为 1，点击 Extrude，如图 6.29 所示。

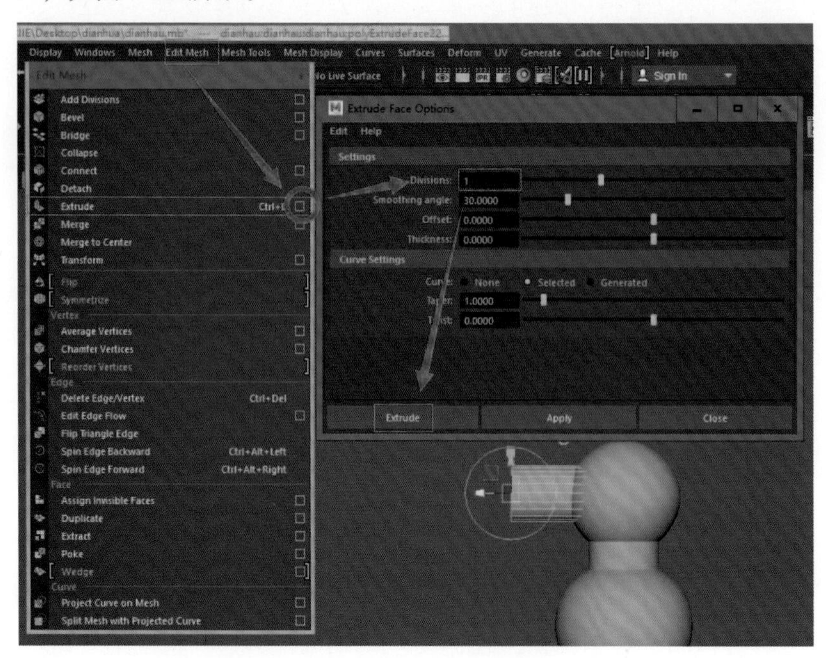

图 6.29

（22）挤出，每挤一次需要按一次 G 键或点一次 Polygons → Extrude（挤出）命令，按 E 键旋转工具，调整方向，如图 6.30 所示。

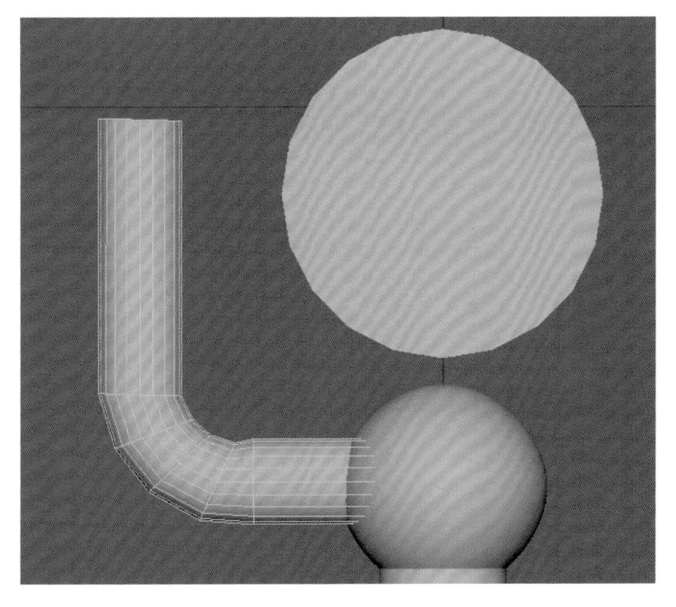

图 6.30

（23）按 F10 边选择，选中一条边，按住 Shift 键 + 鼠标右键，执行 Insert Edge Loop Tool（插入循环边线工具）命令，在两头加线，如图 6.31 所示。

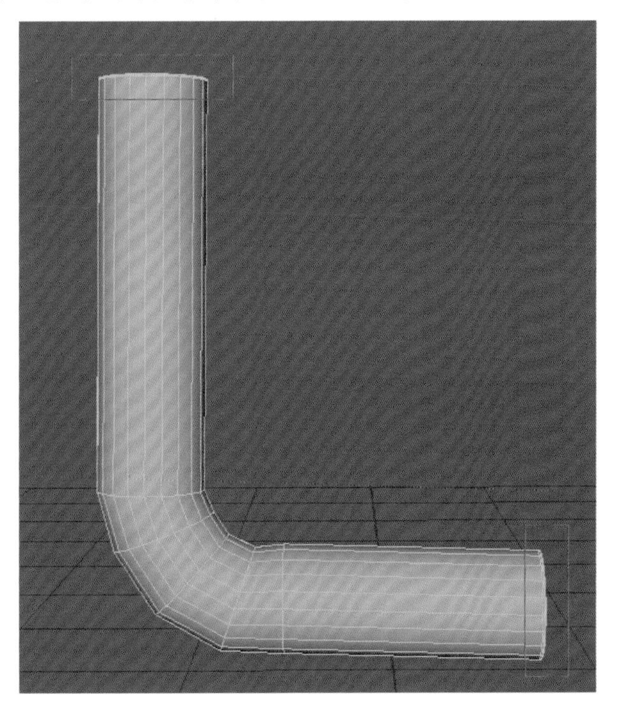

图 6.31

（24）选中模型，执行 Modify → Freeze Transformations 命令，完成后可以在右边看见模型的参数已归零，如图 6.32 所示。

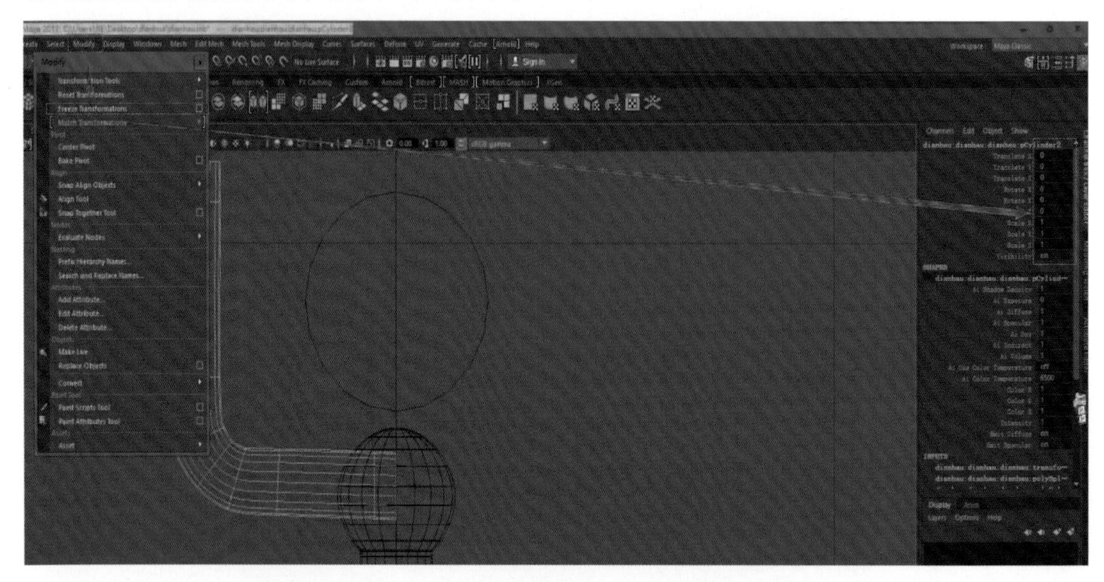

图 6.32

（25）选中模型，按 Ctrl+D 键复制一个模型，在右边参数中把 Scale Z 修改为 -1，如图 6.33 所示。

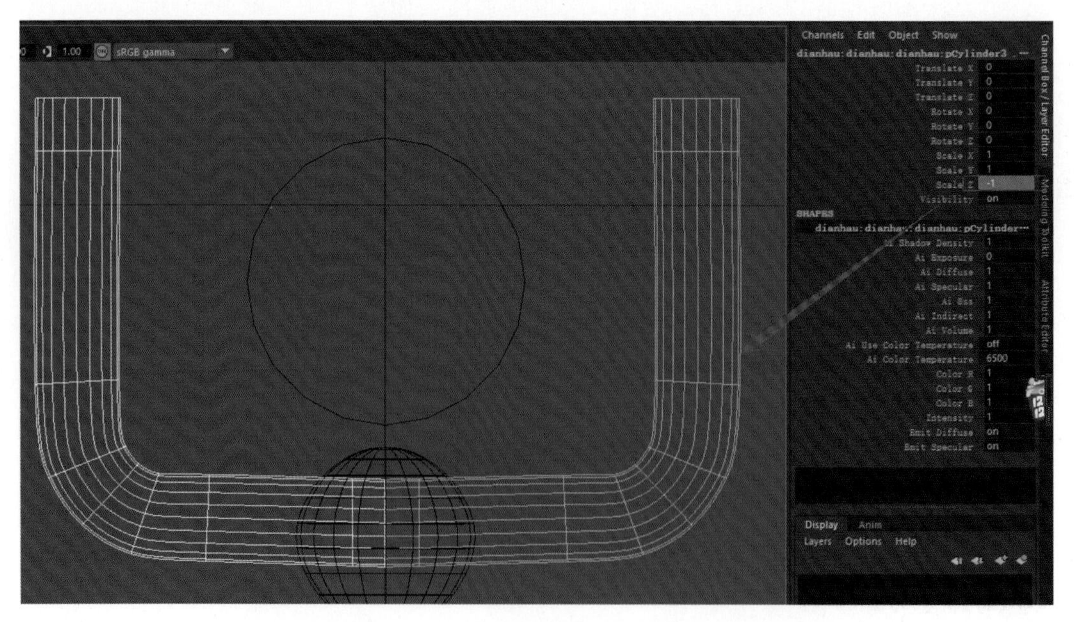

图 6.33

（26）选中右边所有模型，按 Ctrl+G 键打组，按 Ctrl+D 键复制一个模型，在右边参数中把 Scale X 修改为 -1，如图 6.34 所示。

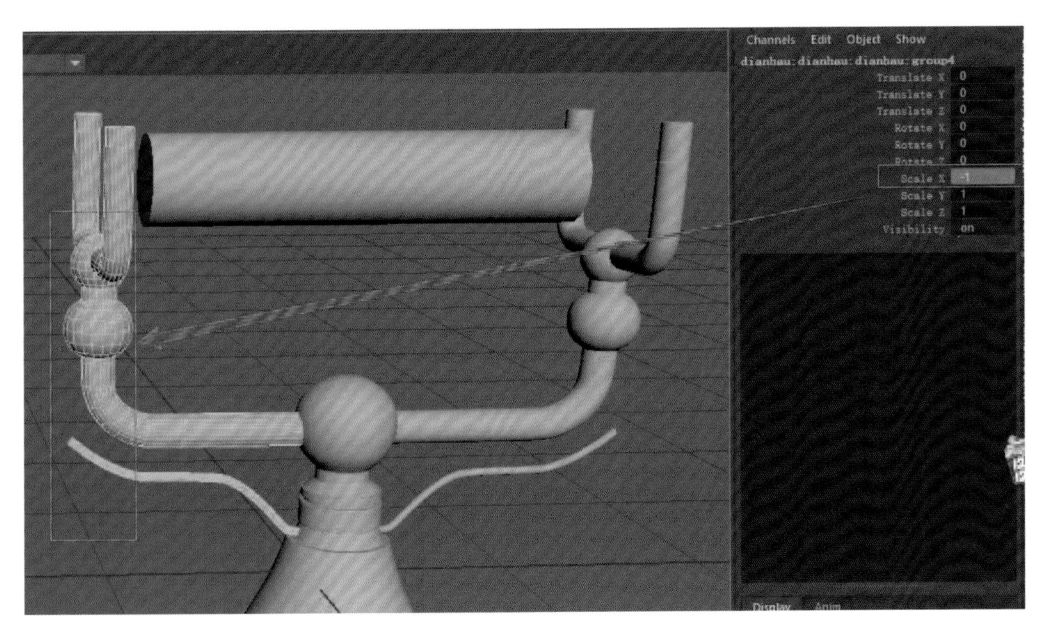

图 6.34

（27）按 Ctrl+D 键复制一个最开始备用的圆柱体，按 E 键旋转工具，Rotate Y 轴旋转 90°，按 W 键移动工具，调整位置，按 R 键缩放工具，调整大小，如图 6.35 所示。

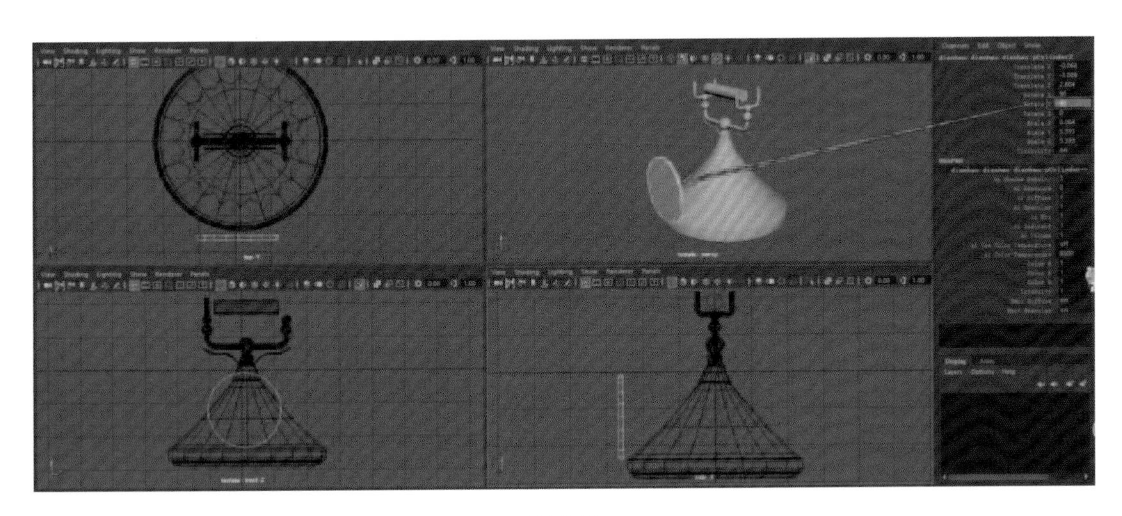

图 6.35

（28）按 F11 面选择，选择面，执行 Polygons → Extrude（挤出）命令，挤出，每挤一次需要按一次 G 键或点一次 Polygons → Extrude（挤出）命令，在挤出图标上点击一下正方体，鼠标点住图标中心正方体进行缩放，如图 6.36 所示。

（29）按 F11 面选择，先选择一个面，再按住 Shift 键用鼠标双击另一个面，就会选中一圈面，执行 Polygons → Extrude（挤出）命令，向外挤出，如图 6.37 所示。

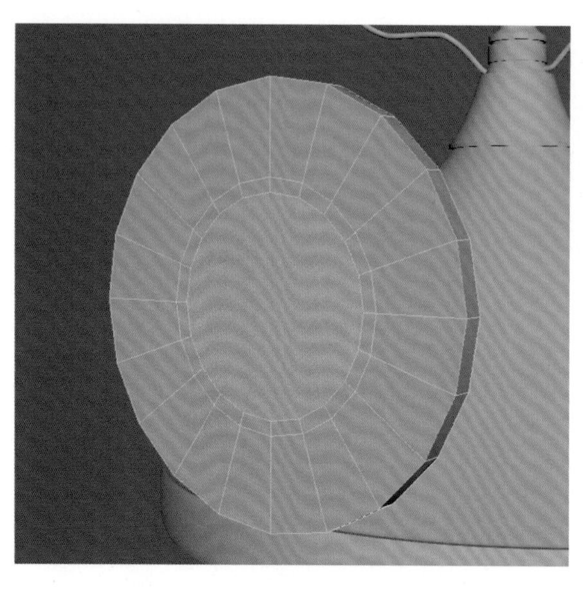

图 6.36

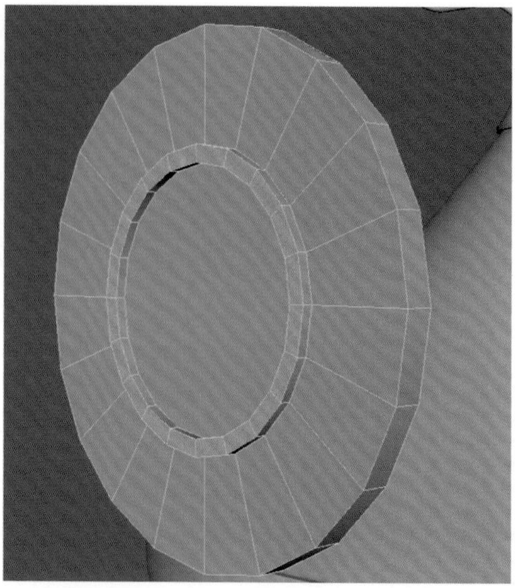

图 6.37

（30）按 F10 边选择，选中一条边，按住 Shift 键 + 鼠标右键，执行 Insert Edge Loop Tool（插入循环边线工具）命令，在菱角加线，如图 6.38 所示，按 3 键平滑显示，如图 6.39 所示。

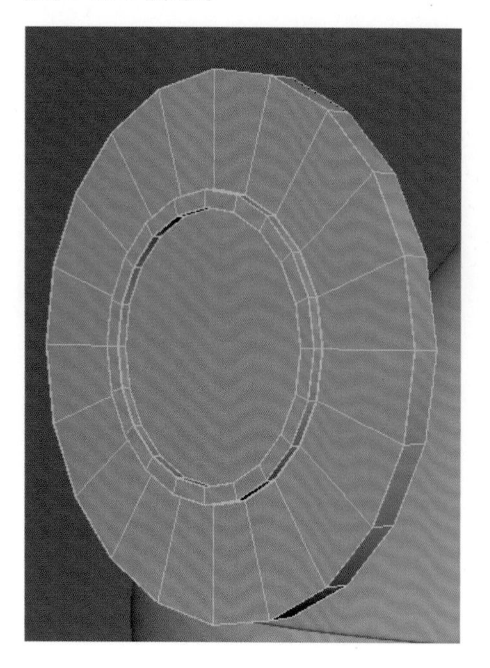

图 6.38

图 6.39

（31）按 Ctrl+D 键复制一个最开始备用的圆柱体，按 E 键旋转工具，Rotate Y 轴旋转 90° ，按 W 键移动工具，调整位置，按 R 键缩放工具，调整大小，如图 6.40 所示。

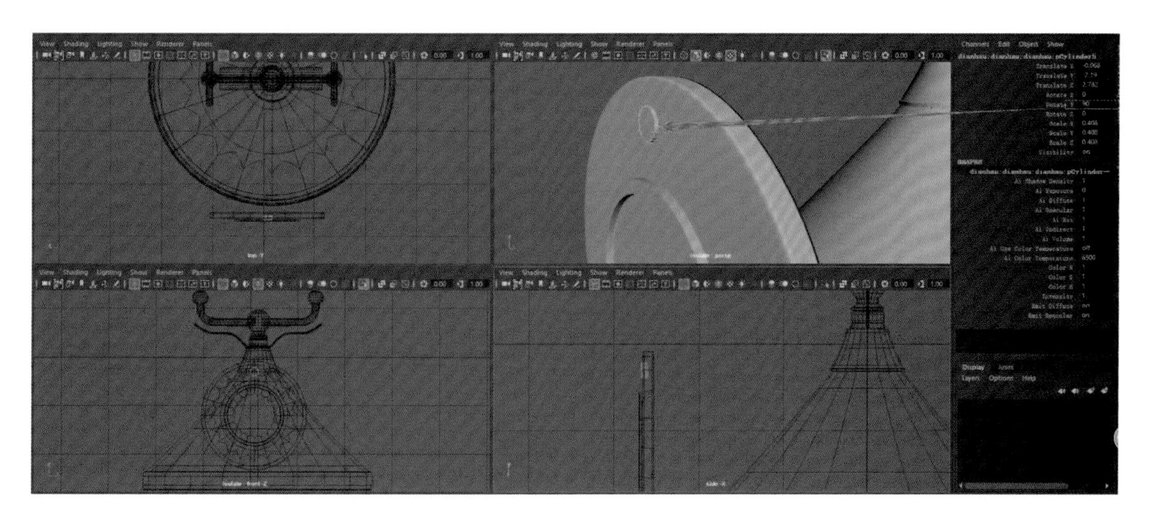

图 6.40

（32）按 F11 面选择，选择面，执行 Polygons → Extrude（挤出）命令，挤出，每挤一次需要按一次 G 键或点一次 Polygons → Extrude（挤出）命令，在挤出图标上点击一下正方体，鼠标点住图标中心正方体进行缩放，如图 6.41 所示。

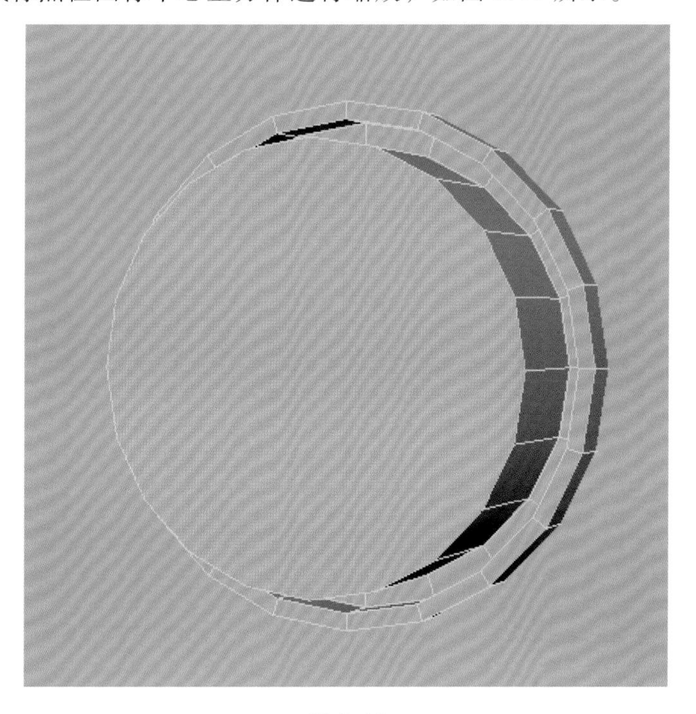

图 6.41

（33）按 F10 边选择，选中一条边，按住 Shift 键 + 鼠标右键，执行 Insert Edge Loop Tool（插入循环边线工具）命令，在菱角加线，如图 6.42 所示，按 3 键平滑显示，检查，如图 6.43 所示。

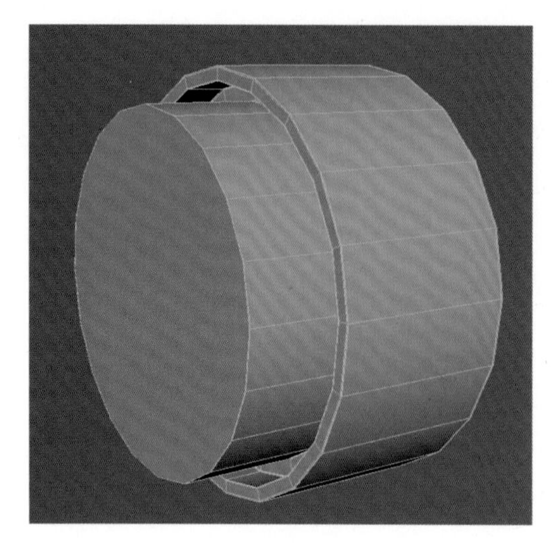

图 6.42

图 6.43

（34）按 Insert 键，调整轴，执行 Edit → Duplicate Special 后面的小方框，选择 Copy →把 Rotate Y 轴改为 36 →把 Number of copies 改为 10 →点击 Duplicate Special，如图 6.44 所示。

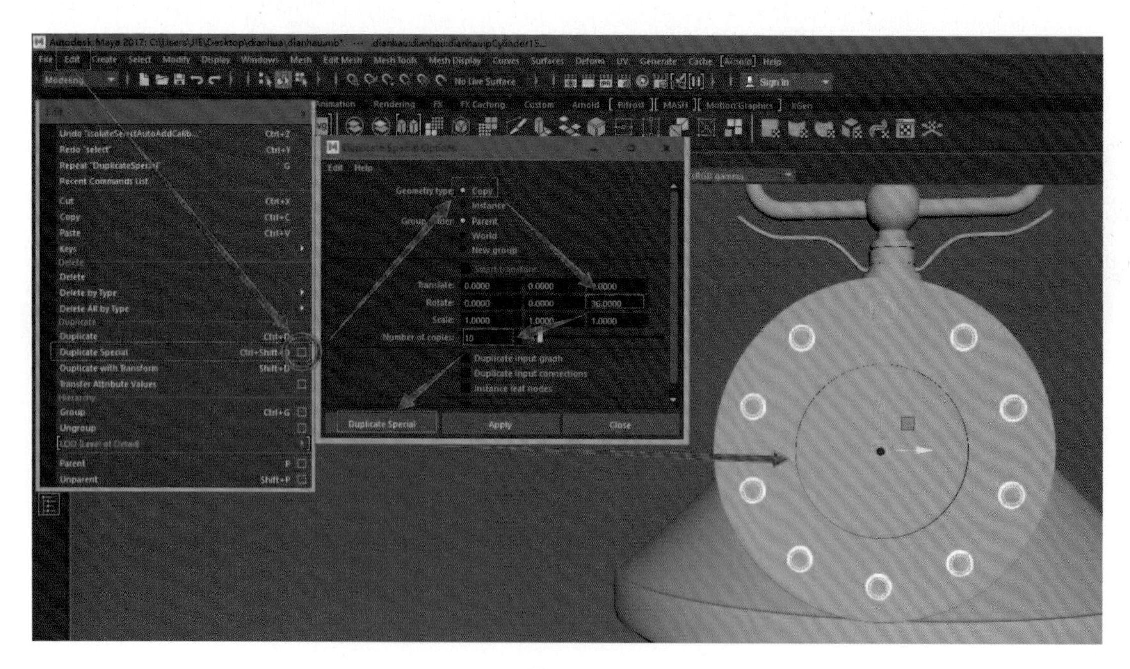

图 6.44

（35）选中圆盘及按键模型，按 Ctrl+G 键打组，按 W 键移动工具，调整位置，按 E 键旋转工具，调整方向，如图 6.45 所示。

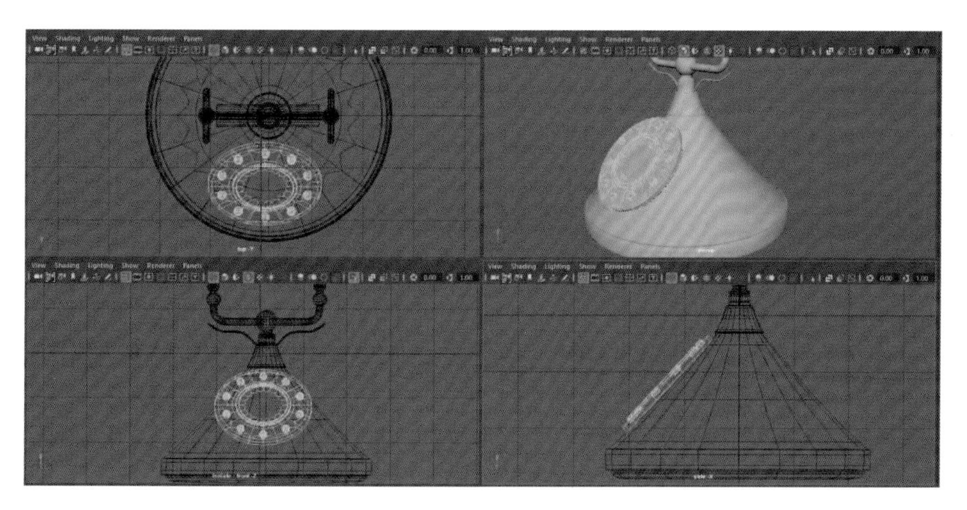

图 6.45

（36）在 Maya 界面中选择 Polygons 下的 Cube，在网格上建立一个立方体，如图 6.46 所示。

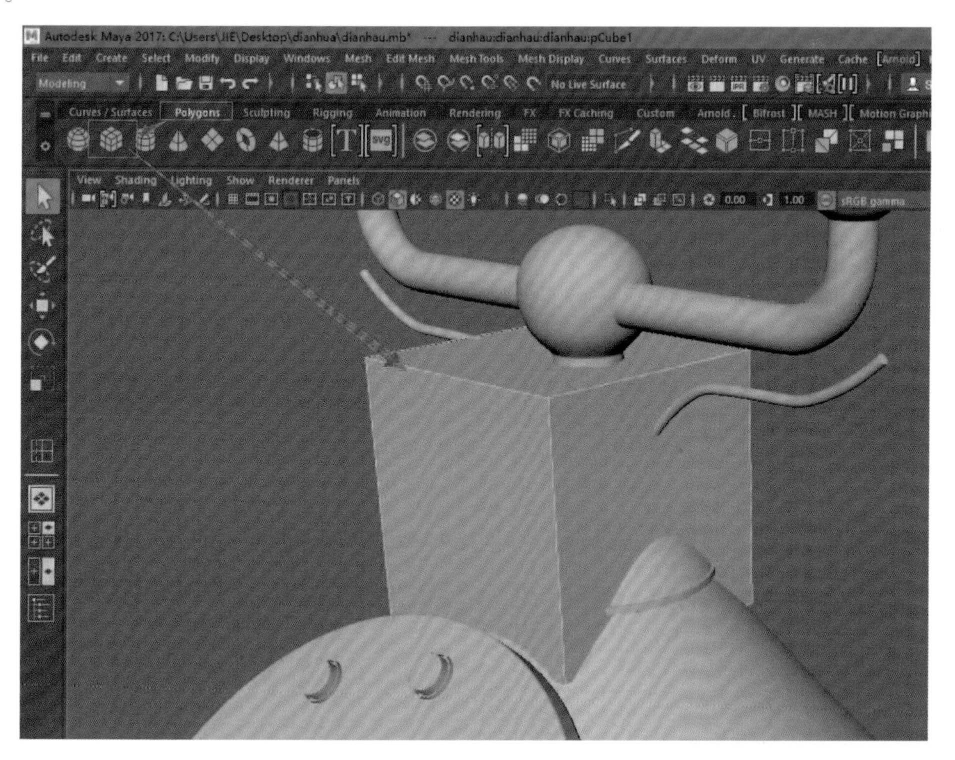

图 6.46

（37）按 R 键缩放工具，调整模型大小，按 F10 边选择，选中一条边，按住 Shift 键 + 鼠标右键，执行 Insert Edge Loop Tool（插入循环边线工具）命令，加线，如图 6.47 所示。

图 6.47

（38）按 F9 点选择，按 W 键移动工具，调整模型，如图 6.48 所示。

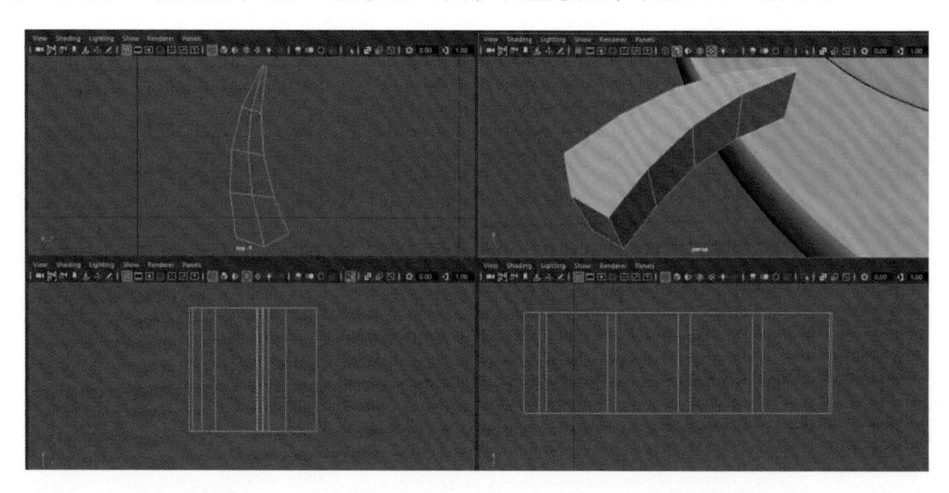

图 6.48

（39）按 F10 边选择，选中一条边，按住 Shift 键 + 鼠标右键，执行 Insert Edge Loop Tool（插入循环边线工具）命令，在菱角地方加线，如图 6.49 所示，按 3 键平滑，检查，如图 6.50 所示。

图 6.49

图 6.50

(40) 按 W 键移动工具，调整位置，按 E 键旋转工具，调整方向，如图 6.51 所示。

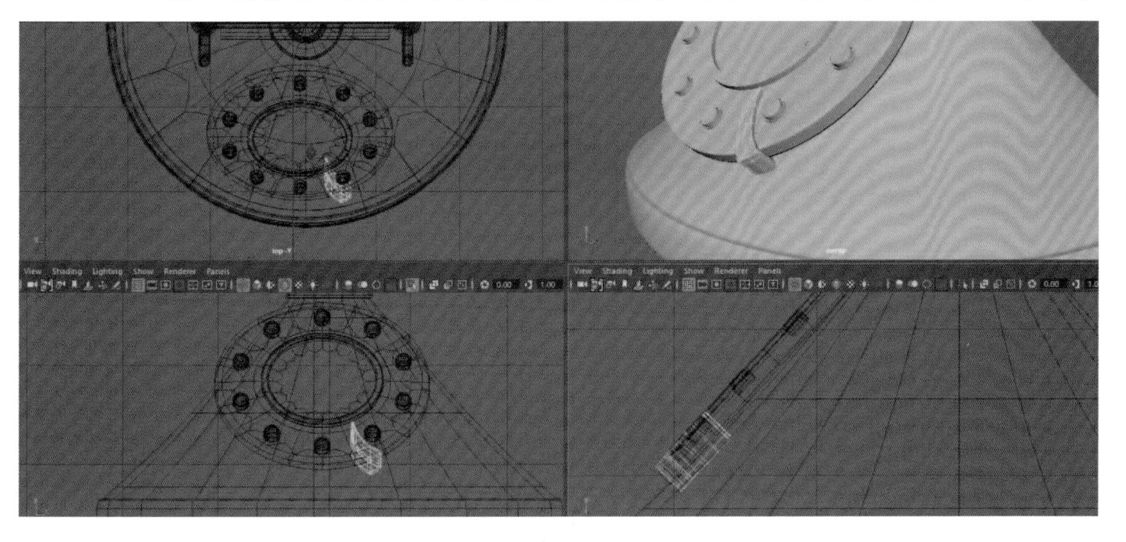

图 6.51

(41) 按 Ctrl+D 键复制一个最开始备用的圆柱体，按 E 键旋转工具，Rotate Y 轴旋转 90°，按 W 键移动工具，调整位置，按 R 键缩放工具，调整大小，如图 6.52 所示。

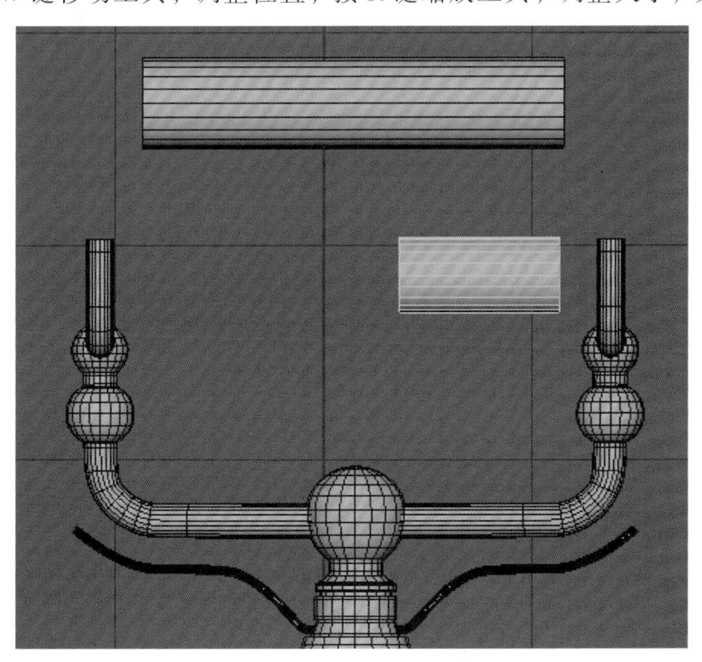

图 6.52

(42) 执行挤出命令有 2 种方式：

① 执行 Edit Mesh → Extrude（挤出）命令（红色线框）。

② 执行 Polygons → Extrude（挤出）命令（蓝色线框），如图 6.53 所示。

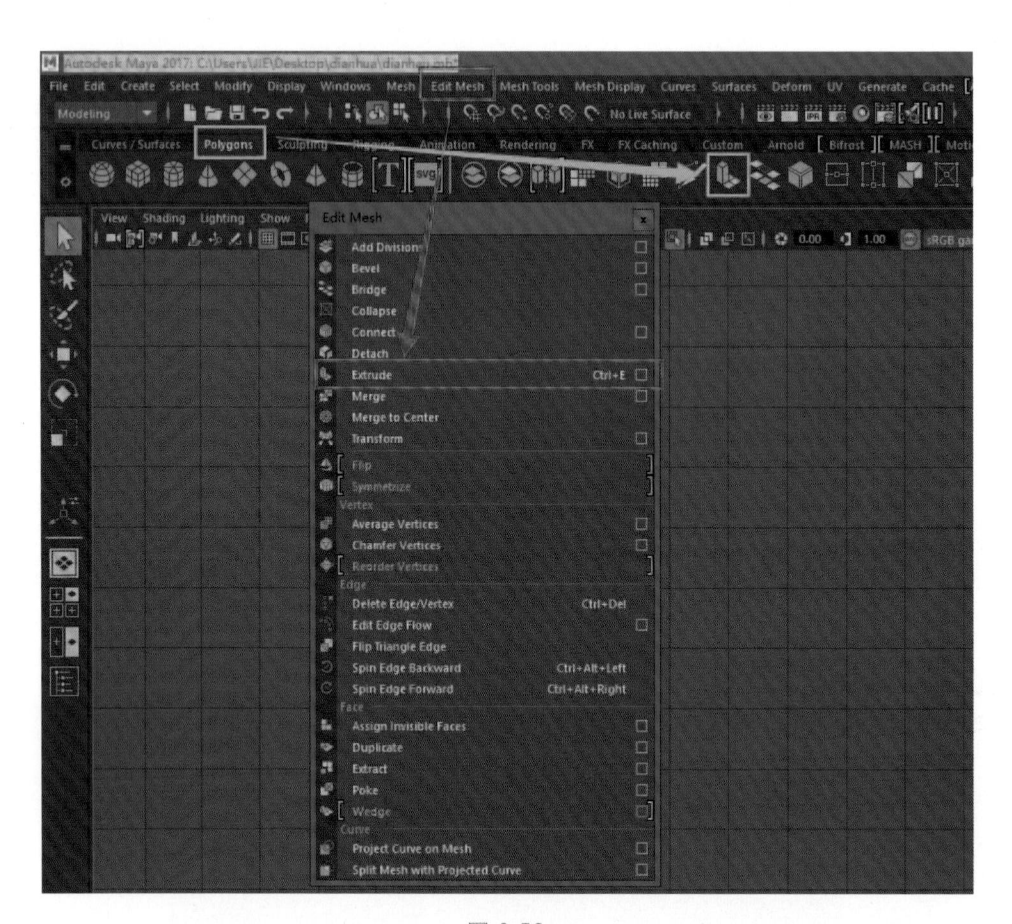

图 6.53

（43）挤出，每挤一次需要按一次 G 键或点一次 Polygons → Extrude（挤出）命令挤出图标上点击一下正方体，鼠标点住图标中心正方体，等比例调整大小，如图 6.54 所示。

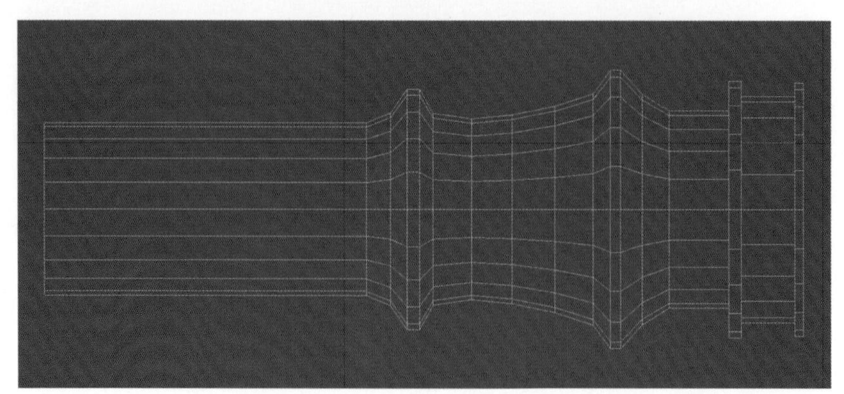

图 6.54

（44）按 F11 面选择，选择另一边的圆形面，删掉，如图 6.55 所示。

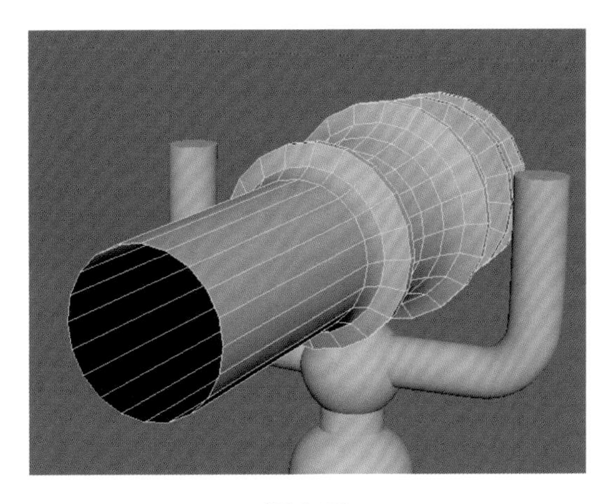

图 6.55

（45）按 F10 边选择，选中一条边，按住 Shift 键 + 鼠标右键，执行 Insert Edge Loop Tool（插入循环边线工具）命令，在菱角地方加线，如图 6.56 所示，按 3 键平滑，检查，如图 6.57 所示。

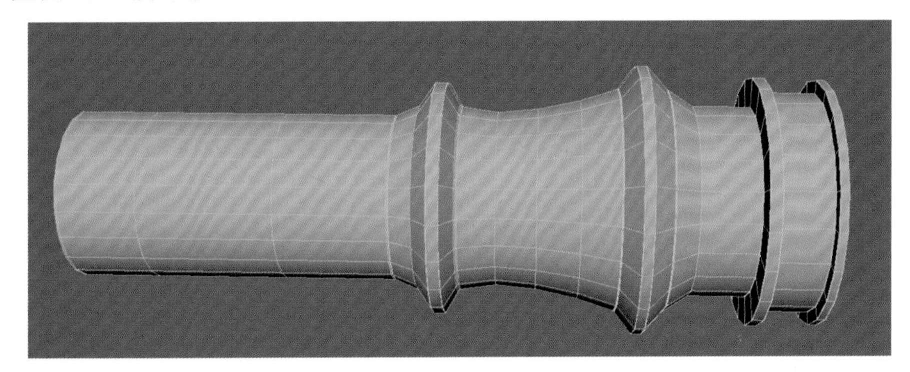

图 6.56

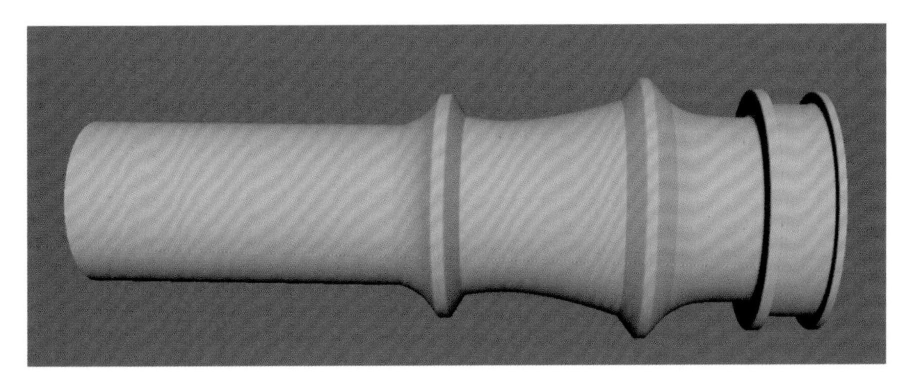

图 6.57

（46）选中模型，执行 Modify → Freeze Transformations 命令，完成后可以在右边看见模型的参数已归零，如图 6.58 所示。

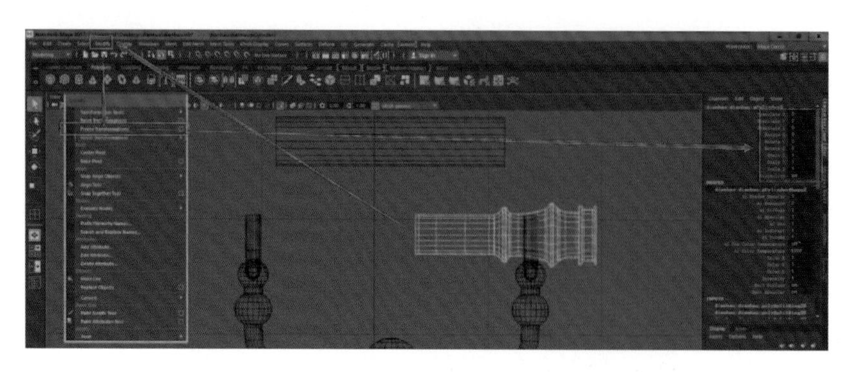

图 6.58

（47）选中模型，按 Ctrl+D 键复制一个模型，在右边参数中把 Scale X 修改为 -1，如图 6.59 所示。

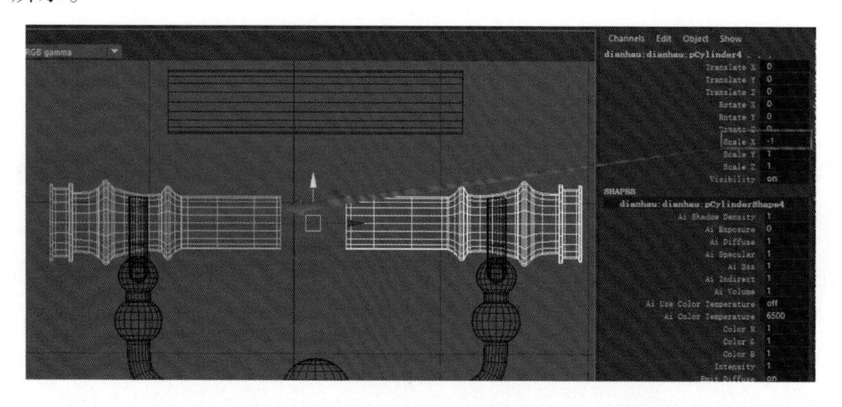

图 6.59

（48）按 Ctrl+D 键复制一个最开始备用的圆柱体，按 E 键旋转工具，Rotate Y 轴旋转 90°，按 W 键移动工具，调整位置，按 R 键缩放工具，调整大小，如图 6.60 所示。

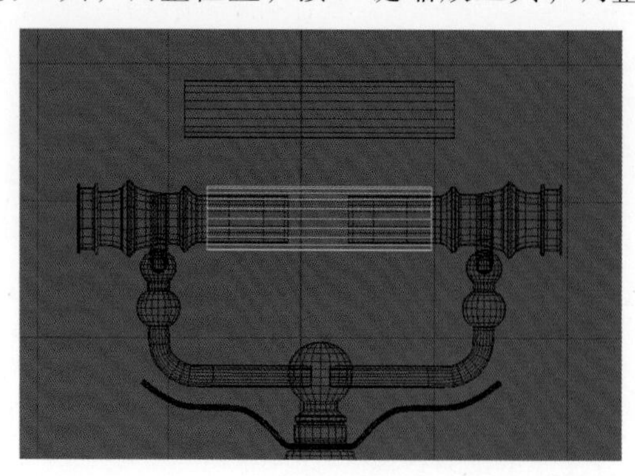

图 6.60

（49）选中两边的圆形面，执行 Edit Mesh → Extrude（挤出）命令，一同挤出，每挤一次需要按一次 G 键或点一次 Polygons → Extrude（挤出）命令，在挤出图标上点击一下正方体，鼠标点住图标中心正方体，等比例调整大小，如图 6.61 所示。

图 6.61

（50）按 F10 边选择，选中一条边，按住 Shift 键 + 鼠标右键，执行 Insert Edge Loop Tool（插入循环边线工具）命令，在菱角地方加线，如图 6.62 所示，按 3 键平滑显示，如图 6.63 所示。

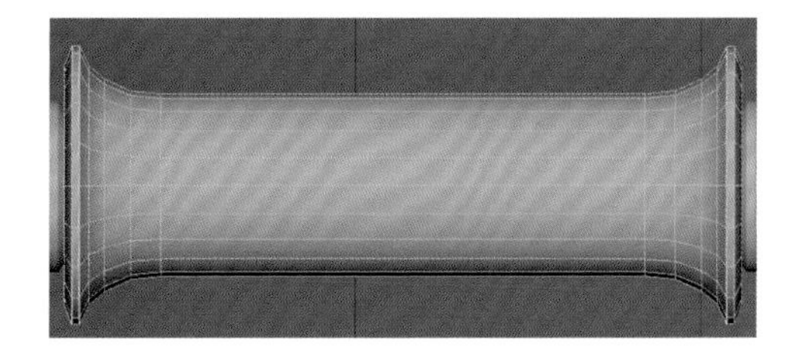

图 6.62

图 6.63

（51）按 Ctrl+D 键复制一个最开始备用的圆柱体，按 E 键旋转工具，Rotate Y 轴旋转 90°，按 W 键移动工具，调整位置，按 R 键缩放工具，调整大小，如图 6.64 所示。

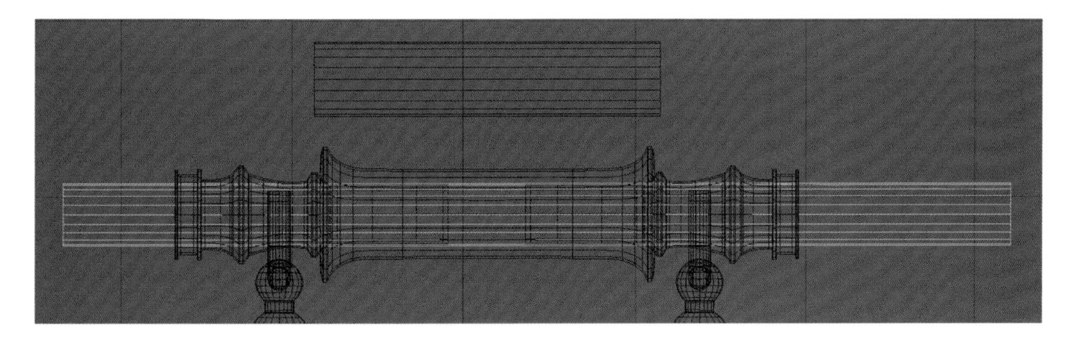

图 6.64

（52）选中模型右边的面，执行 Edit Mesh → Extrude（挤出）命令，挤出，每挤一次需要按一次 G 键或点一次 Polygons → Extrude（挤出）命令，在挤出图标上点击一下正方体，鼠标点住图标中心正方体，等比例调整大小，如图 6.65 所示。

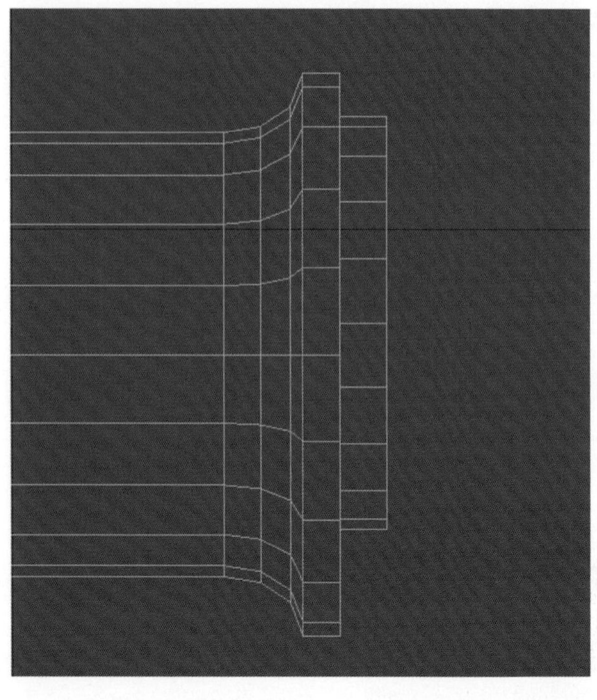

图 6.65

（53）选中另一边的面，执行 Edit Mesh → Extrude（挤出）命令，挤出，每挤一次需要按一次 G 键或点一次 Polygons → Extrude（挤出）命令，在挤出图标上点击一下正方体，鼠标点住图标中心正方体，等比例调整大小，如图 6.66 所示。

图 6.66

（54）按 F10 边选择，选中一条边，按住 Shift 键 + 鼠标右键，执行 Insert Edge Loop Tool（插入循环边线工具）命令，在菱角地方加线，如图 6.67 所示，按 3 键平滑显示，如图 6.68 所示。

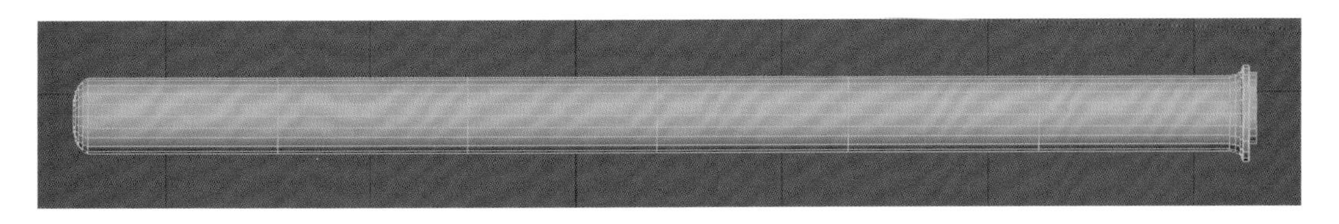

图 6.67

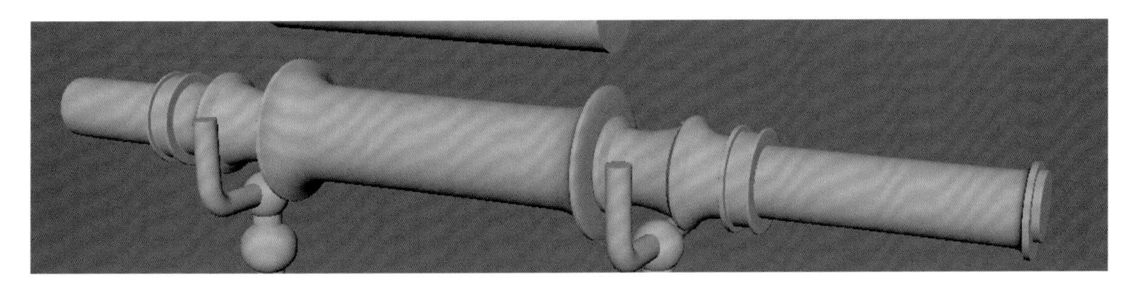

图 6.68

（55）把一开始的圆柱体，按 E 键旋转工具，Rotate Z 轴旋转 90°，按 W 键移动工具，调整位置，按 R 键缩放工具，调整大小，按 Ctrl+D 键复制一个圆柱体，放在旁边备用，如图 6.69 所示。

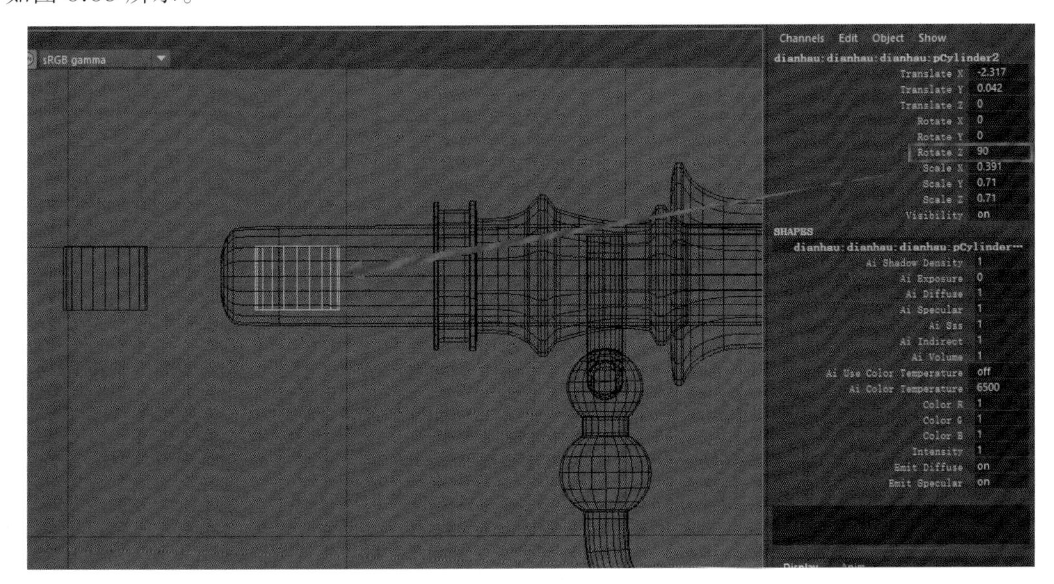

图 6.69

（56）选中模型上边的面，执行 Edit Mesh → Extrude（挤出）命令，挤出，每挤一次需要按一次 G 键或点一次 Polygons → Extrude（挤出）命令，在挤出图标上点击一下正方体，鼠标点住图标中心正方体，等比例调整大小，如图 6.70 所示。

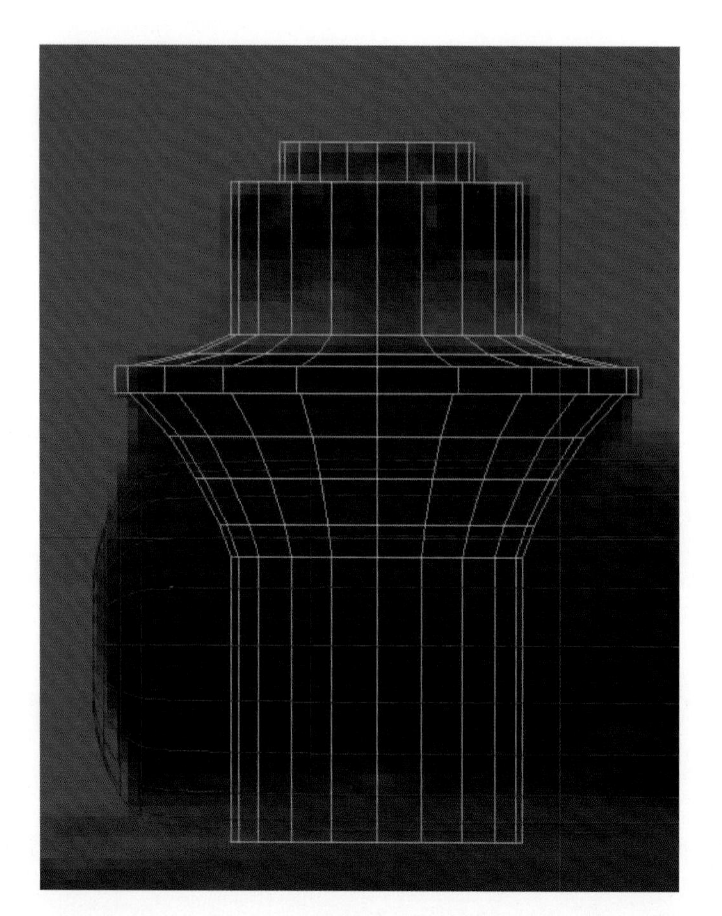

图 6.70

（57）按 Ctrl+D 键复制一个模型，放在旁边备用，如图 6.71 所示。

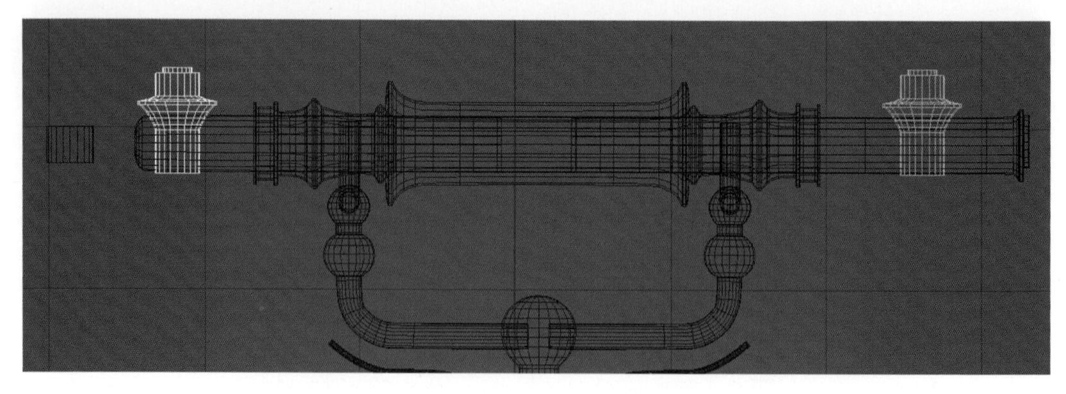

图 6.71

（58）选中模型下边的面，执行 Edit Mesh → Extrude（挤出）命令，挤出，每挤一次需要按一次 G 键或点一次 Polygons → Extrude（挤出）命令，在挤出图标上点击一下正方体，鼠标点住图标中心正方体，等比例调整大小，如图 6.72 所示。

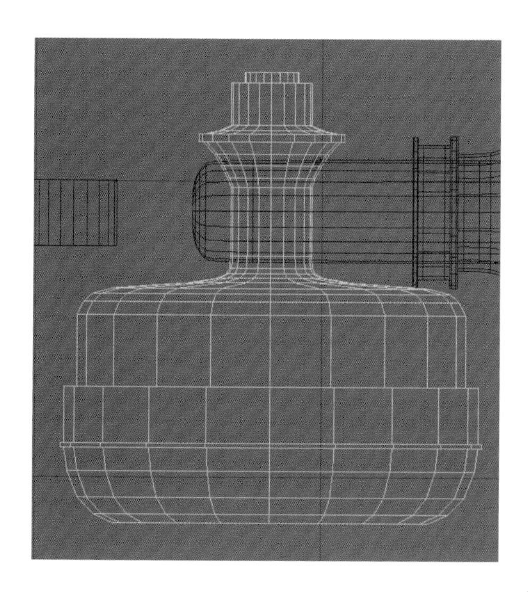

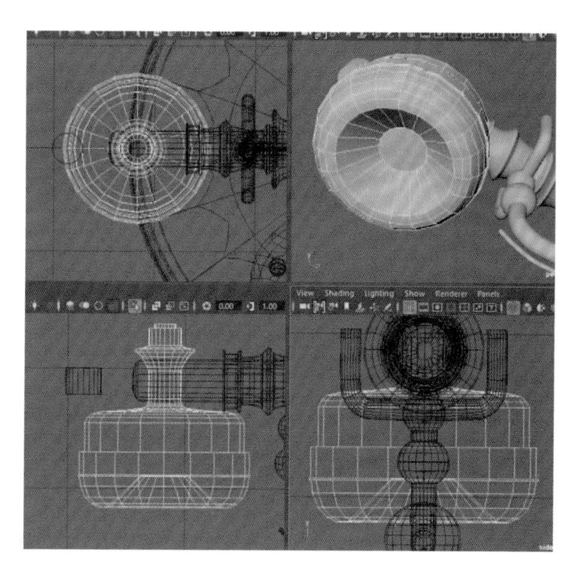

图 6.72

（59）按 F10 边选择，选中一条边，按住 Shift 键 + 鼠标右键，执行 Insert Edge Loop Tool（插入循环边线工具）命令，在菱角地方加线，如图 6.73 所示。

图 6.73

（60）选中模型下边的面，执行 Edit Mesh → Extrude（挤出）命令，挤出，每挤一次需要按一次 G 键或点一次 Polygons → Extrude（挤出）命令，在挤出图标上点击一下正方体，鼠标点住图标中心正方体，等比例调整大小，如图 6.74 所示。

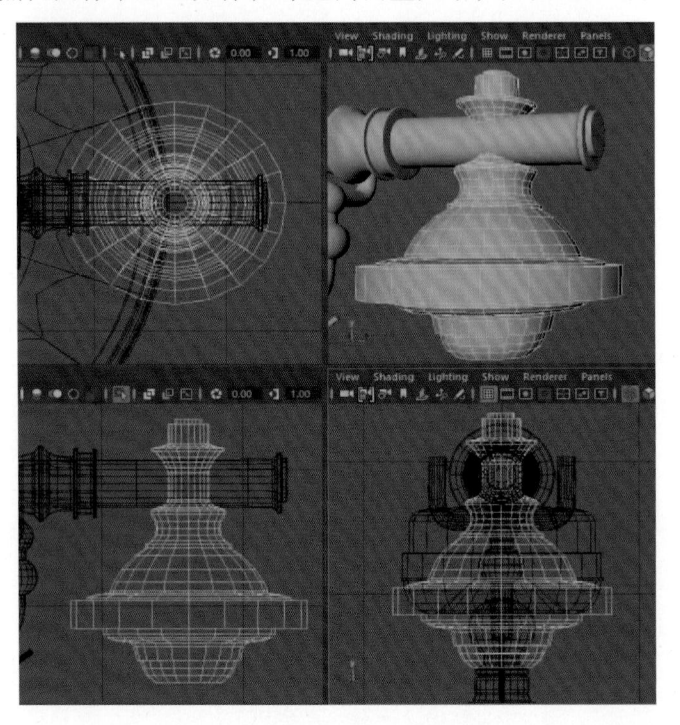

图 6.74

（61）按 F10 边选择，选中一条边，按住 Shift 键 + 鼠标右键，执行 Insert Edge Loop Tool（插入循环边线工具）命令，在菱角地方加线，如图 6.75 所示。

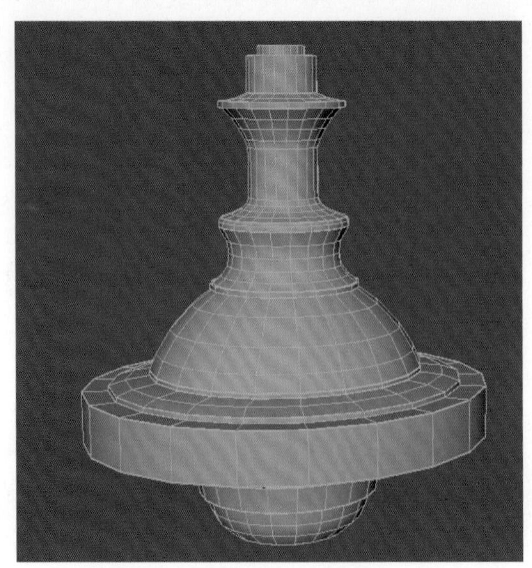

图 6.75

（62）把备用的圆柱体，按 E 键旋转工具，按 W 键移动工具，调整位置，按 R 键缩放工具，调整大小，如图 6.76 所示。

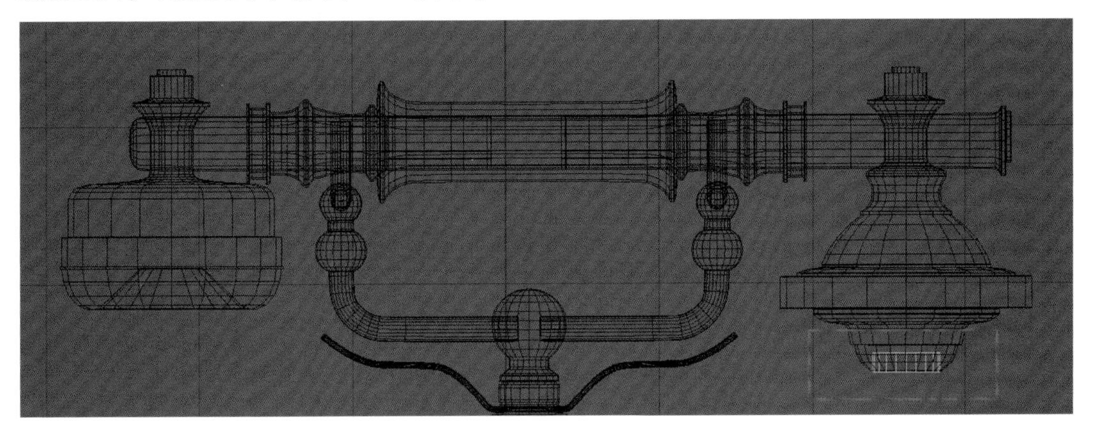

图 6.76

（63）选中模型下边的面，执行 Edit Mesh → Extrude（挤出）命令，挤出，每挤一次需要按一次 G 键或点一次 Polygons → Extrude（挤出）命令，在挤出图标上点击一下正方体，鼠标点住图标中心正方体，等比例调整大小，如图 6.77 所示。

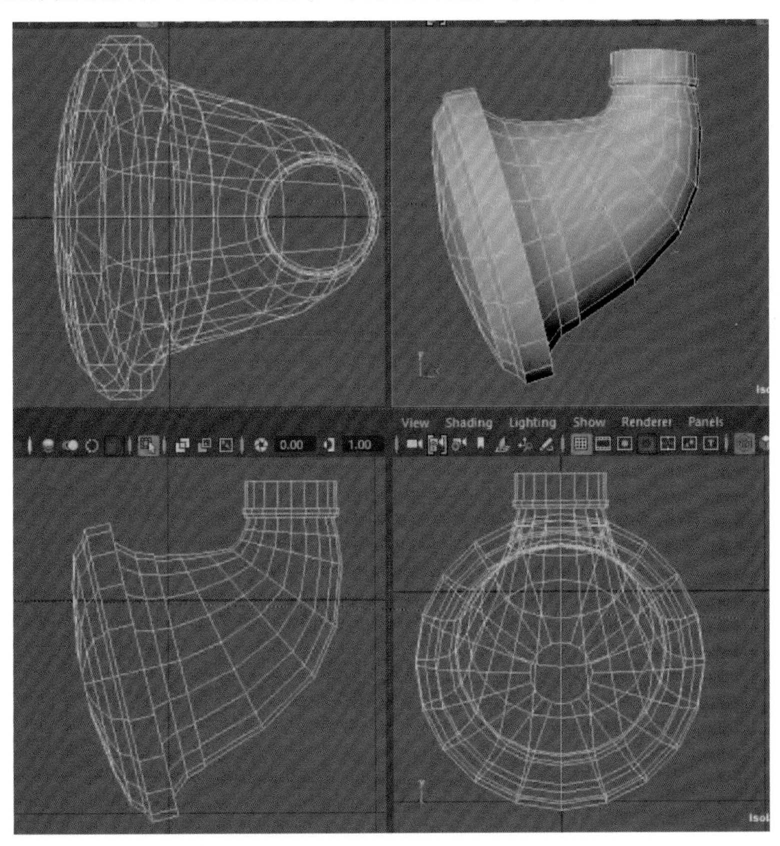

图 6.77

（64）按 F10 边选择，选中一条边，按住 Shift 键 + 鼠标右键，执行 Insert Edge Loop Tool（插入循环边线工具）命令，在菱角地方加线，如图 6.78 所示。

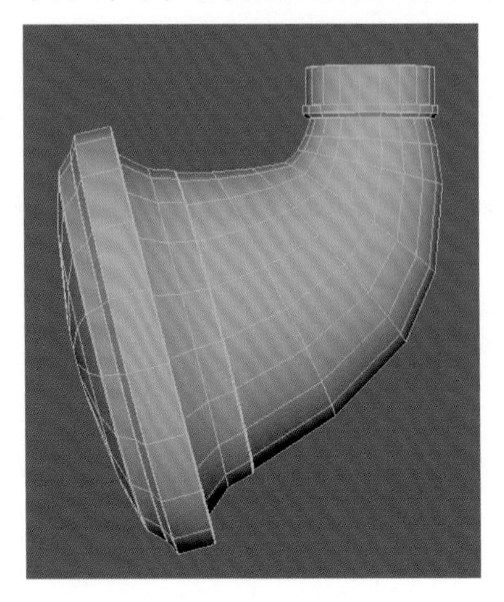

图 6.78

（65）执行 Create → Polygon Primitives → Helix 命令，在网格上创建一个 Helix，如图 6.79 所示。

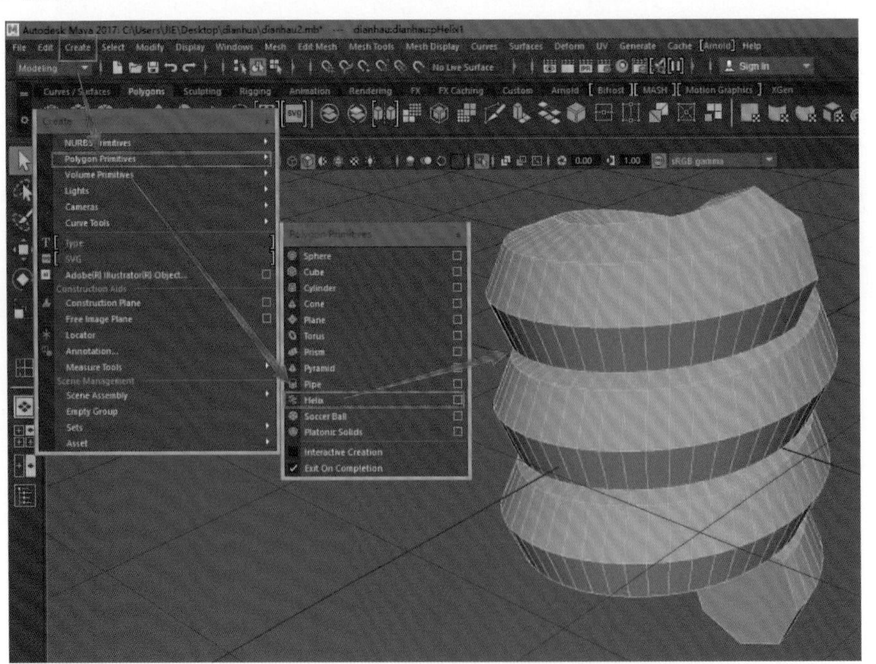

图 6.79

（66）选中模型，在右边 INPUTS → dianhau：dianhau：polyHelix1 中调整参数，如图 6.80 所示。

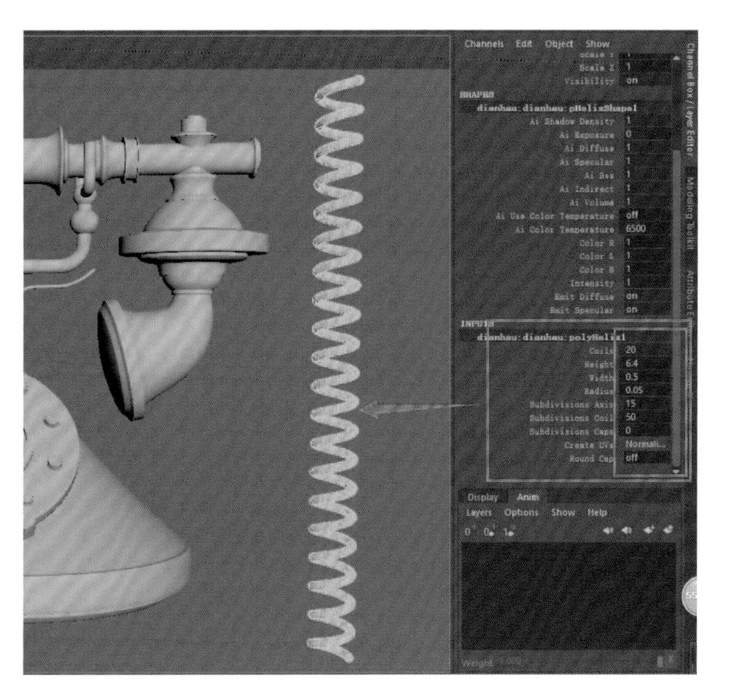

图 6.80

（67）执行 Create → Curve Tools → CV Curve Tool 命令，从圆柱体的右面开始画一条曲线，如图 6.81 所示。

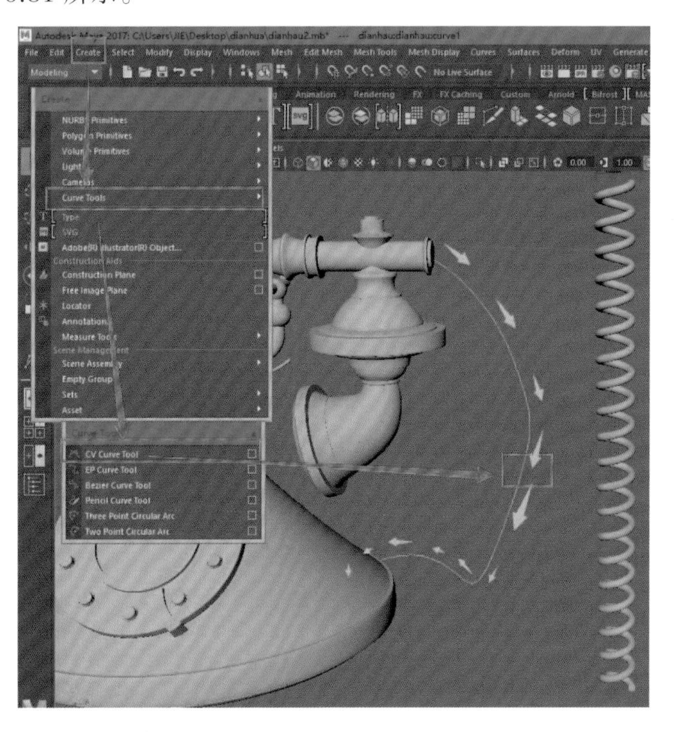

图 6.81

（68）选择螺旋体模型与曲线，执行 Animation → Constrain → Motion paths → Attach to Motion path 后面的小方框→ Front axis 选择 Y 轴，Up axis 选择 X 轴→ World up vector 的 X 轴改为 0，Y 轴改为 0，Z 轴改为 0 → Attach，如图 6.82 所示。

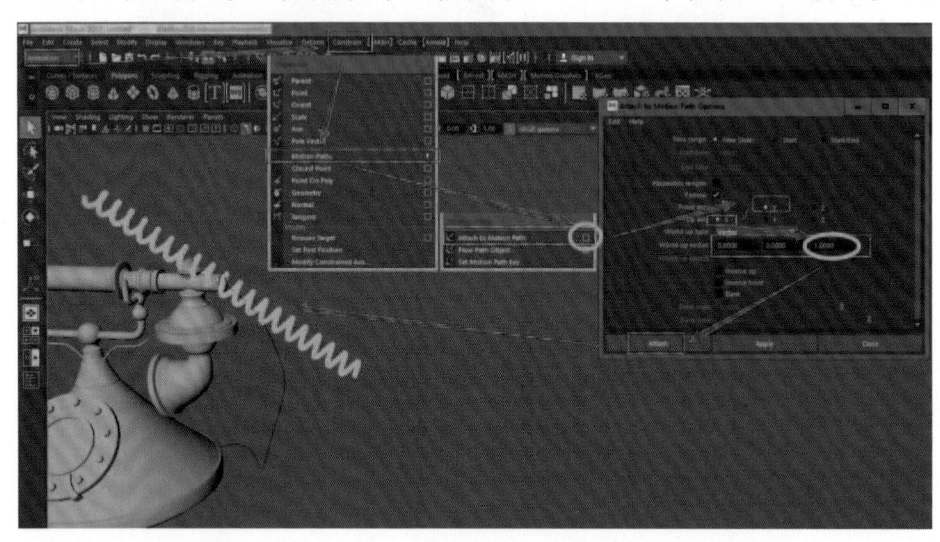

图 6.82

（69）执行 Animation → Constrain → Motion Paths → Flow Path Object 后面的小方框→ Divisions：Front 改为 20 → Lattice around：Cure → Flow，如图 6.83 所示。

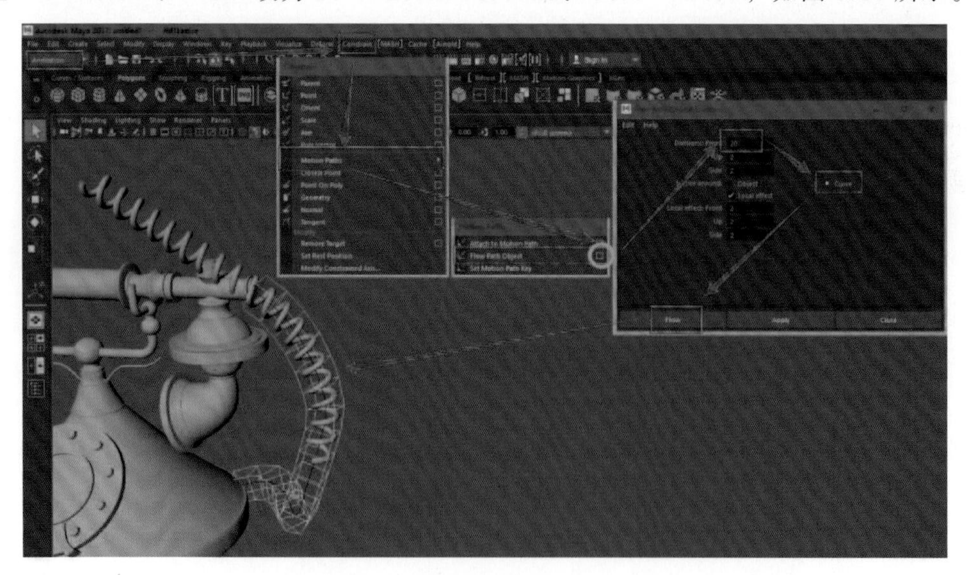

图 6.83

（70）移动下面的动画模块，选中螺旋体模型，将右边 dianhau2：dianhau：dianhau: polyHelix1 的 Height 改为 4.3，再次移动下面的动画模块，调整螺旋体模型位置，如图 6.84 所示。

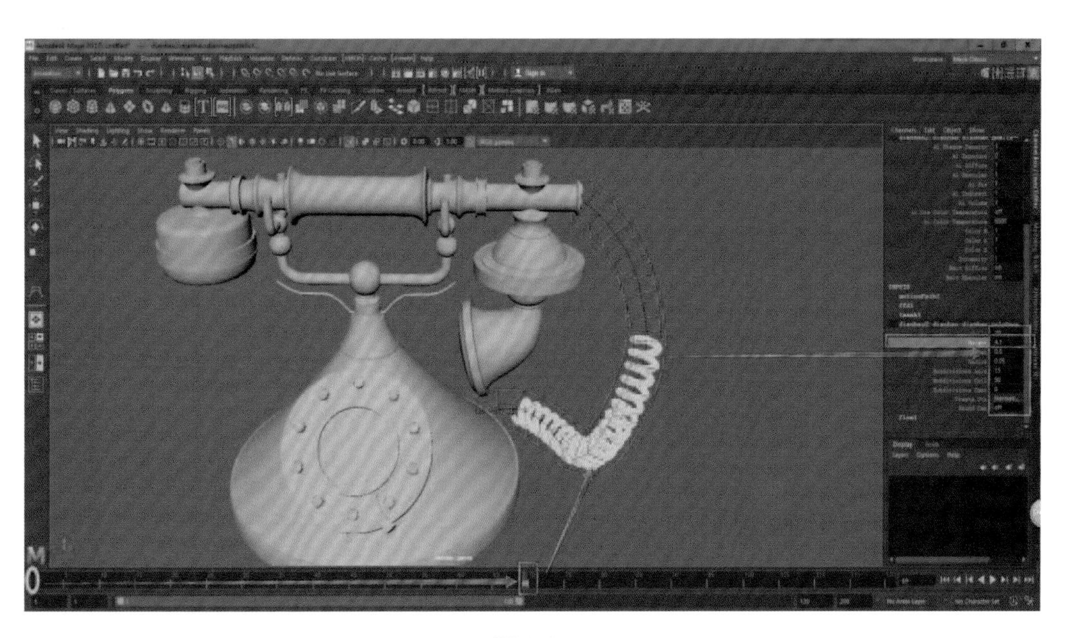

图 6.84

（71）选择曲线与 Flow Path Object 方框，如图 6.85 所示，按 Alt+Shift+D 键删除历史记录，再把曲线与 Flow Path Object 方框删掉，如图 6.86 所示。

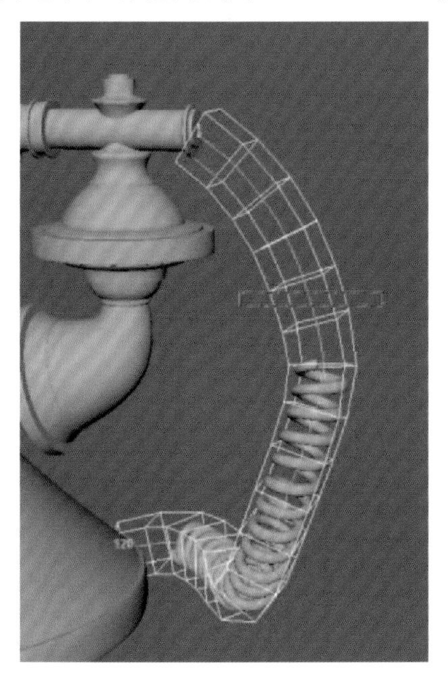

图 6.85

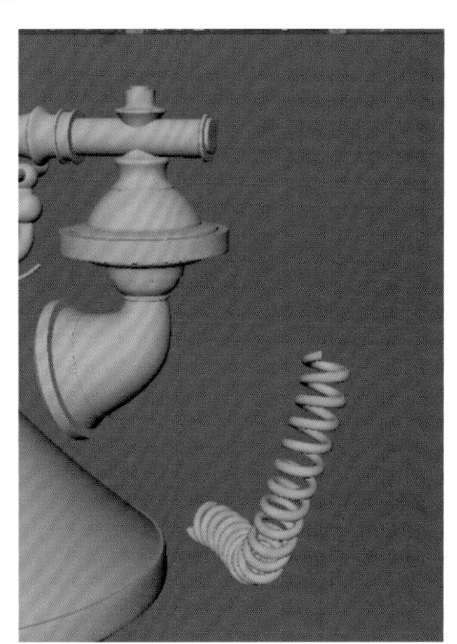

图 6.86

（72）执行 Modeling → Create → Curve Tools → CV Curve Tool 命令，从螺旋体两头的圆形面各画一条曲线（注意：画曲线时从需要挤出的面开始画，如图中蓝色箭头），螺旋体上方圆形面如图 6.87 所示，螺旋体下方圆形面如图 6.88 所示。

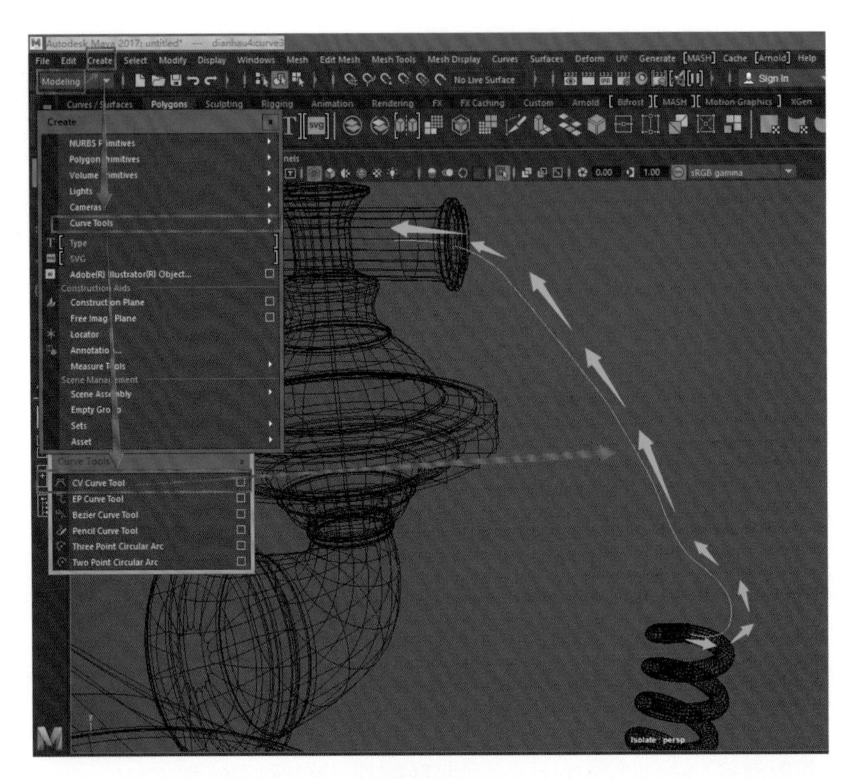

File Edit Create Select Modify Display Windows Mesh Edit Mesh Mesh Tools Mesh Display Curves Surfaces Deform UV Generate Cache Help
Modeling
No Live Surface
Sign In
Polygons Sculpting Rigging Animation Rendering FX FX Caching Custom Arnold Bifrost MASH Motion Graphics XGen
Create
Lights
Curve Tools
Type
SVG
Locator
Sets
Asset
CV Curve Tool
EP Curve Tool
Bezier Curve Tool
Pencil Curve Tool
Three Point Circular Arc
Two Point Circular Arc
sRGB gamma

图 6.87

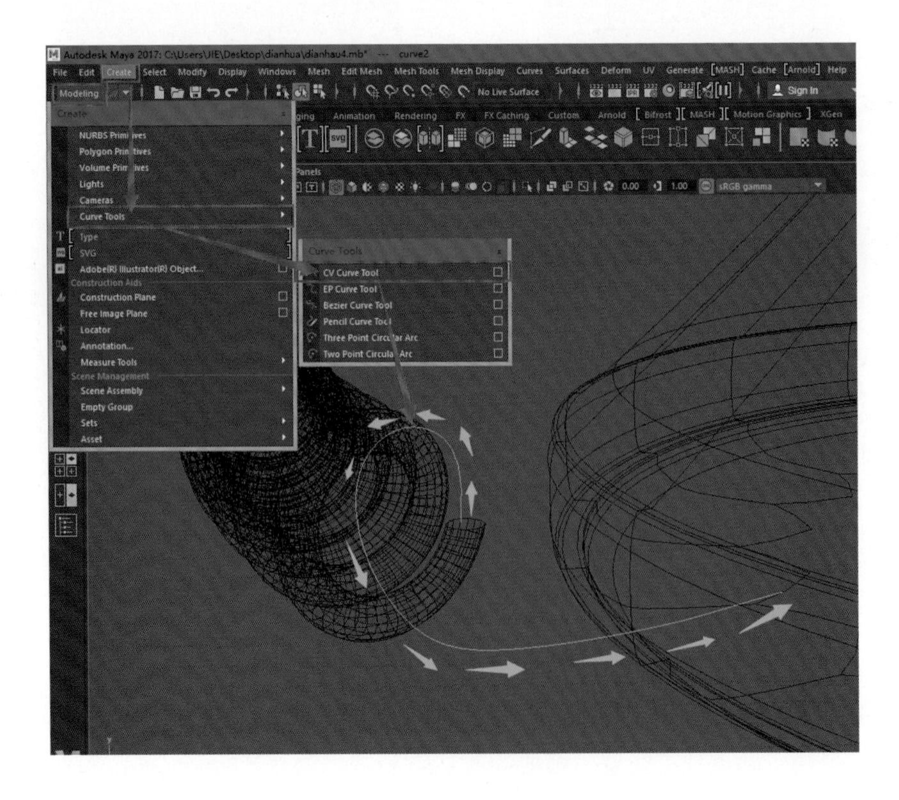

File Edit Create Select Modify Display Windows Mesh Edit Mesh Mesh Tools Mesh Display Curves Surfaces Deform UV Generate Cache Help
Modeling
No Live Surface
Sign In
Lights
Cameras
Curve Tools
Type
SVG
Adobe(R) Illustrator(R) Object...
Construction Aids
Construction Plane
Free Image Plane
Locator
Annotation...
Measure Tools
Scene Management
Scene Assembly
Empty Group
Sets
Asset
Curve Tools
CV Curve Tool
EP Curve Tool
Bezier Curve Tool
sRGB gamma

图 6.88

（73）第一步：按 F11 面选择，选择圆柱体的面（需要挤出的面）。第二步：按住 Shift 键，加选曲线［在加选曲线时，如果曲线带有点，便按住鼠标右键，执行 Object Mode（物体模式）命令］，如图 6.89 所示。

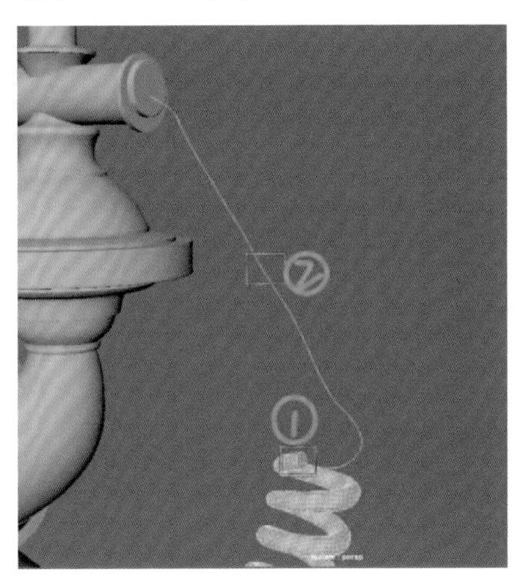

图 6.89

（74）执行 Edit Mesh → Extrude（挤出）命令后面的小方框，把 Divisions 的参数改为 50，点击 Extrude，模型就会跟随曲线挤出，如图 6.90 所示。

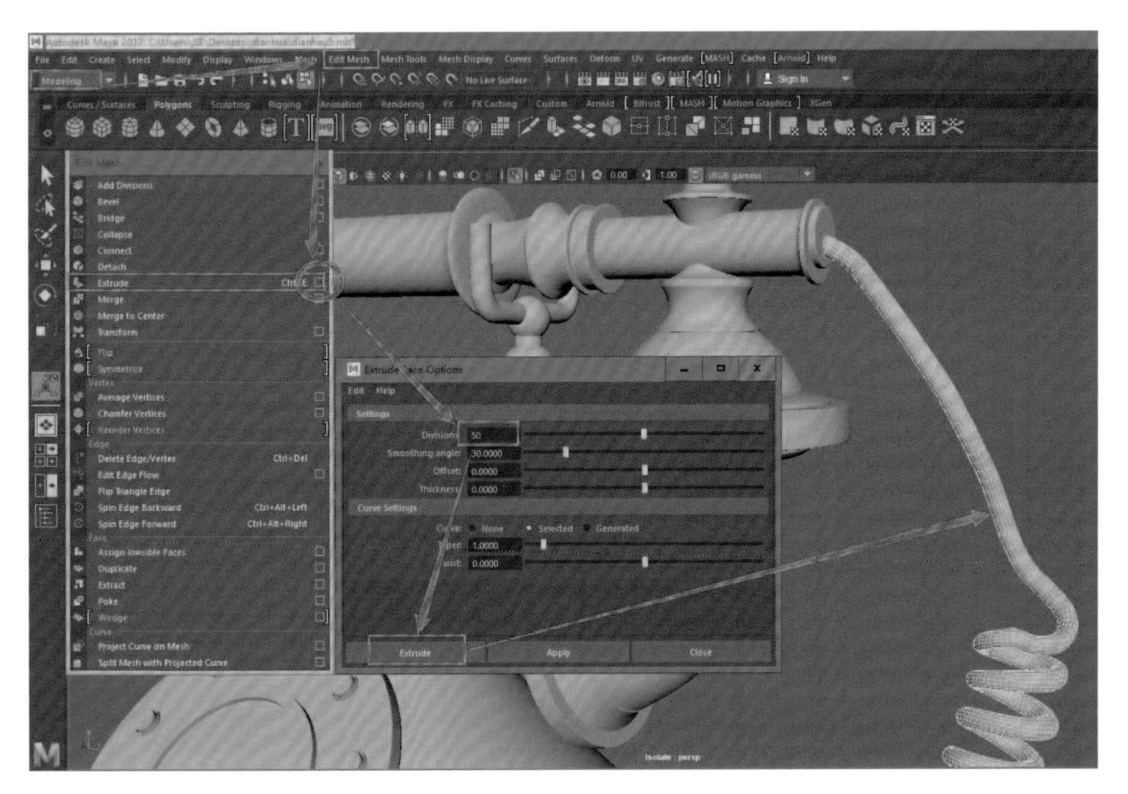

图 6.90

（75）按住鼠标右键，执行 Object Mode（物体模式）命令，选中模型，按 Alt+Shift+D 键删除历史记录，再把曲线删掉，如图 6.91 和图 6.92 所示。

图 6.91

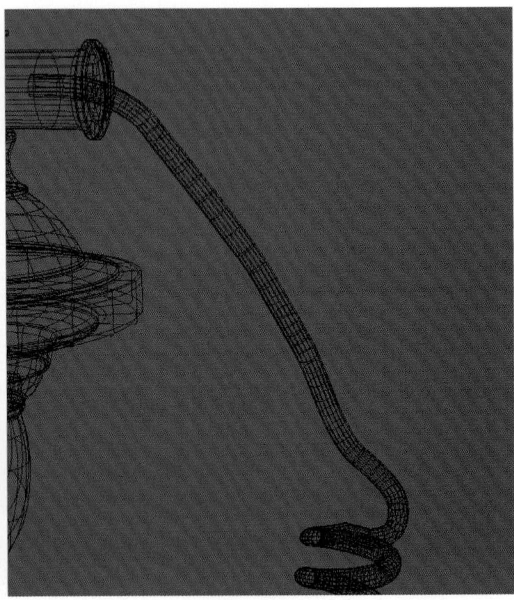

图 6.92

（76）另一边也执行（73）（74）（75）3 个步骤，模型效果如图 6.93 所示。

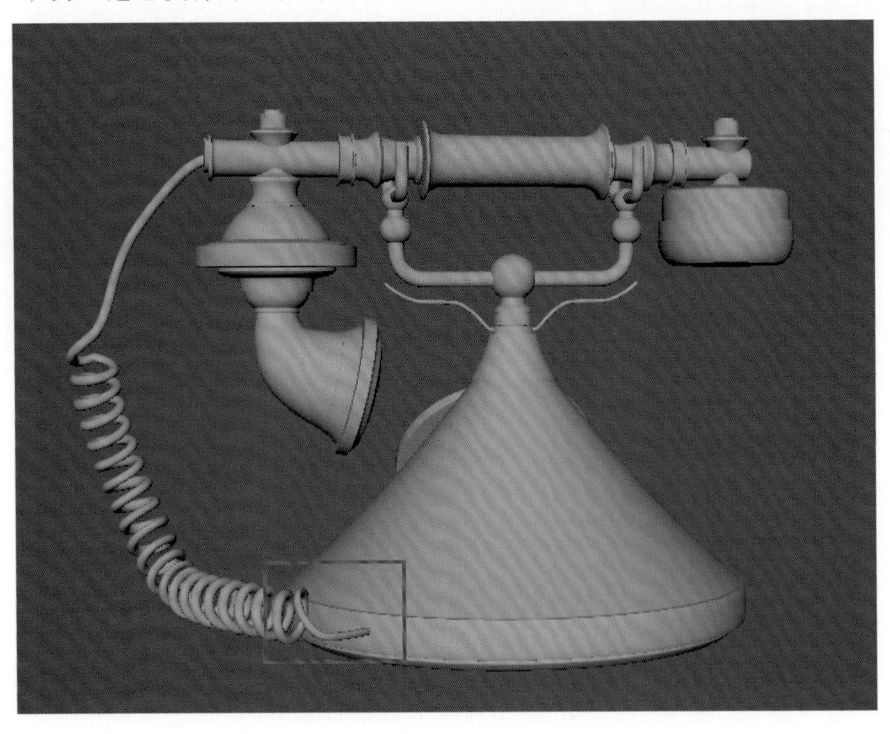

图 6.93

（77）按 F10 边选择，选中一条边，按住 Shift 键 + 鼠标右键，执行 Insert Edge Loop Tool（插入循环边线工具）命令，在两边加线，如图 6.94 所示。

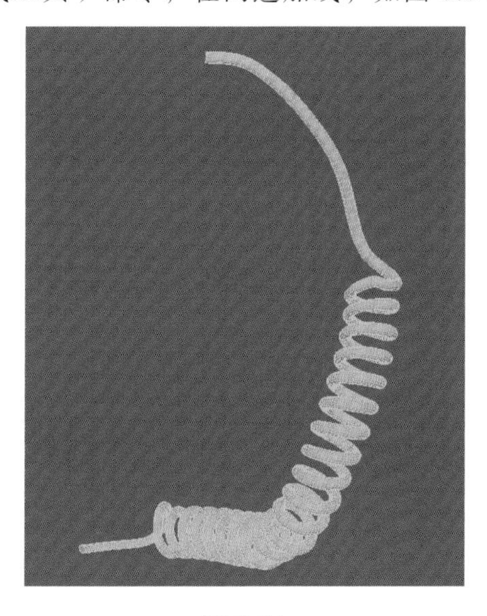

图 6.94

（78）在 Maya 界面中，执行 Polygons →圆环柱体命令，在网格上建立模型，如图 6.95 所示。

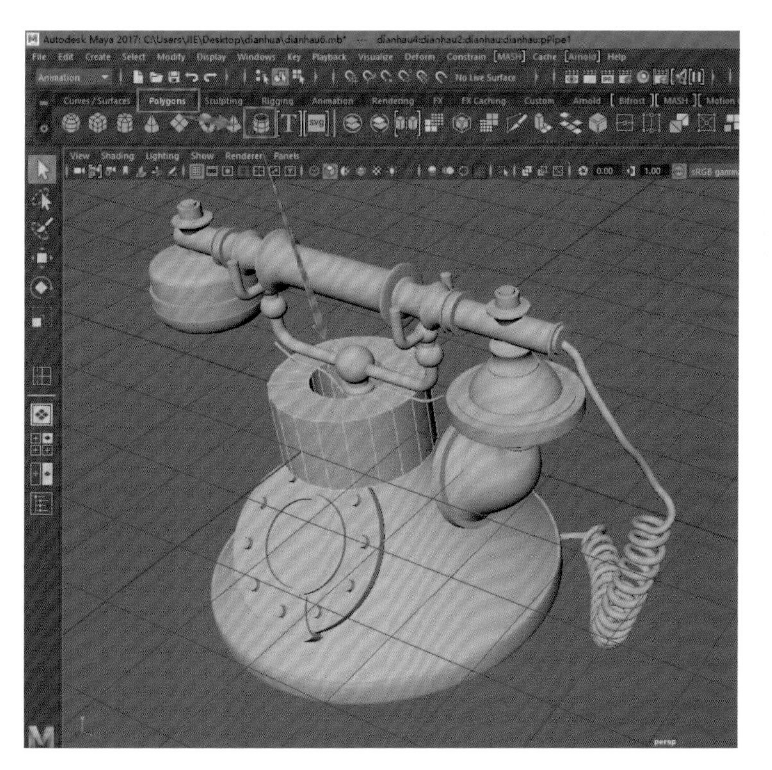

图 6.95

（79）按 E 键旋转工具，调整模型方向；按 W 键移动工具，调整模型位置；按 R 键缩放工具，调整模型大小，将右边 dianhau4：dianhau2：dianhau：dianhau：polyPipe1 的 Thickness 改为 0.3，Subdivisions Height 改为 10，如图 6.96 所示。

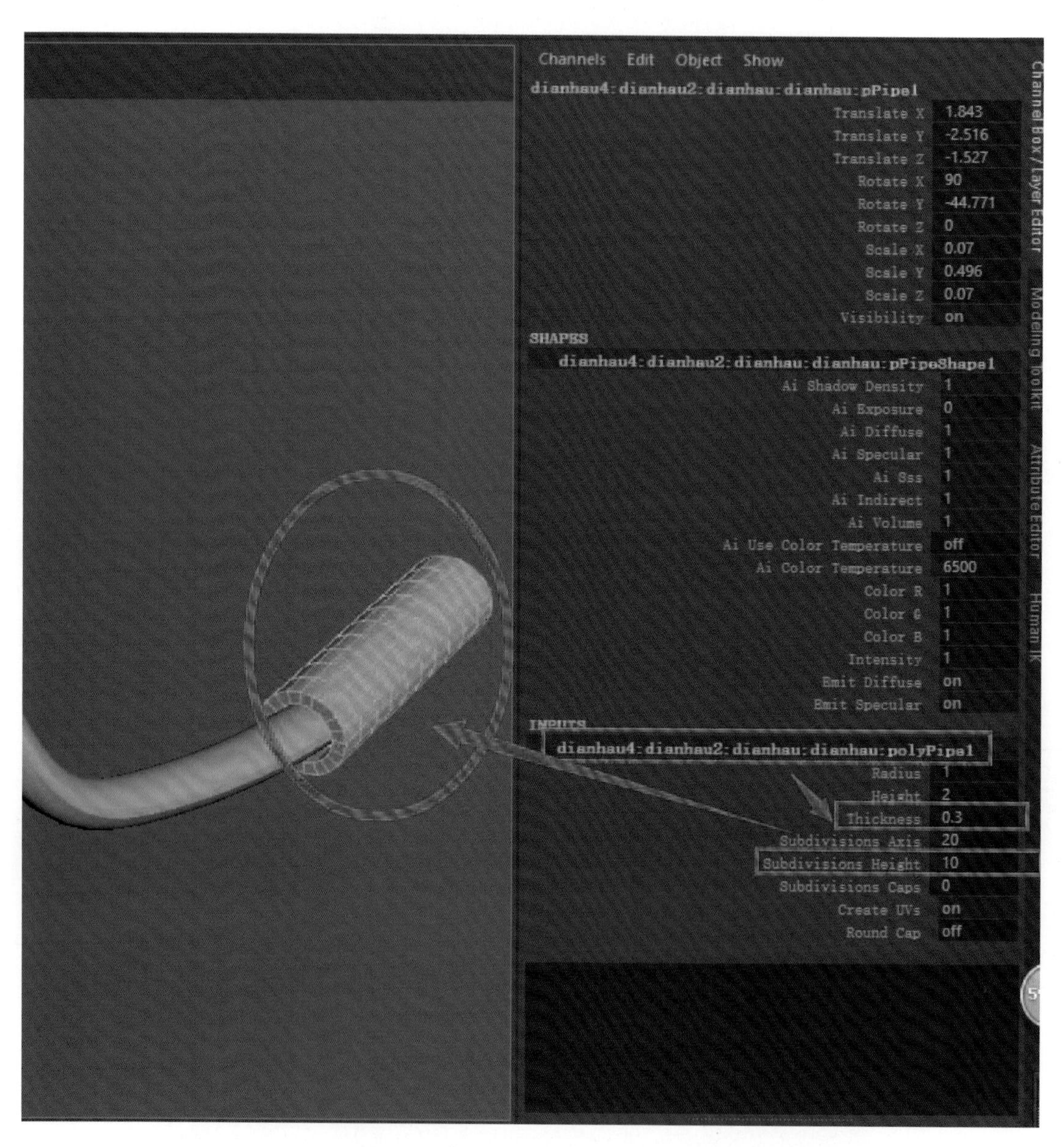

图 6.96

（80）按 F10 边选择，选中一条边，按住 Shift 键 + 鼠标右键，执行 Insert Edge Loop Tool（插入循环边线工具）命令，在菱角地方加线，并按 Ctrl+D 键，复制一个模型出来，如图 6.97 所示。

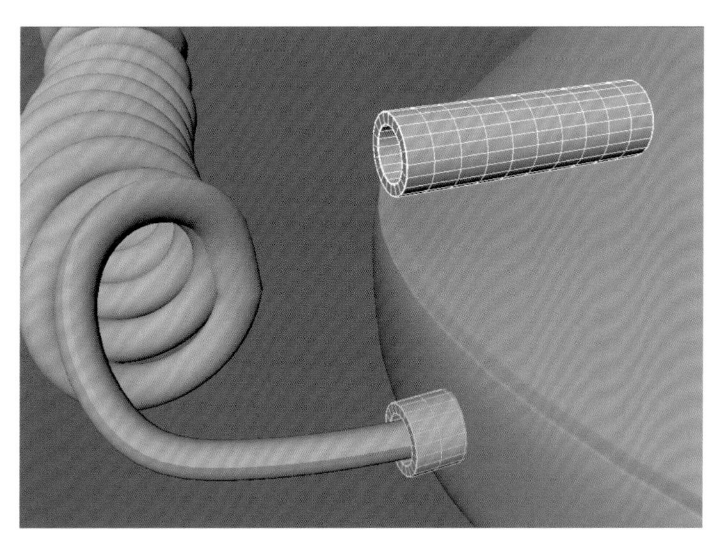

图 6.97

（81）把复制出来的模型，按 E 键旋转工具，调整模型方向；按 W 键移动工具，调整模型位置；按 R 键缩放工具，调整模型大小，如图 6.98 所示。

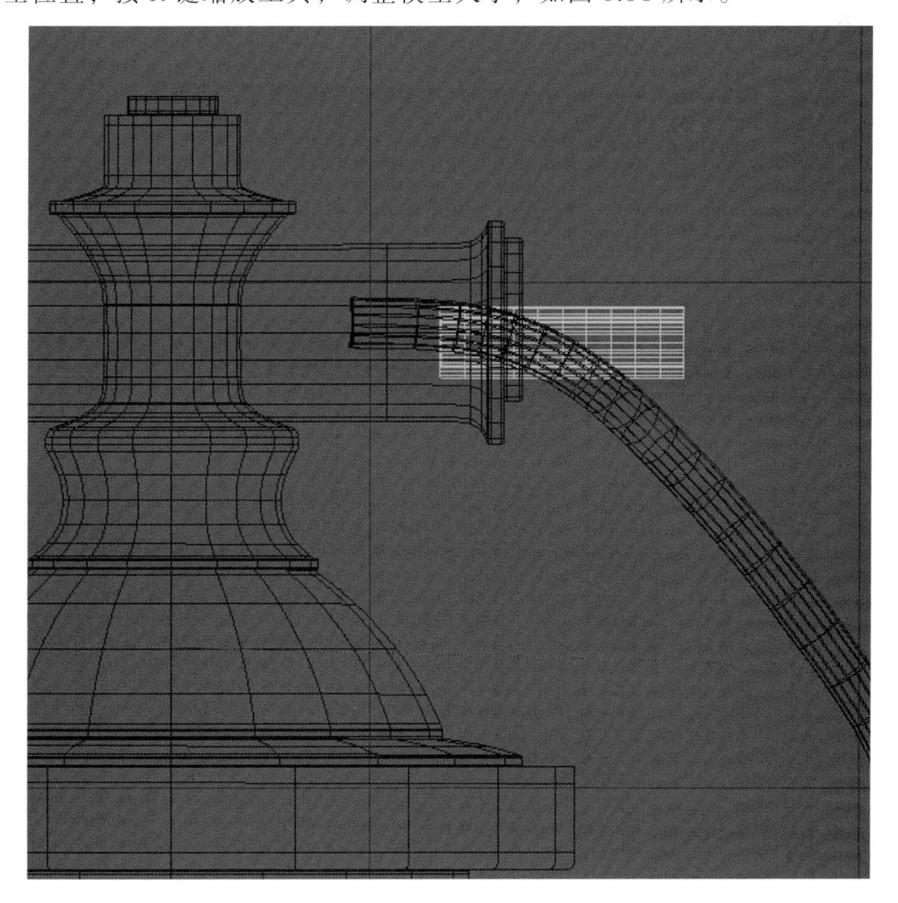

图 6.98

（82）按 F9 点选择，按 W 键移动工具，调整模型，如图 6.99 所示。

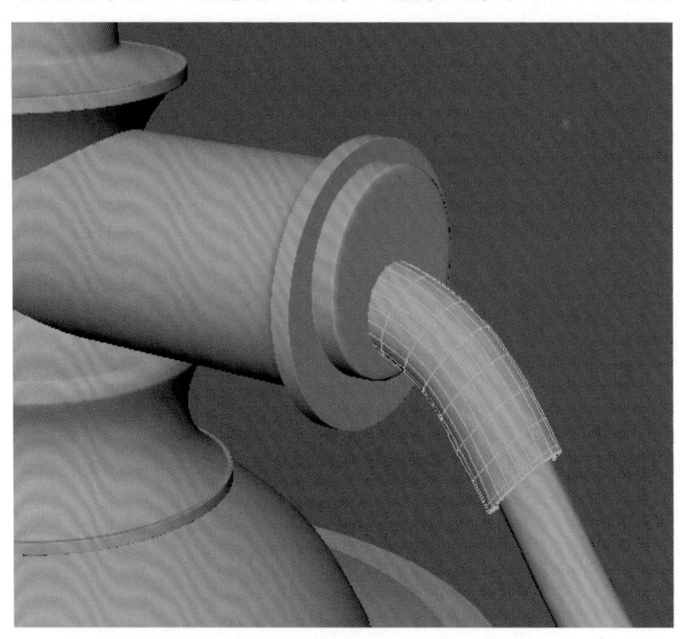

图 6.99

（83）框选全部模型，按 3 键平滑显示，模型制作完成，如图 6.100 所示。

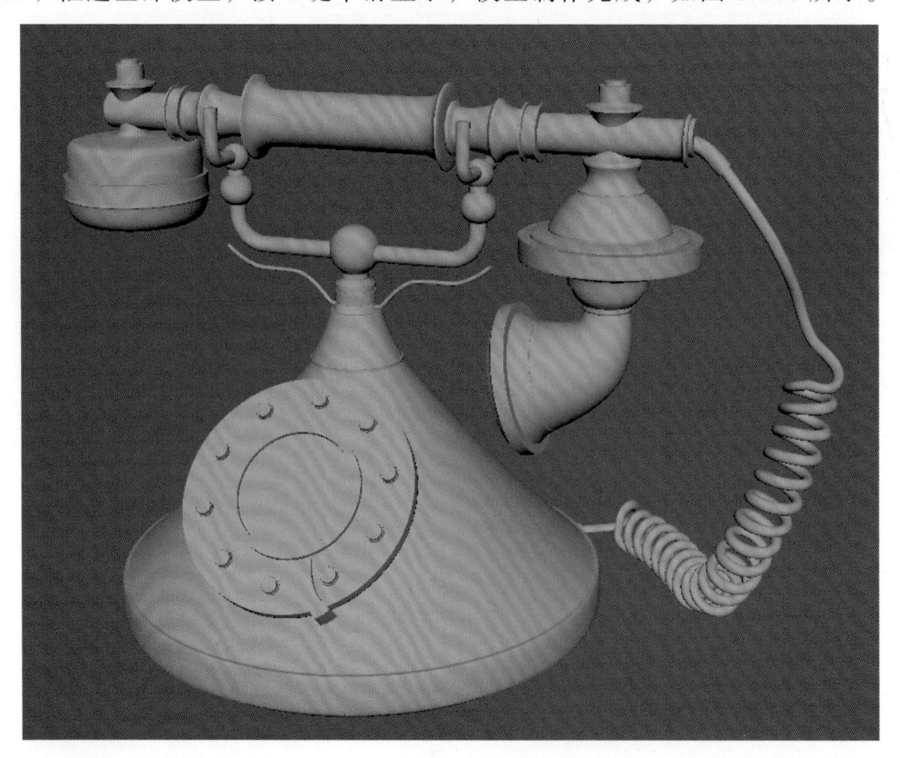

图 6.100

（84）老式电话模型的最终渲染效果如图 6.101 所示。

图 6.101

【项目拓展】

运用本项目所学知识，制作一个小提琴模型的效果，如图 6.102 所示。

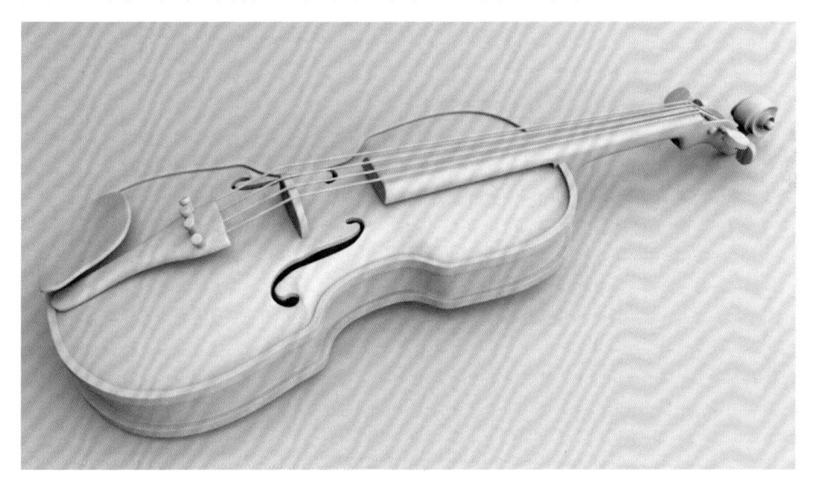

图 6.102

【项目评价】

运用项目评价表进行评价，如表 6.1 所示。

表 6.1　老式电话评价表

项目 6　评价细则		自　评	教师评价
1	Insert Edge Loop Tool 命令的使用		
2	对老式电话结构造型的把握		
3	老式电话主体的制作		
4	电话按键盘的制作		
5	Extrude（挤出）命令的使用		
6	电话线的制作		
项目综合评价			

项目7

卡通场景

【项目提出】

一部优秀的动画片离不开一个好的卡通场景（见图7.1）。卡通场景在动画模型制作中具有很重要的地位。本项目将使用Maya多边形制作卡通场景的模型。

图7.1　卡通场景

【项目分析】

此卡通场景的模型结构主要包括轮胎、木制房屋框架、卡通瓦、卡通拱门、卡通楼梯等。制作模型之前要对卡通场景的结构造型进行分析研究，对卡通场景结构分析透彻以后，再进入 Maya 软件制作卡通场景的模型。

【学习目标】

要求掌握以下内容：

（1）Shading → Wireframe on Shaded 命令。

（2）对卡通场景模型造型结构的把握。

（3）Mesh Tools → Append to Polygon 命令的使用。

（4）Mesh Tools → Create Polygon 命令的使用。

（5）卡通轮胎模型的制作。

（6）拱门、窗户模型的制作。

【项目实施】

（1）首先制作卡通场景的轮胎模型部分。运行 Maya 软件，执行 Create → Polygon Primitives → Pipe 创建一个圆管状多边形体，点击图标，打开右边属性通道栏，将属性 Rotate X 设置为 90，polyPipe 下的 Height 设置为 0.7，Thickness 设置为 0.2，如图 7.2 所示。

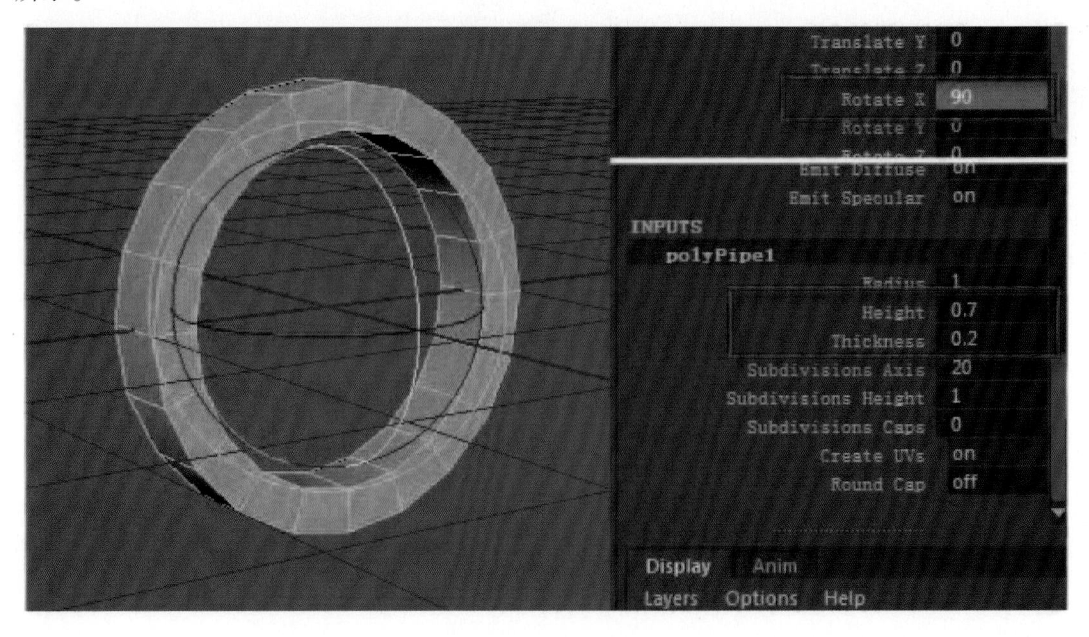

图 7.2

（2）选中圆管模型，按快捷键 Ctrl+D 复制一个模型，选中复制出来的模型，调整右边属性，将 polyPipe1 的 Radius 设置为 1.05，Height 设置为 0.5，Thickness 设置为 0.1，如图 7.3 所示。

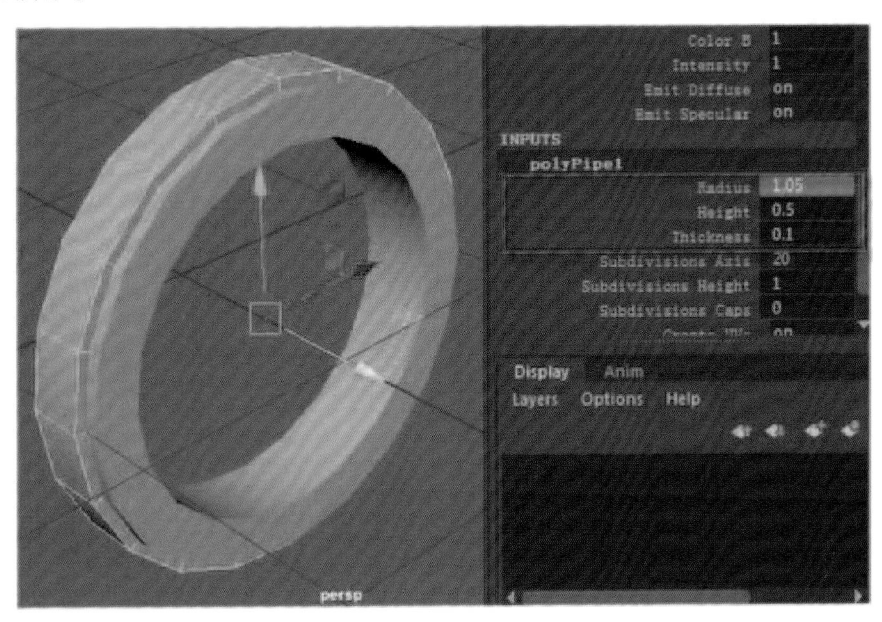

图 7.3

（3）执行菜单 Shading → Wireframe on Shaded 命令显示模型边线，如图 7.4 所示。

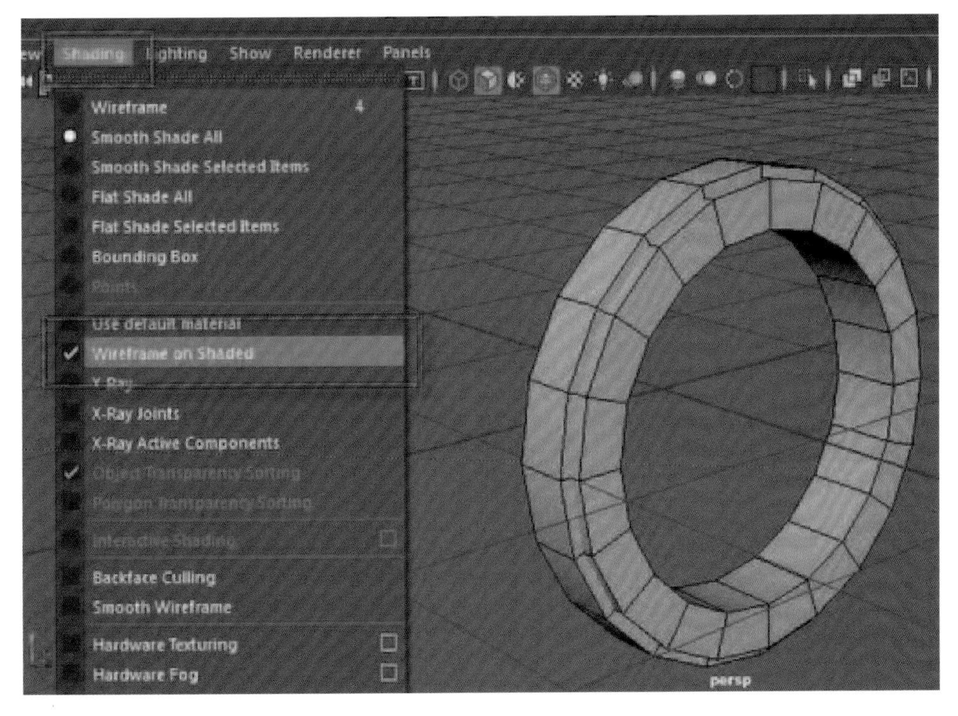

图 7.4

（4）执行 Create → Polygon Primitives → Cylinder 命令创建一个圆柱模型，打开右边属性，将 Rotate X 设置为 90，将圆柱模型缩放并移动到圆管模型的正中心位置，如图 7.5 所示。

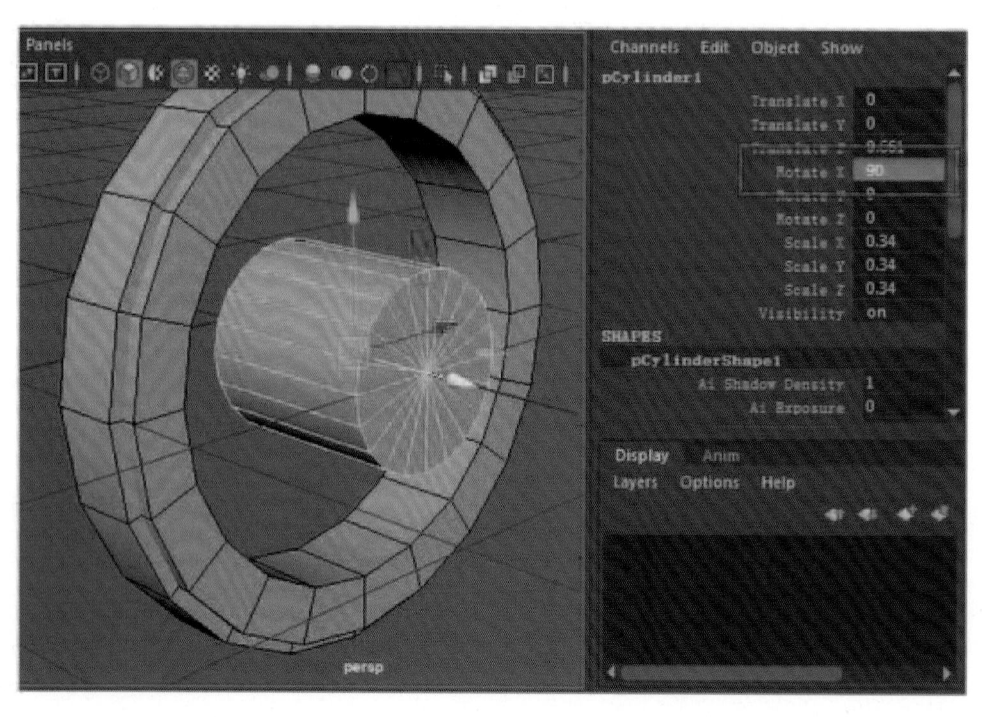

图 7.5

（5）选中圆柱模型右侧的面，执行 Edit Mesh → Extrude（挤出）命令制作出模型的细节，如图 7.6 所示。

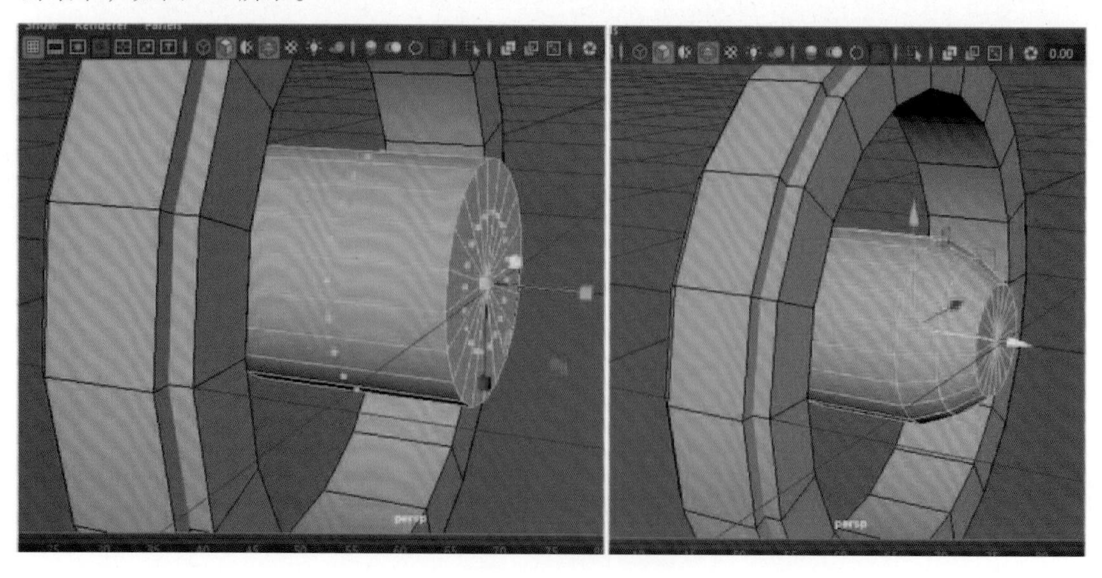

图 7.6

（6）创建一个 Polygon 多边形圆柱模型，缩放调整大小，如图 7.7 所示。

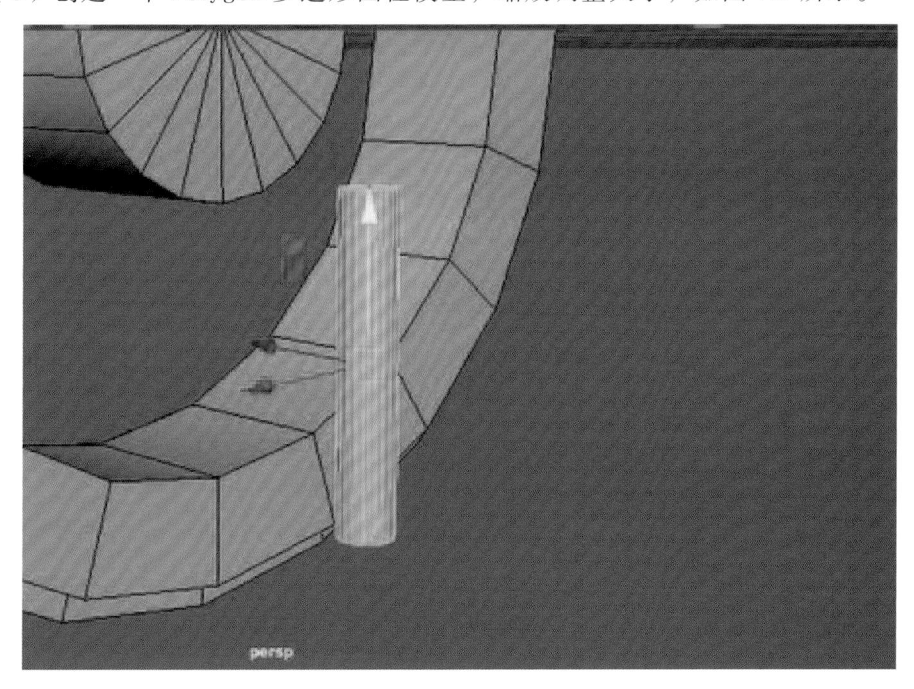

图 7.7

（7）选中圆柱模型，执行 Mesh Tools → Insert Edge Loop 命令添加两条环行线，框选中间的面，执行 Extrude 命令挤出并缩放制作出圆柱细节，如图 7.8 所示。

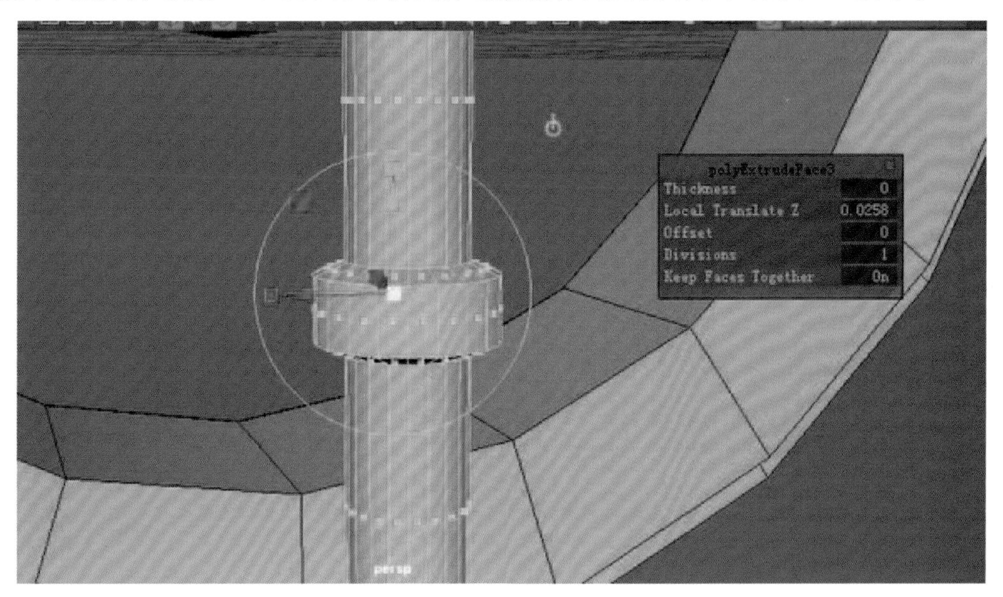

图 7.8

（8）在模型的边界位置插入环行线，模型做硬边处理，如图 7.9 所示。

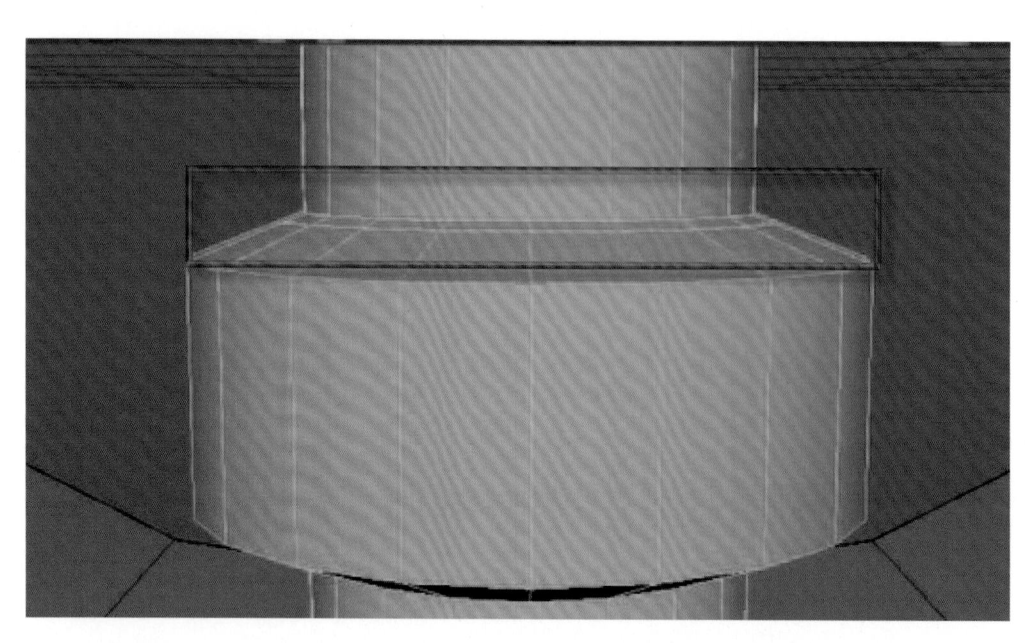

图 7.9

（9）选中圆柱模型，使用移动工具，将圆柱模型移动摆放到中间位置，如图 7.10 所示。

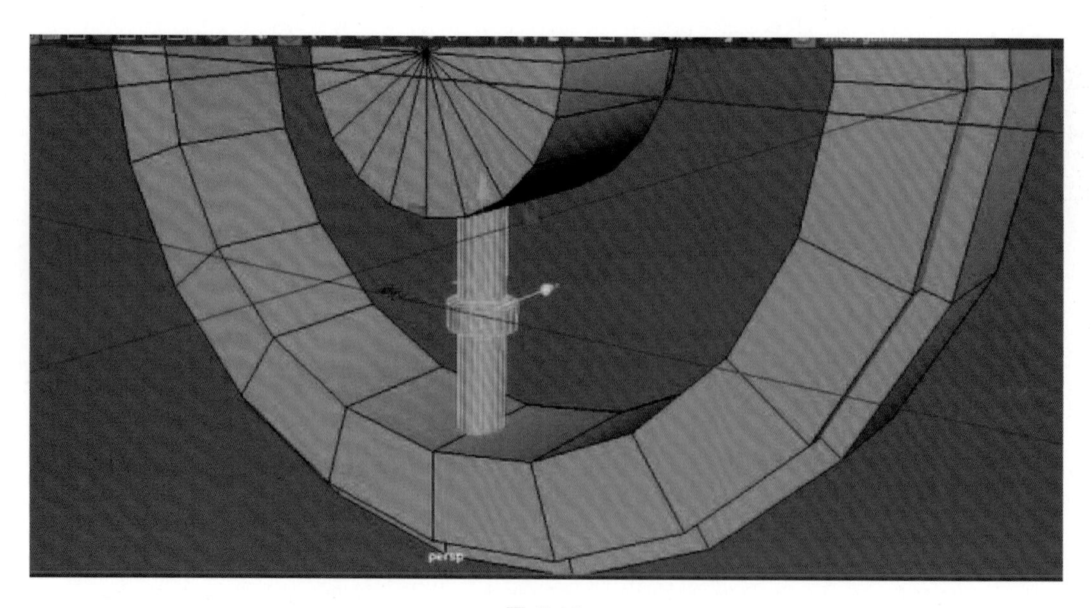

图 7.10

（10）在前视图选中圆柱模型，按 Insert 插入键，调整圆柱模型的坐标轴心到圆管模型的中心位置，调整完成再次按 Insert 插入键，如图 7.11 所示。

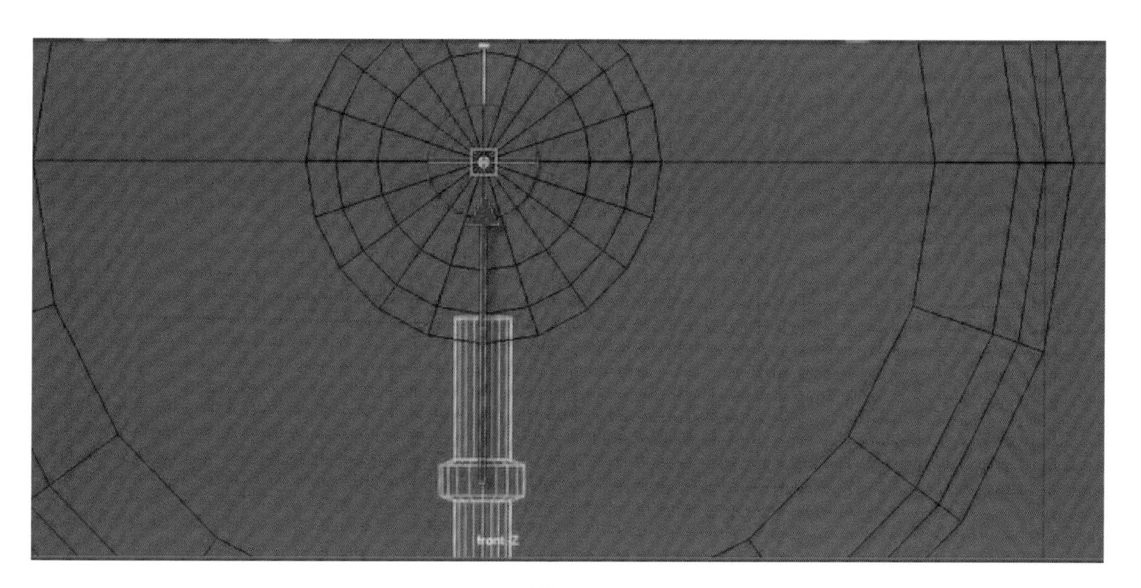

图 7.11

（11）在圆柱模型被选中的状态下，执行 Edit → Duplicate Special 复制命令点后面的正方形框，打开命令属性设置对话框，设置 Rotate Z 轴为 60，Number of copies 为 5，点击 Apply 按钮，沿着中心旋转复制出 5 个圆柱模型，如图 7.12 所示。

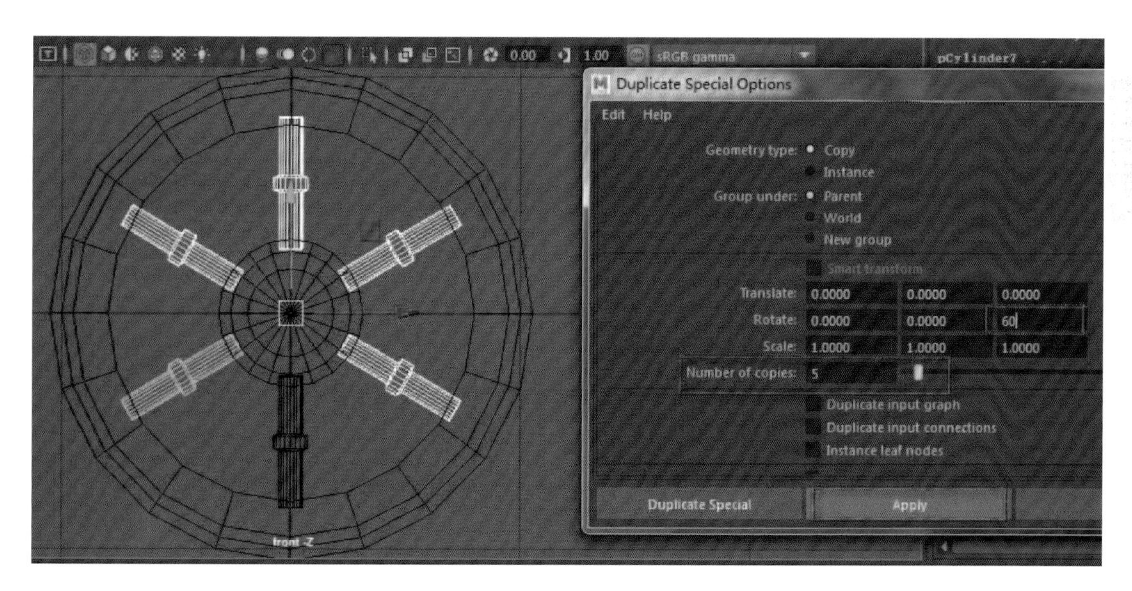

图 7.12

（12）在透视图中选中模型，执行 Mesh Tools → Insert Edge Loop 命令，对轮胎所有模型的边界地方添加环形硬边线，对模型边缘的地方做硬边处理，如图 7.13 所示。

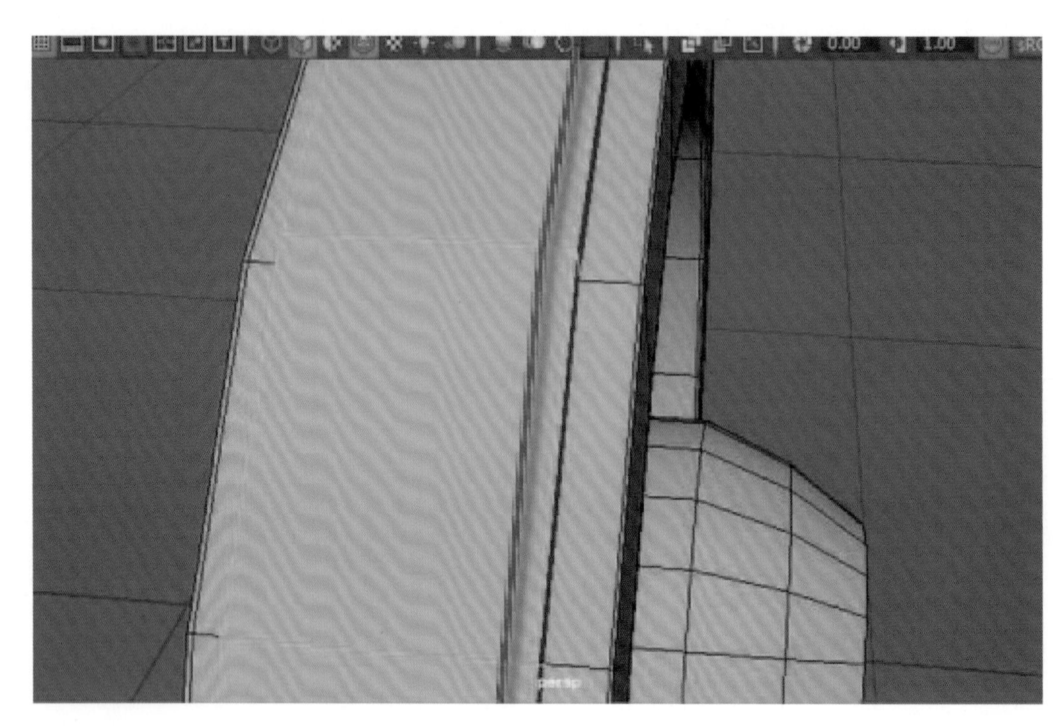

图 7.13

（13）进一步为模型添加环形线，提高模型的分段数，按 3 键平滑显示，进行观察，再按 1 键返回正常显示，如图 7.14 所示。

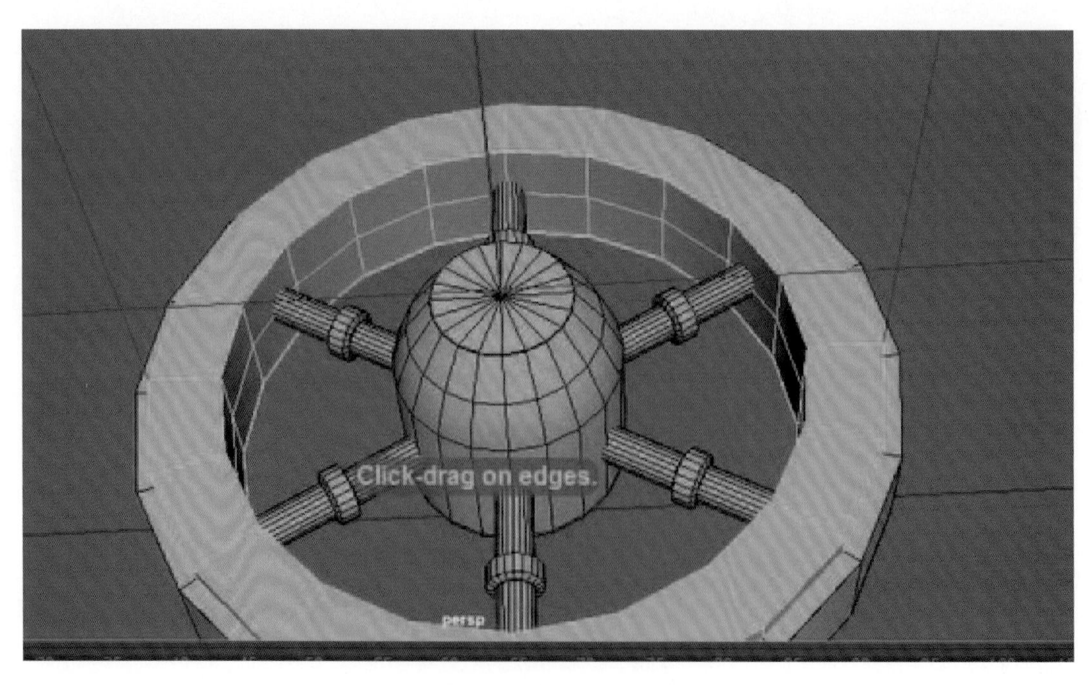

图 7.14

（14）框选所有模型，按快捷键 Ctrl+G 对轮胎所有模型进行打组，如图 7.15 所示。

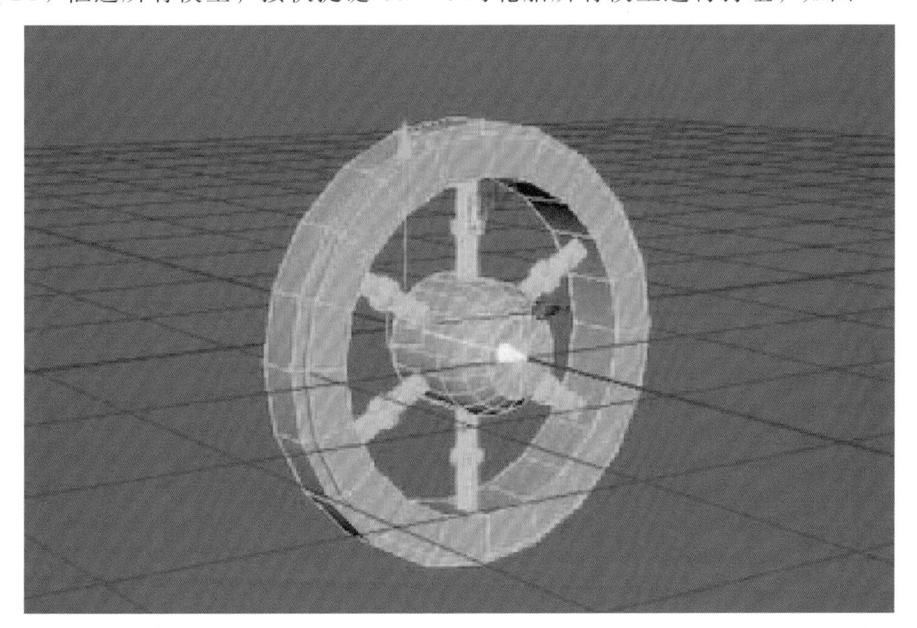

图 7.15

（15）在轮胎模型组被选中的状态下，打开右边的属性通道栏，设置 Scale Z 为 -1，镜像复制出另一边轮胎模型，并移动调整到合适位置，如图 7.16 所示。

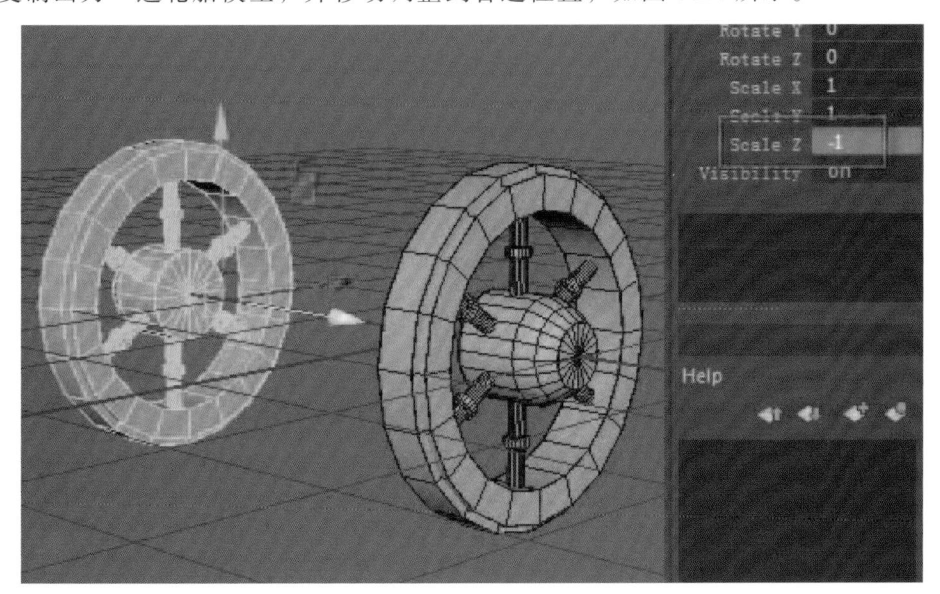

图 7.16

（16）创建一个圆柱模型，打开右边的属性通道栏，设置 polyCy linder 3 → Subdivisions Axis 为 12，如图 7.17 所示。

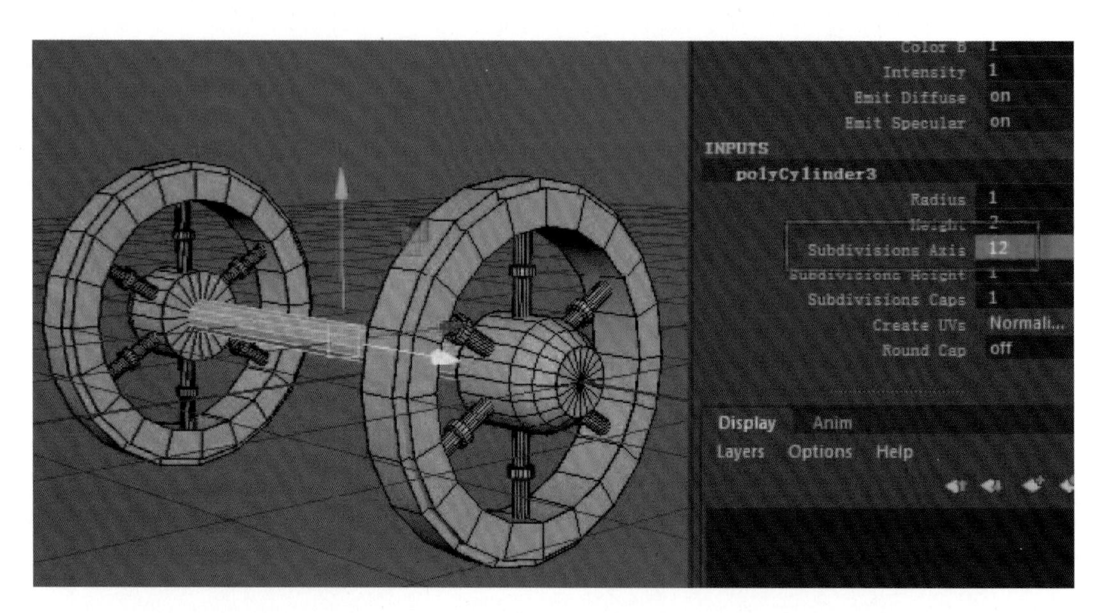

图 7.17

（17）框选所有模型，按 Ctrl+G 键打组。再按 Ctrl+D 键复制出后边两个轮胎模型，将后边两个轮胎模型移动到合适的位置，如图 7.18 所示。

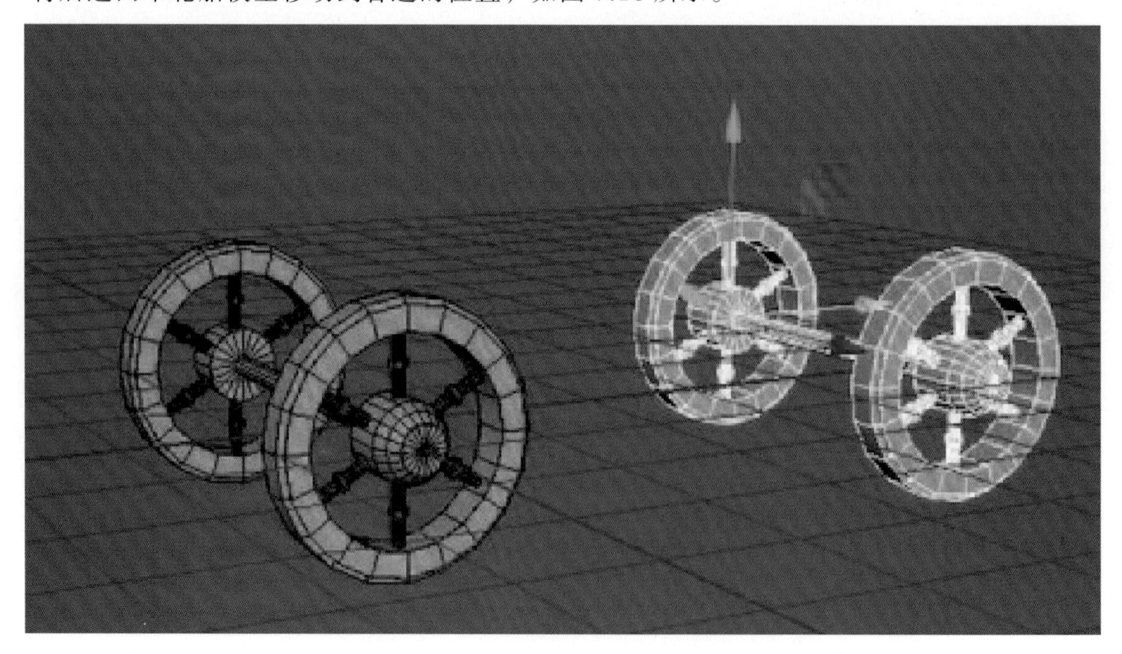

图 7.18

（18）执行 Create → Polygon Primitives → Cube 命令，创建一个立方体，如图 7.19 所示。

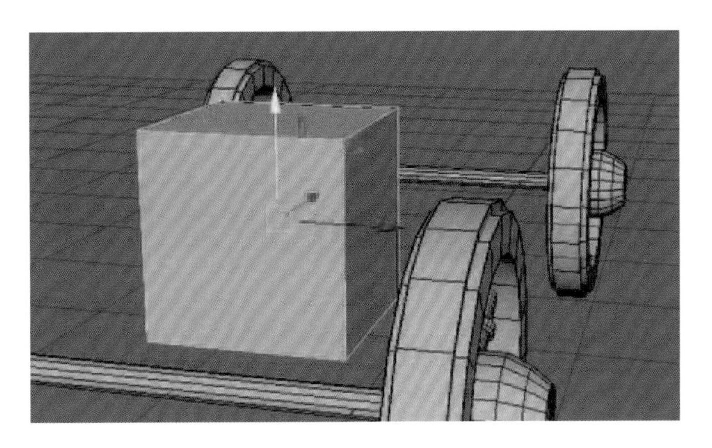

图 7.19

（19）选中刚创建的立方体模型，缩放变形，并调整到轮胎合适的位置上，如图 7.20 所示。

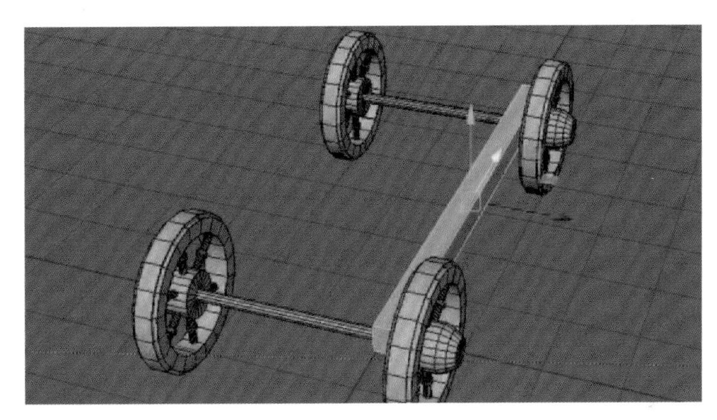

图 7.20

（20）选中立方体模型，按 Ctrl+D 键复制出另一边的立方体模型，如图 7.21 所示。

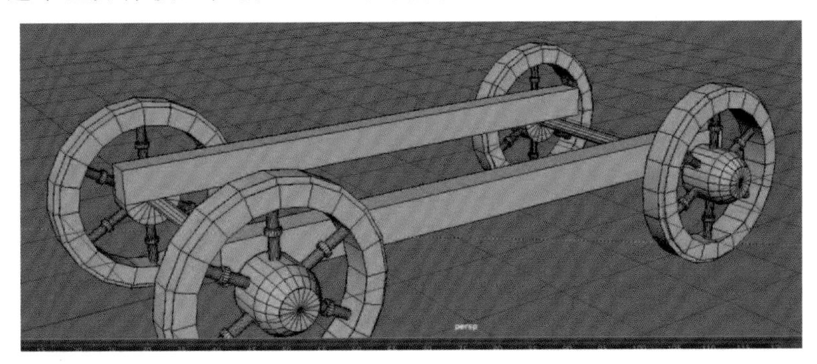

图 7.21

（21）选中一个立方体，按 Ctrl+D 键复制一个立方体出来，并缩放调整制作出中间地板部分的模型，如图 7.22 所示。

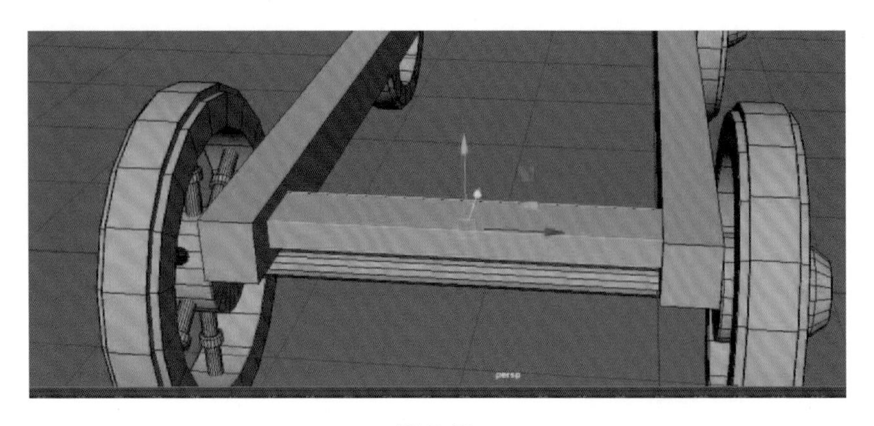

图 7.22

（22）选中刚制作的中间地板模型，使用 Insert Edge Loop 命令，添加分段数线，边缘地方添加硬边线，按 Shift+D 键等距离复制出其他地板模型，如图 7.23 所示。

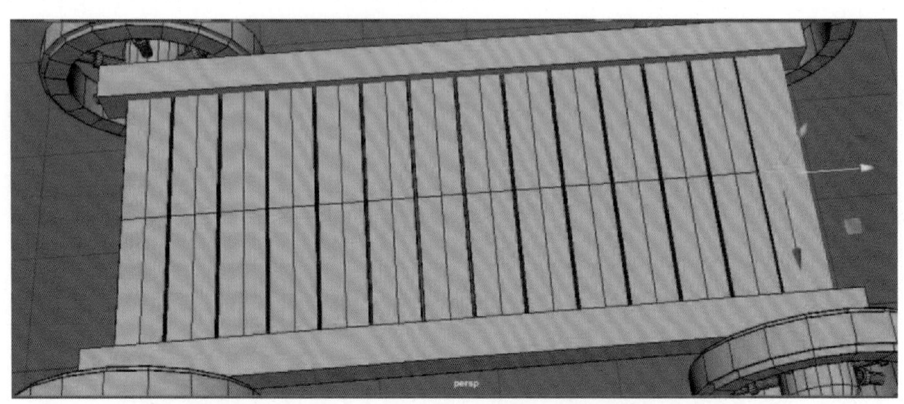

图 7.23

（23）使用立方体模型搭建摆放出轮胎上面的主体框架模型，如图 7.24 所示。

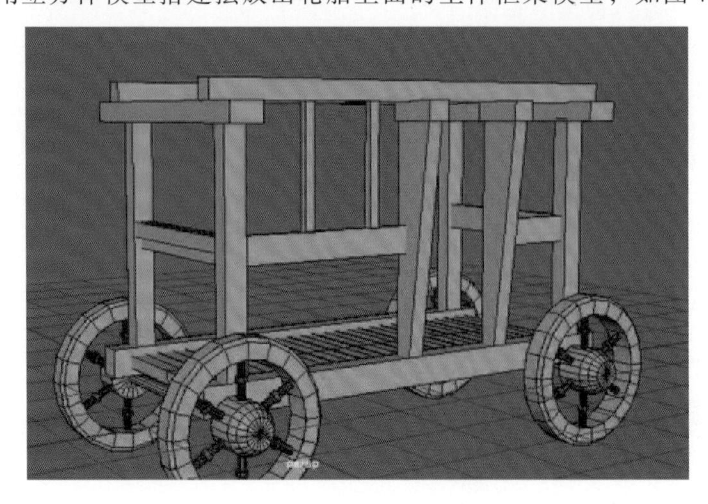

图 7.24

（24）使用 Cube 立方体缩放、加线分段，制作出墙面木板模型，如图 7.25 所示。

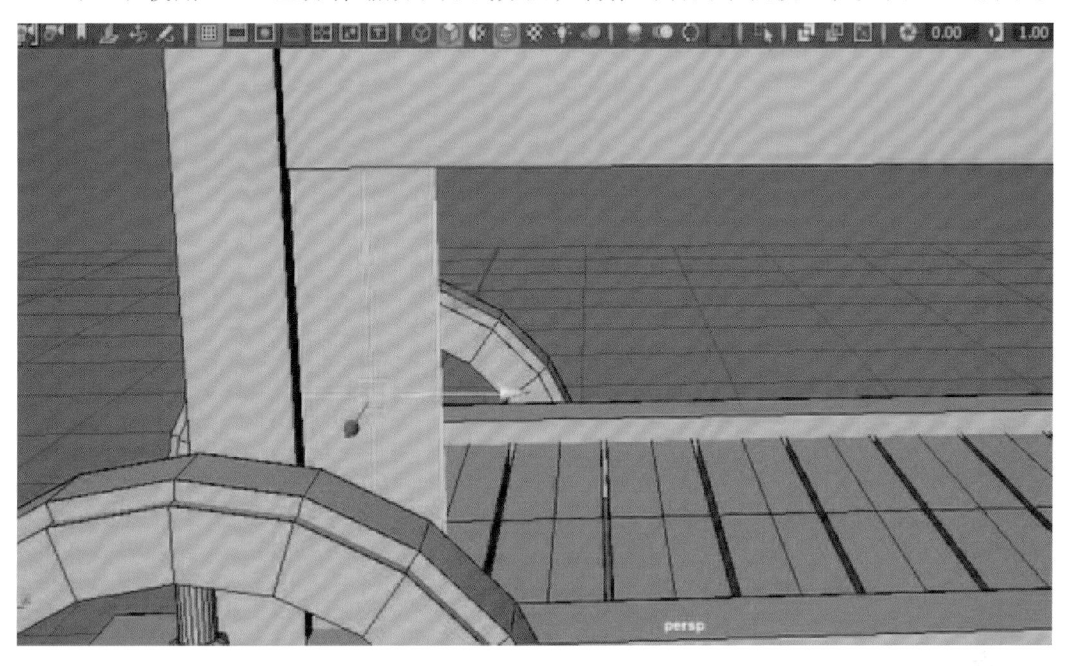

图 7.25

（25）复制并摆放出墙面其他木板模型，摆放的时候可以适当调整缩放木板模型的大小，将木板模型摆放到墙面合适的位置，复制并摆放出两侧的轮胎模型，如图 7.26 所示。

图 7.26

（26）创建一个圆管状多边形体，打开右边的属性通道栏，设置参数 Radius 为 3，Height 为 3，Thickness 为 0.2，如图 7.27 所示。

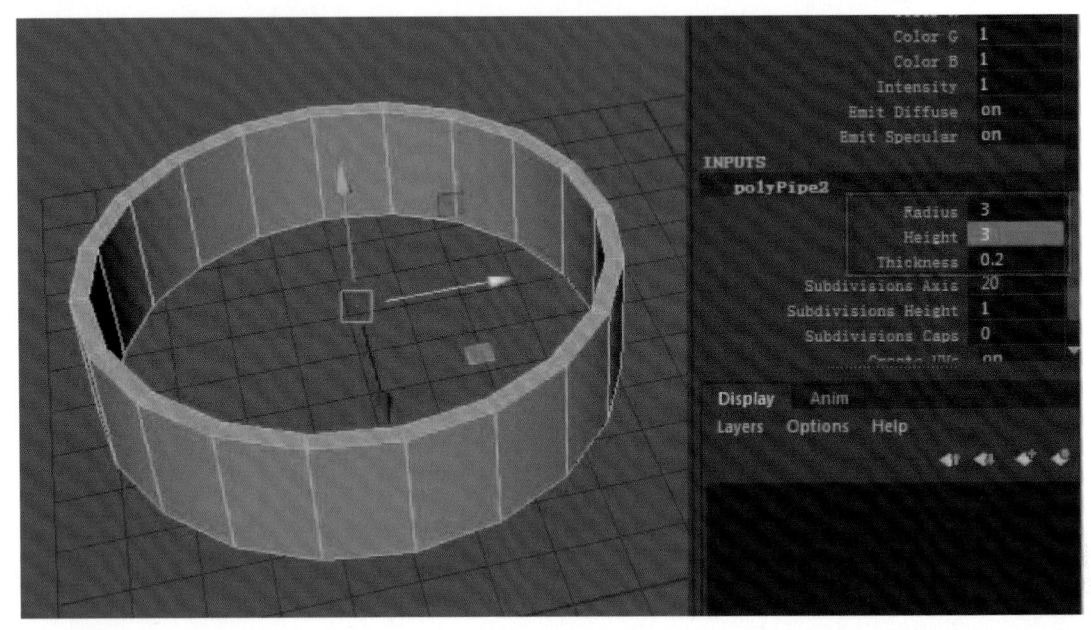

图 7.27

（27）选中圆管状多边形体，设置右边属性 Rotate Z 为 90，选中下半部分的面，按 Delete 键删除，如图 7.28 所示。

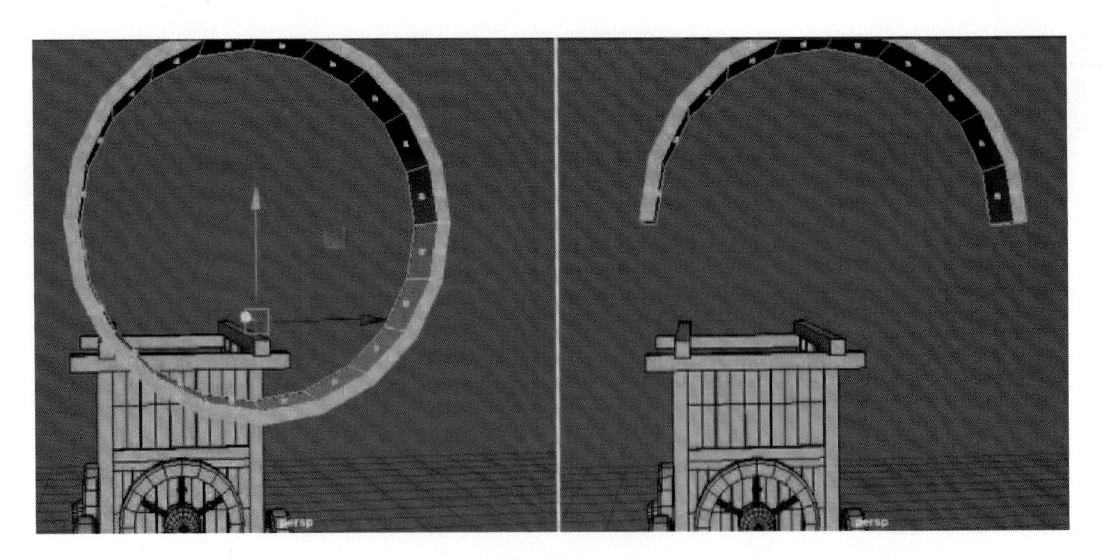

图 7.28

（28）选中上半圆管状多边形，执行 Mesh Tools → Append to Polygon 命令，对上一步删除后留下的孔洞部分添加面，如图 7.29 所示。

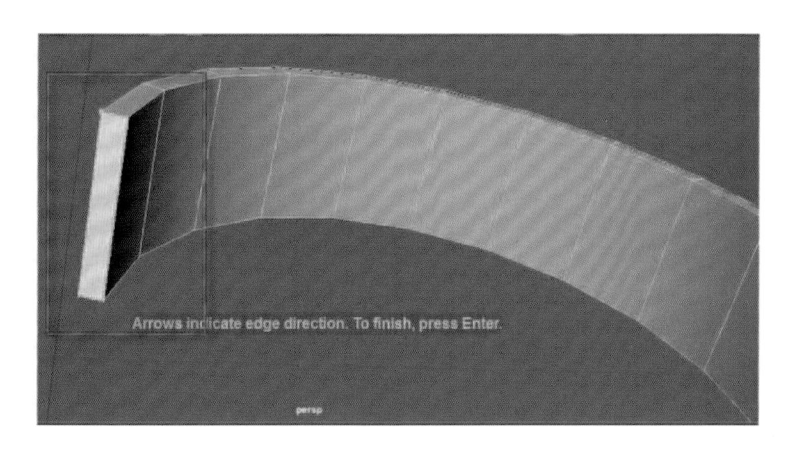

图 7.29

（29）将半圆管状多边形模型缩放调整到合适的位置，制作出卡通瓦片模型，如图 7.30 所示。

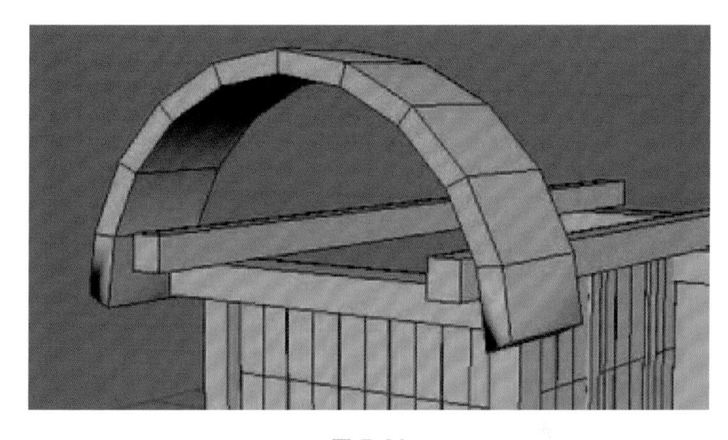

图 7.30

（30）按 Ctrl+D 键，复制出其他卡通瓦片的模型，缩放调整摆放到合适的位置，如图 7.31 所示。

图 7.31

（31）复制多个墙面木板模型，摆放到拱门上面合适位置，缩放移动木板模型的点，制作出拱门里面的木板模型，如图 7.32 所示。

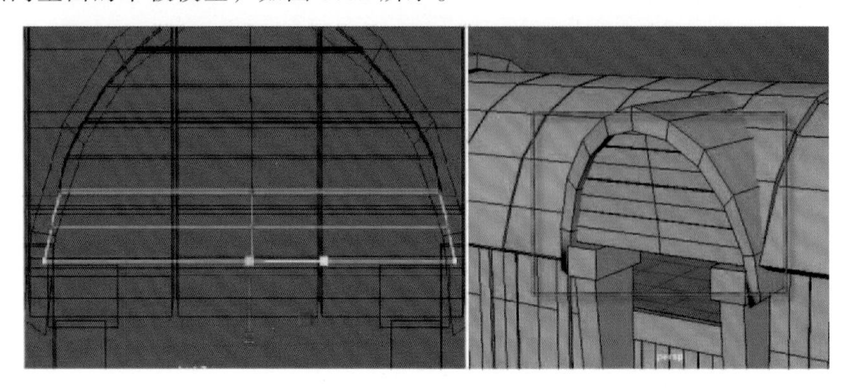

图 7.32

（32）制作出卡通木屋背后面墙的木板模型，如图 7.33 所示。

图 7.33

（33）制作门的模型，执行 Create → Polygon Primitives → Plane 命令创建一个多边形平面模型，执行 Mesh Tools → Multi-Cut 命令布线，调整布线后平面的点为圆形，选中圆形的面按 Delete 键删除，如图 7.34 所示。

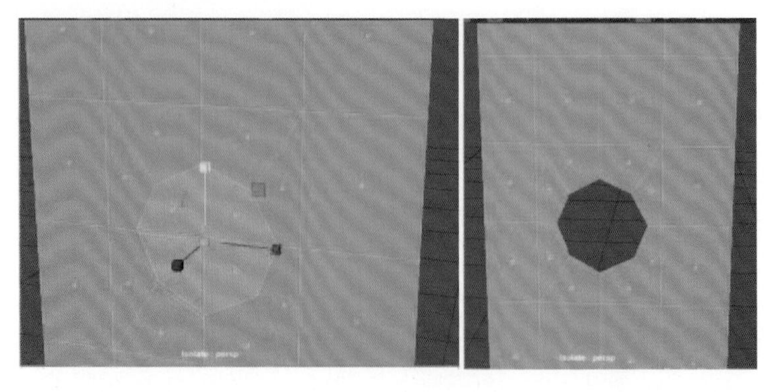

图 7.34

（34）框选门平面模型所有的面，执行 Edit Mesh → Extrude（挤出）命令制作出门的厚度，如图 7.35 所示。

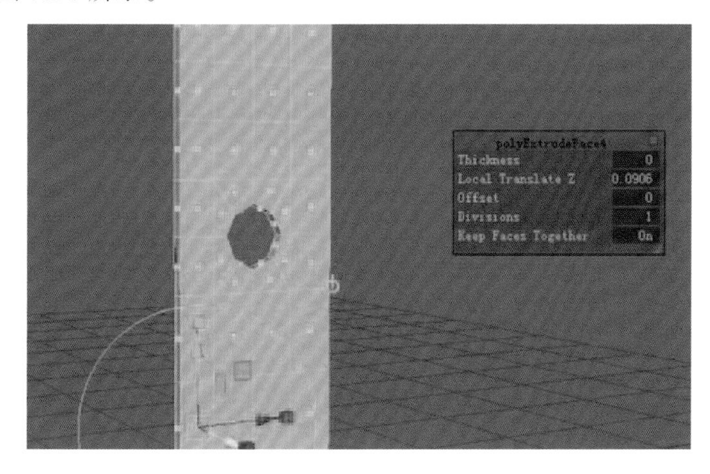

图 7.35

（35）将门的模型调整摆放到门框合适的位置，如图 7.36 所示。

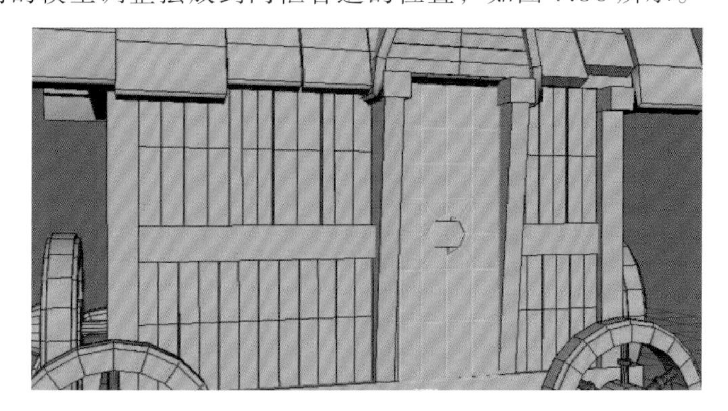

图 7.36

（36）此时卡通场景模型的整体效果如图 7.37 所示。

图 7.37

（37）执行 Mesh Tools → Create Polygon 命令，在前视图创建墙角装饰模型的多边形形状面片，如图 7.38 所示。

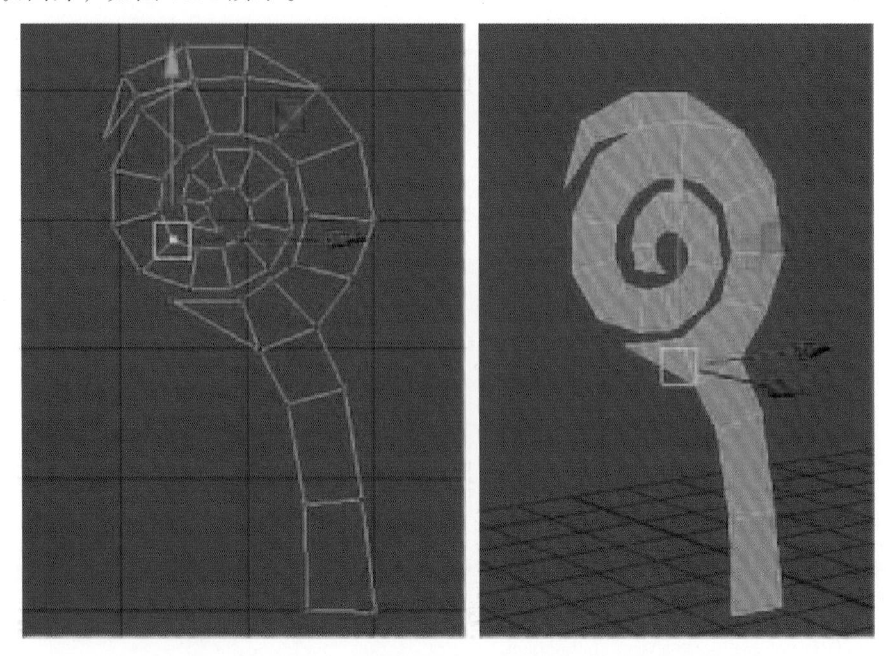

图 7.38

（38）框选形状面片所有的面，执行 Edit Mesh → Extrude（挤出）命令制作出装饰模型的厚度。在模型边缘的地方，执行 Insert Edge Loop 命令，添加环形线做硬边处理，将装饰模型摆放到墙角合适的位置，如图 7.39 所示。

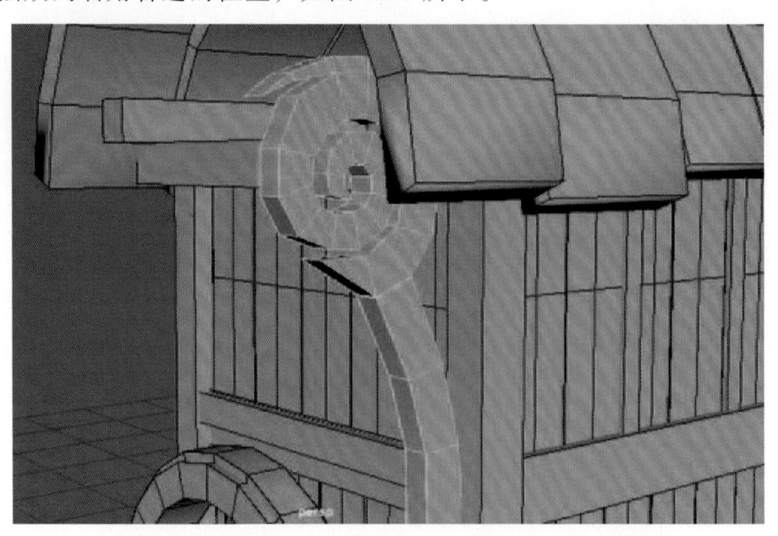

图 7.39

（39）按 Ctrl+D 键，复制出其他 3 个墙角的装饰模型，如图 7.40 所示。

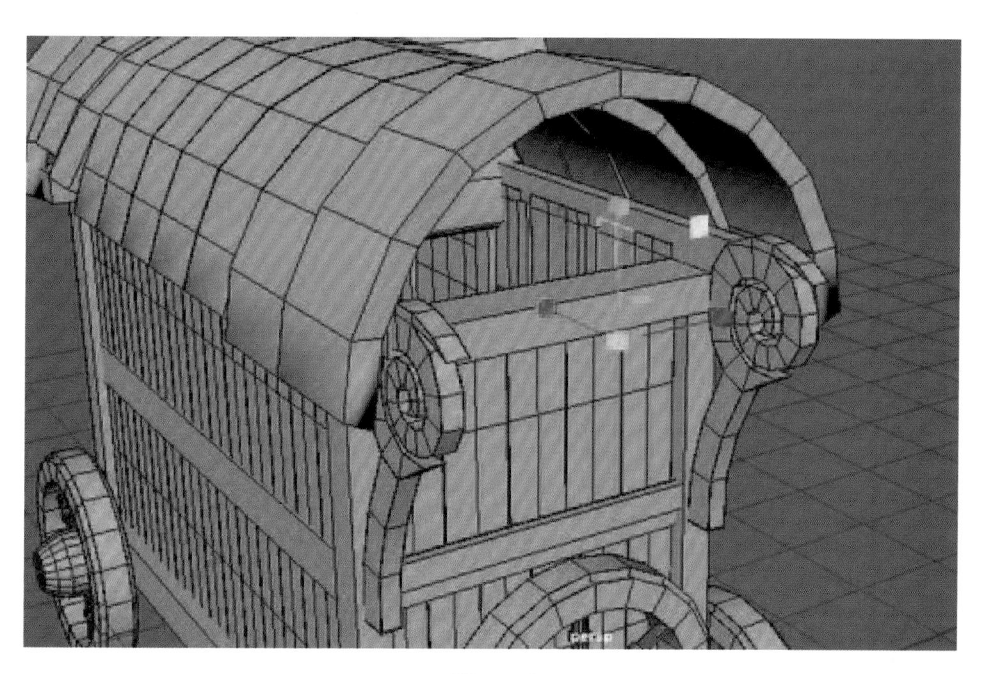

图 7.40

（40）进一步制作出墙面木板模型，如图 7.41 所示。

图 7.41

（41）制作双拱形窗户孔洞模型，执行 Create → Polygon Primitives → Pipe 命令创建一个圆管状多边形体，框选侧面和顶部的面删除，留下底面，再次删除下半边的面，留下拱形多边形面片，如图 7.42 所示。

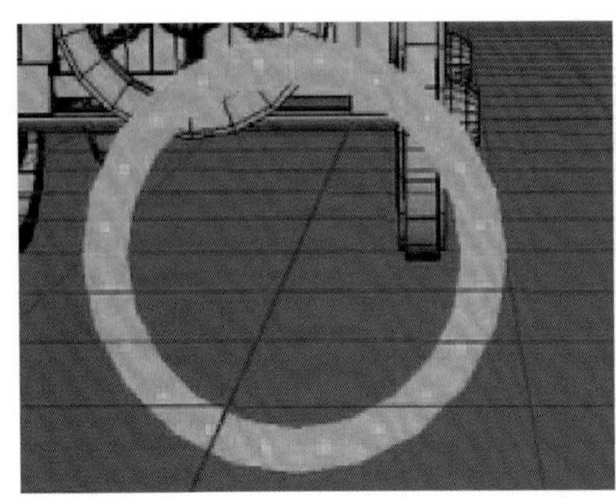

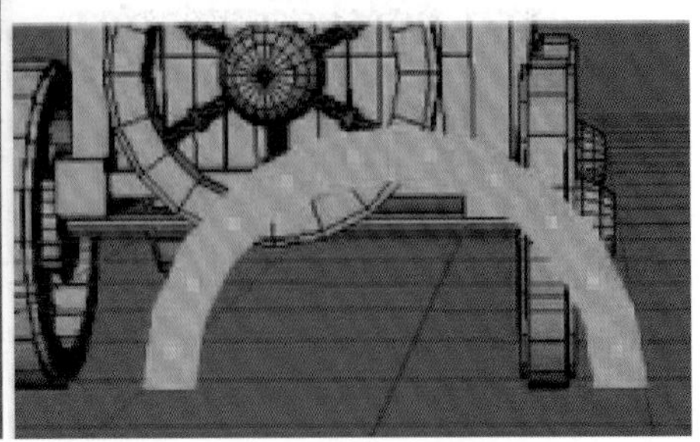

图 7.42

（42）按 Ctrl+D 键，再复制一个拱形多边形面片，如图 7.43 所示。

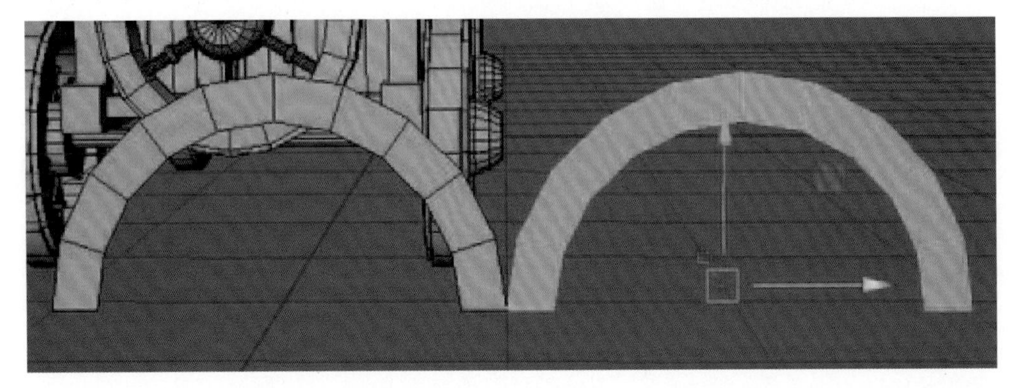

图 7.43

（43）选中两个拱形多边形面片模型，执行 Mesh→Combine 命令合并两个面片模型，合并中间的点，同时调整点的位置，使多边形面片更接近双拱形窗户的形状，如图 7.44 所示。

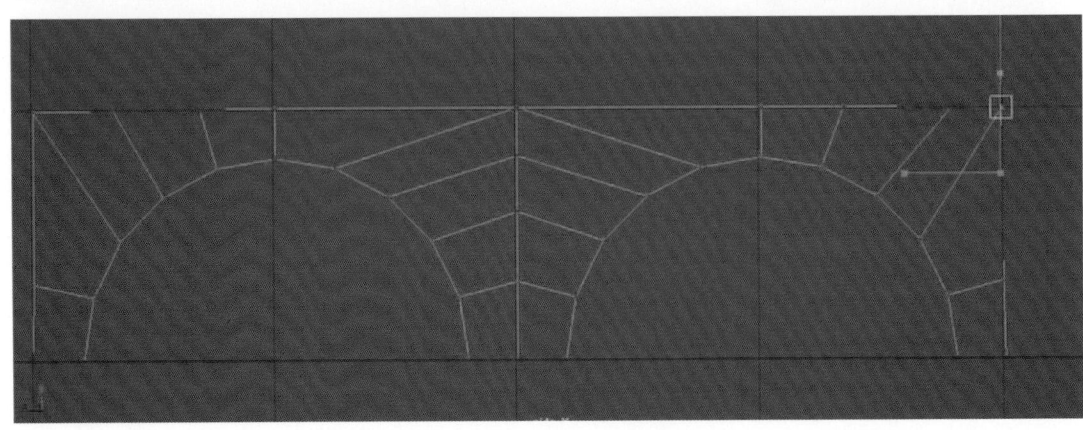

图 7.44

（44）选中双拱形多边形面片，执行 Edit Mesh → Extrude 命令挤出双拱形窗户孔洞模型的厚度，如图 7.45 所示。

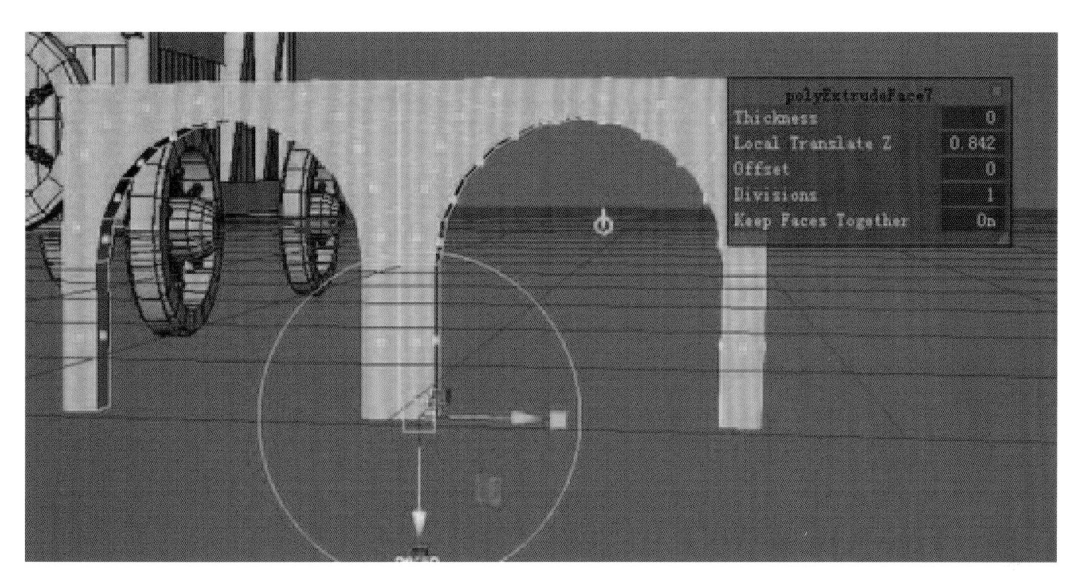

图 7.45

（45）选中窗户孔洞模型，将窗户孔洞模型摆放到合适的位置，如图 7.46 所示。

图 7.46

（46）根据窗口孔洞模型同样的制作原理，制作出窗户的框架模型，如图 7.47 所示。

图 7.47

（47）将窗户框架模型摆放到窗口空洞里面合适的位置，如图 7.48 所示。

图 7.48

（48）此时卡通场景模型整体效果如图 7.49 所示。

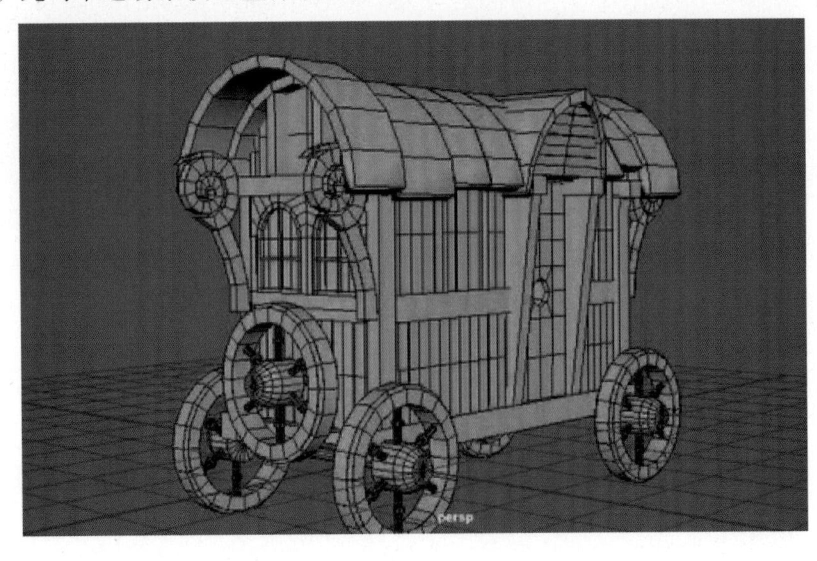

图 7.49

（49）根据前面同样的制作方法和原理，制作出卡通场景房屋第 2 层的大体框架模型，如图 7.50 所示。

图 7.50

（50）进一步制作出卡通房屋第 2 层的模型。拱门、墙面木板、卡通瓦片等模型的制作，如图 7.51 所示。

图 7.51

（51）制作出卡通栏杆模型部分，如图 7.52 所示。

图 7.52

（52）执行 Create → Polygon Primitives → Cylinder 命令，创建圆柱模型，挤出加线，制作出卡通瓦片上的装饰模型，如图 7.53 所示。

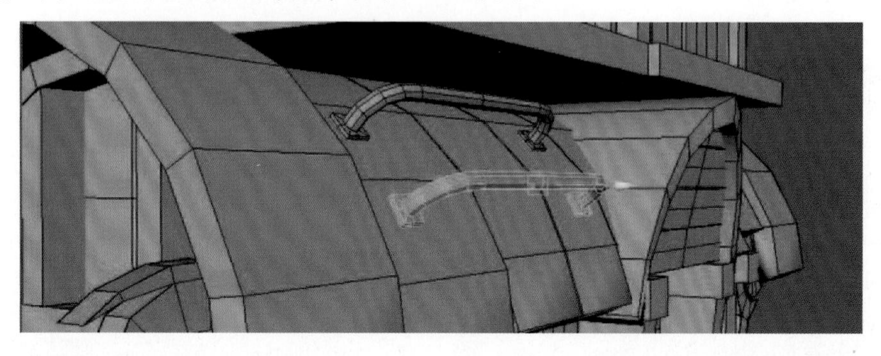

图 7.53

（53）卡通烟囱模型的制作。创建一个立方体模型，挤压制作出烟囱模型的大体效果，如图 7.54 所示。

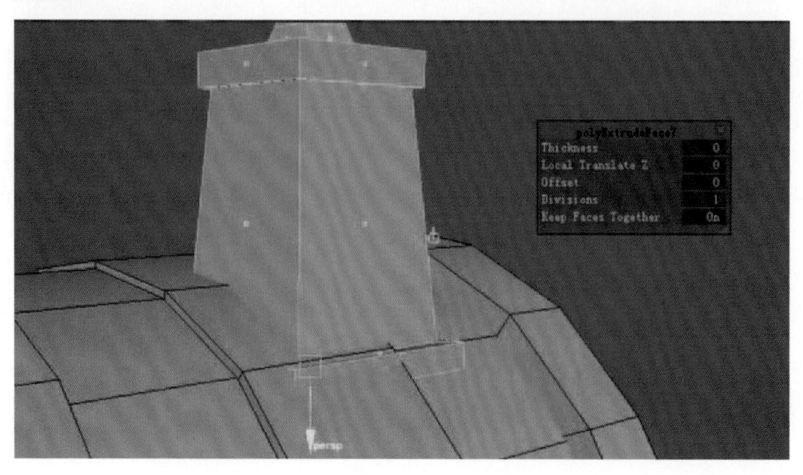

图 7.54

(54) 执行 Mesh Tools → Insert Edge Loop 命令，对烟囱模型添加线分段数，进一步调节烟囱模型的细节，如图 7.55 所示。

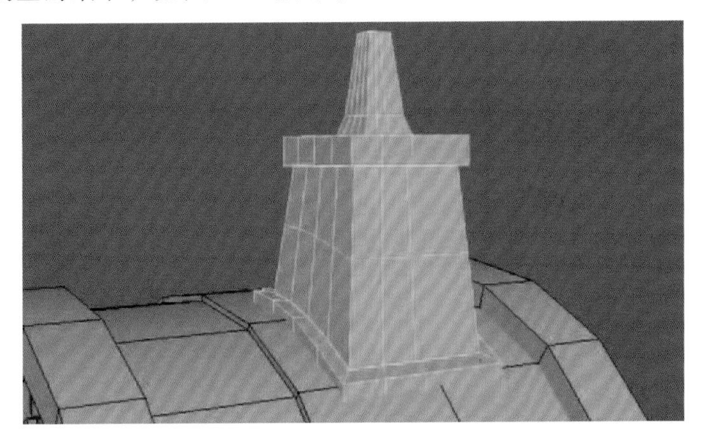

图 7.55

(55) 卡通网兜的制作。创建一个圆柱模型，执行 Insert Edge Loop 命令，添加分段数，调整出网兜模型的造型效果，如图 7.56 所示。

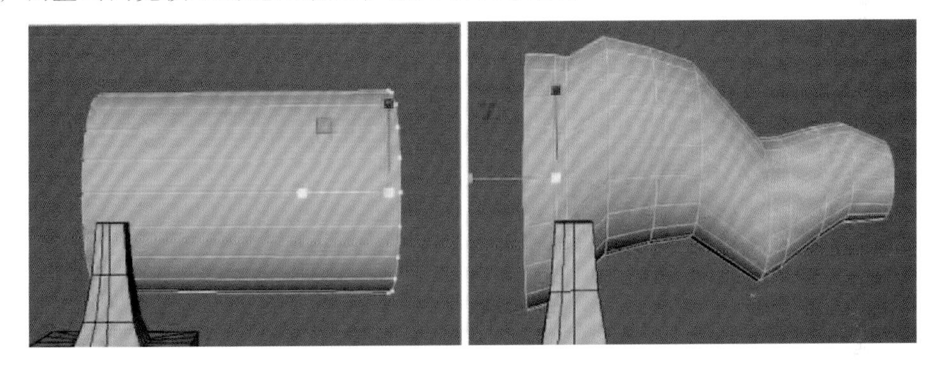

图 7.56

(56) 选中圆柱的底面，挤出网兜模型的厚度结构，然后删除选中的底面，如图 7.57 所示。

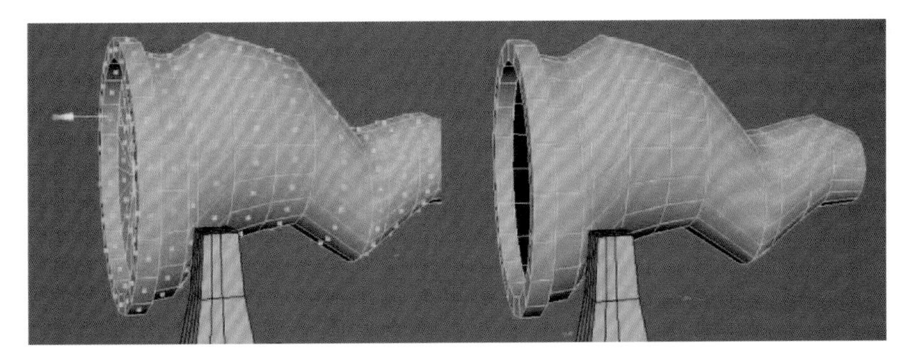

图 7.57

（57）选中下边的面，挤出网兜模型的撑杆，将网兜模型摆放到烟囱旁边合适的位置，如图 7.58 所示。

图 7.58

（58）创建立方体，加线调整，搭建出楼梯的模型，如图 7.59 所示。

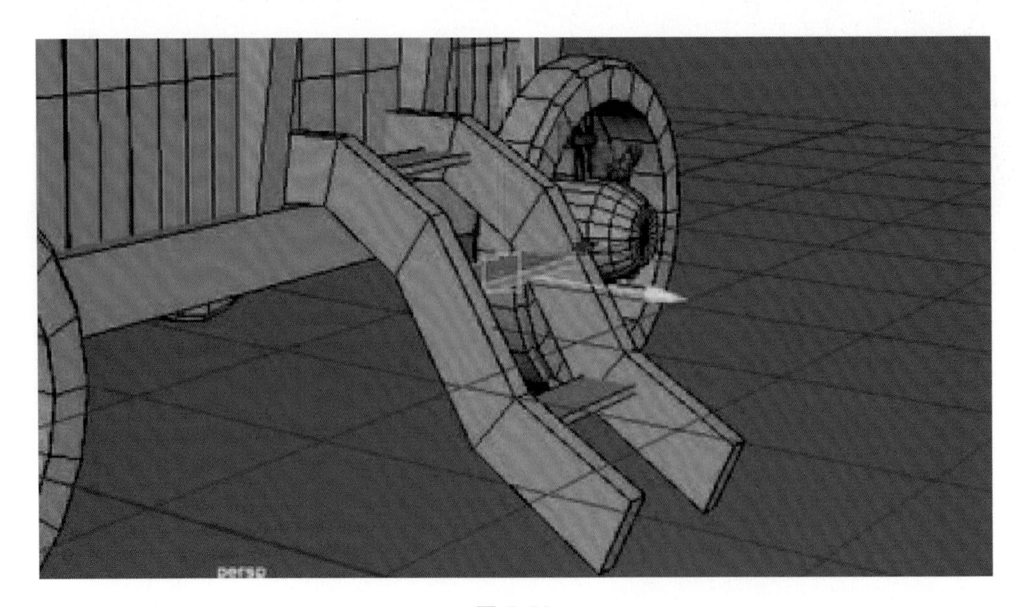

图 7.59

（59）创建圆柱、立方体，加线分段，调整模型点、线、面，制作出晾衣杆、晾衣绳、裤子的模型，如图 7.60 所示。

图 7.60

（60）此时卡通场景模型的整体效果，如图 7.61 所示。

图 7.61

（61）分别对卡通场景所有模型的边界添加环形硬边线，对模型边缘做硬边处理。如图 7.62 所示。

图 7.62

（62）创建地平面、周围挡光面模型，分别对所有卡通场景模型，执行 Mesh → Smooth 平滑命令，对所有模型平滑，平滑后模型效果如图 7.63 所示。

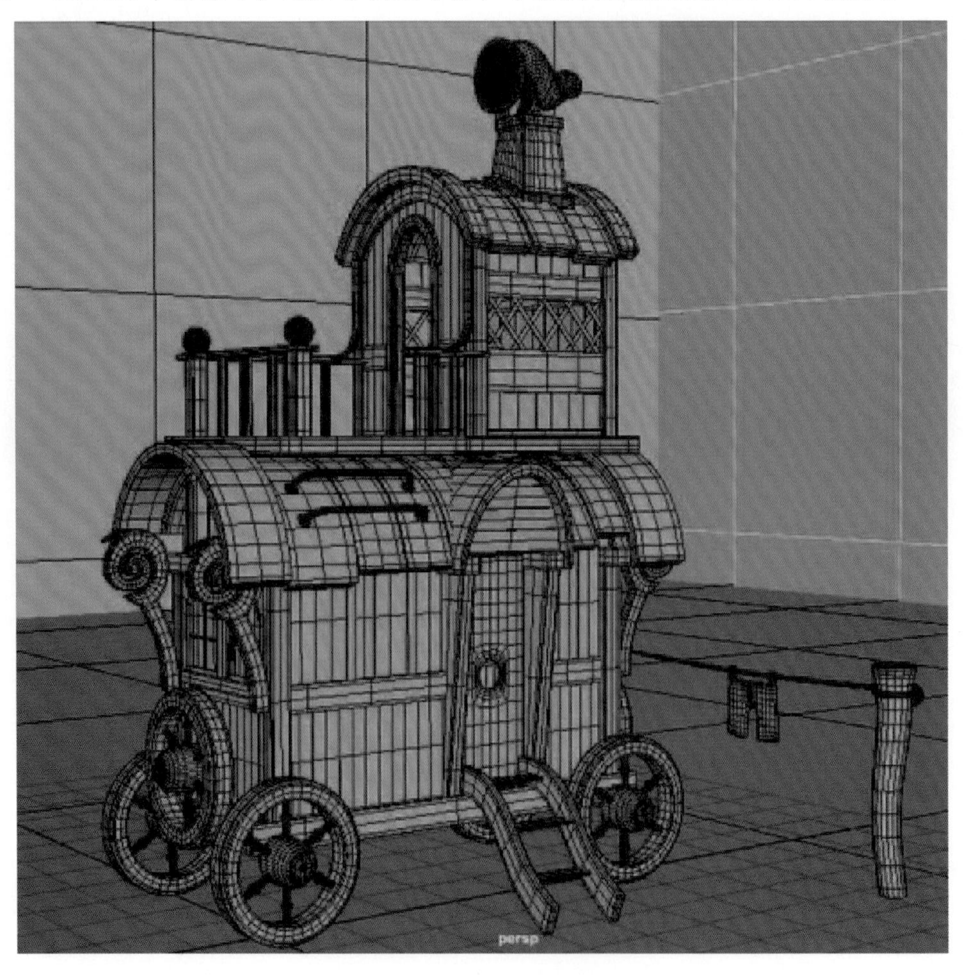

图 7.63

（63）卡通场景模型最终的渲染效果如图 7.64 所示。

图 7.64

【项目拓展】

运用本项目所学知识，创建一辆自行车模型的效果，如图 7.65 所示。

图 7.65

【项目评价】

运用项目评价表进行评价，如表 7.1 所示。

表 7.1　卡通场景评价表

项目 7　评价细则		自　评	教师评价
1	Wireframe on Shaded 命令		
2	对卡通场景模型造型结构的把握		
3	Append to Polygon 命令的使用		
4	Create Polygon 命令的使用		
5	卡通轮胎模型的制作		
6	拱门、窗户模型的制作		
项目综合评价			

卡通人物

【项目提出】

对于动漫作品而言，人物角色的塑造发挥着至关重要的作用。卡通人物（见图 8.1）的造型结构比较复杂。本项目将使用 Maya 多边形制作卡通人物角色的模型。

图 8.1　卡通人物

【项目分析】

卡通人物的模型结构主要包括头部、躯干、腿、脚、手臂、手掌等。在制作人物角色模型之前，要对卡通人物的结构造型进行分析研究，对卡通人物结构分析透彻以后，再进入 Maya 软件制作卡通人物模型。

【学习目标】

要求掌握以下内容：

（1）Mesh Tools → Multi - Cut 命令。

（2）对卡通人物模型造型结构的把握。

（3）Modify → Freeze Transformations 命令的使用。

（4）卡通人头、头发模型的制作和布线方法。

（5）卡通衣服、裤子、鞋子模型的制作方法。

（6）卡通手的制作方法。

【项目实施】

（1）运行 Maya 软件，执行 View → Image Plane → Import Image 命令导入卡通人物正面参考图，如图 8.2 所示。

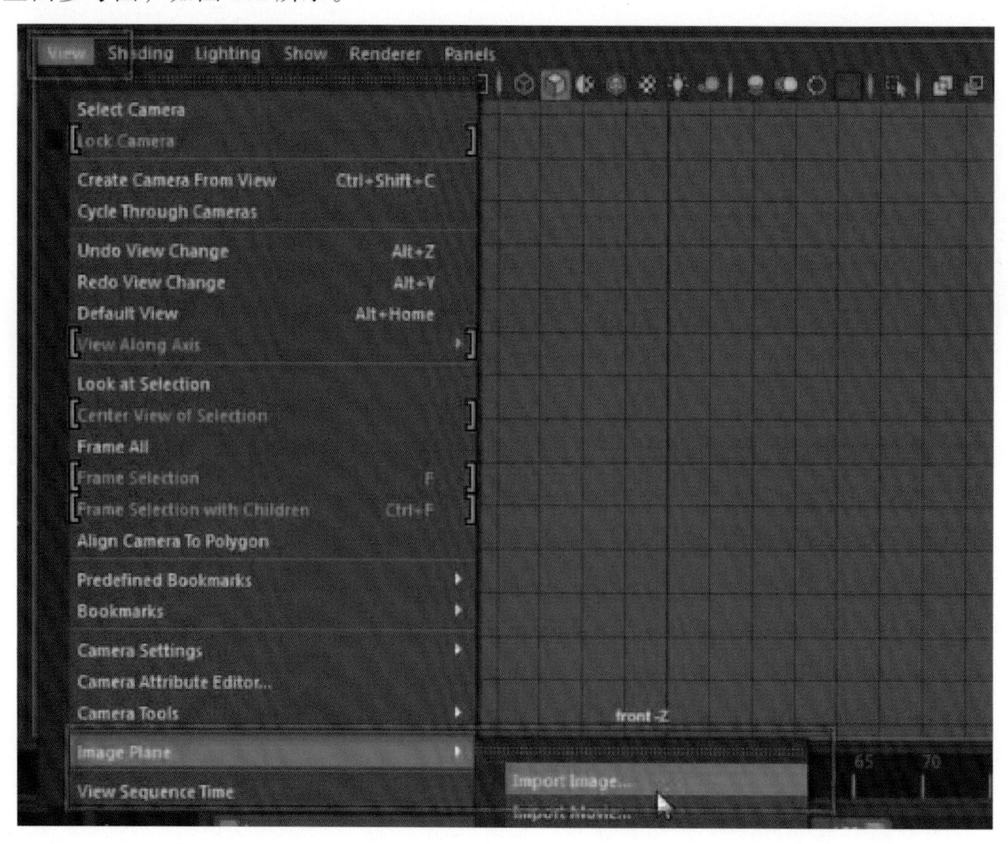

图 8.2

（2）打开右边属性通道栏，修改卡通人物正面参考图的位置属性参数，将 Image Center 修改为（－0.010，5.800，－12.000），如图 8.3 所示。

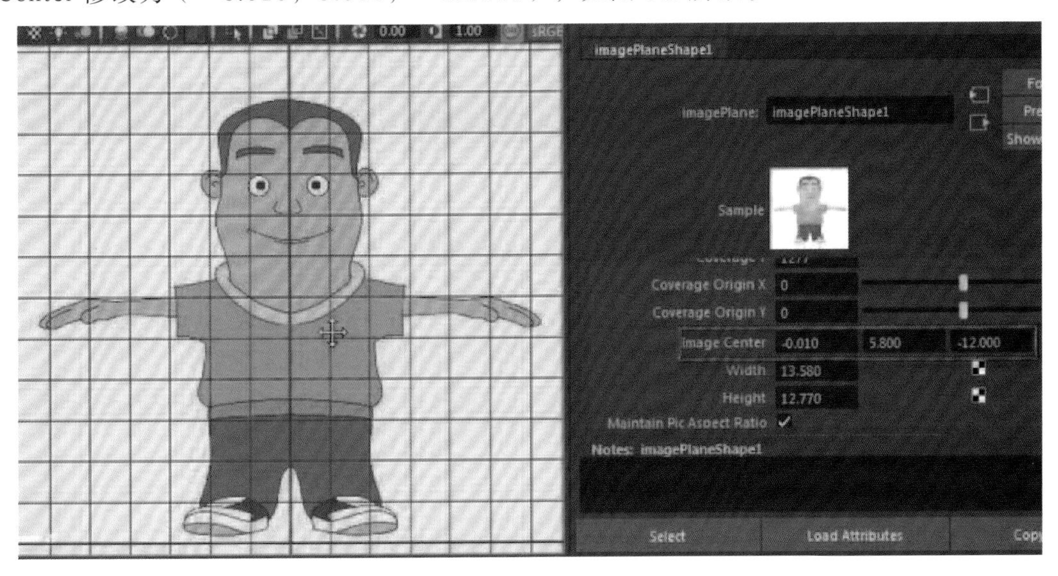

图 8.3

（3）使用同样的方法在 side 侧视图中导入卡通人物侧面参考图，并修改右边的位置属性参数，将 Image Center 修改为（－12.000，5.800，0.000），如图 8.4 所示。

图 8.4

（4）制作卡通人物头部模型，创建一个立方体摆放到卡通人物头部的位置，如图 8.5 所示。

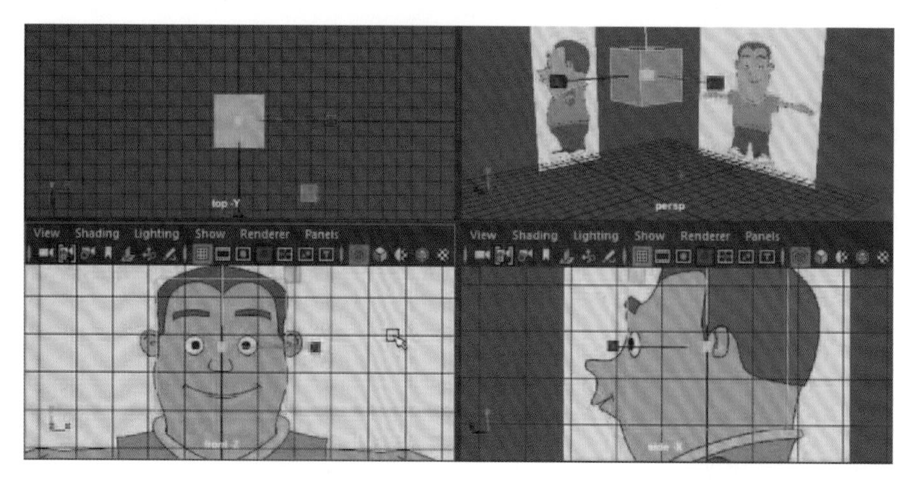

图 8.5

（5）根据人物头部的特征调整立方体模型比例，如图 8.6 所示。

图 8.6

（6）选中立方体执行 Mesh → Smooth 平滑命令，点后面的方框，打开平滑命令属性设置对话框，设置 Division levels 平滑层级参数为 2，点击 Apply 应用平滑立方体，如图 8.7 所示。

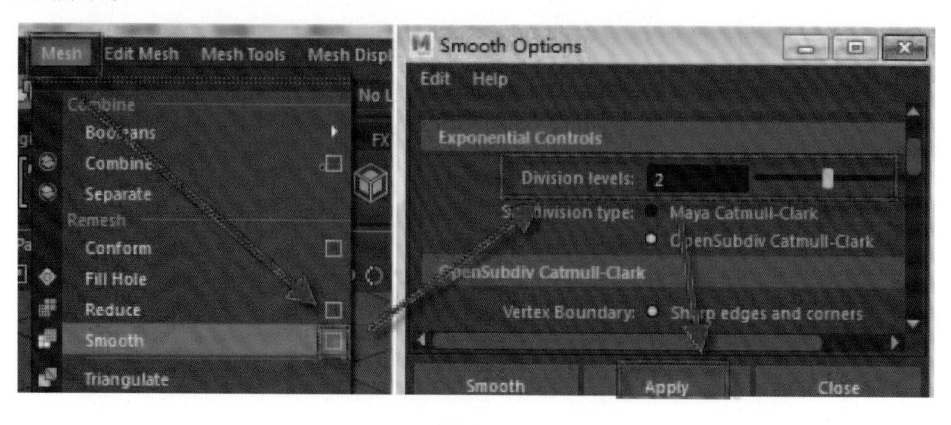

图 8.7

（7）立方体被平滑后变得圆滑，更接近人物头部圆形的造型特征，如图 8.8 所示。

图 8.8

（8）进入 front 前视图，选中模型，鼠标右键进入 Face 面层级，框选左半边的面按 Delete 键删除，如图 8.9 所示。

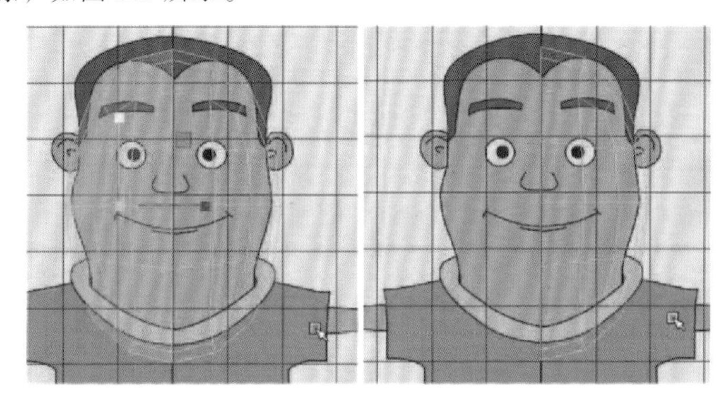

图 8.9

（9）进入 persp 透视图，选中右半边模型，进入面层级，选中底部的面删除，如图 8.10 所示。

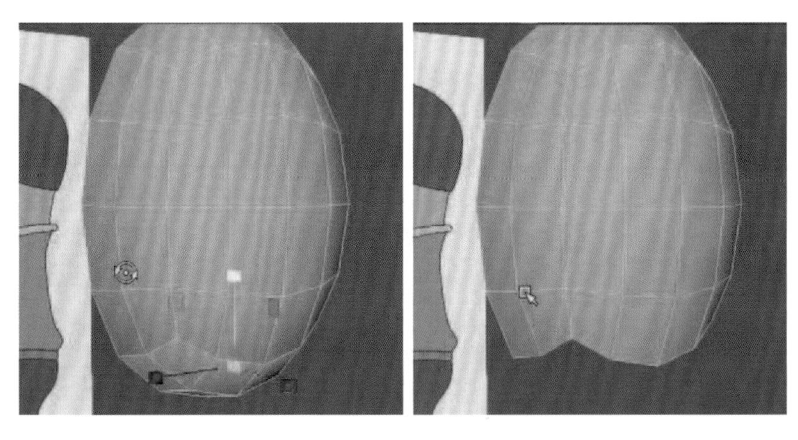

图 8.10

（10）选中模型，单击鼠标右键进入 Vertex 点层级，调整模型底部的点，如图 8.11 所示。

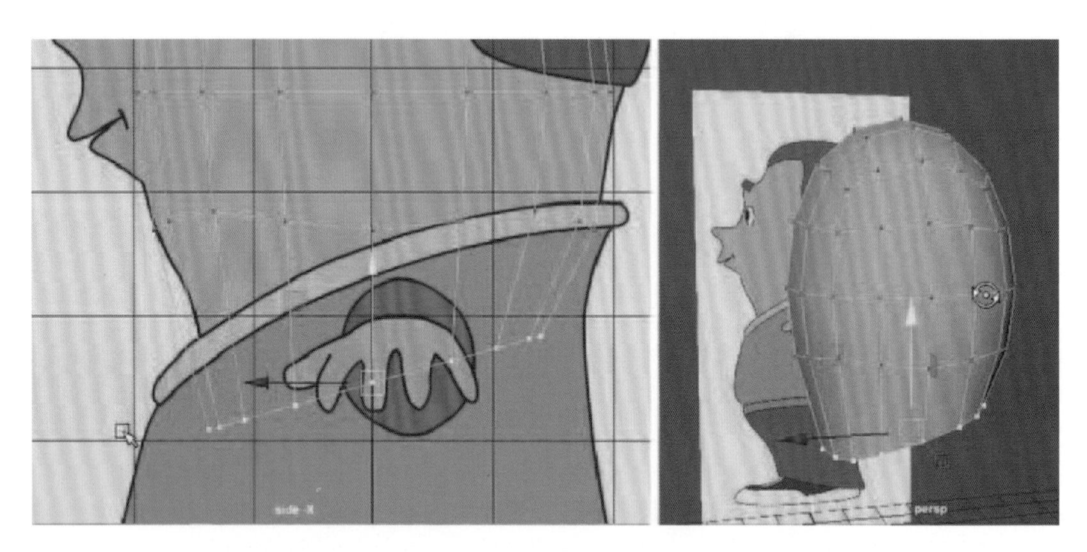

图 8.11

（11）选中模型，执行 Modify → Freeze Transformations 命令，模型右边通道栏属性参数归 0，如图 8.12 所示。

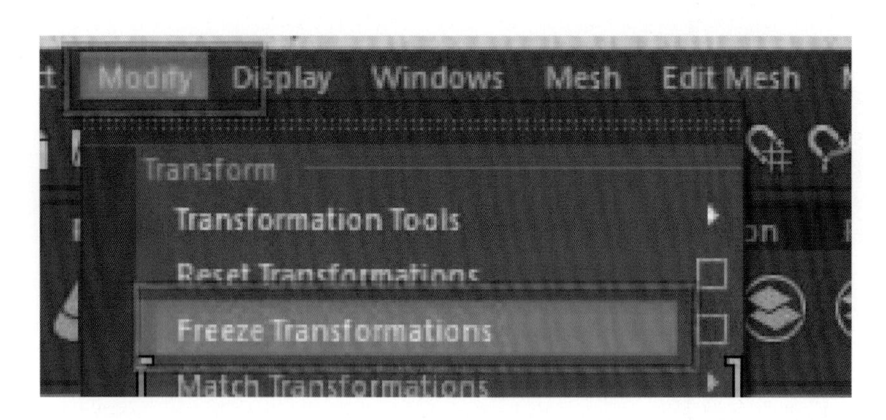

图 8.12

（12）选中模型，执行 Edit → Duplicate special 命令，点后面的方框，弹出复制命令设置对话框，Geometry type 选择 Instance 关联复制，Scale X 轴设置为 -1（注意：Scale 属性后面 3 栏参数依次代表 X、Y、Z 3 个轴向的参数），点击 Apply 应用，关联复制出模型左半边（注意：关联复制出的模型，调整编辑一边的模型另一边自动关联参考调整），如图 8.13 所示。

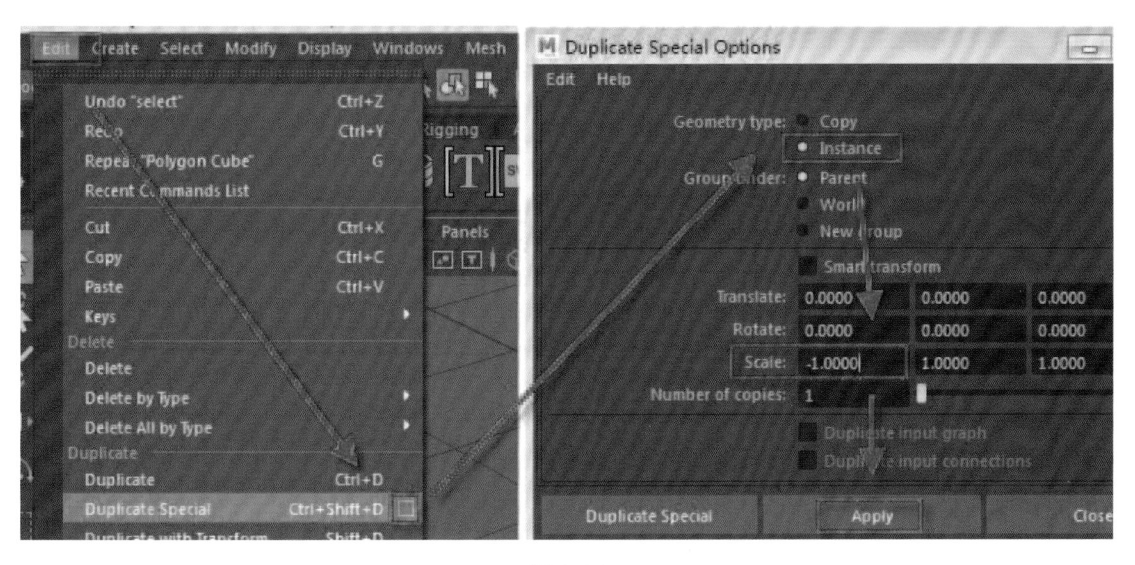

图 8.13

（13）模型左半边复制出的效果如图 8.14 所示。

图 8.14

（14）在前视图中选中模型，进入模型点层级，根据人物正面参考图调整模型的点，调整出人物头部模型正面的比例关系，如图 8.15 所示。

图 8.15

（15）进入透视图，执行菜单 Shading → Wireframe on Shaded 命令显示模型边线，如图 8.16 所示。

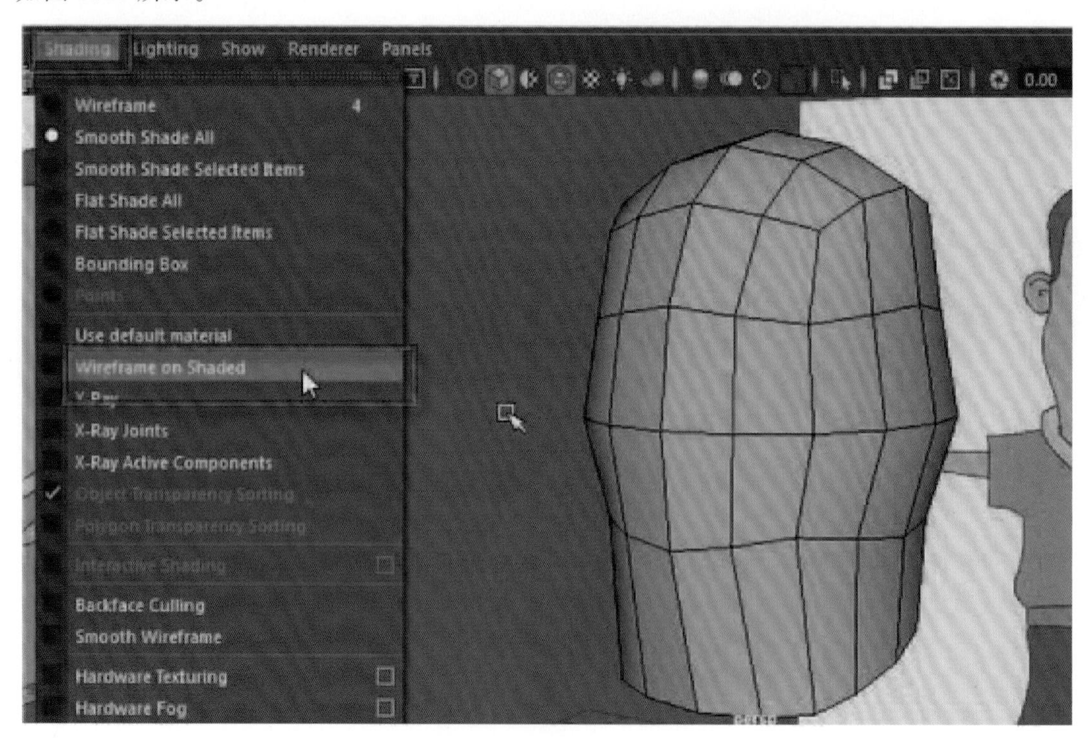

图 8.16

（16）在侧视图中选中模型，进入模型点层级，根据人物侧面参考图调整模型的点，调整出人物头部模型侧面的比例关系，如图 8.17 所示。

图 8.17

（17）进入透视图，选中模型，鼠标右键进入Edge边层级，调整人物头部模型的造型，如图 8.18 所示。

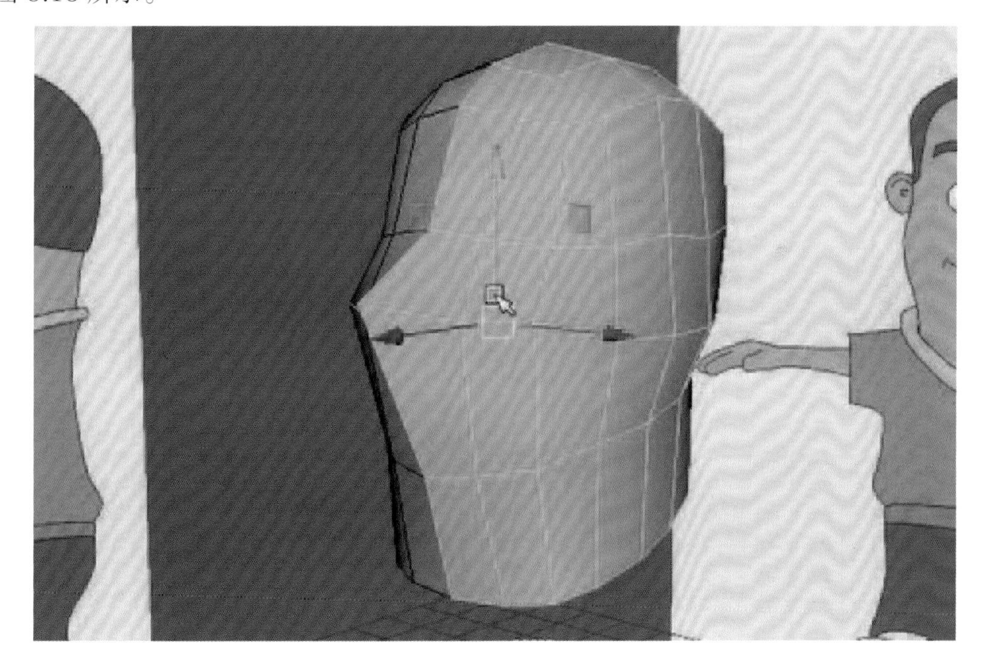

图 8.18

（18）选中人物头部模型，执行 Mesh Tools → Insert Edge Loop 命令，对人物头部模型插入环形线，加线分段，如图 8.19 所示。

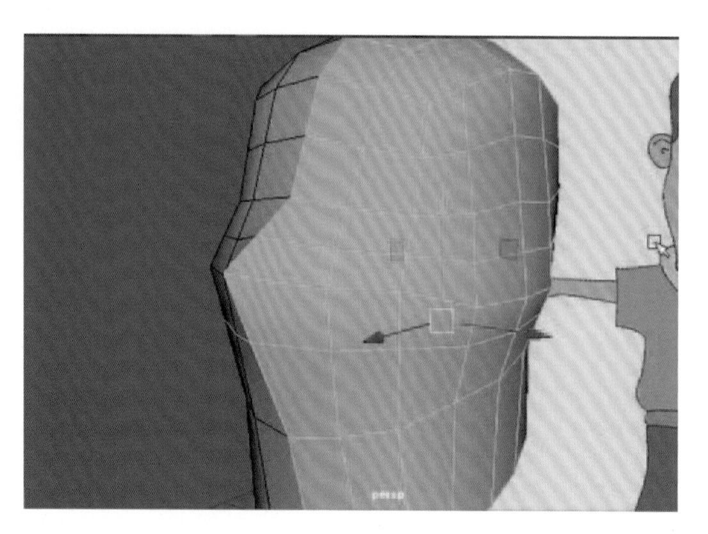

图 8.19

（19）进入侧视图，根据人物头部侧面参考图调整模型的点，如图 8.20 所示。

图 8.20

（20）进入透视图，此时模型效果如图 8.21 所示。

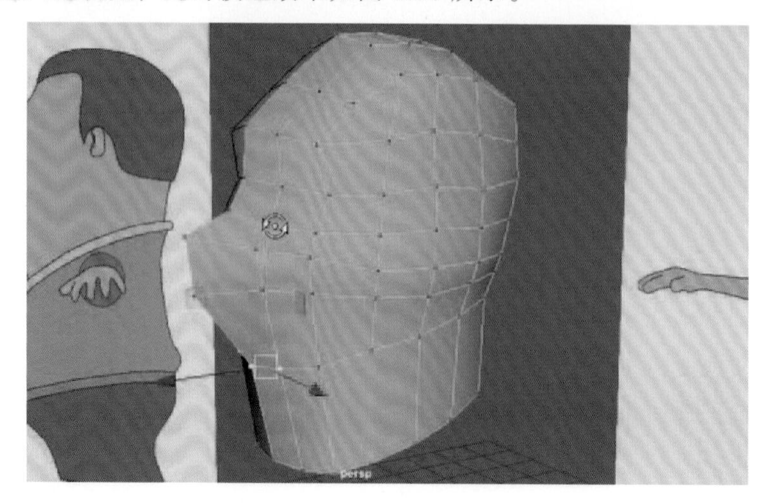

图 8.21

（21）进入透视图，执行 Mesh Tools → Multi - Cut 命令，在眼部位置加线，如图 8.22 所示。

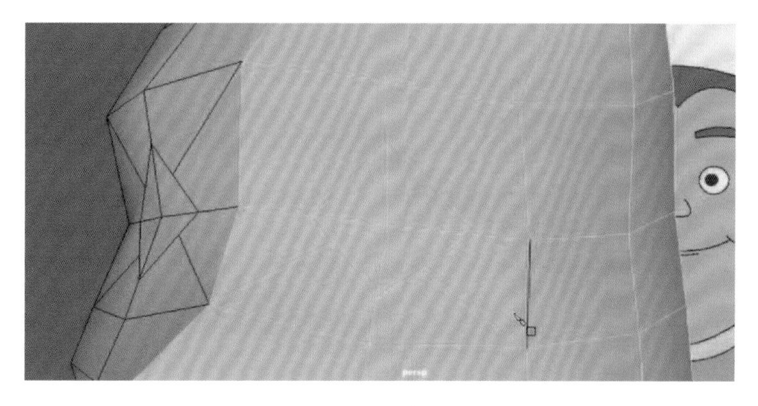

图 8.22

（22）根据眼睛的大小造型，调整眼睛部位的点，调节出眼睛的形状，如图 8.23 所示。

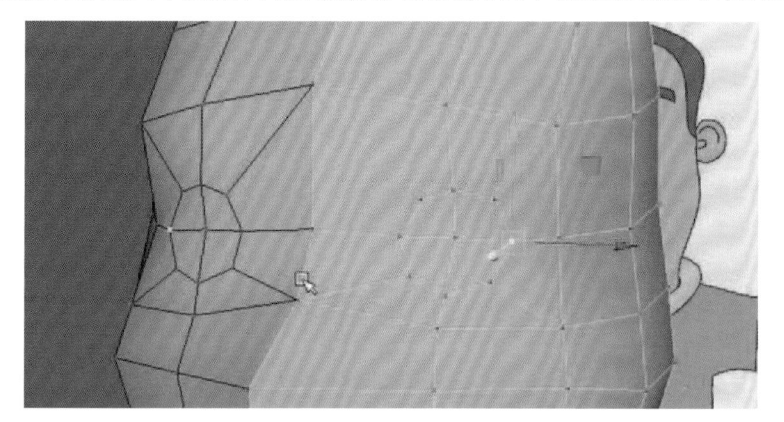

图 8.23

（23）在眼部位置继续加线，如图 8.24 所示。

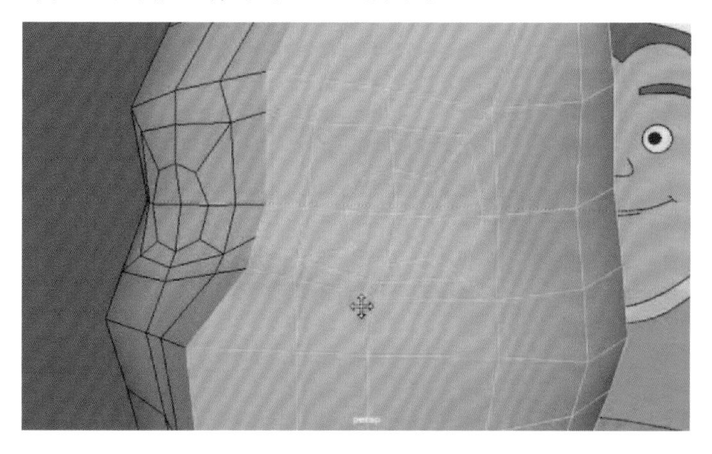

图 8.24

（24）在侧视图中根据参考图调整眼睛位置模型的点，如图 8.25 所示。

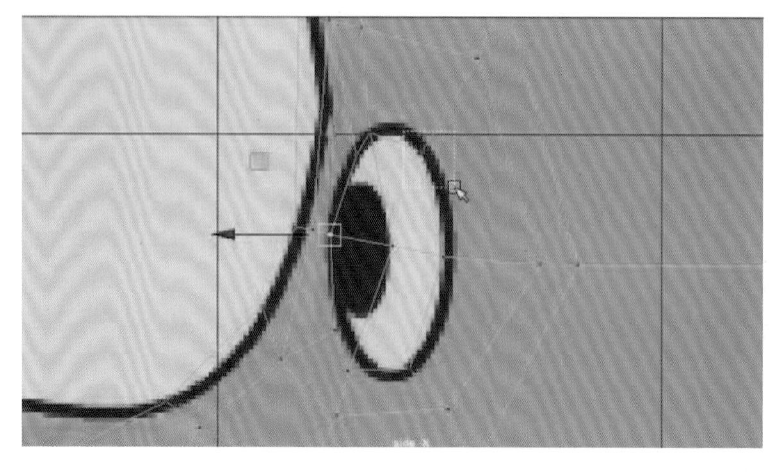

图 8.25

（25）调整后脑勺、头发位置模型的点，如图 8.26 所示。

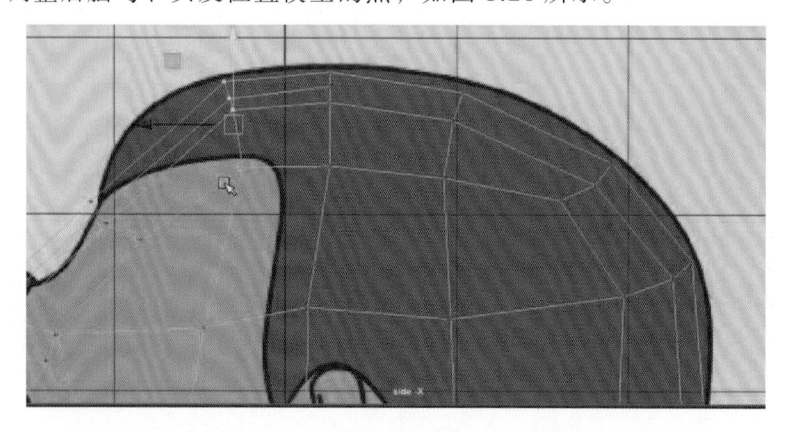

图 8.26

（26）对人物头部鼻子位置进行加线，并调整点的位置，如图 8.27 所示。

图 8.27

（27）对鼻子位置进行加线，并调整模型的点，调整出鼻子部分的大致形体，如图8.28 所示。

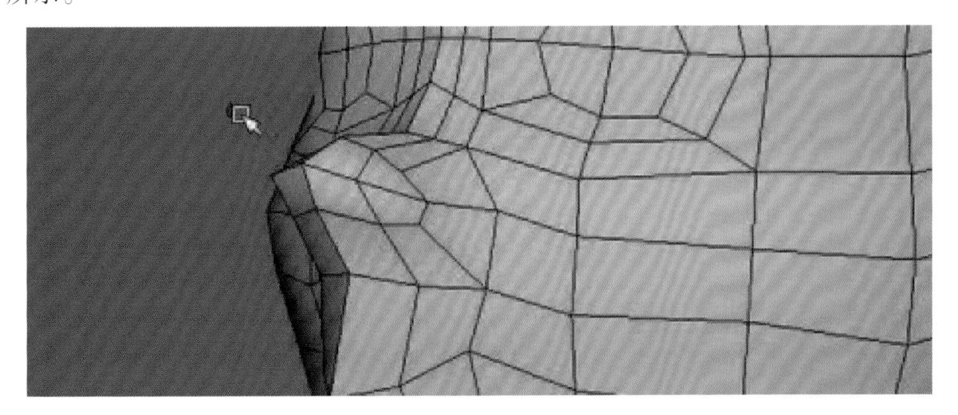

图 8.28

（28）继续对鼻子部分进行加线，并调整模型点的位置，如图 8.29 所示。

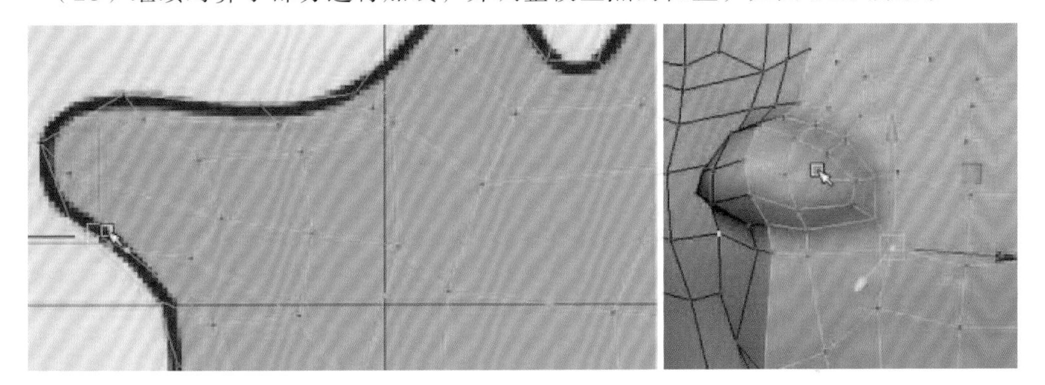

图 8.29

（29）对嘴巴部分进行加线，如图 8.30 所示。

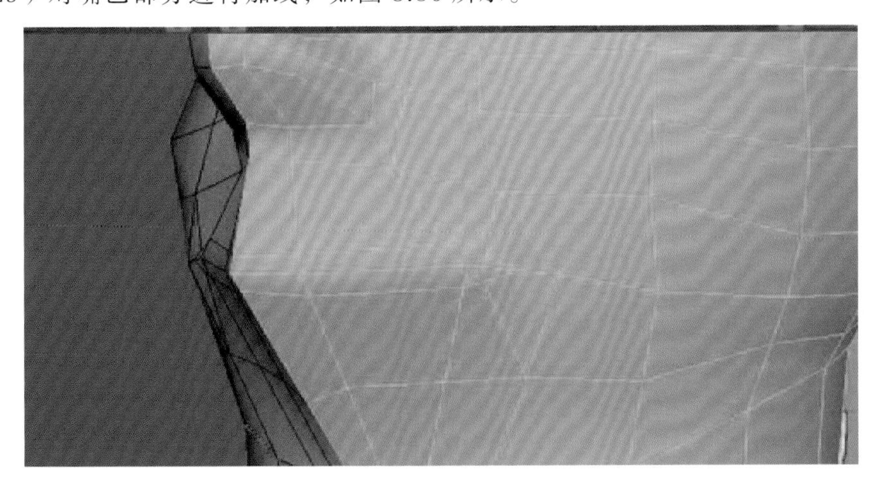

图 8.30

（30）在各视图中根据参考图调整嘴巴部分模型的点，如图 8.31 所示。

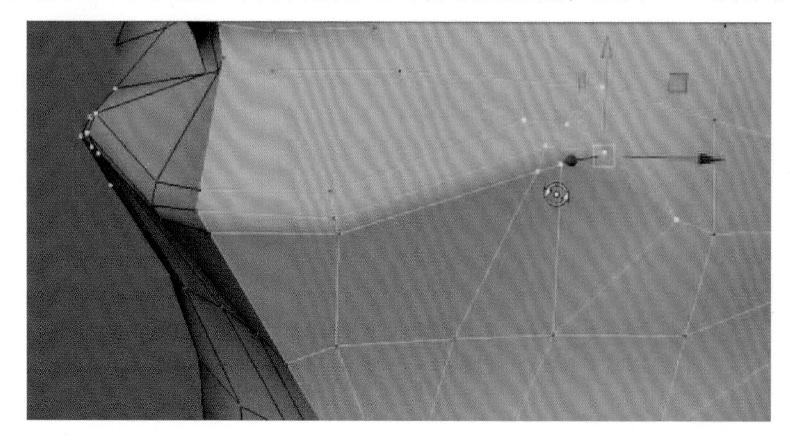

图 8.31

（31）进一步调整嘴巴部分周围的线，如图 8.32 所示。

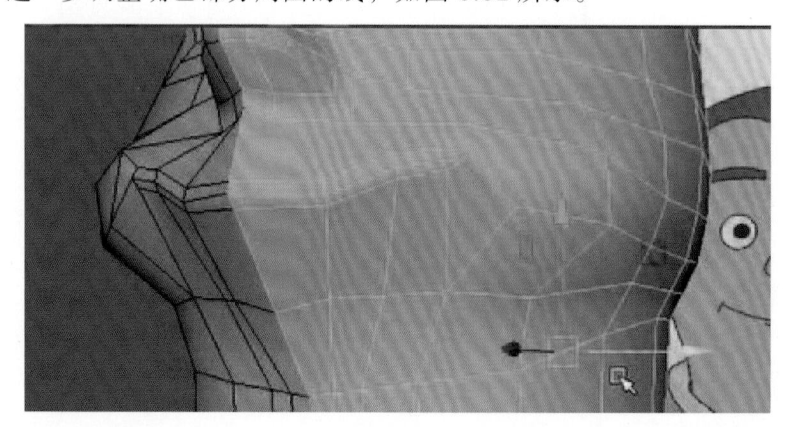

图 8.32

（32）进一步调整嘴巴、脸部模型的点、线、面，调节出造型特征，如图 8.33 所示。

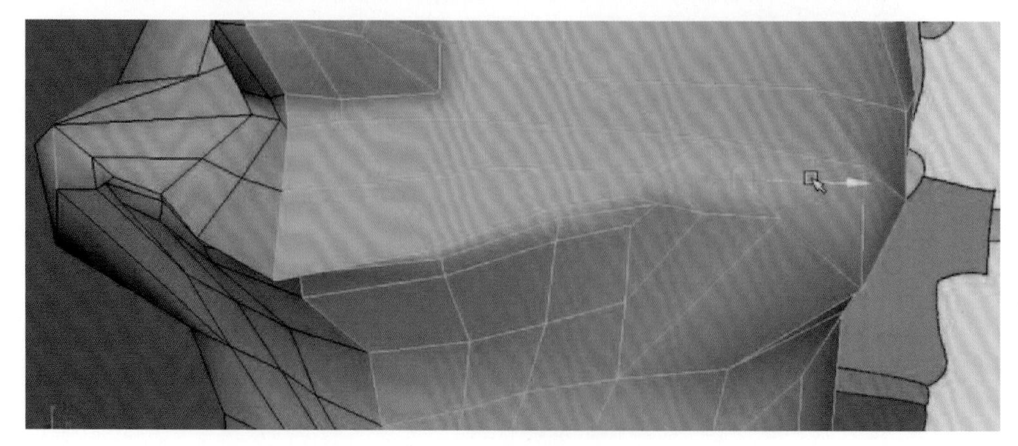

图 8.33

（33）进一步调整嘴巴的点，如图 8.34 所示。

图 8.34

（34）此时人物头部模型的布线如图 8.35 所示。

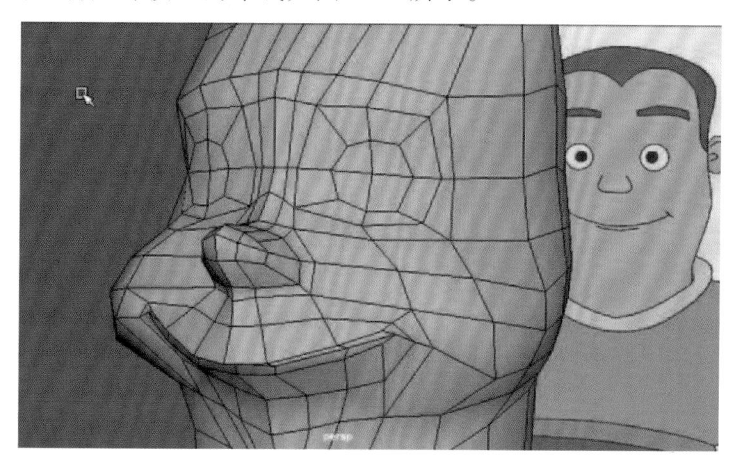

图 8.35

（35）选中眼睛部分的面，执行 Extrude 命令向内挤出眼睛厚度，再按 Delete 键删除，如图 8.36 所示。

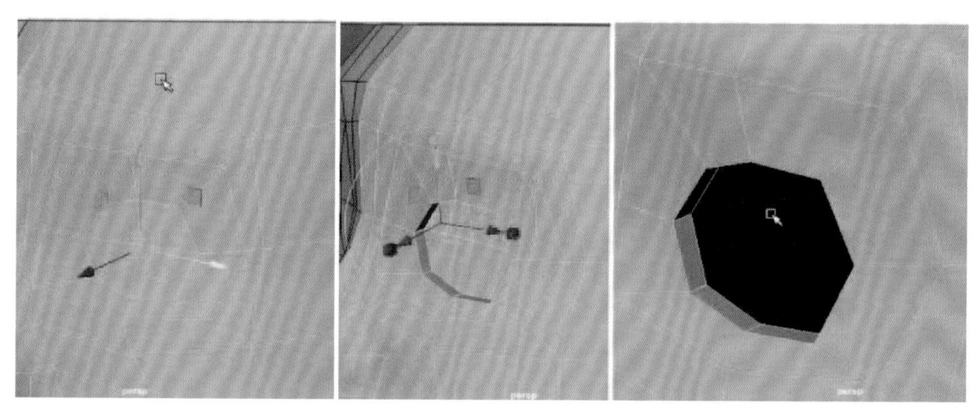

图 8.36

（36）继续对眼睛位置加线，在眼睛位置创建多边形球体，参考球体的弧度来调整眼睛部分的点，如图 8.37 所示。

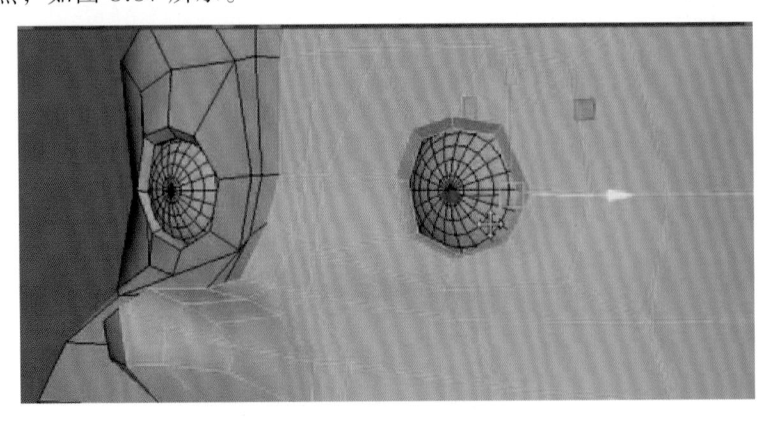

图 8.37

（37）根据参考图调整人物头部模型喉咙部分的点，如图 8.38 所示。

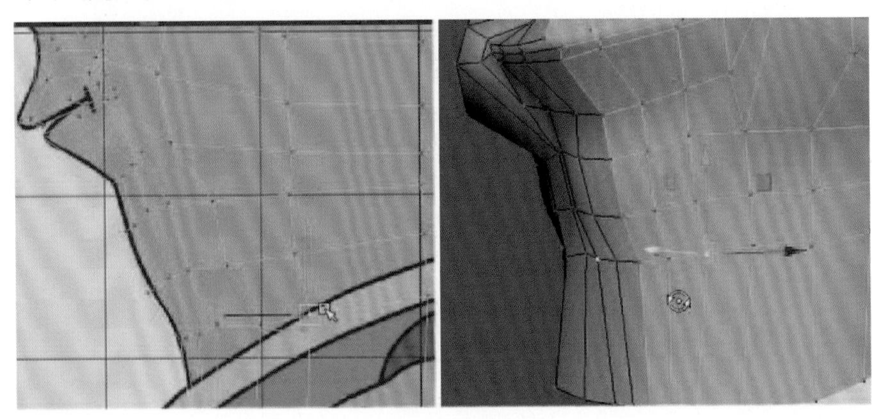

图 8.38

（38）调整人物头部模型背面、顶部的造型，如图 8.39 所示。

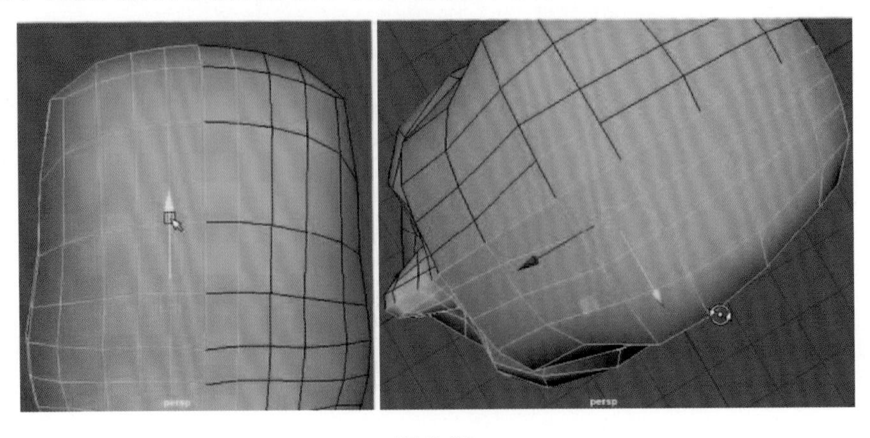

图 8.39

（39）对人物头部顶部加线，并根据参考图调整模型的点，如图 8.40 所示。

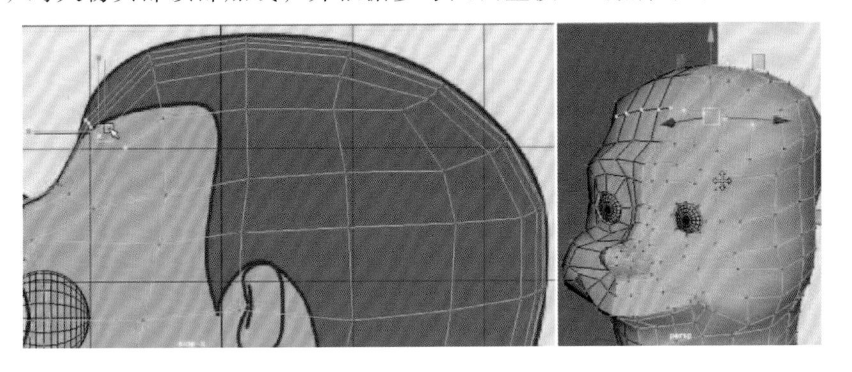

图 8.40

（40）经过调整，此时人物头部模型的布线如图 8.41 所示。

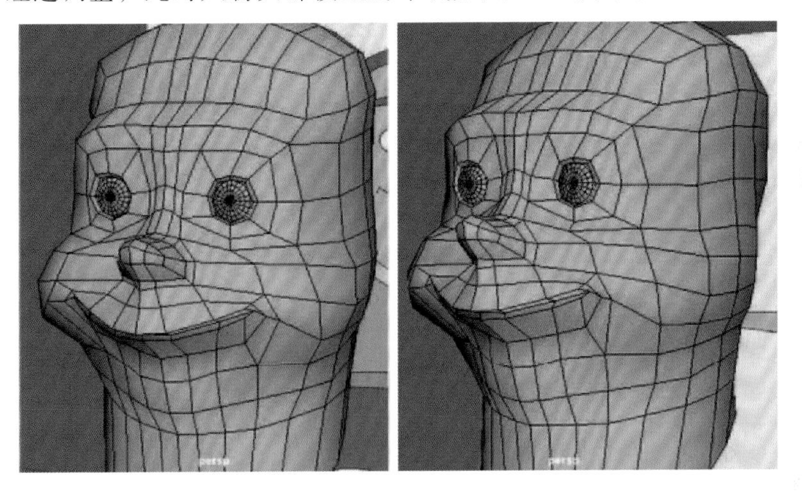

图 8.41

（41）对鼻子部分加线，并调整，如图 8.42 所示。

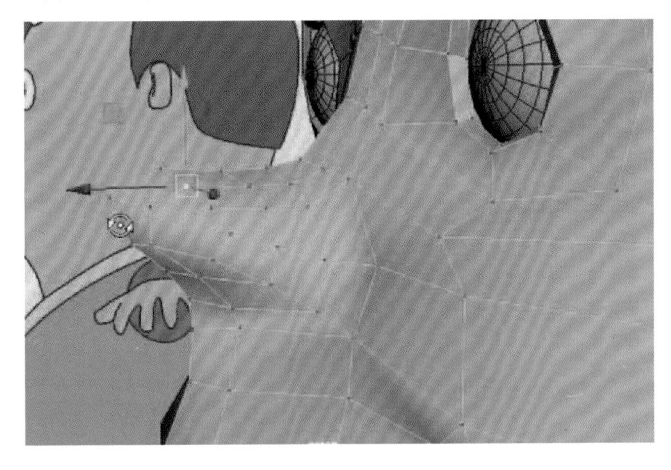

图 8.42

（42）调整鼻子底部的点，如图 8.43 所示。

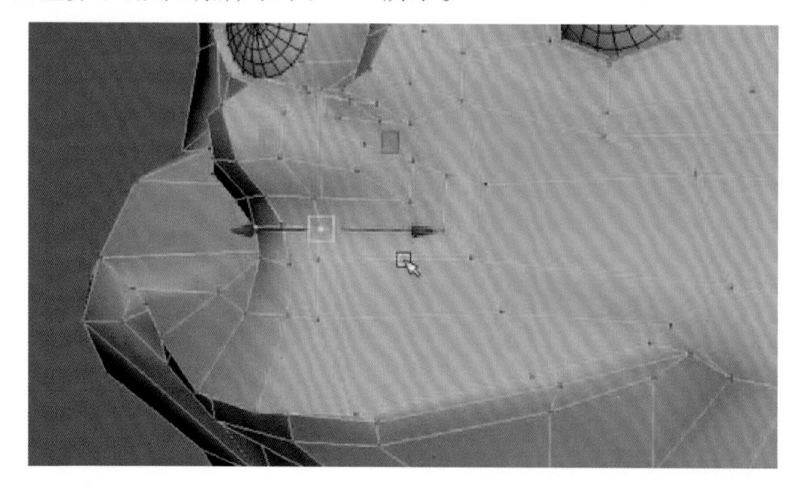

图 8.43

（43）添加嘴缝线，选中嘴缝的面，向内挤出嘴缝的结构，如图 8.44 所示。

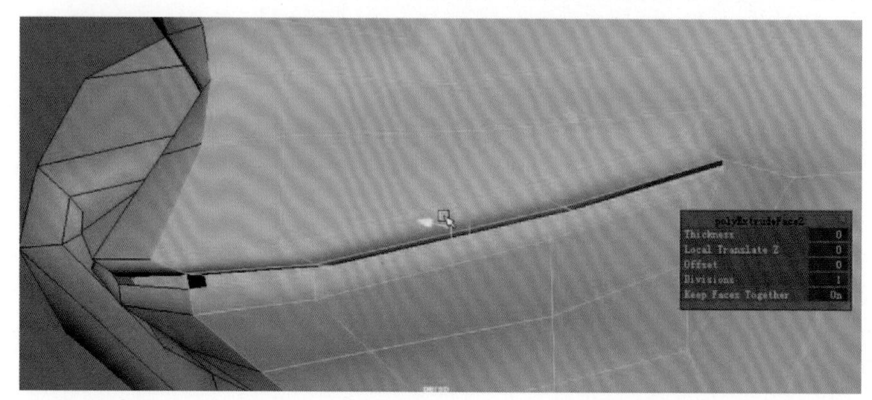

图 8.44

（44）删除嘴缝里面多出的面，如图 8.45 所示。

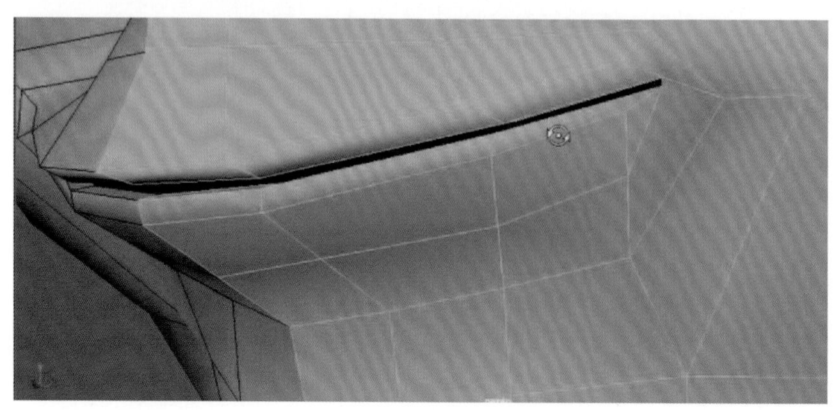

图 8.45

（45）对嘴巴进行加线，调节出嘴角的结构关系，如图 8.46 所示。

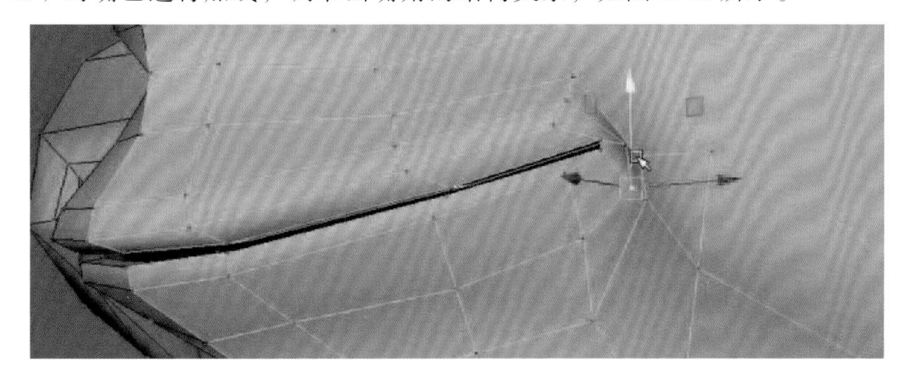

图 8.46

（46）对喉咙部分加线，进一步调整出喉咙的结构关系，如图 8.47 所示。

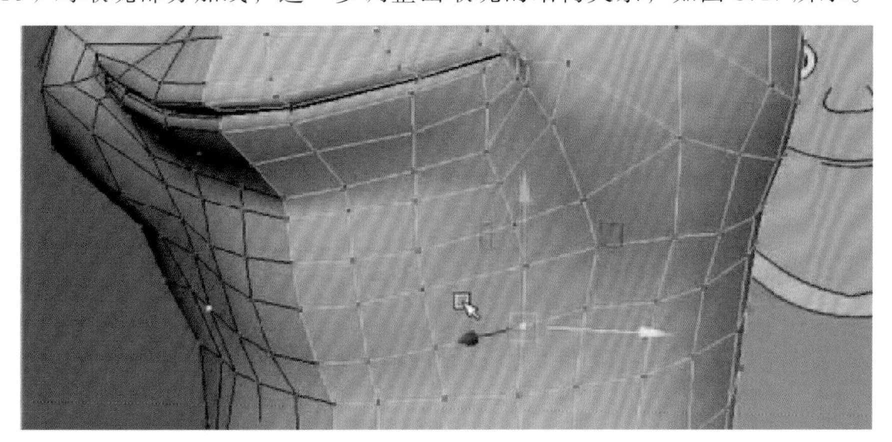

图 8.47

（47）此时人物头部模型的布线如图 8.48 所示。

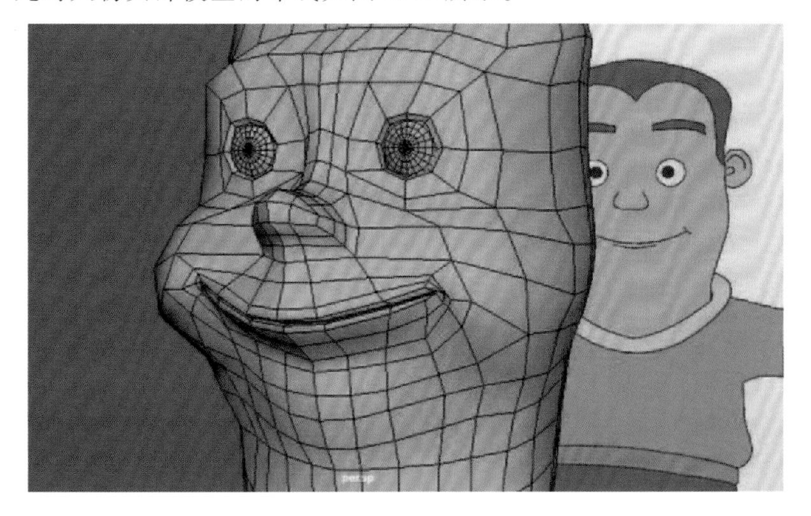

图 8.48

（48）制作耳朵。创建一个立方体加线分段，如图 8.49 所示。

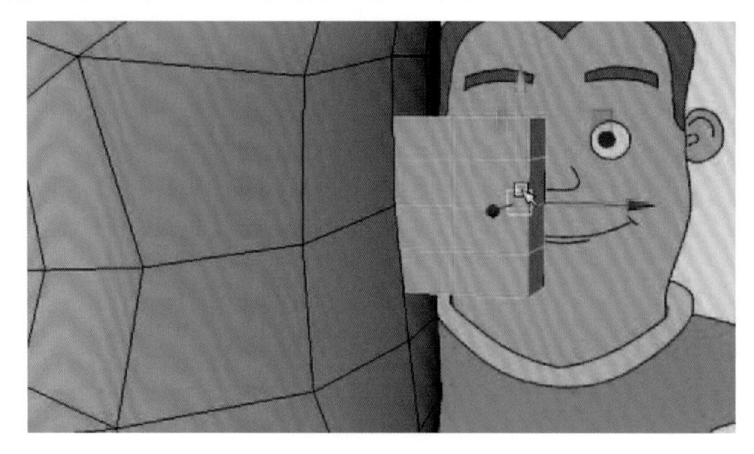

图 8.49

（49）对立方体加线，调节制作出耳朵的模型，制作耳朵的时候要注意耳朵的结构关系，如图 8.50 所示。

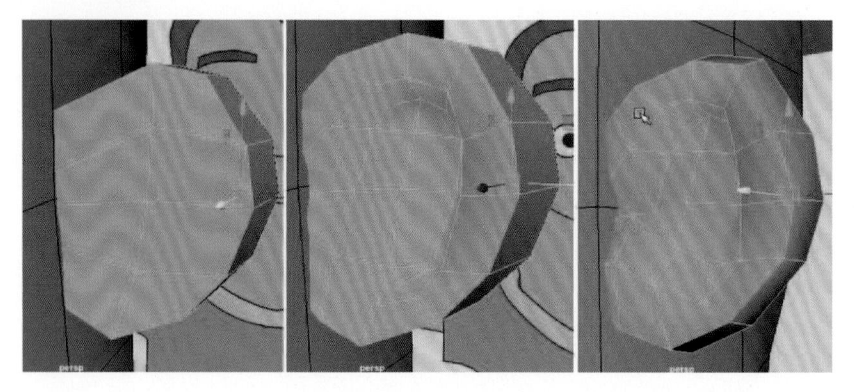

图 8.50

（50）对称复制出另一边的耳朵模型，如图 8.51 所示。

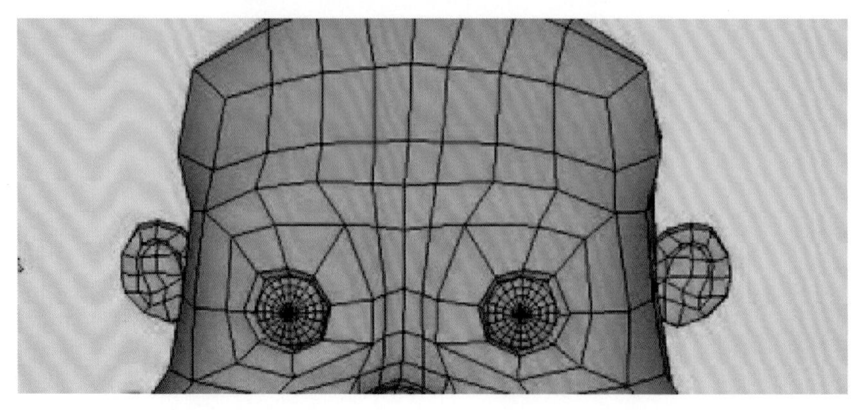

图 8.51

（51）再次对眼睛部分加线，并调整，如图 8.52 所示。

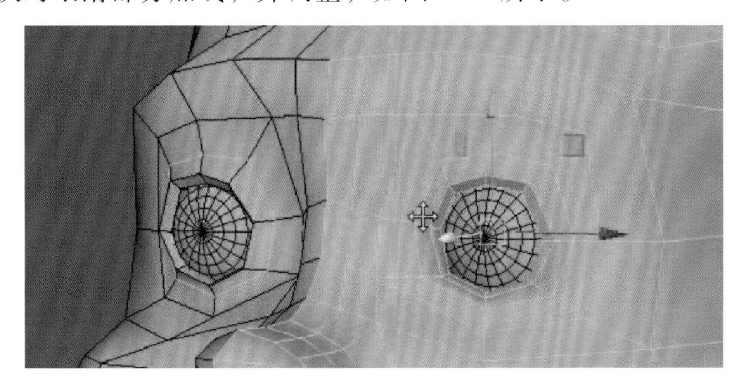

图 8.52

（52）加线调整后，此时模型的布线效果，如图 8.53 所示。

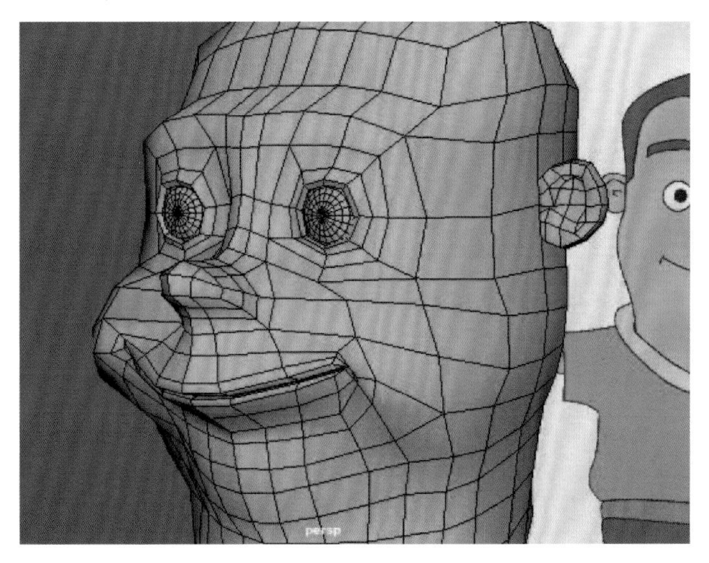

图 8.53

（53）制作头发模型。选中人物头部顶部头发位置的面，如图 8.54 所示。

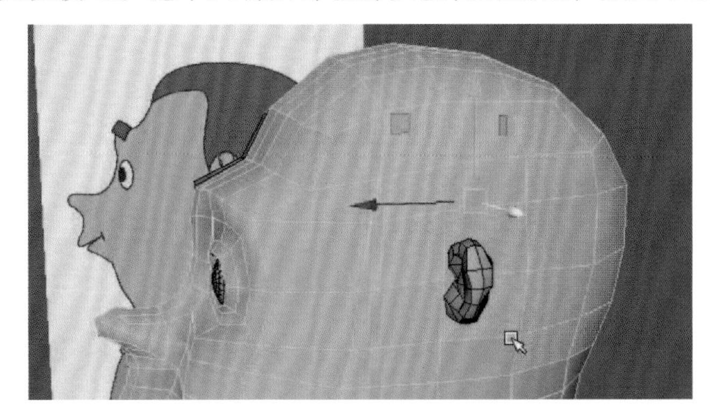

图 8.54

（54）执行 Edit Mesh → Duplicate 命令，复制出选中的面，如图 8.55 所示。

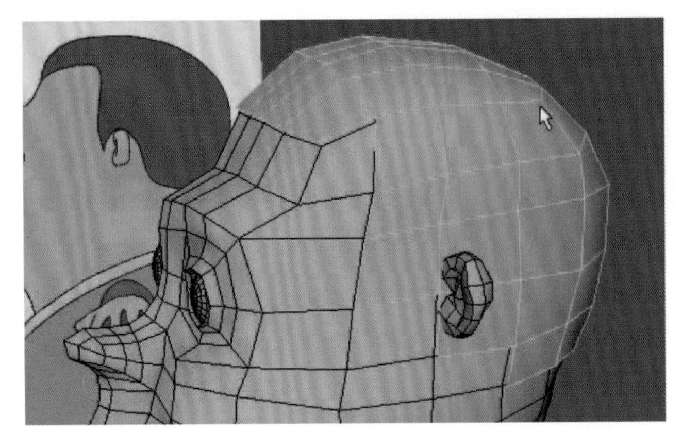

图 8.55

（55）对头发的面进行布线，并调整模型的点，如图 8.56 所示。

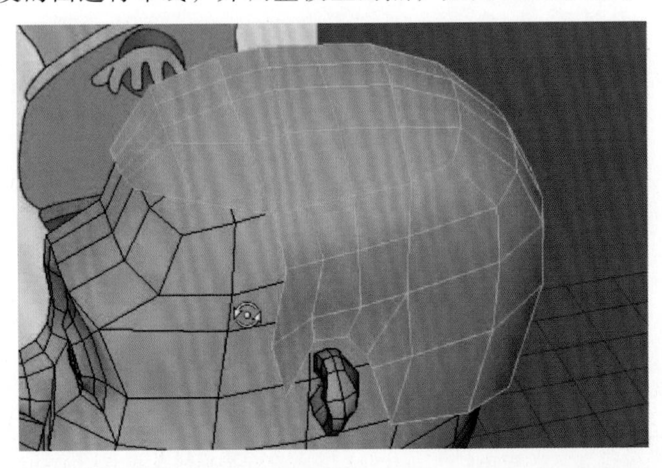

图 8.56

（56）进入模型边层级，选中边缘的边，执行挤出命令挤出头发的厚度，如图 8.57 所示。

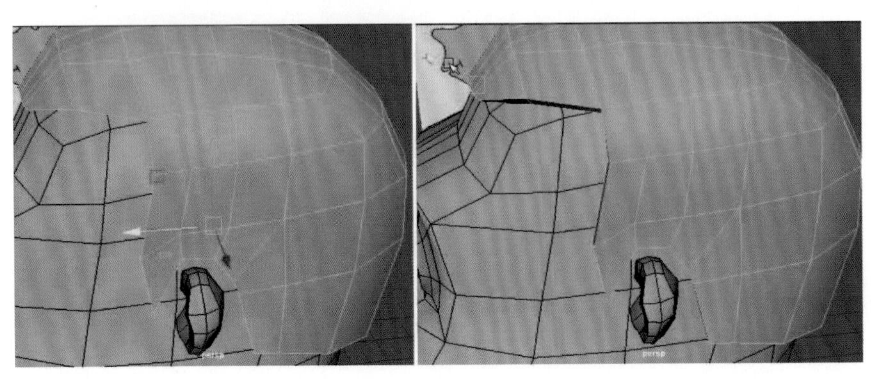

图 8.57

（57）对头发模型加线，并根据参考图调整头发模型的造型结构，如图 8.58 所示。

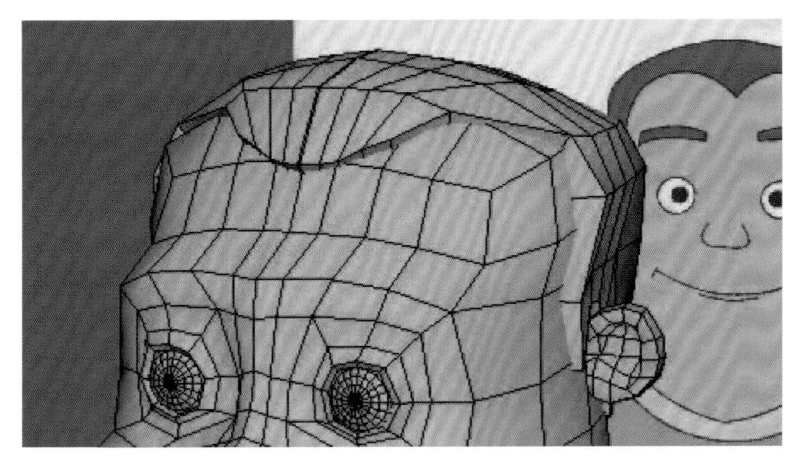

图 8.58

（58）制作眉毛模型。创建立方体，加线并调整眉毛模型的造型，如图 8.59 所示。

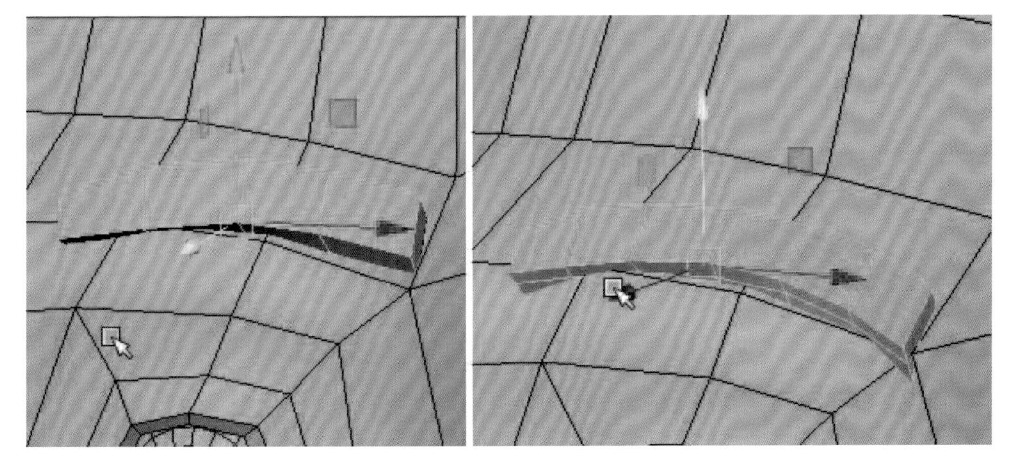

图 8.59

（59）镜像复制出另一边的眉毛模型，如图 8.60 所示。

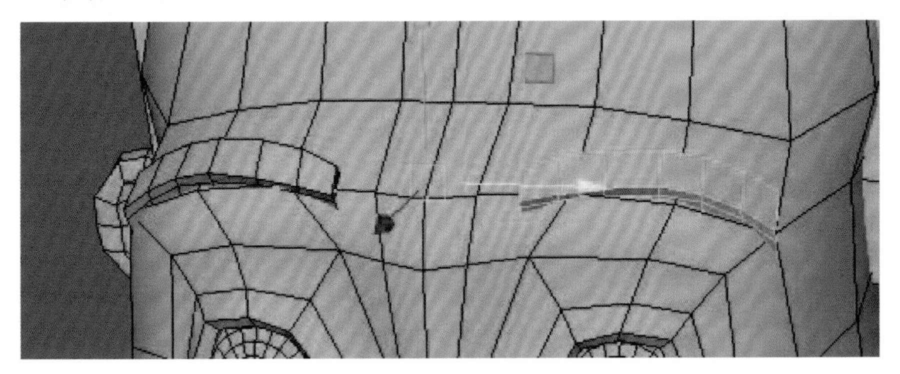

图 8.60

（60）此时人物头部模型的布线效果如图 8.61 所示。

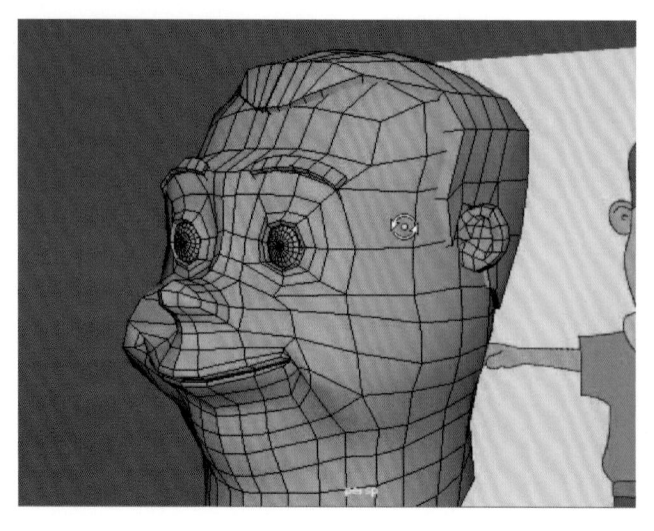

图 8.61

（61）衣服模型的制作。创建一个圆柱体，删除顶部、底部的面。根据参考图调整衣服模型的点，如图 8.62 所示。

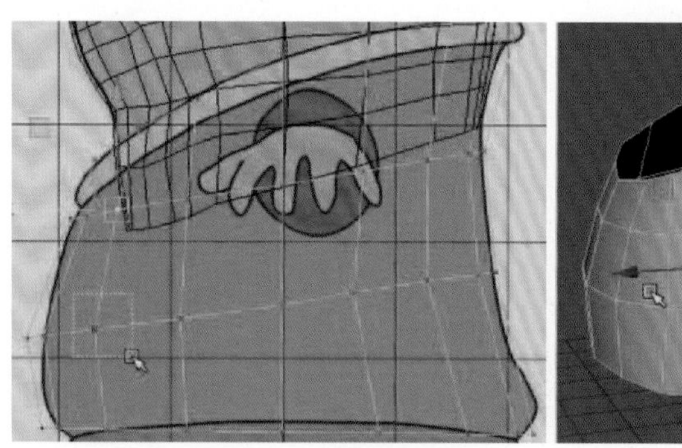

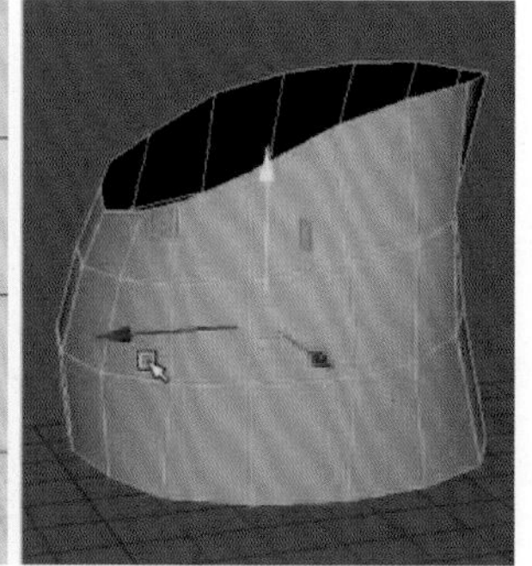

图 8.62

（62）选中一半的面删除，然后关联镜像复制出另一边，如图 8.63 所示。

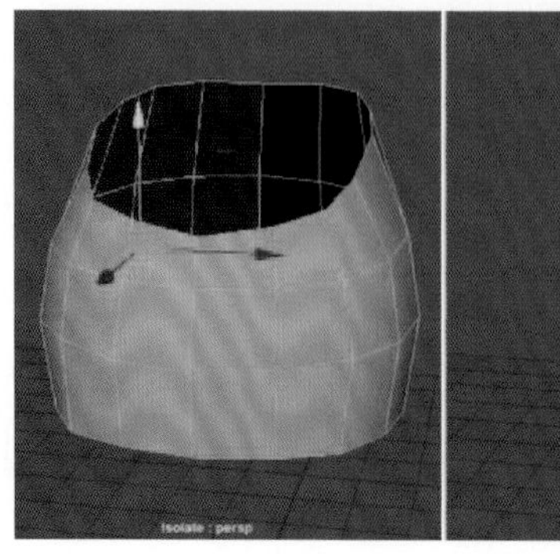

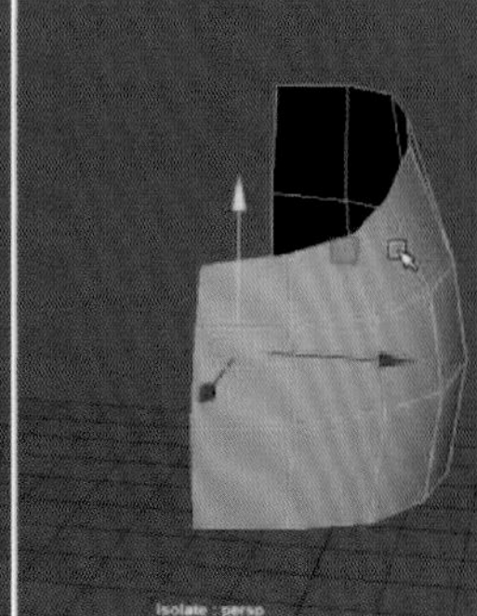

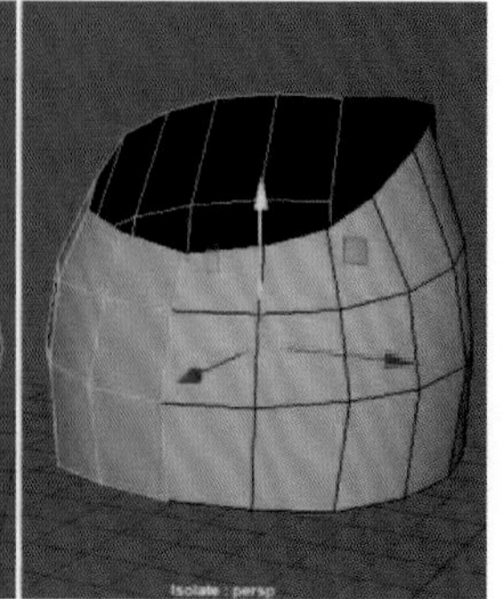

图 8.63

（63）对衣服模型加线，并根据参考图调整衣服的造型，如图 8.64 所示。

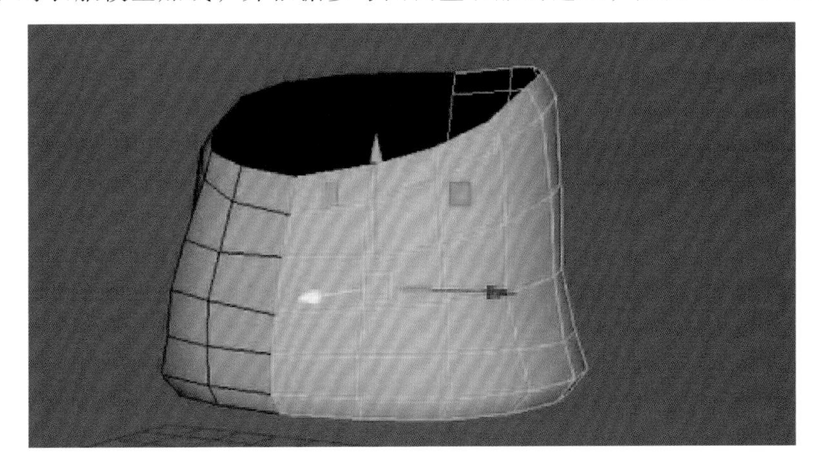

图 8.64

（64）对衣服模型袖子的地方加线，并挤出袖子部分的面，如图 8.65 所示。

图 8.65

（65）对袖子的地方继续加线，调节出衣服袖子的造型结构，如图 8.66 所示。

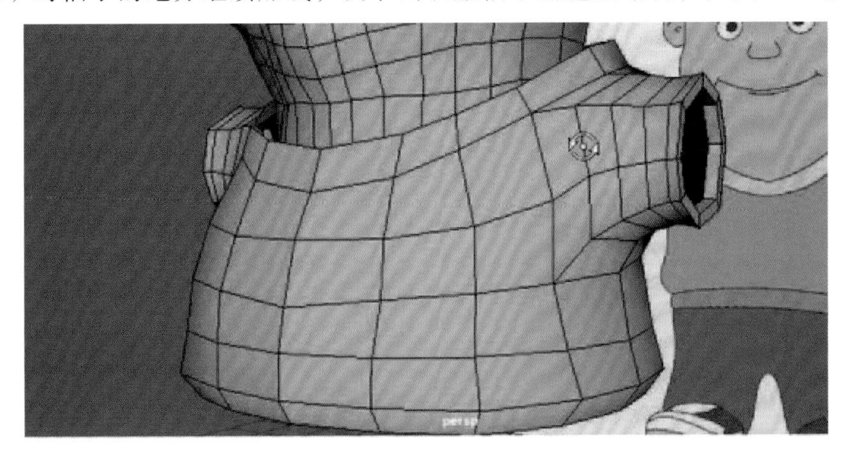

图 8.66

（66）选中衣领部分的面，执行挤出命令挤出衣领的结构，删除与另一半衣领衔接的地方，挤出的时候多出来的两块面，如图 8.67 所示。

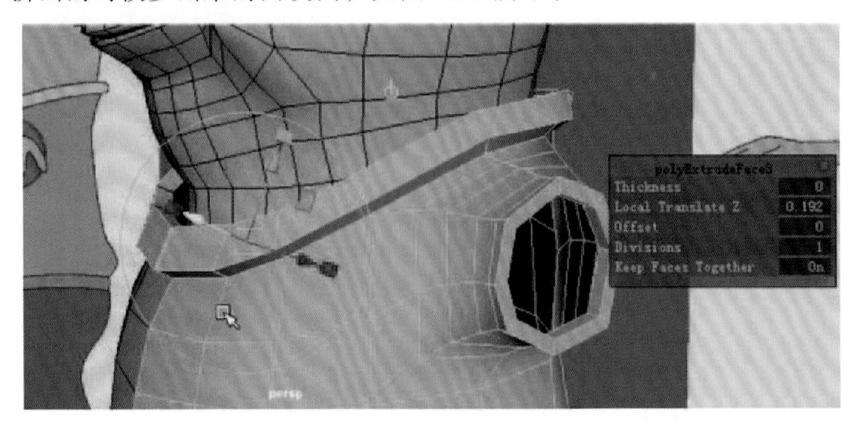

图 8.67

（67）制作裤子模型。创建一个立方体加线分段，执行平滑命令，选中顶部、底部的面删除，如图 8.68 所示。

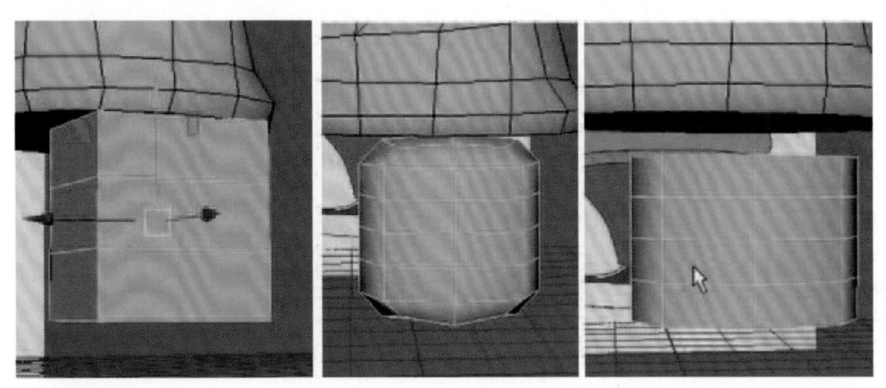

图 8.68

（68）根据参考图调整裤子模型的点，如图 8.69 所示。

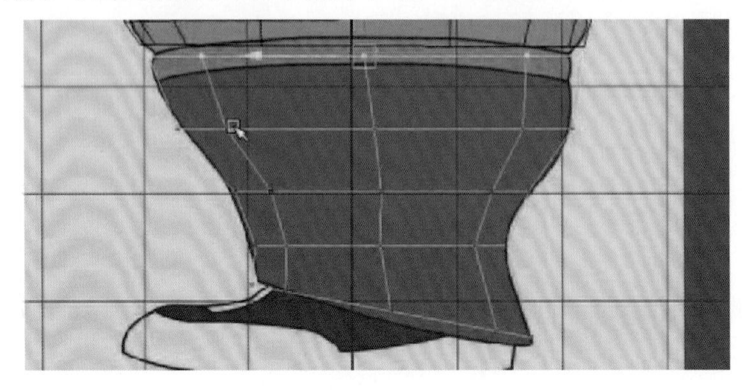

图 8.69

（69）选中裤子臀部内侧的面，执行挤出命令挤出面，挤出完成后删除内侧的面，如图 8.70 所示。

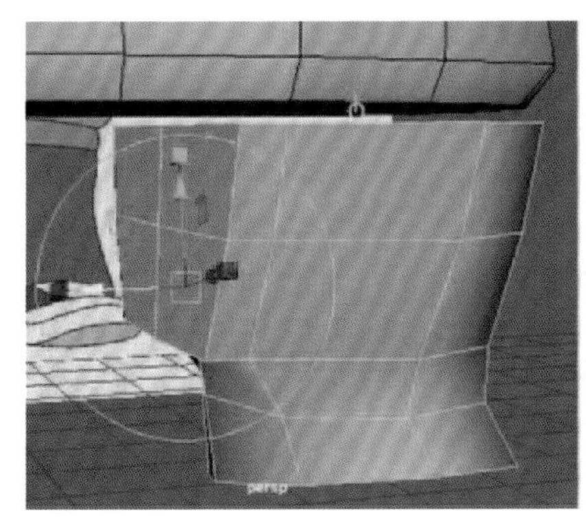
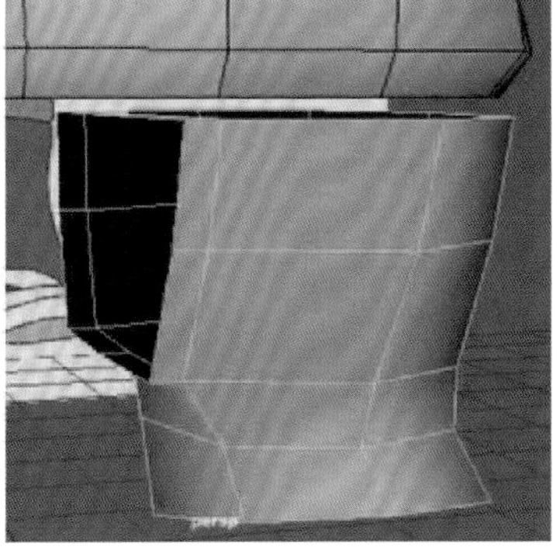

图 8.70

（70）对裤子模型加线，并根据参考图调整模型的点，调节出一半裤子的造型，如图 8.71 所示。

图 8.71

（71）选中裤脚的边线，执行挤出命令，挤压出裤子的厚度感，如图 8.72 所示。

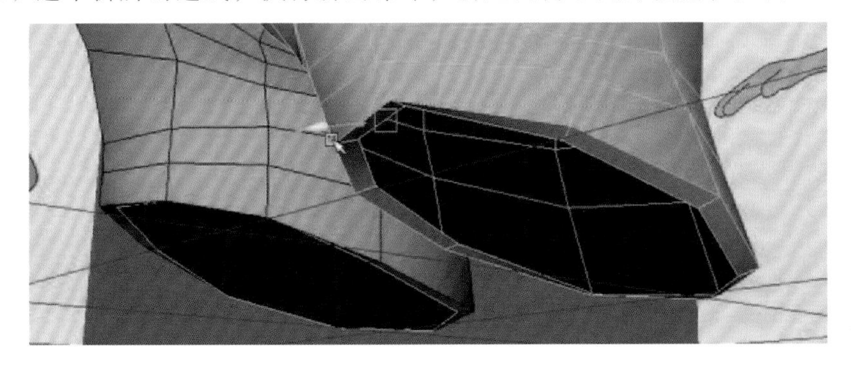

图 8.72

（72）执行 Create → Polygon Primitives → Pipe 命令，创建一个圆管状多边形体，制作出皮带的模型，如图 8.73 所示。

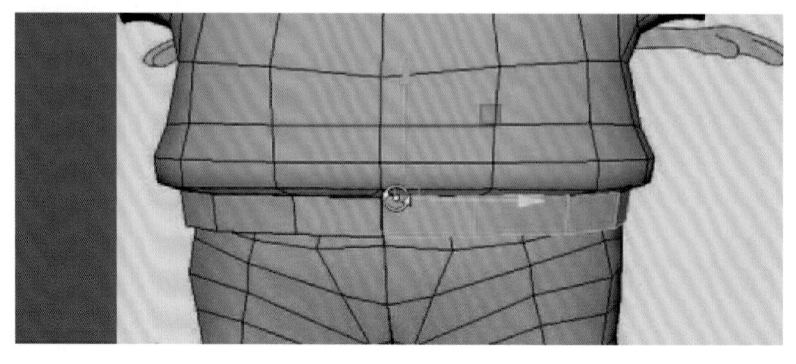

图 8.73

（73）制作鞋子模型。创建一个立方体加线分段，调整鞋子的造型，如图 8.74 所示。

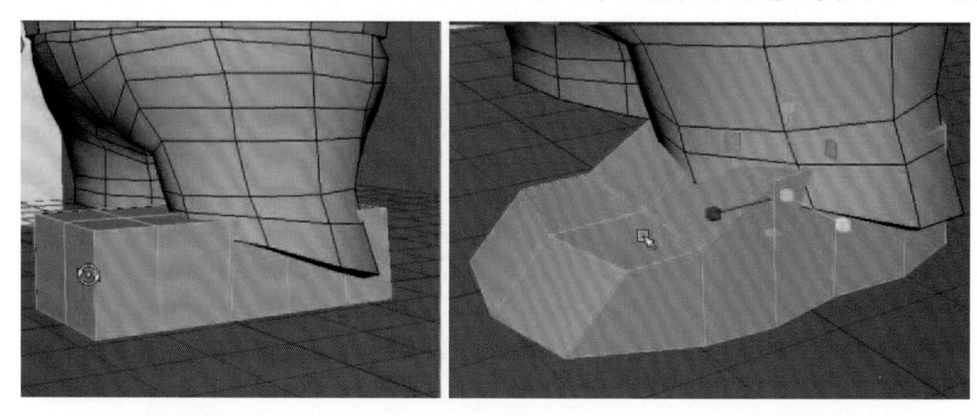

图 8.74

（74）对鞋子模型加线，调节出鞋子的细节结构，如图 8.75 所示。

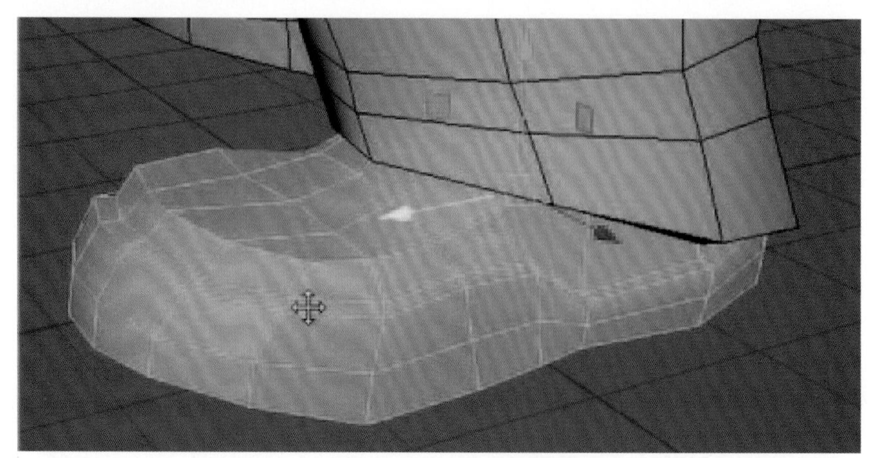

图 8.75

（75）进一步调整鞋子模型的造型，对鞋子边缘添加硬边线，如图 8.76 所示。

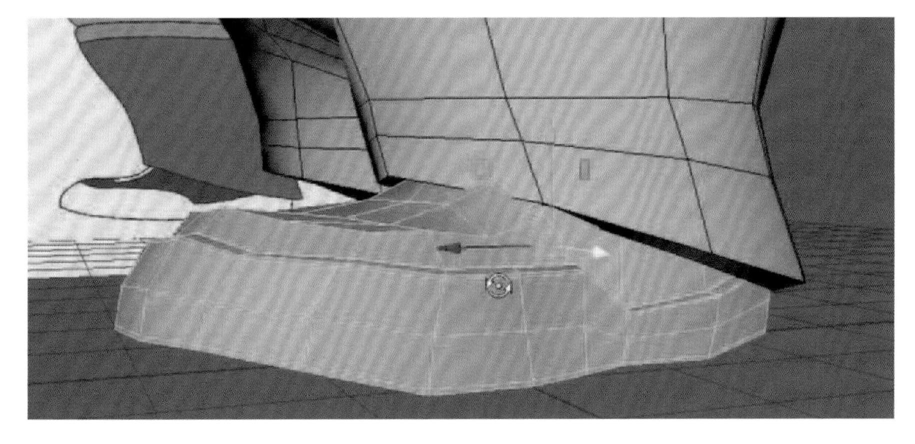

图 8.76

（76）镜像复制出另一边的鞋，如图 8.77 所示。

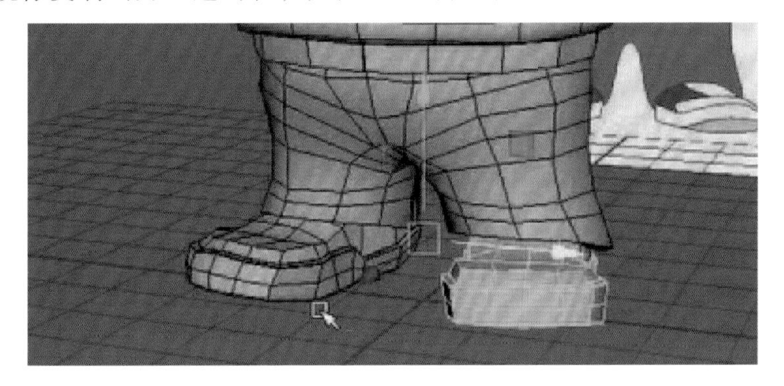

图 8.77

（77）制作手模型。创建一个 6 边圆柱体模型，调整出手臂的大体造型，如图 8.78 所示。

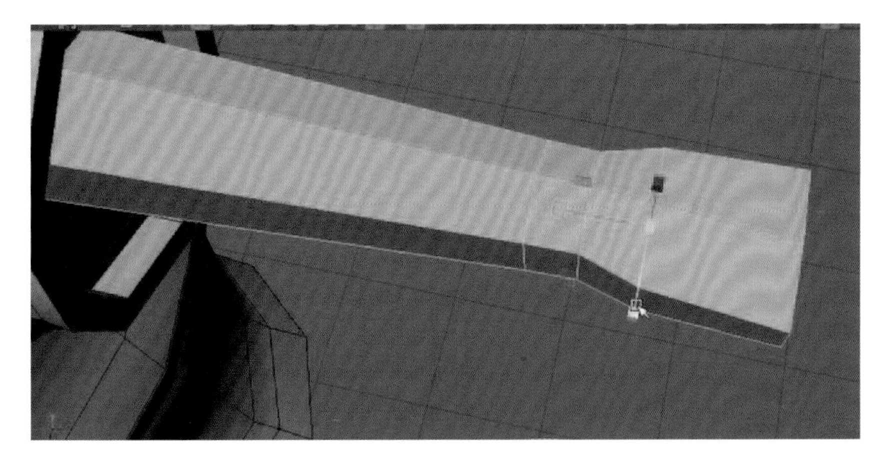

图 8.78

（78）调节出手掌部分的大体造型，选中 4 个手指的面挤出，如图 8.79 所示。

图 8.79

（79）选中中指位置的面挤出，挤出中指的模型，如图 8.80 所示。

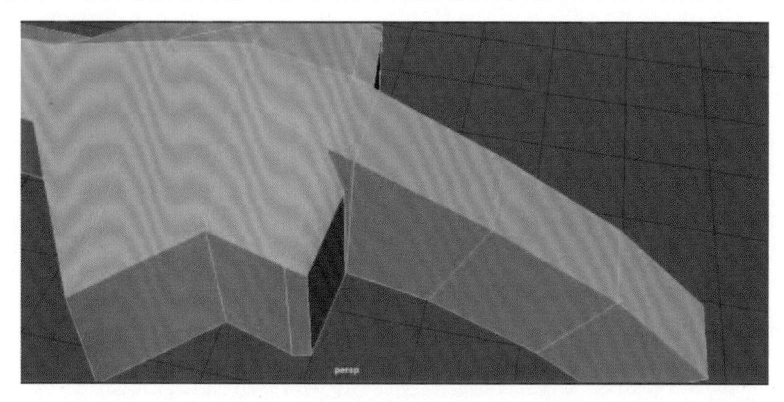

图 8.80

（80）选中中指的面，执行 Edit Mesh→Duplicate 命令，复制出中指的面，如图 8.81 所示。

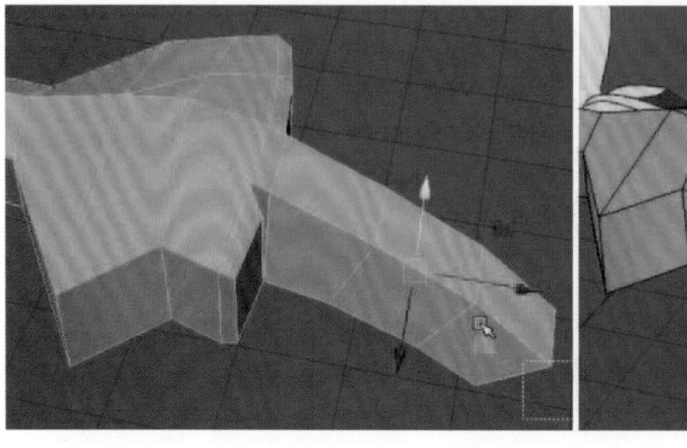

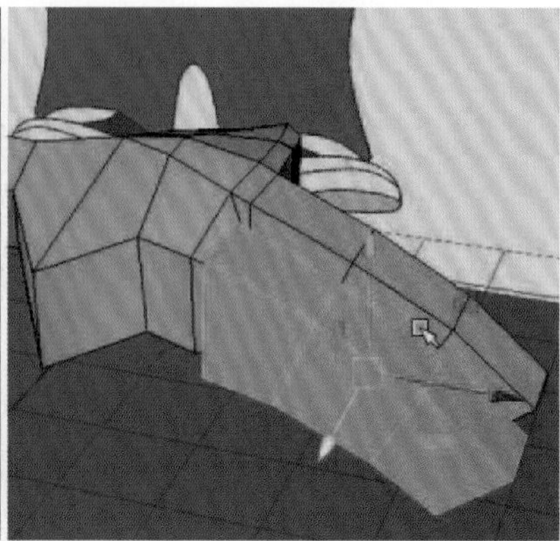

图 8.81

（81）选中刚复制出的手指，再按 Ctrl+D 键复制出其他手指，调整其他手指的大小和位置，如图 8.82 所示。

图 8.82

（82）选中手掌和手指模型，执行 Mesh → Combine 命令，将手掌和手指合并成一个物体，单击鼠标右键进入点层级，执行 Edit Mesh → Merge 缝合点命令，框选接缝位置的点缝合。缝合完成后的手掌和手指如图 8.83 所示。

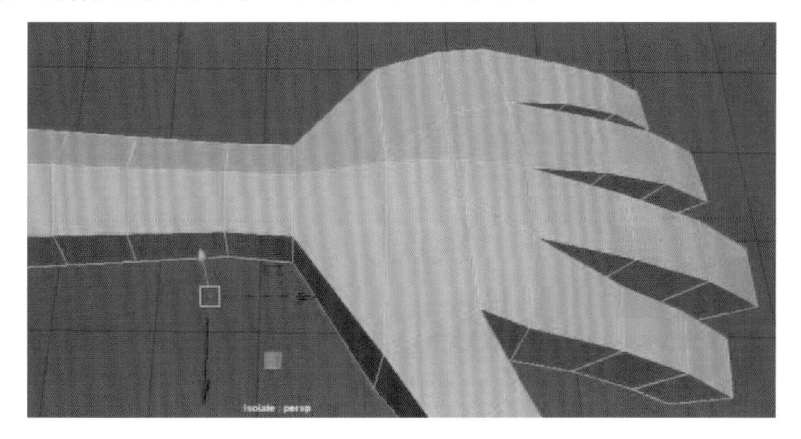

图 8.83

（83）对手臂继续加线，并调整手臂的结构，如图 8.84 所示。

图 8.84

（84）手部模型制作完成后的效果如图 8.85 所示。

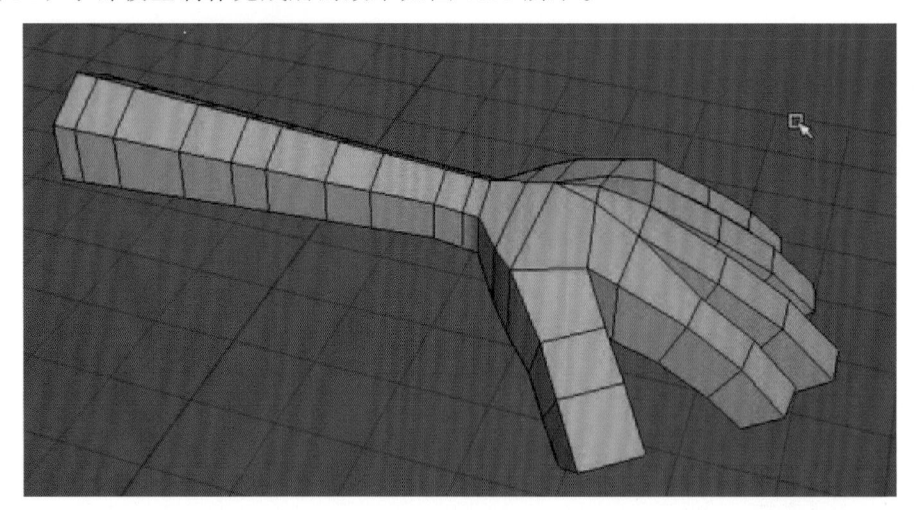

图 8.85

（85）框选左右半边的头发模型，执行 Combine 命令，将左右半边头发模型合并成一个物体，执行 Merge 缝合点命令，将接缝位置的点缝合，分别对头部模型、衣服模型、裤子模型、皮带模型做同样的合并缝合操作，将左右两半模型合并成一个模型物体，如图 8.86 所示。

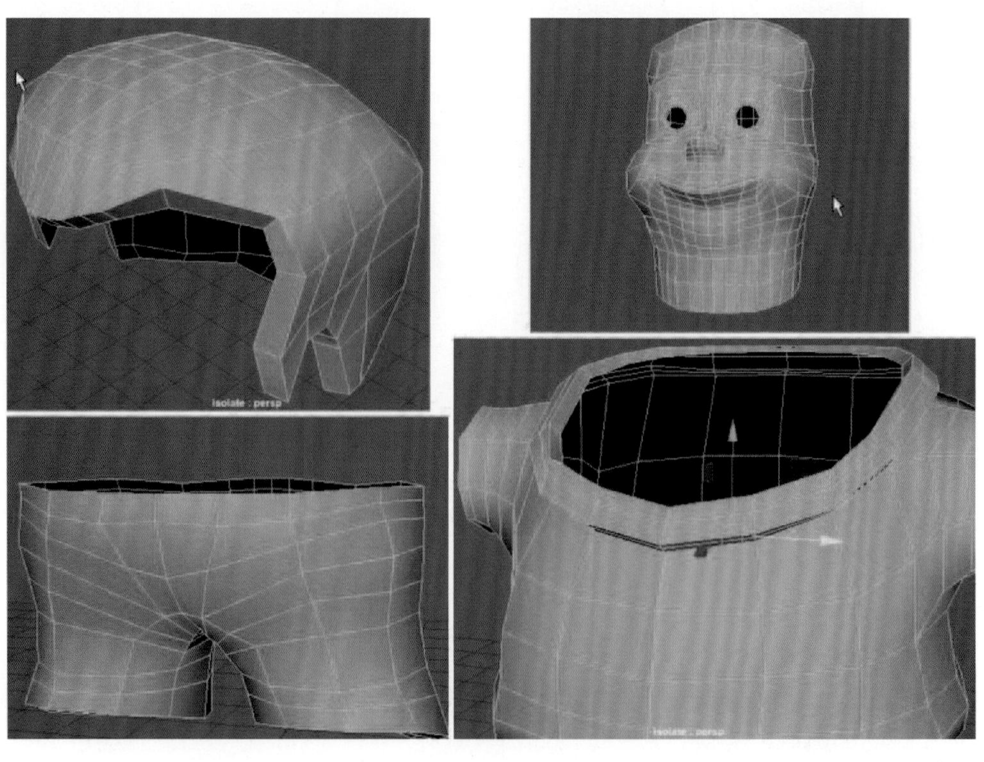

图 8.86

（86）分别对卡通人物所有模型边缘添加硬边线，做硬边处理。卡通人物模型的最终布线效果如图 8.87 所示。

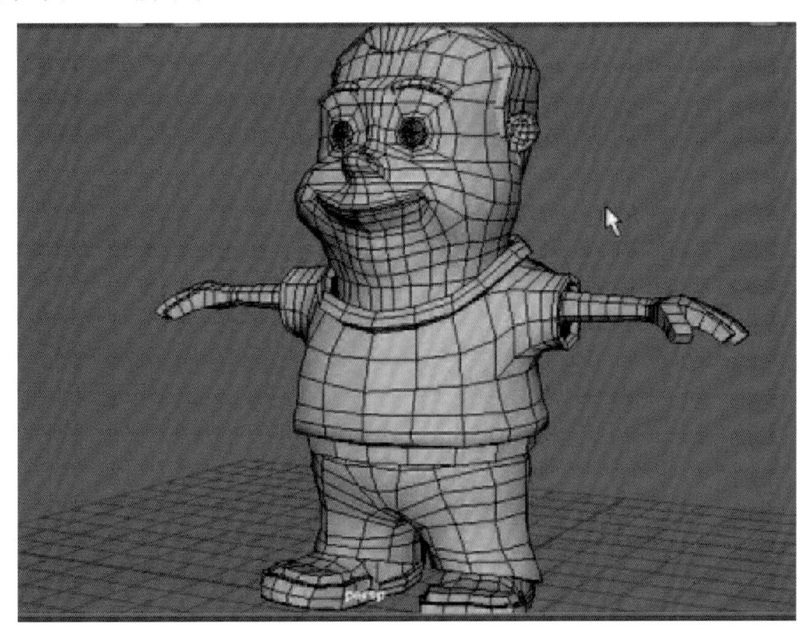

图 8.87

（87）创建地平面、周围挡光面模型。分别对所有卡通人物模型执行 Mesh → Smooth 平滑命令，对所有模型平滑，平滑后的模型效果如图 8.88 所示。

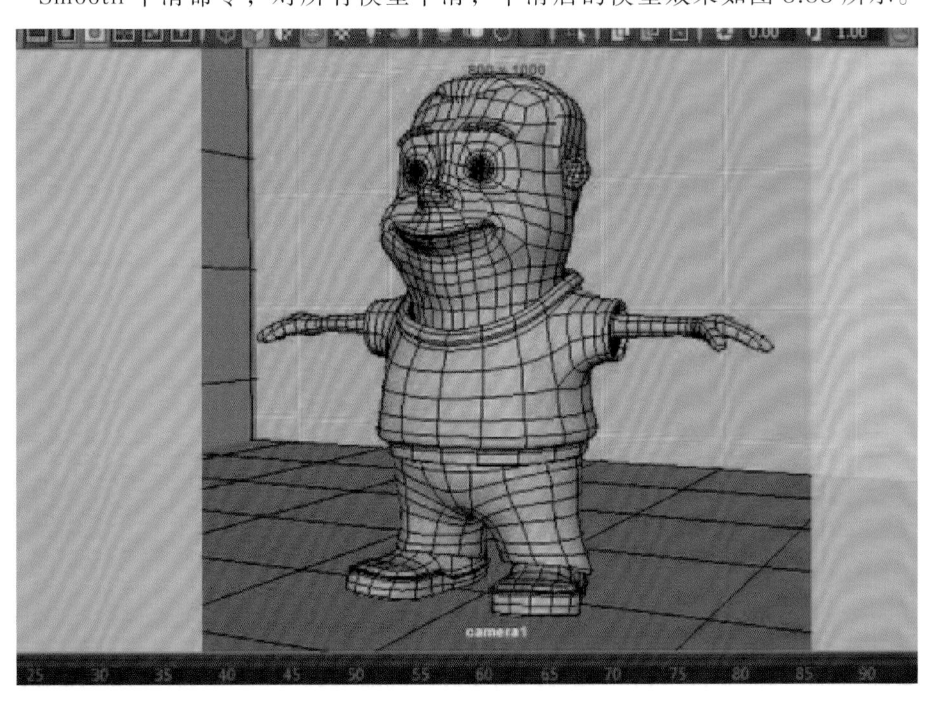

图 8.88

（88）卡通人物模型最终的渲染效果如图 8.89 所示。

图 8.89

【项目拓展】

运用本项目所学知识，创建一个卡通人物角色模型，如图 8.90 所示。

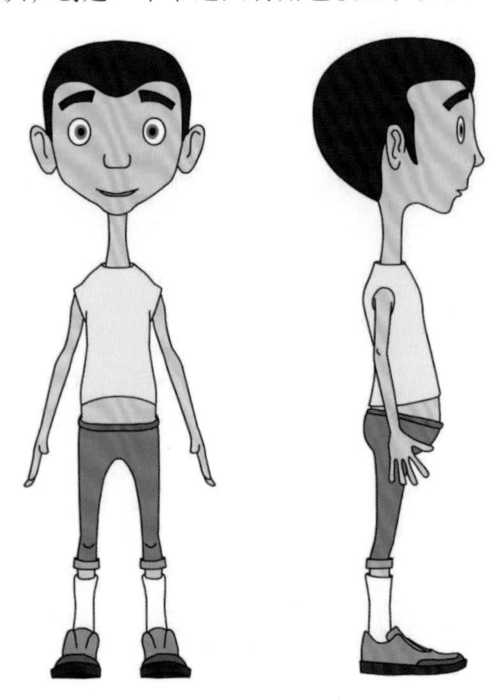

图 8.90

【项目评价】

运用项目评价表进行评价，如表 8.1 所示。

表 8.1　卡通人物评价表

项目 8　评价细则		自　评	教师评价
1	Mesh Tools → Multi-Cut 命令		
2	对卡通人物模型造型结构的把握		
3	Freeze Transformations 命令的使用		
4	卡通人头、头发模型的制作和布线方法		
5	卡通衣服、裤子、鞋子模型的制作方法		
6	卡通手的制作方法		
项目综合评价			

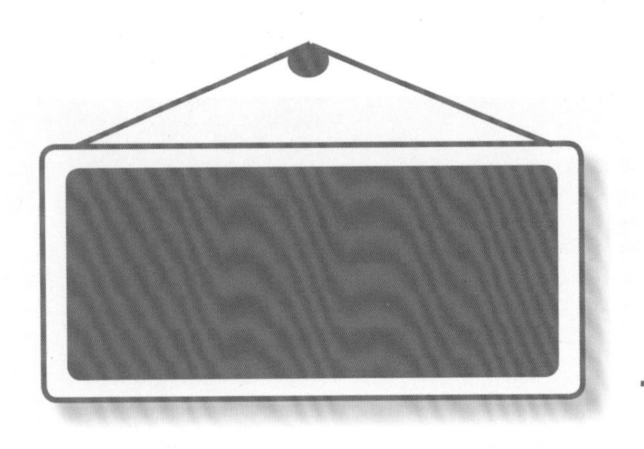

参考文献

[1] 陈恒 . MAYA 建模实战应用 [M]. 2 版 . 长沙：湖南大学出版社，2011.

[2] 杨迈 . Maya 多边形建模基础 [M]. 杭州：浙江大学出版社，2006.

[3] 杨庆钊 . 突破平面 Maya 建模材质渲染深度剖析 [M]. 北京：清华大学出版社，2014.

[4] 骆哲 . Maya 模型 [M]. 武汉：华中科技大学出版社，2013.

[5] 周如根 . Maya 基础运用与实例教程 [M]. 南京：南京大学出版社，2017.